全国高职高专计算机立体化系列规划教材

常用工具软件实例教程

主　编　石朝晖

内 容 简 介

本书介绍目前最为实用的常用工具软件，以项目任务为编写体例，首先介绍了工具软件的基础知识，常用软件的下载、安装、卸载方法，然后从Internet应用、网络通信、文件管理与加密解密、电子阅读工具、翻译、影音播放、图像浏览和处理、动画制作截图、系统磁盘、光盘刻录和病毒防护等方面对常用工具软件的使用进行了介绍。

本书从初学者的角度出发，以软件的基本功能为主线，用丰富的案例任务贯穿全书，重点介绍了常用工具软件的使用方法和操作技巧。学生通过对本书的学习，可以轻松、快速地熟悉和掌握这些工具软件。本书可以作为大、中专院校计算机及应用专业常用工具软件课程的教材，也可以作为社会培训班的培训用书，还可以作为各级计算机用户进行商务办公应用的参考用书。

图书在版编目(CIP)数据

常用工具软件实例教程/石朝晖主编. —北京：北京大学出版社，2012 .8

(全国高职高专计算机立体化系列规划教材)

ISBN 978-7-301-21004-8

Ⅰ. ①常… Ⅱ. ①石… Ⅲ. ①软件工具—高等职业教育—教材 Ⅳ. ①TP311.56

中国版本图书馆 CIP 数据核字(2012)第 166383 号

书　　　名：常用工具软件实例教程
著作责任者：石朝晖　主编
策 划 编 辑：李彦红　刘国明
责 任 编 辑：刘国明
标 准 书 号：ISBN 978-7-301-21004-8/TP・1232
出　版　者：北京大学出版社
地　　　址：北京市海淀区成府路 205 号　100871
网　　　址：http://www.pup.cn　http://www.pup6.cn
电　　　话：邮购部 62752015　发行部 62750672　编辑部 62750667　出版部 62754962
电 子 邮 箱：pup_6@163.com
印　刷　者：北京虎彩文化传播有限公司
发　行　者：北京大学出版社
经　销　者：新华书店
787 毫米×1092 毫米　16 开本　19.75 印张　459 千字
2012 年 8 月第 1 版　2018 年 8 月第 3 次印刷
定　　　价：37.00 元

前　言

高等职业教育是我国职业教育的重要组成部分，国家对高职教育的改革与发展提出了明确的要求，倡导“以职业能力为本位，以就业为导向”的教育观念，培养目标定位于具有综合职业能力，在生产、服务、技术和管理第一线工作的高素质的技能型人才。

为了解决人们在日常办公和生活中对计算机工具软件的应用需求，本教材精选了使用最广泛及功能强大的工具软件，讲解其基本功能、使用技巧等。为了适应高等职业教育课程改革的需要，满足不同学校的教学要求，本教材突出以下编写特色：

1. 适应高等职业教育课程模块化和综合化改革的需要，注重高等职业院校的授课情况和学生的认知特点，采用了“项目导入、任务驱动”的编写体例，目的是为了提高学生的学习兴趣。

2. 联系实际，强化应用。每个项目和任务前明确学习目标，项目后面配有习题和上机操作实训，突出实践技能和动手能力的培养。

3. 适应行业技术发展，体现教学内容的先进性和前瞻性。在教材中注意突出本专业领域的新知识、新技术、新软件，尽可能实现专业教学基础性与先进性的统一。

本教材共设置了 13 个项目，主要包括以下内容。

项目 1，学习计算机软件的分类，系统软件和应用软件的区别，以及软件的获取、安装、卸载等方法，还有软件的知识产权保护等内容。

项目 2，介绍搜索引擎工具软件。通过 Google 和百度两大搜索引擎巨头的比较，深入地讲解 Google 产品和百度产品的具体使用方法。

项目 3，学习网络通信工具的知识，内容包括电子邮件工具、即时通信工具软件的使用方法。

项目 4，学习如何管理计算机中的文件，以及对文件进行压缩、加密、备份等操作内容。

项目 5，介绍当前最常用的电子文档格式，并详细具体地说明 PDF 文档相关工具软件及其使用方法。

项目 6，学习翻译软件工具软件的使用，介绍金山快译、金山词霸等电子词典和翻译工具软件，并附有具体使用方法和应用实例。

项目 7，介绍音视频播放工具软件，并通过千千静听、暴风影音等工具软件，详细介绍了此类软件的使用方法。

项目 8，学习图像浏览与图像处理工具和捕捉工具，电子相册制作工具等软件的使用。

项目 9，学习二维动画和三维动画文字的基础知识及简单制作方法。

项目 10，学习系统性能测试与优化工具软件的相关知识，包括 Windows 优化大师、超级兔子等软件的使用方法和技巧。

项目 11，介绍磁盘管理工具，包括磁盘技术、磁盘分区、磁盘碎片等理论知识，同时学习磁盘的分区、备份、整理、恢复等技术。

项目 12，学习虚拟光驱、虚拟磁盘等技术的原理与应用，同时学习光存储技术的基础知识，光盘格式类型、光盘的使用和保养等内容，以及光盘镜像制作、光盘刻录软件的使用方法。

项目 13，介绍防毒反黑工具软件，通过 360 杀毒软件和 360 安全卫士等详细地说明了此类软件的使用方法。

本教材由石朝晖主编及编写，由于编者水平有限，书中难免存在疏漏之处，恳请广大读者批评指正。

编　者

目 录

项目 1　认识常用工具软件

随着计算机的快速普及，软硬件的飞速发展，计算机的功能越来越丰富，应用软件更是层出不穷。Internet 走进人们的生活，提供了丰富的软件资源，给用户带来许多免费和共享的工具软件，这些软件在计算机操作系统的支持下，可以提供操作系统不具备的许多功能。学习使用这些常用的工具软件可以使计算机的操作更简单、更高效。本项目主要介绍软件的下载及安装等知识。

任务 1.1　工具软件基础知识

1.1.1　工具软件简介

软件是计算机程序、程序所用的数据以及有关文档资料的集合。计算机软件主要包括系统软件与应用软件两大类。

系统软件是生成、准备和执行其他程序所需要的一组文件和程序，如操作系统(包括 DOS、Windows、UNIX 等)。应用软件是计算机用户为了解决某些具体问题而购买、开发或研制的各种程序或软件包，如文字处理软件(包括 Word、WPS、WordStar 等)。

1. 工具软件的特点

虽然实用工具软件设计的门类很多，但实际上大都功能单一、使用简单方便。它们就像日常生活中的小工具一样，可以为工作和学习带来很多方便，大大提高工作效率。

一般的大型软件功能复杂、体积庞大，如 Microsoft 公司的 Office 系列办公软件，但常用工具软件有着明显不同的地方。

1) 功能专一、种类多样

常用工具软件的种类繁多，功能比较专一。例如，有专门用来查看图的软件，有专门进行数据压缩的软件等。

2) 体积小巧、使用方便

常用工具软件的体积大都比较小巧，最小的只有几十或者几百 KB，大的一般也都不超过 100MB，这和几百 MB、上 GB 的大型软件比起来，其体积显得十分小巧。因此，在安装、卸载、启动和退出时，常用工具软件也比大型软件方便快捷得多。

2. 工具软件的分类

1) 按照授权方式划分

(1) 商业软件(Commercial software)。商业软件由开发者出售复制并提供技术服务，用户只有使用权，但不得进行非法复制、扩散和修改；不会提供源代码。用户应该通过正规购买方式获得，通过官方网站提供的升级版本进行软件升级。

(2) 共享软件(Shareware)。通过网络下载的方式发行，由开发者提供软件试用程序复制授权，并且对软件进行技术处理。用户在试用期间，受到一定的时间限制或是功能限制。当使用者向开发者付款之后，一般可以通过“用户名+注册码”的方式注册，从而能够获得正常授权使用该软件，开发者则提供相应的升级和技术服务(但也不提供源代码)。

(3) 自由软件(Freeware 或 Free software)。自由软件由开发者提供没有任何限制的使用权限(甚至有时会提供软件全部源代码，如 Linux)，任何用户都有权使用、复制、扩散、修改。但自由软件不一定免费。它可以收费也可以不收费。

(4) 免费软件(Freeware)。它的英文名称和自由软件一样。所以很多书上都把它归为自由软件，其实那是不确切的。免费软件一般不允许对该软件进行二次开发或用于商业盈利，使用者可以自由、免费地使用、复制该软件，使用时也不会出现任何日期或者功能上的限制。但免费软件不一定提供源代码，在未经程序开发者同意的情况下，不能擅自修改该软件的程序代码，否则视为侵权。在自由软件免费时或者免费软件提供源代码时，二者才是一样的。

2) 按照软件功能划分

(1) 办公文档类软件。常用的有文字输入工具、电子书工具、光盘刻录工具等。

(2) 媒体娱乐类软件。常用的有音频播放工具、视频播放工具、网络流媒体工具等。

(3) 图形图像类软件。常用的有图像浏览工具、抓图工具等。

(4) 网络工具类软件。常用的有网络浏览搜索工具、网络聊天和邮件收发工具、网络数据传输工具等。

(5)系统工具类软件。常用的有信息安全工具、系统安全设置工具、磁盘工具、备份恢复工具等。

1.1.2 工具软件的获取

1. 购买软件安装光盘

有些商业软件是通过正式发行出版推出的，使用者需要购买正版光盘才能安装使用，如卡巴斯基反病毒软件 2012。

2. 软件官方主页下载

一些软件的开发者或者研发公司在 Internet 上提供了相关的软件主页，使用者可以自主下载。例如，常用的安全工具软件“360 安全卫士”就可以通过此方式获取，其下载页面地址为“http://www.360.cn/”，如图 1-1 所示。

3. 软件站点下载

Internet 上有专门提供软件下载的网站，这些网站收集了各种常用工具软件的下载地址，一般都是和软件主页保持同步更新的。下面列出了几个常用的软件下载网站地址。

图 1-1　360 安全中心下载页面

(1) 华军软件园(http://www.onlinedown.net/)。知名下载网站之一，软件数目最多最全，更新相当及时，几乎没有死链接。

(2) 天空软件站(http://www.skycn.com/)。知名下载网站之一，软件数目很全，更新及时，几乎没有死链接，站内汉化软件和免费软件能占到四分之一左右。

(3) 汉化新世纪(http://www.hanzify.org/)。其前身由多个知名汉化网站合并，如果想要查找某个英文软件的汉化版、中文版软件，该网站是不二之选。

(4) 电脑之家(http://download.pchome.net/)。知名下载网站之一，软件数目很全，更新及时，几乎没有死链接。

(5) eNet 硅谷动力(http://download.enet.com.cn/)。国内知名正规软件下载网站。软件较为全面。

(6) 太平洋电脑网(http://dl.pconline.com.cn/)。国内知名正规软件下载网站。软件较为全面。

任务 1.2　安装和使用工具软件

种类繁多的工具软件作为计算机的辅助工具，极大地方便了人们的工作。本任务总结了常用工具软件比较通用的使用方法，以帮助大家做到触类旁通，从而更好地学习和使用常用工具软件。

1.2.1　工具软件的安装形式

工具软件常见的安装形式有原始安装程序、压缩包形式、绿色免安装形式和光盘镜像形式 4 种。

1. 原始安装程序

原始安装程序指的是软件开发者直接提供的安装程序，一般是扩展名为 EXE 的可执行文件，如图 1-2 所示。

2. 压缩包形式

压缩包形式是将软件的原始安装程序用数据压缩软件进行压缩，一般以 WinRAR、WinZip 压缩包形式居多，如图 1-3 所示。其目的是节省安装程序占用的网络空间以及符合各下载网站的标志。在这种情况下，安装时要先对其进行解压缩操作，然后再进行正常安装。

3. 绿色免安装形式

绿色免安装形式又分为两种。一种是单文件执行版，整个程序只有一个执行文件，直接运行即可，不用安装、不用设置，非常方便和灵活；另一种是以压缩包形式表现的，使用时直接解压缩即可，不需要再进行安装操作，如图 1-4 所示为文件加密大师的自解压文件 filelock 6.0.exe，双击就会运行安装文件。

图 1-2　原始安装文件

图 1-3　WinRAR 压缩包

图 1-4　自解压文件

4. 光盘镜像形式

有些程序的安装文件是以光盘镜像的形式提供的，一般扩展名为 ISO。这种文件在使用时要使用压缩软件 WinRAR 对其进行解压缩后再进行安装，或者使用虚拟光驱来运行 ISO 文件。

1.2.2　工具软件的使用示例

1. 官方下载

登录百度搜索引擎页面，输入关键词“千千静听”，单击【百度一下】按钮，即可打开如图 1-5 所示页面。

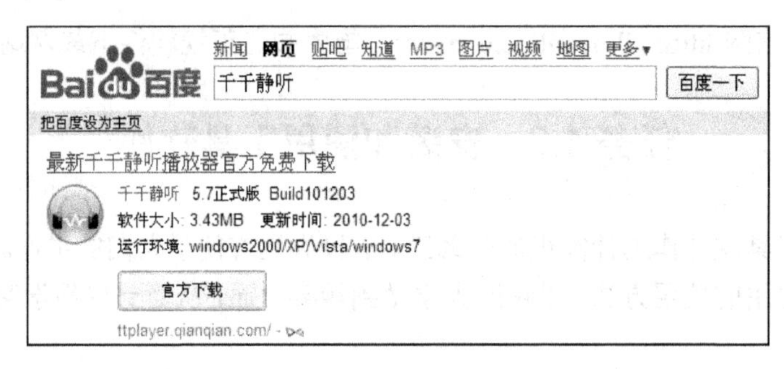

图 1-5　百度搜索引擎页面

单击【官方下载】链接按钮，即可使用计算机上安装的默认下载工具进行下载，并将其保存到本地磁盘中。

2. 安装软件

运行千千静听安装程序文件，弹出如图 1-6 所示的欢迎界面。

单击【开始】按钮，打开如图 1-7 所示的【许可证协议】界面。

单击【我同意】按钮，打开如图 1-8 所示的【选择组件】界面，采用默认方式。

单击【下一步】按钮，打开如图 1-9 所示的【目标文件夹】界面。根据磁盘空间情况自行选择相应的安装目录(如果目录不在磁盘中，安装软件能够自动添加相应的文件夹)。

单击【下一步】按钮，打开如图 1-10 所示【附加任务】界面，选择自己需要的附加任务。

单击【下一步】按钮，进入软件安装复制文件过程(此过程所需时间长短根据所安装软件的大小有所不同)。文件安装完毕，打开如图 1-11 所示的软件安装完成界面，单击【完成】按钮，完成软件的安装(勾选了【立即运行　千千静听　5.7 正式版】复选框，即运行千千静听程序)。

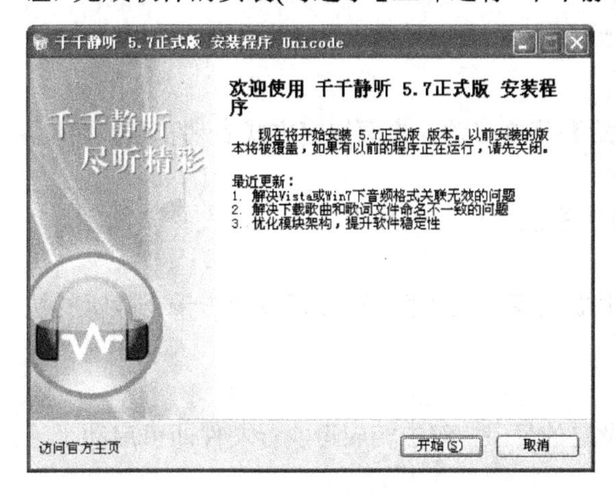

图 1-6　千千静听安装程序的欢迎界面

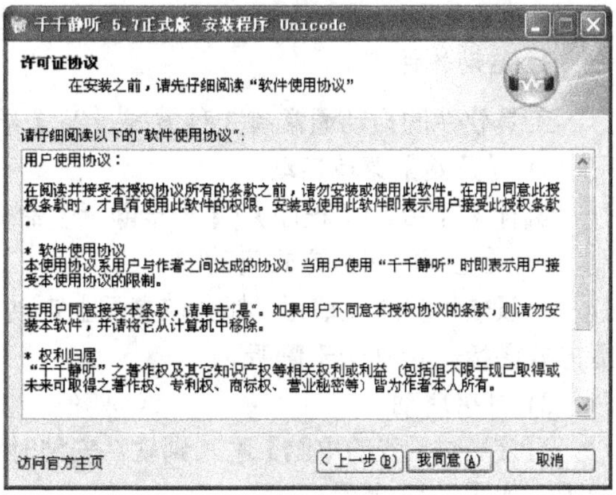

图 1-7　用户许可协议确认

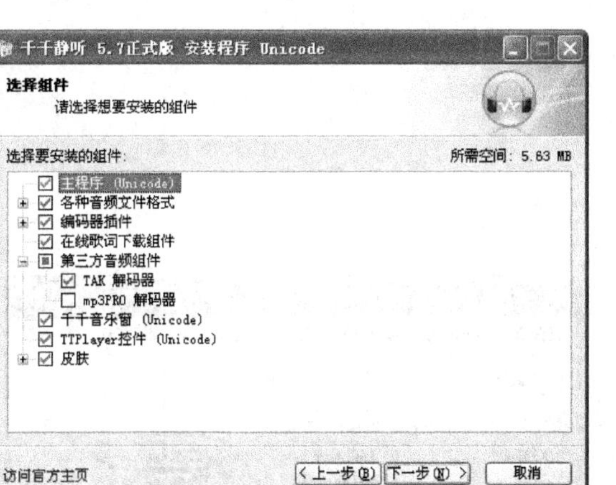

图 1-8　选择组件

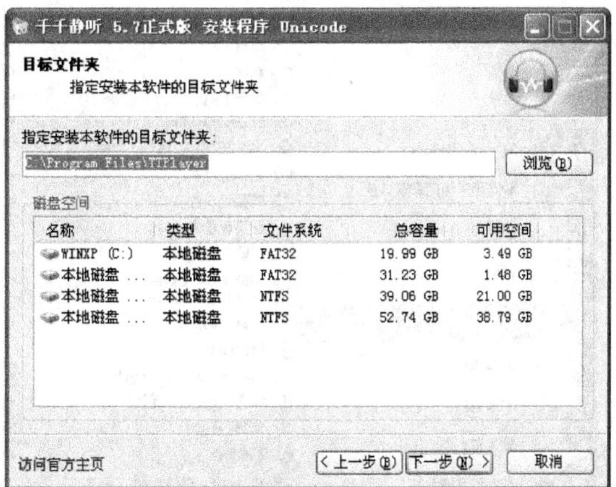

图 1-9　选择软件安装位置

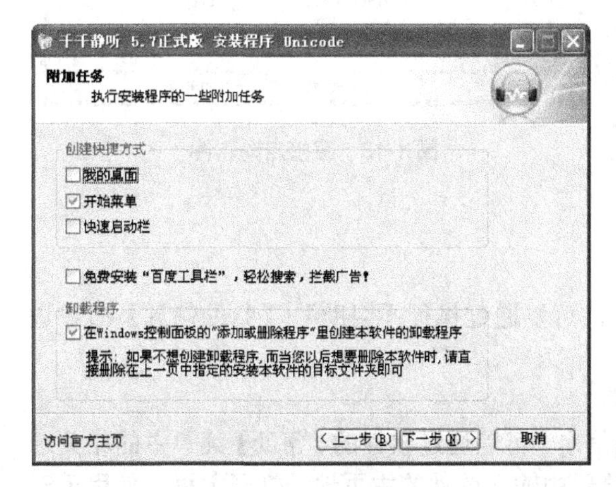

图 1-10　选择附加任务

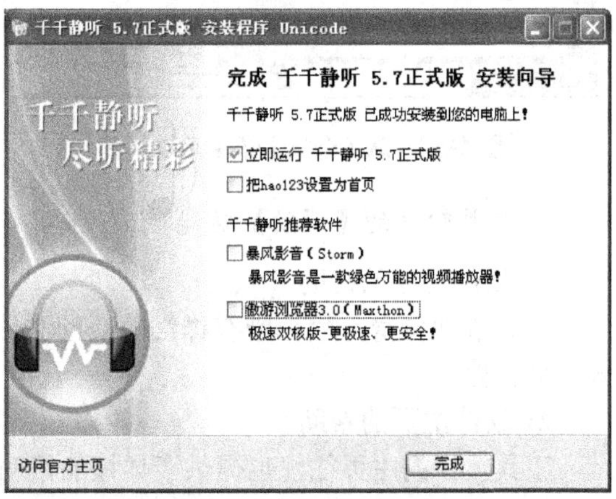

图 1-11　软件安装完成

小提示

有些工具软件为了保护其合法权益，安装完成后还需要进行注册。注册时只要输入随光盘附送的注册码即可。

3. 启动软件

工具软件的启动通常有 3 种方式，即【开始】菜单启动、桌面快捷方式启动和直接启动。

1) 【开始】菜单启动

执行【开始】|【程序】|【千千静听】命令，直接启动千千静听程序，如图 1-12 所示。

2) 通过桌面快捷方式启动

一般软件安装完成后，都会在桌面上自动生成快捷方式图标。可以通过双击千千静听的快捷方式图标启动千千静听。

3) 直接启动

直接通过【我的电脑】进入到软件安装时设定的目录，双击相应可执行文件即可启动千千静听，如图 1-13 所示。

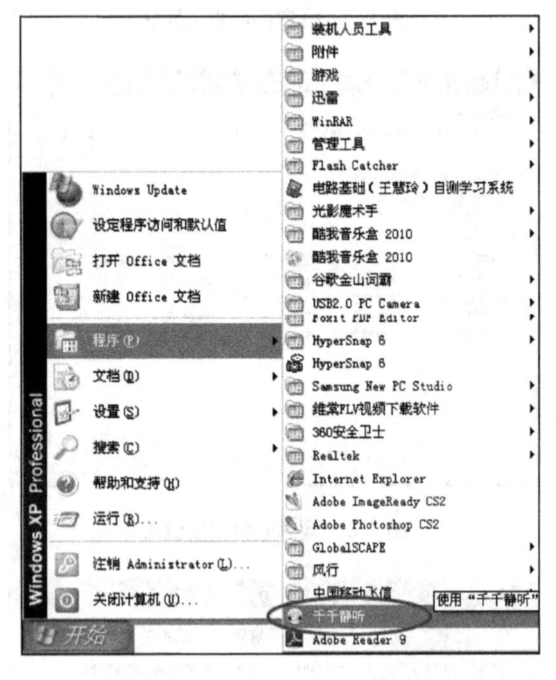

图 1-12　从【开始】菜单启动软件

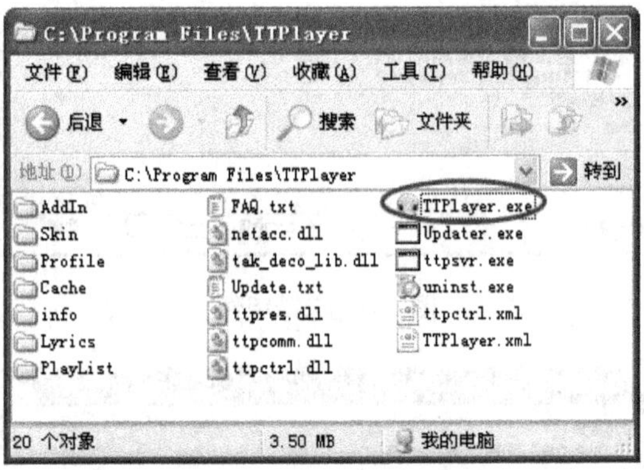

图 1-13　直接启动软件

4. 工具软件的【帮助】功能

1) 软件自身的帮助

工具软件自身一般都带有详细的帮助文件，可以通过执行【帮助】|【帮助信息】命令进入帮助文件。

2) 软件主页的帮助

工具软件的主页往往也提供了详细的帮助信息，可以通过软件的【帮助】菜单中的相关选项打开到网络中的主页，也可以通过在 IE 浏览器中输入软件的主页地址打开主页。使用千千静听帮助文件的方法如下。

右击千千静听主窗口界面，从弹出的快捷菜单中执行【相关链接】|【帮助】命令，如图1-14所示，即可打开千千静听的官方网站【用户指南】页面，如图1-15所示。从中可以查找有关千千静听功能、设置等详细的介绍。

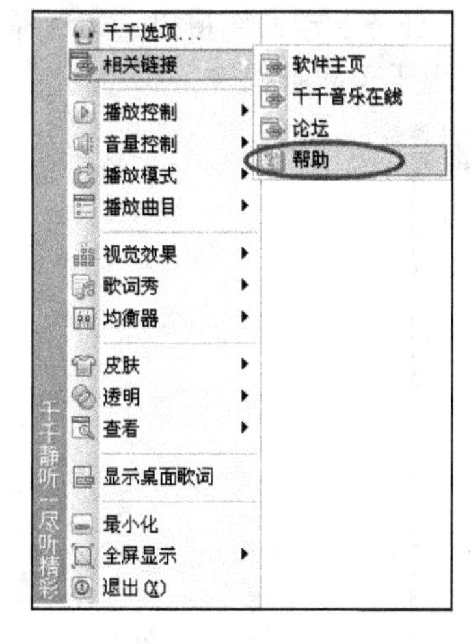

图1-14　执行【帮助】命令

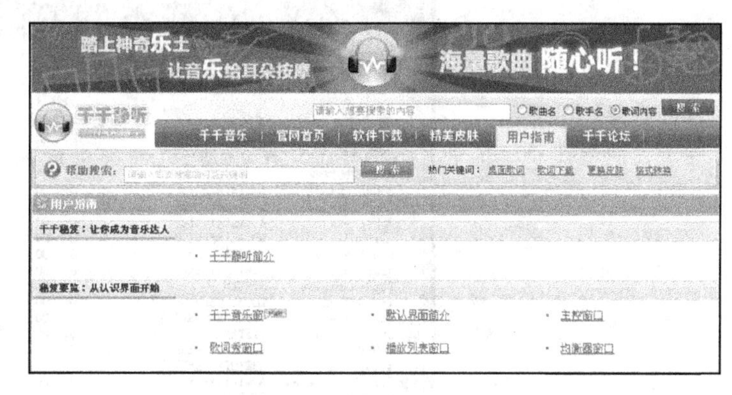

图1-15　千千静听的主页帮助

3) 网络提供的教程

一些网络教程网站上通常也提供了常用工具软件的使用教程，有文字形式的，也有视频形式的。如图1-16所示为itBulo门户网站软件学院中有关千千静听教程的介绍页面。

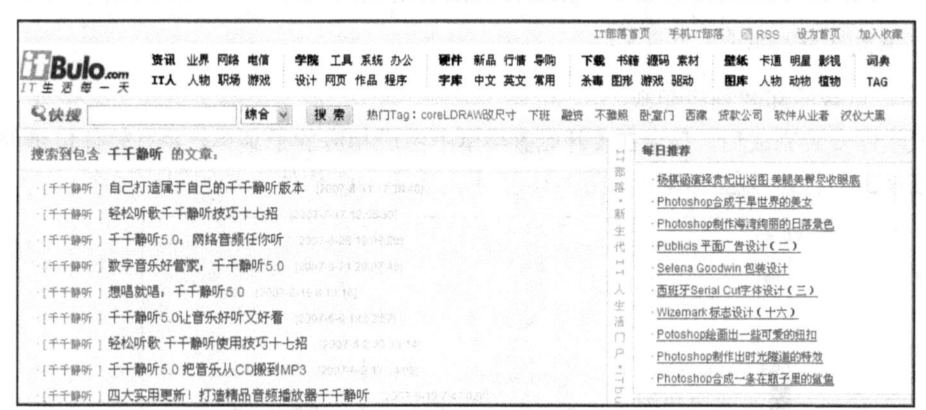

图1-16　网络教程

5. 工具软件的退出

工具软件的退出有3种常见的方式，即通过菜单退出、通过标题栏退出和中断任务退出。

1) 通过菜单退出

右击千千静听主窗口界面，弹出快捷菜单，如图1-14所示，执行快捷菜单中的【退出】命令，可以退出千千静听，也可以按快捷键Alt+X退出千千静听程序。

2) 通过标题栏退出

单击千千静听主界面标题栏中的【关闭】按钮 ×，正常退出软件，其快捷键为Alt+F4。(有些软件也可以通过单击主界面标题栏左上角的图标，从弹出的快捷菜单中执行【关闭】命令，退出软件。)

3) 通过中断任务退出

有时软件在运行时会发生异常错误而造成程序任务没有响应，这时就要用到中断任务的方法来退出出错的程序。

按快捷键 Ctrl+Alt+Delete，弹出如图 1-17 所示的“Windows 任务管理器”窗口，如选择出错的千千静听程序“TTPlayer.exe”，单击【结束进程】按钮退出千千静听程序。

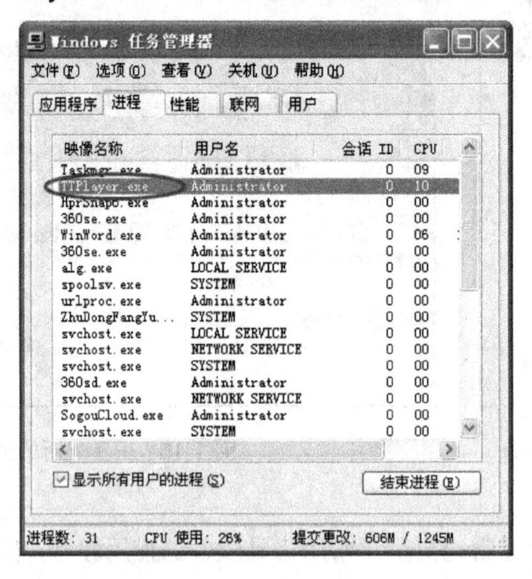

图 1-17 任务管理器

6. 工具软件的卸载

1) 通过自带的卸载程序卸载

一般软件安装完成后，都会在【开始】菜单中生成相应的子菜单，并有软件自带的卸载程序，直接单击运行卸载程序即可。图 1-18 所示为腾讯 QQ 软件自带的卸载程序。

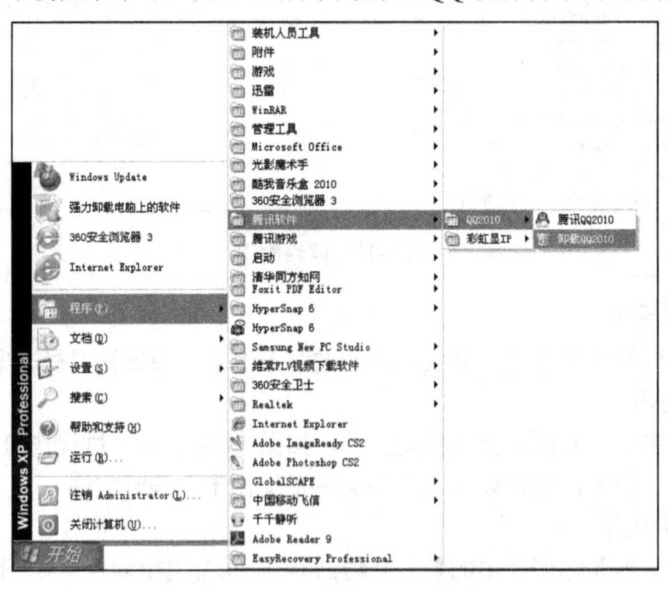

图 1-18 QQ 软件的自带卸载程序

2) 通过【控制面板】卸载

执行【开始】|【设置】|【控制面板】|【添加或删除程序】命令，弹出如图 1-19 所示的【添加或删除程序】窗口。

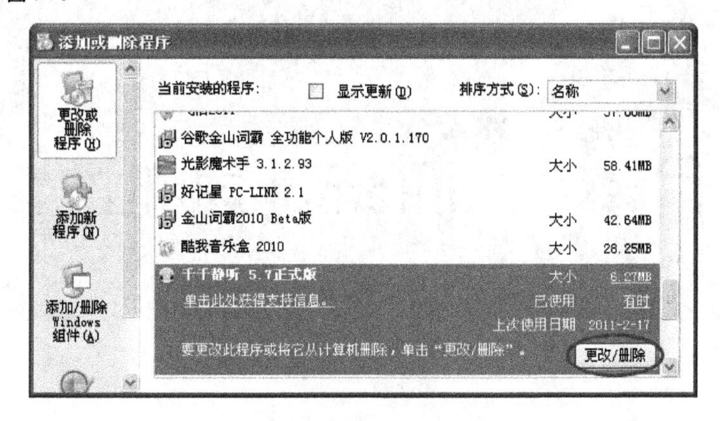

图 1-19　添加或删除程序

选择需要卸载的【千千静听 5.7 正式版】选项，单击【更改/删除】按钮，弹出如图 1-20 所示的【千千静听 5.7 正式版卸载程序】对话框。

单击【是】按钮，软件开始自动卸载，卸载完成后，弹出如图 1-21 所示的【千千静听 5.7 正式版卸载程序】对话框，单击【确定】按钮完成千千静听的卸载过程。

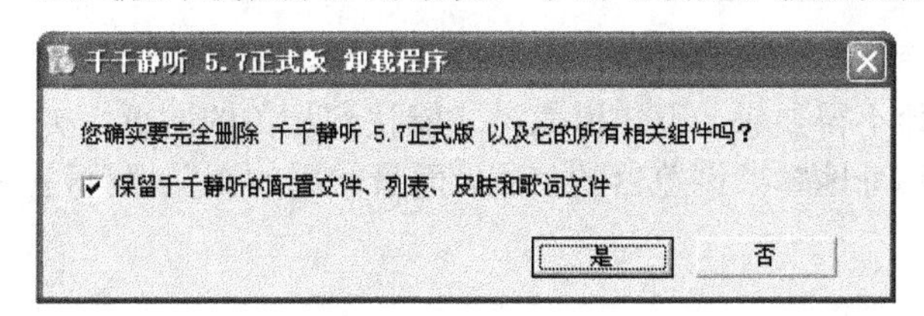

图 1-20　确认删除程序对话框

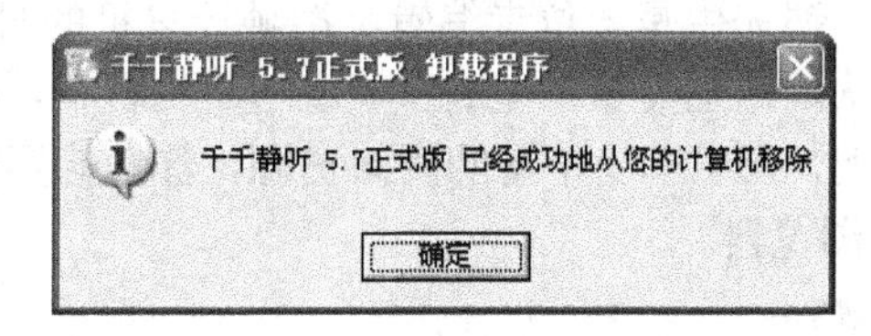

图 1-21　千千静听卸载完成界面

课 后 练 习

1. 登录 WinRAR 官方网站(http://www.winrar.com.cn/)，下载 WinRAR 3.93 简体中文版。
2. 利用"Google"搜索引擎查找 WinRAR 3.93 简体中文版并下载。
3. 利用多特软件站(http://www.duote.com/soft/54.html)查找 WinRAR 3.93 简体中文版并下载。
4. 自行利用搜索引擎查找上述常用工具软件的下载网址，了解网址界面的结构和功能。
5. 分别使用上述软件下载网站，下载如下工具软件：

Winamp、千千静听、GoldWave、ACDSee、幻影 2004、大头贴制作系统、Ulead COOL 3D、PhotoFamily、Windows 优化大师。

项目 2 Internet 应用工具

任务 2.1 使用 IE 浏览器浏览网页

任务导读

钱先生是一位老编辑，接触计算机的时间不长，对于 Internet 的知识一知半解。最近，他想从网络上搜索一些有关“春运”的资料，却不得要领，不知道怎样才能找到相关的网页。实际上，要想享受丰富的网络资源，首先就要熟练地掌握浏览器的使用，而最常用的浏览器就是 IE 浏览器。

任务分析

IE 是 Internet Explorer 的简称，即 Internet 浏览器。它是 Windows 系统自带的浏览器，其作用通俗地讲就是上网查看网页。下面，从认识 IE 浏览器的界面开始，一步步地熟悉 IE 浏览器的使用方法。

学习目标

- 了解 IE 浏览器的基本功能(设置主页、收藏网页、保存网页等)
- 设置 IE 选项(清除历史记录、选择安全级别等)

任务实施

2.1.1 IE 浏览器的基本功能

双击桌面图标，打开浏览器，界面如图 2-1 所示。

1. 界面组成

(1) 标题栏：显示当前正在浏览的网页名称或当前浏览网页的地址。若当前没有打开任何网页，显示为空白页。

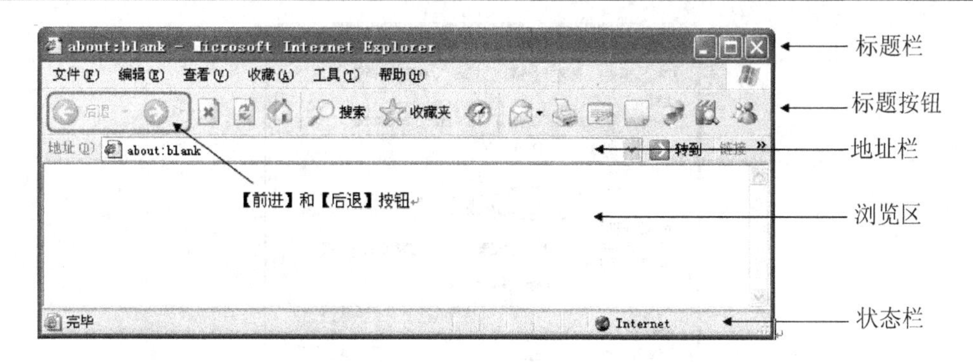

图 2-1　IE 浏览器(空白页)

(2) 菜单栏：显示可以使用的所有菜单命令。

(3) 标准按钮：列出了常用命令的工具按钮，直接单击相应按钮即可快捷地执行命令。常用的按钮为刷新按钮、主页按钮和收藏夹按钮。

(4) 地址栏：输入网址按 Enter 键即可直达相应网页。

(5) 浏览区：可以查看网页内容，获取信息。

(6) 状态栏：显示当前用户正在浏览的网页下载状态、下载进度和区域属性。

(7) 【前进】和【后退】按钮：单击该按钮，可以返回上一个(或下一个)浏览过的页面。

2. 设置主页

在浏览某个网页过程中，如果单击标准工具栏中的【主页】按钮，可返回到事先设置的网页上，该页面就是主页。主页通俗地讲就是运行浏览器时，首先显示的网站。

为了便于钱先生查询网页，在此，将 IE 浏览器的主页设置为百度首页。具体操作步骤如下。

1) 输入关键词

在地址栏中输入“百度”，系统会显示一个下拉菜单，从中选择【百度】选项，如图 2-2 所示。

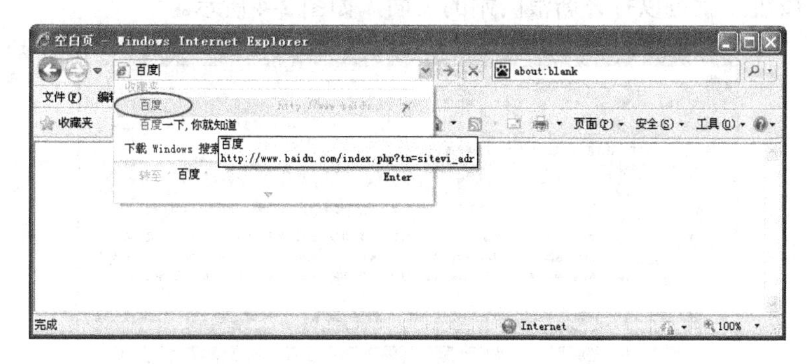

图 2-2　输入关键词

2) 创建主页

执行【工具】|【Internet 选项】命令，弹出如图 2-3 所示的【Internet 选项】对话框，在【主页】选项区域中单击【使用当前页】按钮，单击【确定】按钮。

当再次打开 IE 浏览器时，单击标准工具栏中的【主页】按钮，就可以跳转到设置好的主页——百度首页。

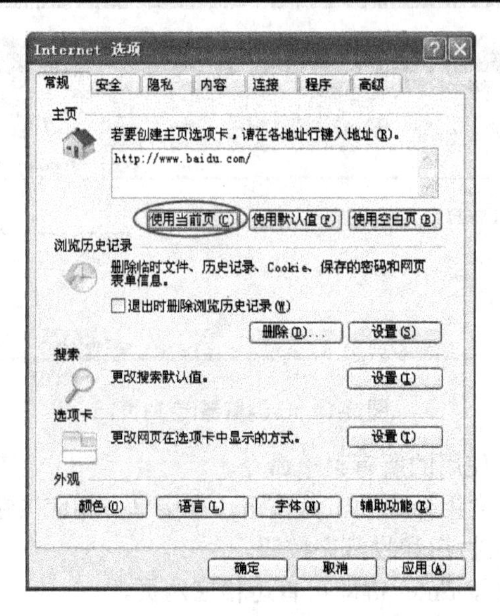

图 2-3　使用当前页作为主页

知识链接：设置主页的其他方法

运行浏览器，打开百度网站。在百度网站的首页，就有【把百度设为首页】的提示，单击该提示，就可以将百度设为主页。(有些网站若没有该提示，这种方法就不可以实现。)

3. 利用地址栏访问网站

要想查找有关“春运”的资料，可以登录国内的一些主流网站，如新浪网站。使用地址栏就是一个常用的方法，具体操作步骤如下。

在地址栏中输入新浪网站的网址(http：//www.sina.com.cn/)，按 Enter 键或者单击地址栏右侧的【转到】按钮就可以打开新浪网站的页面，如图 2-4 所示。

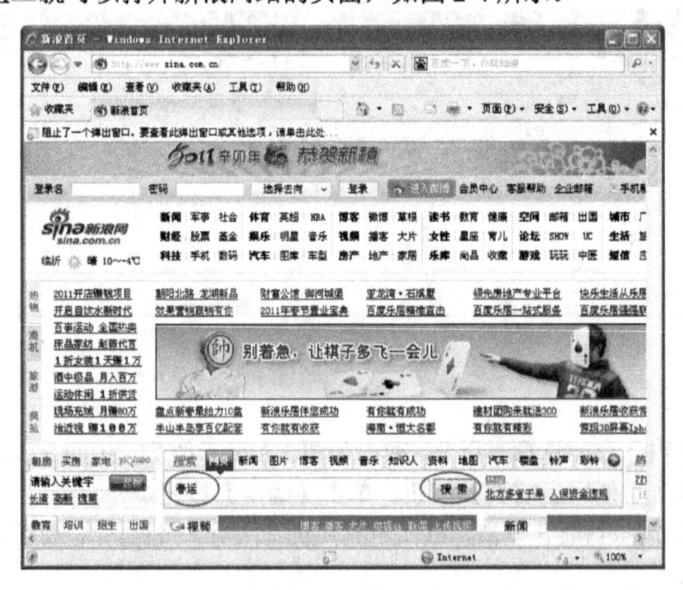

图 2-4　新浪首页

在新浪首页的【搜索】文本框内输入关键词“春运”，单击右侧的【搜索】按钮，即可打开如图 2-5 所示的关于“春运”的 Google 搜索页面，通过单击自己感兴趣的链接就可以打开相关页面，查找相关资料了。

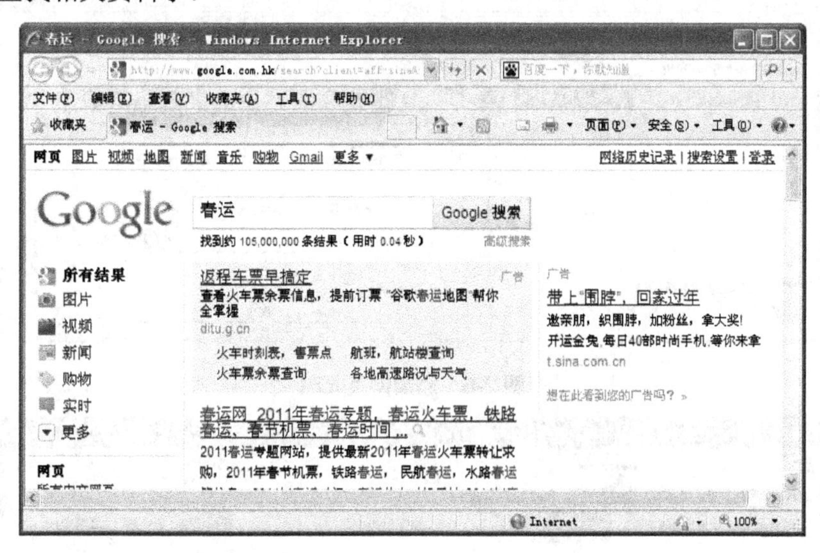

图 2-5　Google 搜索“春运”页面

> **小提示**
>
> 几个常用工具按钮。
>
> 如果【前进】和【后退】按钮呈现亮色，表明可以通过单击该按钮返回上一个(或下一个)浏览过的页面；如果呈现灰色，表明是不可执行的。如果不想浏览该内容，直接把该窗口关闭即可。
>
> 如果长时间在网上浏览，较早浏览的网页可能已经被更新，特别是一些提供实时信息的网页，例如浏览的是一个有关股市行情的网页，为了得到最新的网页信息，可通过单击【刷新】按钮来实现网页的更新。

4. 收藏网页

1) 添加页面到【收藏夹】

钱先生发现一个【中文搜索引擎指南网(搜网)】网站，里面的内容自己以后会经常查阅，为了方便以后使用，可以把该网站的网址添加到【收藏夹】中。具体操作步骤如下。

在当前页面执行【收藏夹】命令(或者单击【收藏夹】按钮)，弹出相应的下拉菜单，执行【添加到收藏夹】命令，弹出如图 2-6 所示的【添加收藏】对话框。

在【名称】文本框中就会显示当前所浏览网页的名称，在【创建位置】下拉列表框中选择保存位置，也可以单击【新建文件夹】按钮自行创建新的位置。

单击【确定】按钮，这时在【收藏夹】中就会显示【搜索引擎-中文搜索引擎指南网(搜网)】网站的名称，如图 2-7 所示。

再次浏览该网站时，只需打开【收藏夹】，单击相应网站名称即可。

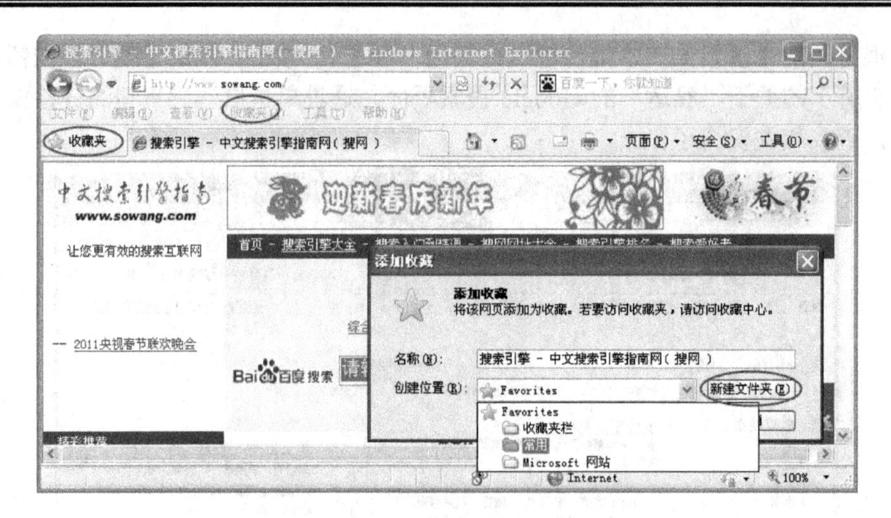

图 2-6　添加网页收藏

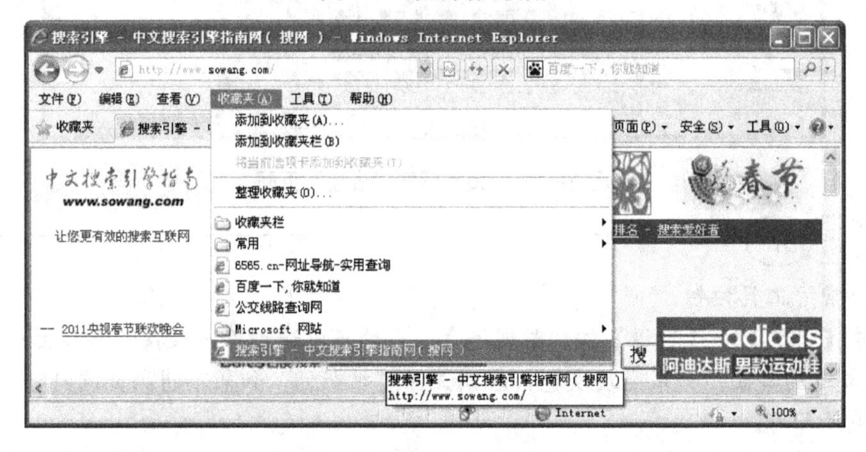

图 2-7　添加到【收藏夹】

2) 快速浏览收藏网页

再次打开浏览器后，单击【收藏夹】按钮，在弹出的下拉菜单中显示加入【收藏夹】中的内容，如图 2-7 所示。通过选择【收藏夹】中的网站名称，可以直接浏览该网站。例如，选择【搜索引擎-中文搜索引擎指南网(搜网)】选项，即可在 IE 浏览器中显示该页面。

5. 在新窗口中打开链接页面

钱先生发现，在【百度】主界面中，如果【知道】链接，随之显示的【知道】主界面就会将【百度】主界面取代，这是因为在一些页面中单击某个链接的时候，有些链接系统就会直接在原窗口中打开该网页。如果想在新窗口与原始窗口之间进行一些比较，这种打开网页的方式肯定不能满足要求。

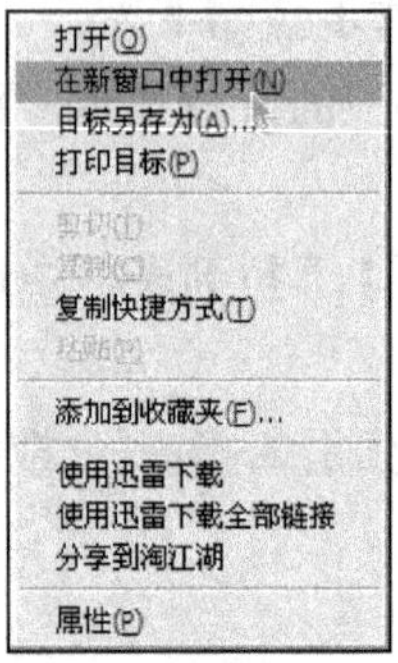

怎样采取弹出一个新窗口来显示链接内容呢？有以下两种操作方法。

1) 右击选中的链接，在弹出的快捷菜单中执行【在新窗口中打开】命令，如图 2-8 所示。

2) 按住 Shift 键，再单击某个链接，这样就可快速在新窗口中打开这个链接。

打开(O)
在新窗口中打开(N)
目标另存为(A)...
打印目标(P)
剪切(T)
复制(C)
复制快捷方式(T)
粘贴(P)
添加到收藏夹(F)...
使用迅雷下载
使用迅雷下载全部链接
分享到淘江湖
属性(R)

图 2-8　在新窗口中打开

知识链接：【后退】按钮的使用

在使用 IE 浏览器进行网上冲浪时，常常会遇到这样的情况，即单击某些网页中感兴趣的链接时，并没有弹出一个新窗口，而是在原窗口中打开链接。要想回到最初的页面，就要进行一系列“后退”的动作。这样做，很浪费时间。如何快速返回到之前打开过的网页？

IE 浏览器提供了直接后退到某一步的功能，用户可利用它直接返回本次浏览操作中任意一个浏览过的网页，其操作步骤是单击【后退】按钮旁边的下三角按钮，此时系统就会将用户此次浏览操作中浏览过的所有页面列表名称显示出来，只需从中选择某个网页的名称，IE 就会快速返回该网页，非常方便，如图 2-9 所示。

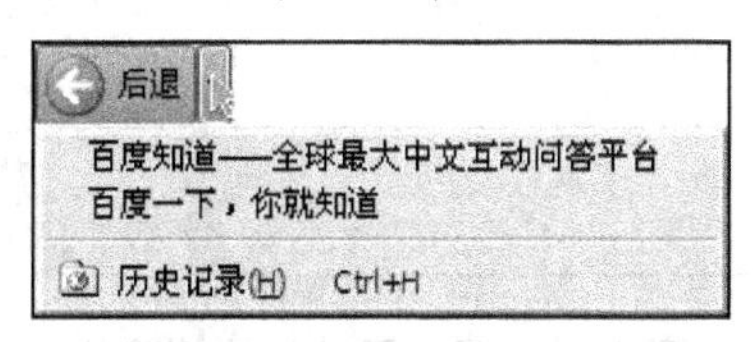

图 2-9 快速【后退】功能

6. 历史记录

钱先生前几天浏览过几个有意思的网站，并没有将其添加至【收藏夹】。现在想重新登录访问过的 Web 网页，应该怎样操作呢？

可以使用 IE 浏览器中的【历史记录】功能打开几天前浏览过的网页，具体操作步骤如下。

按快捷键 Ctrl+Shift+H，打开【历史记录】窗格，如图 2-10 所示。窗格中将显示按时间排列的最近访问过的网站和网页的链接，单击这些链接可以打开网站上相应的网页。

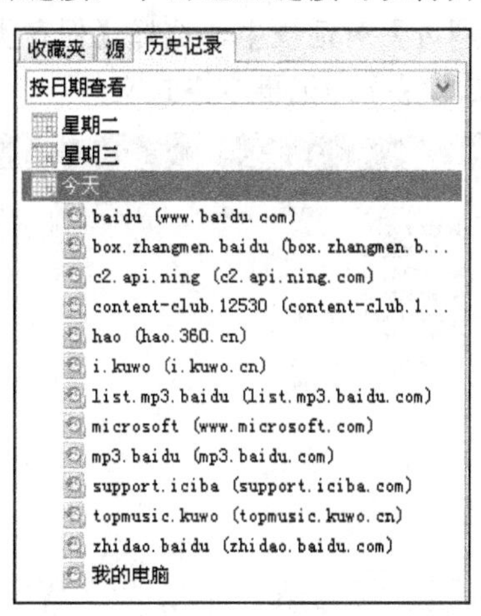

图 2-10 【历史记录】窗格

7. 保存网页

1) 保存网页图片

从网页中看到了一幅非常漂亮的图片，今后可能需要，就把它保存下来吧。保存网页图片的操作步骤是右击要保存的图片，从弹出的快捷菜单中执行【图片另存为】命令，如图 2-11 所示。

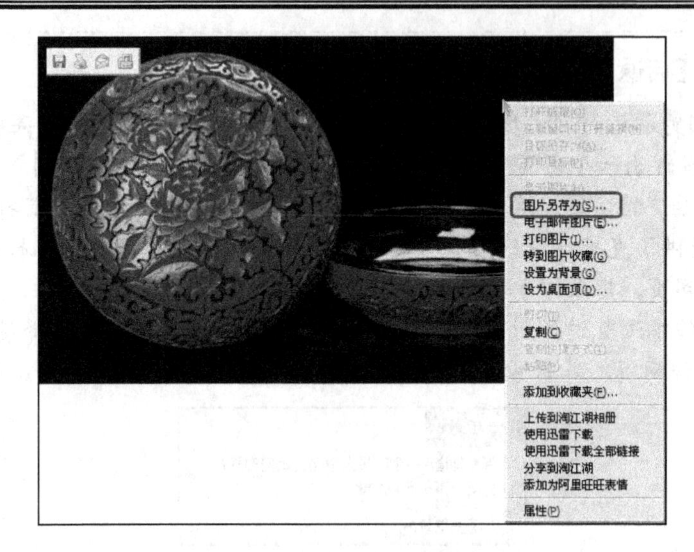

图 2-11　保存图片的快捷菜单

小 提 示

右击找到的图片，从弹出的快捷菜单中执行【设为桌面项】命令，如图 2-11 所示，即可将页面中的图片设置为桌面墙纸。

2) 保存网页文字

如果只想保存网页中的文本，可以采用【另存为】命令，具体操作步骤如下。

执行【文件】|【另存为】命令，弹出【保存网页】对话框，如图 2-12 所示。

在如图 2-12 所示的【保存网页】对话框中，选择【保存类型】为【文本文件(*.txt)】，单击【确定】按钮，可以将网页文本保存为记事本格式文件。

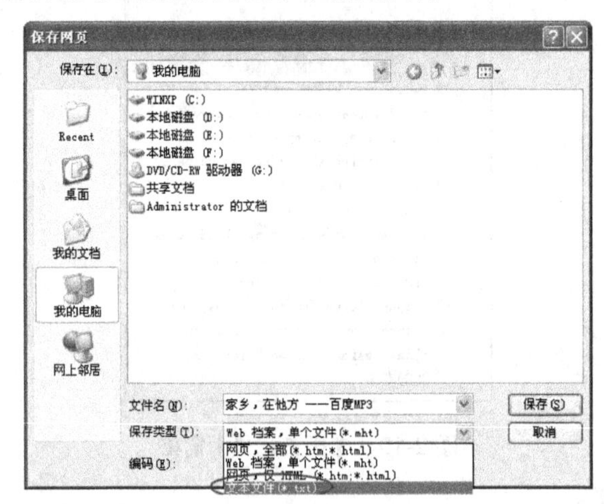

图 2-12　【保存网页】对话框

3) 保存网页

对于只想浏览的个别网页，还可以将它们保存起来。保存网页的方法和保存网页文字相似，在【保存网页】对话框中选择【保存类型】为【网页，全部(*.htm; *.html)】即在保存位置生成一个 IE 浏览器类型文件，双击该文件图标，即可使用 IE 浏览器打开网页查阅。

2.1.2　IE 选项设置

1. 清除历史记录

经过一段时间的上网冲浪，钱先生感觉到计算机的运行速度不比从前了，这是什么原因造成的呢？

原来，IE 浏览器在上网过程中会自动把浏览过的图片、动画、Cookie 文本等数据信息保留在系统磁盘的默认路径下，目的是便于下次访问该网页时迅速调用已保存在磁盘中的文件，从而加快打开网页的速度。然而，上网的时间较长时，临时文件夹的容量就会越来越大，这样容易导致磁盘碎片的产生，影响系统的正常运行。用户可以采取两种措施减轻系统负担。

1) 移动文件夹

在 IE 浏览器中执行【工具】|【Internet 选项】命令，弹出如图 2-13 所示的【Internet 选项】对话框。

在【常规】选项卡中单击【浏览历史记录】选项区域内的【设置】按钮，弹出如图 2-14 所示的【Internet 临时文件和历史记录设置】对话框。

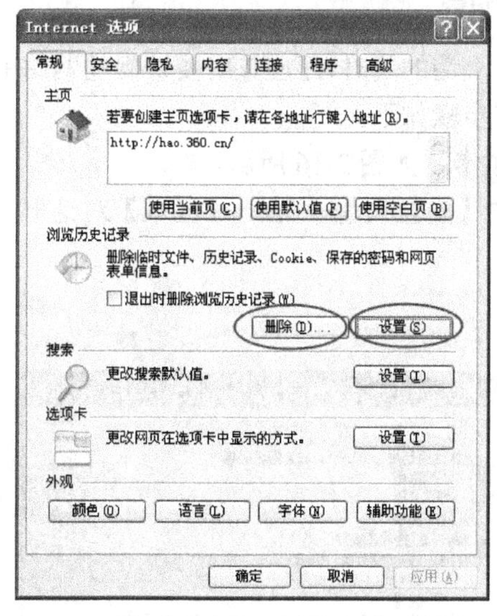

图 2-13　【Internet 选项】对话框

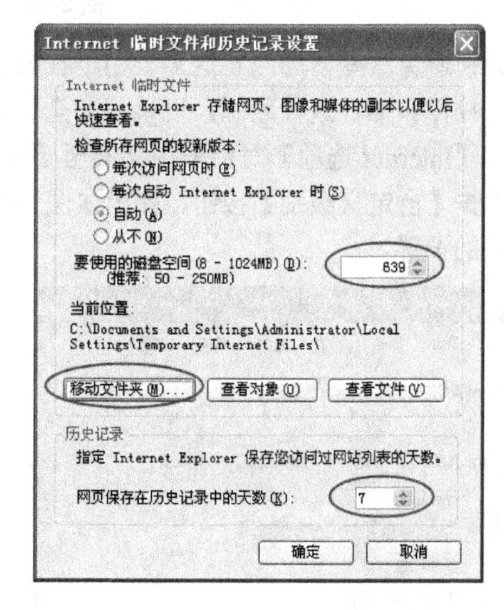

图 2-14　设置 IE 临时文件夹

单击【移动文件夹】按钮并设置为 C 磁盘以外的路径；然后再依据所用计算机硬盘空间的大小来设置临时文件夹的容量大小；还可以改变网页保存在历史记录中的天数。

这样，既可以减轻系统的负担，也可以在系统重新安装后快速恢复临时文件。

2) 删除历史记录

在【常规】选项卡中单击【浏览历史记录】选项区域内的【删除】按钮，弹出如图 2-15 所示的【删除浏览的历史记录】对话框。勾选需要删除的文件类型或者勾选所有复选框，单击【删除】按钮，即可将计算机中保存的历史记录删除。

2. 选择安全级别

Java、JavaApplet、ActiveX 等程序和控件在为用户浏览网站时提供精彩特效的同时，一些恶意的网络破坏者们却经常采用在网页源文件中加入恶意的 Java 脚本语言或嵌入恶意控件的方法，非法窃取用户的信息，从而给用户带来上网的安全隐患。

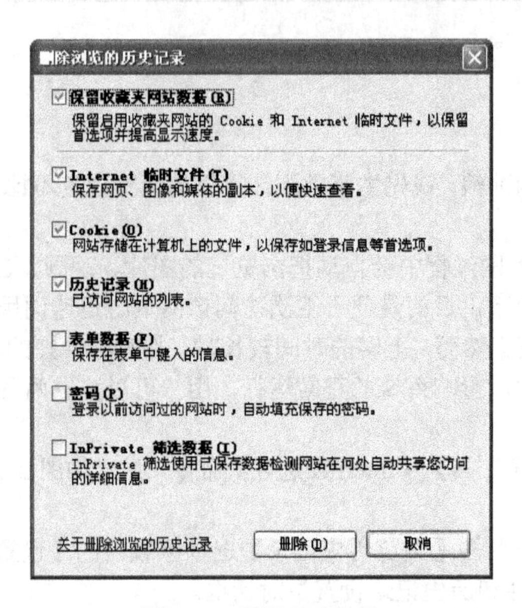

图 2-15　删除历史记录

如何避免这些问题呢？这需要用户在安装正版防火墙的同时，还应该对要访问的网站中的脚本、控件和插件进行限制，以确保安全。具体操作步骤如下。

在【Internet 选项】对话框中切换至【安全】选项卡，如图 2-16 所示。

单击【自定义级别】按钮，弹出如图 2-17 所示的【安全设置—Internet 区域】对话框，进行相关的设置。

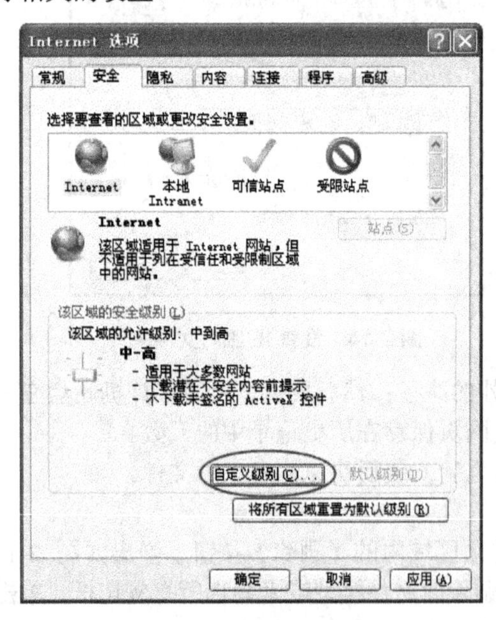

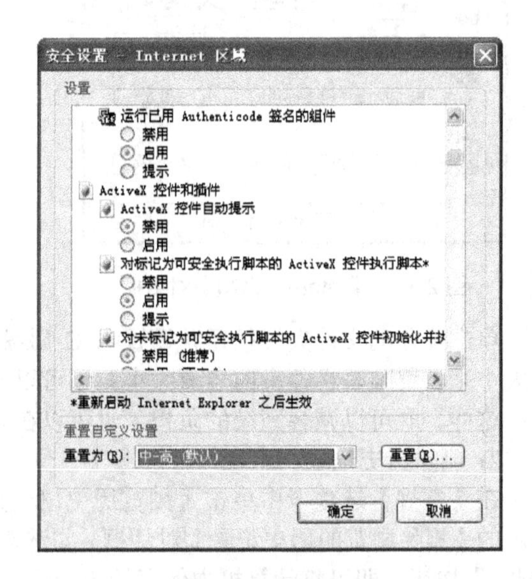

图 2-16　IE 安全选项　　　　图 2-17　安全设置

在这里可以对【ActiveX 控件和插件】、【脚本】、【下载】、【用户验证】等安全选项进行选择性设置，如【禁用】、【启用】或【提示】。如果对相关选项不熟悉，用户可在【重置为】下拉列表框中选择安全级别。

任务 2.2　使用搜索引擎进行网络查询

任务导读

2012 年春节文艺晚会落下了帷幕，周先生想搜集、整理有关春晚的图片、文字以及视频资料。网络上有关的资料虽然丰富，但是，面对浩如烟海的各种资源，周先生却感到无从下手，如何才能高效地从网络中查找到想要的资料呢？

任务分析

Internet 是一个广阔的信息海洋，漫游其间而不迷失方向有时会是相当困难的。如何快速、准确地在网上找到需要的信息已变得越来越重要。搜索引擎(Search Engine)是一种网上信息检索工具，在浩瀚的网络资源中，它能帮助用户迅速而全面地找到所需要的信息。

学习目标

- 了解搜索引擎的相关知识
- 有效使用网络检索信息
- 常见的搜索引擎和常见的网络信息检索方法
- 怎样使用搜索引擎来高效地查找网络信息

任务实施

2.2.1　认识搜索引擎

1. 什么是搜索引擎

搜索引擎是一种能够通过 Internet 接受用户的查询指令，并向用户提供符合其查询要求的信息资源网址的系统。当用户输入关键词(Keyword)查询时，该搜索引擎会列出包含该关键词信息的所有网址。搜索引擎既是用于检索的软件，又是提供查询、检索的网站。所以，搜索引擎也可称为 Internet 上具有检索功能的网页。

各种搜索引擎的主要任务都包括以下 3 个方面。

1) 信息搜集。各个搜索引擎都派出绰号为蜘蛛(Spider)或机器人(Robots)的网页搜索软件，在各网页中“爬行”，访问网络中公开区域的每一个站点并记录其网址，将它们“带回”搜索引擎，从而创建出一个详尽的网络目录。

2) 信息处理。将网页搜索软件“带回”的信息进行分类整理，建立搜索引擎数据库，并定时更新数据库的内容。在信息分类整理阶段，不同的搜索引擎会在搜索结果的数量和质量上产生明显的差异。有的搜索引擎把网页搜索软件发往每一个站点，记录下每一页的所有文本内容，并收入到数据库中从而形成全文搜索引擎；而另一些搜索引擎只记录网页的地址、篇名、特点的段落和重要的词。

3) 信息查询。每个搜索引擎都必须向用户提供一个良好的信息查询界面，一般包括分类目录及关键词两种信息查询途径。分类目录查询是以资源结构为线索，将网上的信息资源按内容进行层次分类，使用户能依线性结构逐层逐类检索信息。关键词查询是利用建立的网络资源索引数据库向网上用户提供查询“引擎”。用户只要把想要查找的关键词或短语输入查询框中，并单击 Search 按钮，搜索引擎就会根据输入的提问，在索引数据库中查找相应的词语，并进行必要的逻辑运算，最后给出查询的命中结果(均为超文本链接形式)。

2. 著名的中文搜索引擎

国内现有的著名的中文搜索引擎包括百度、Google、雅虎、搜狐、搜狗、新浪、(新浪)爱问、(网易)有道等。

3. 常用的学术搜索引擎

1) 读秀学术搜索引擎

读秀学术搜索引擎是一个非常优秀的检索工具，其页面如图 2-18 所示，它可以搜索 200 万种图书的目录或者全文。例如，输入要检索的人名，会列出大量存在于图书中的人物信息，并且可以免费看到部分内容，这是查找高质量信息的首选工具之一。

图 2-18　读秀学术搜索首页

2) 图书馆目录

图书馆在线目录都有著者的检索途径，从这里可以检索到某位作者的相关著作，还可以人名为关键词再进行综合搜索，往往能找到关于某人的传记和研究资料。在目录详细著录的内容里往往有著者的简要信息，尤其是一些高质量的图书馆目录，如中国国家图书馆目录(见图 2-19)、香港中文大学图书馆目录等。

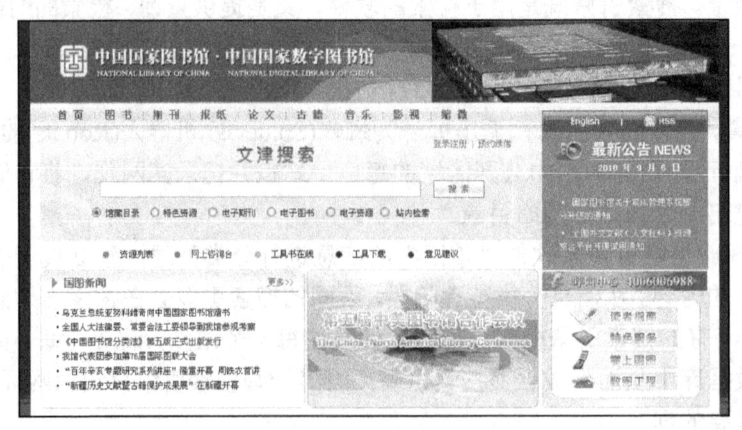

图 2-19　中国国家图书馆首页

3) 数字化图书论文网站

网上的数字图书论文网站——超星图书馆。用户可以通过该网站的图书目次检索途径检索到许多人物传记信息。图 2-20 所示为超星数字图书馆的首页。

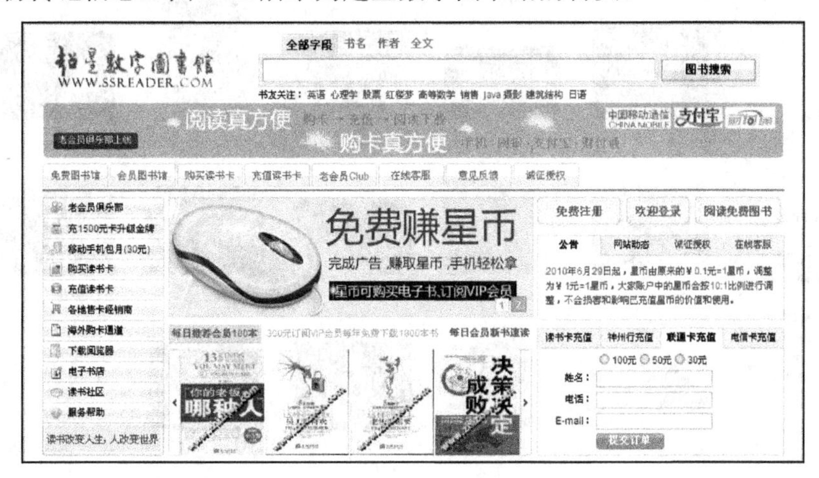

图 2-20 超星数字图书馆首页

4. 常用的咨询服务网站

查询信息还可利用网络交流工具，如论坛、图书馆免费咨询服务等获得，下面介绍一些重要咨询服务网址。

网上联合知识导航站(http://zsdh.library.sh.cn:8080/)、联合参考咨询网(http://59.42.244.59/readers/index.aspx)、爱问知识人(http://iask.sina.com.cn/rank/)、百度知道(http://zhidao.baidu.com/)、雅虎知识堂(http://ks.yahoo.com/)。

2.2.2 百度搜索引擎

1. 查找“兔年”图片

在百度搜索引擎查找图片有两种操作方法。

1) 直接搜索

如要查找“兔年新春”壁纸图片，首先打开百度首页，单击【图片】链接，在文本框中输入“兔年新春”，即可弹出一系列有关关键词，如图 2-21 所示。

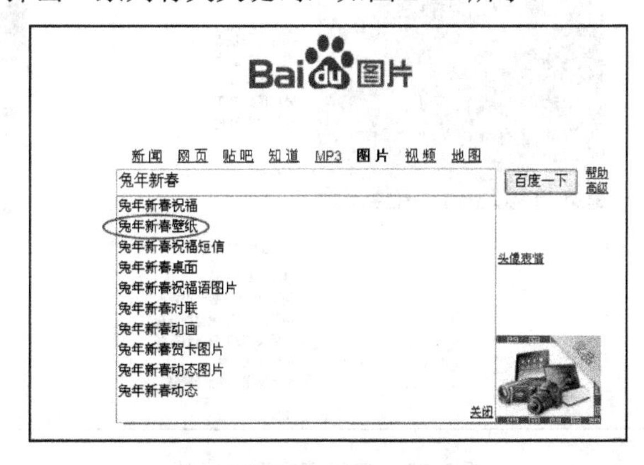

图 2-21 百度【图片】首页

选择其中的“兔年新春壁纸”选项，进入如图 2-22 所示的界面，从中选择所需要的图片(如第一幅图片)。

图 2-22　搜索需要的图片

在弹出的新窗口左侧，可以浏览放大的图片(右侧为其他图片的缩略图)，如图 2-23 所示。右击该图片，在弹出的快捷菜单中执行【图片另存为】命令，即可将该图片保存到本地磁盘中。

2) 特殊搜索

按照直接搜索的操作步骤显示出所搜索的图片，还可按照特殊要求做进一步筛选图片。

设置尺寸。单击直接搜索所显示的图片界面的左侧【筛选】工具栏中的【精确】链接，在弹出的文本框中输入宽 1024 和高 768(也可以在【特殊尺寸】、【大尺寸】、【中尺寸】、【小尺寸】选项中选择不同尺寸的要求)，单击【确定】按钮，得到缩小范围后的图片缩略图界面。

图 2-23　下载搜索到的图片

选择底色。单击左侧【筛选】工具栏中的【全部颜色】选项区域中的【黄色】链接，得到符合该底色要求的搜索范围内图片略图界面，如图 2-24 所示。

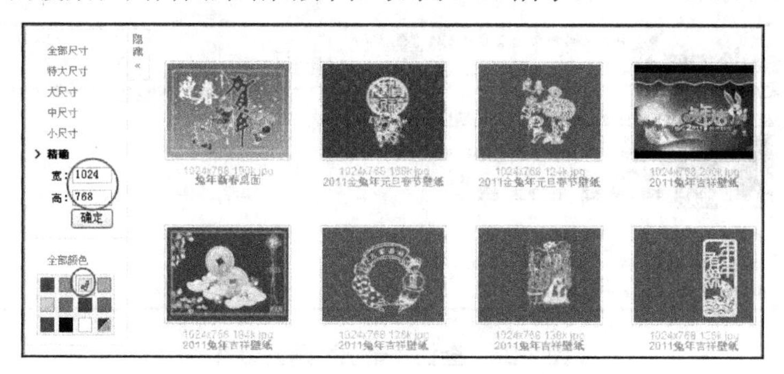

图 2-24　特殊搜索结果

2. 查找“春晚”资料

1) 多关键词搜索

查找“兔年 春晚”视频。打开百度首页，在文本框中输入“兔年”，单击【视频】链接，切换至百度视频网页。

在百度视频网页的文本框中可以看到输入的“兔年”关键字，单击【百度一下】按钮，跳转至如图 2-25 所示的界面，可以看到只有单个关键词的搜索结果(相关视频 23008 个)。

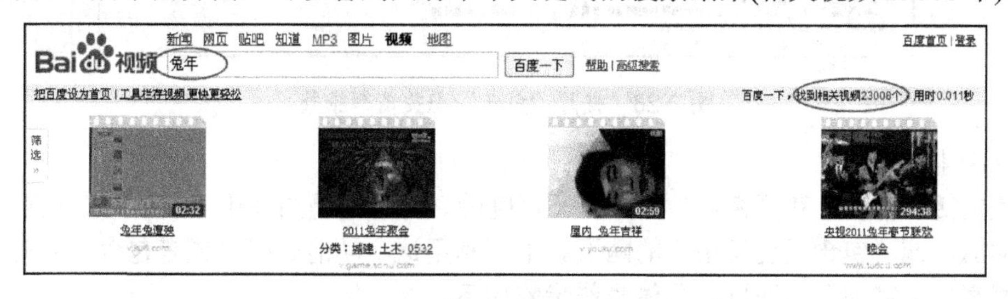

图 2-25　单关键词搜索结果

在“兔年”关键词后加一个空格，输入“春晚”关键词，单击【百度一下】按钮，即可跳转至如图 2-26 所示的界面，显示多关键词的搜索结果(相关视频 8231 个)。

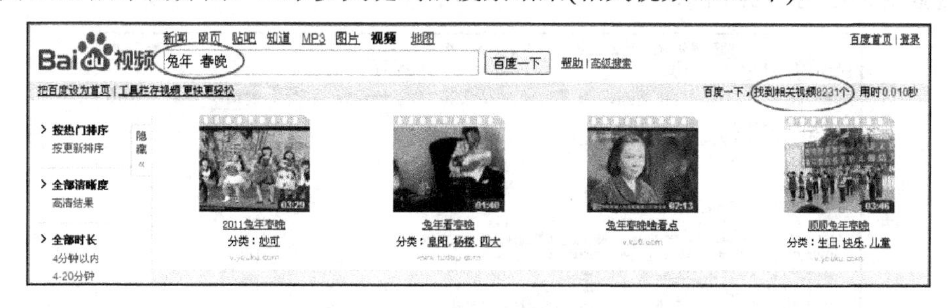

图 2-26　多关键词搜索结果

2) 减除无关资料

搜寻关于“春晚”的网页，但不含“兔年”的资料。有时候，排除含有某些词语的资料有利于缩小查询范围。百度搜索引擎支持“A –B”功能，用于有目的地删除某些无关网页，但减号之前必须留一空格。如想查找包含“春晚”关键词但是不包含“兔年”关键词的网页，具体操作步骤如下。

打开百度首页，切换至【网页】首页。在文本框中输入“春晚”，单击【百度一下】按钮，得到如图 2-27 所示的搜索结果(找到相关网页 100 000 000 篇)。

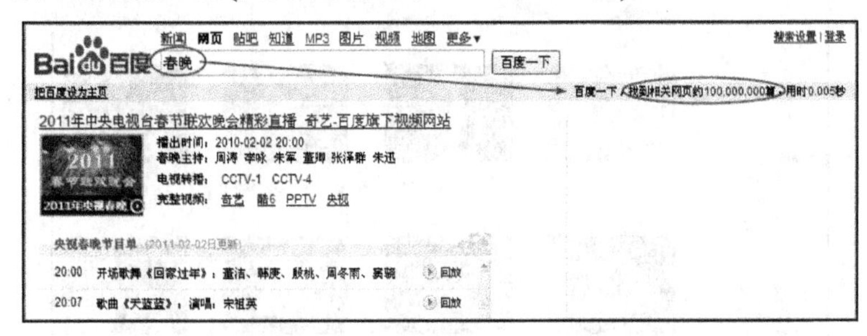

图 2-27　查找“春晚”网页结果

在“春晚”关键词后面输入空格，然后输入“-兔年”，单击【百度一下】按钮，即可看到如图 2-28 所示的搜索结果页面(找到相关网页 35 900 000 篇)。

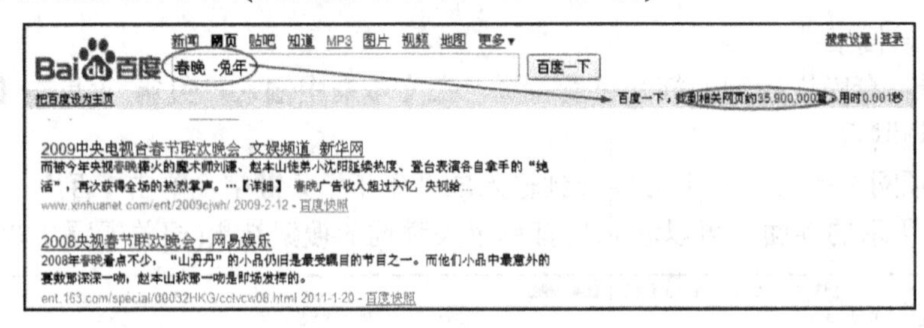

图 2-28　减除“兔年”无关资料结果

3) 并行搜索

查找包括“春晚”和“相声”的网页。百度的并行搜索是指使用“A|B”来搜索“或者包含关键词 A，或者包含关键词 B”的网页。下面利用这一功能查找“或者包含‘春晚’，或者包含‘相声’关键词”的网页，具体操作步骤如下。

要查询“春晚”或“相声”相关资料，无须分两次查询，只要输入“春晚|相声”关键词，单击【百度一下】按钮搜索即可。百度搜索引擎会提供跟“|”前后任何关键词相关的网站和资料。搜索结果如图 2-29 所示。

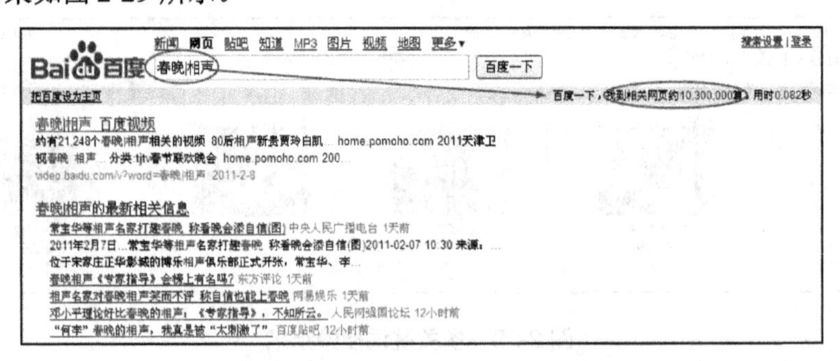

图 2-29　并行搜索“春晚|相声”结果

2.2.3　Google 搜索引擎

在浏览器中输入 Google 搜索引擎的网址 http://www.google.cn/，系统会自动判断当前操作系统的语言种类而确定 Google 界面语言。Google 的首页简洁、明快，如图 2-30 所示。

图 2-30　Google 首页

1. 关键词搜索

Google 关键词搜索有 4 种形式，单关键词搜索(只有一个关键词)、多关键词搜索(必须同时包含多个关键词，用“+”或者空格将多个关键词连接起来)、不包含某些关键词搜索(用“A−B”表示搜索结果包含关键词 A 但是不包含关键词 B)、至少包含多个关键词之一搜索(用“A OR B”表示在搜索的结果中要么包含关键词 A，要么包含关键词 B，要么同时包含 A 和 B)。

1) 搜索同时包含关键词“春晚”、“小品”的网页

打开 Google 搜索主页，在文本框中输入“春晚+小品”，单击【Google 搜索】按钮，得到同时包含“春晚”和“小品”两个关键词的网页，如图 2-31 所示。

图 2-31　多关键词搜索

2) 搜索包含 3 个关键词中至少一个的网页

搜索包含 3 个关键词“2011 春晚”、“魔术”、“杂技”中至少一个的网页。打开 Google 搜索主页，在文本框中输入“2011 春晚 OR 魔术 OR 杂技”，按 Enter 键，得到如图 2-32 所示搜索结果。

图 2-32　“2011 春晚 OR 魔术 OR 杂技”的搜索结果

2. 【手气不错】按钮

Google 首页中有个【手气不错】按钮，在文本框中输入关键词后，单击【手气不错】按钮，IE 浏览器将自动打开 Google 查询到的第一个网页而看不到其他的搜索结果。

例如，在文本框中输入“2011 春晚”，单击【手气不错】按钮，浏览器直接打开如图 2-33 所示的“易车网”主题界面。

图 2-33　单击【手气不错】按钮的搜索结果

知识链接：Google 高级搜索

以上的各种搜索方法在实际中可以结合在一起使用，如果感到搜索结果仍不理想，还可以使用 Google 的【高级搜索】功能。

在 Google 首页，单击文本框右侧的【高级搜索】链接，打开如图 2-34 所示的界面。可以对搜索结果、语言、地区、文件格式、日期、字词位置、网站和使用权限等条件进行详细地设置。

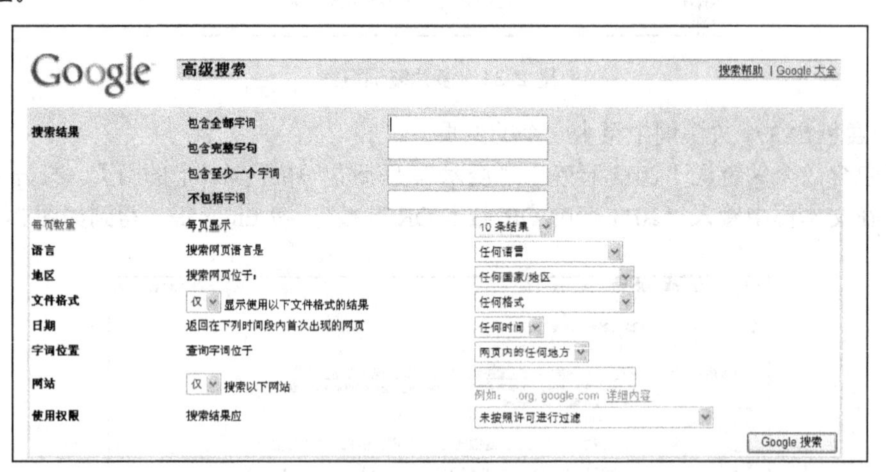

图 2-34　高级搜索

3. 视频搜索

使用 Google 的视频搜索功能可以搜索热门网络视频。利用该功能搜索有关“春晚+赵本山”视频的具体操作步骤如下。

打开 Google 主页，单击【视频】链接，即可打开如图 2-35 所示的视频搜索界面(在文本框的下方是 Google 设定好的分类，默认的有【热门视频】、【最新视频】、【高清电影】、【音乐】、【体育】等共计 10 个栏目，可以直接选择感兴趣的类别进行搜索)。

在文本框中输入“春晚+赵本山”关键词，单击【搜索视频】按钮，可以得到相应的搜索结果。

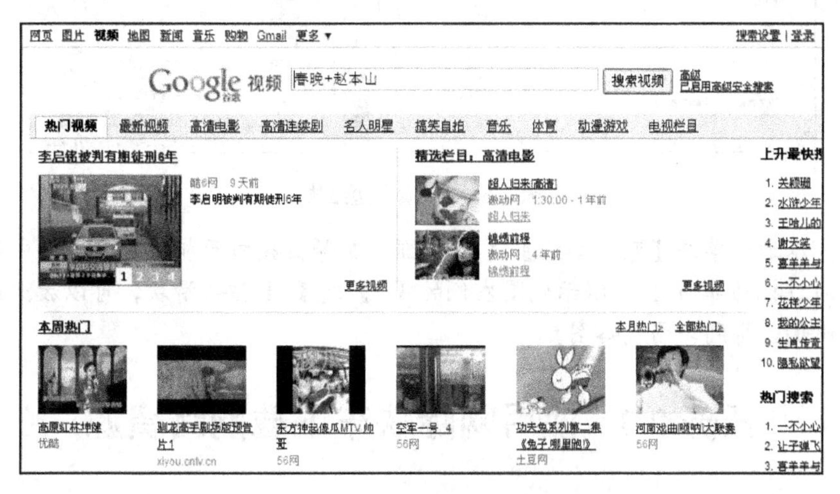

图 2-35 Google 视频搜索界面

4. 地图搜索

周先生想查询一下 2011 年央视春晚演播大厅周边的公交路线，在此可以利用 Google 的地图搜索功能帮助解决。

使用 Google 的地图搜索可以查询地址、搜索周边和规划路线。具体操作步骤如下。

打开 Google 主页，单击【地图】链接，在文本框中输入“中央电视台演播厅”关键词，单击【搜索地图】按钮，显示如图 2-36 所示的搜索结果。

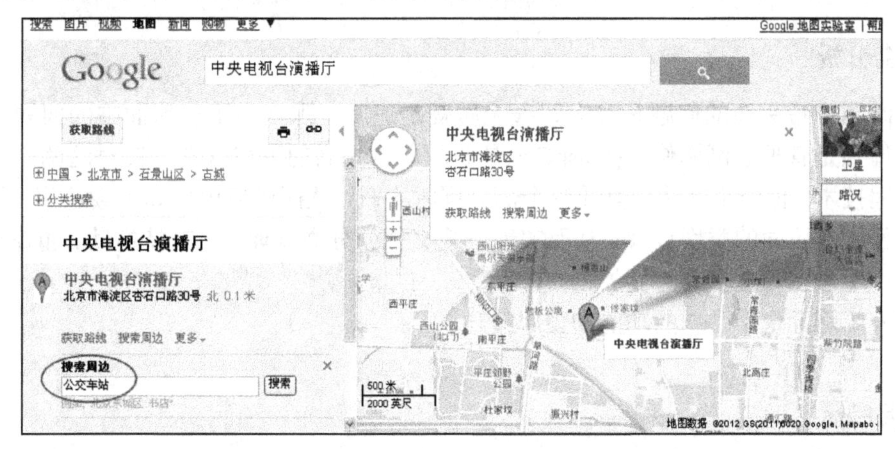

图 2-36 Google 地图搜索结果

单击右侧窗格的【搜索周边】链接，弹出如图 2-37 所示的文本框，从中输入关键词“公交车站”，单击文本框右侧的【搜索】按钮，得到如图 2-37 所示的搜索结果。

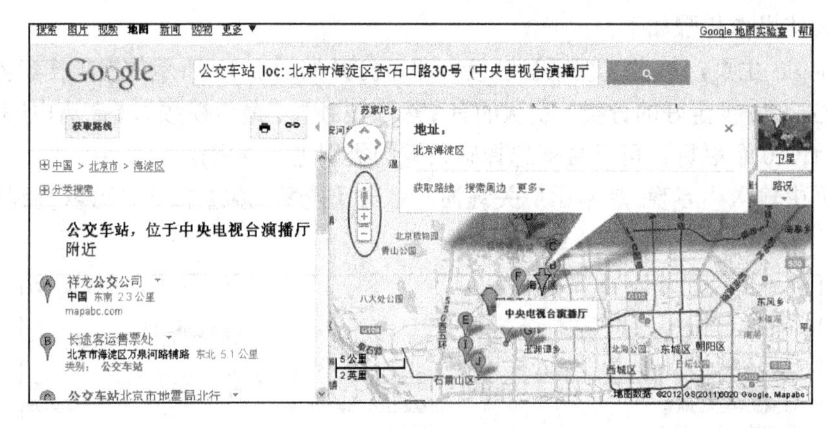

图 2-37　搜索周边结果

注意：可以通过单击【获取路线】、【公交/驾车】等链接打开相关页面，从中查找更为详细的资料。通过拖动如图 2-37 所示地图左侧的【+】或【-】按钮滑块，可以放大或缩小当前地图的显示比例，得到详图或略图。

任务 2.3　使用网际快车下载网络资源

任务导读

李先生家中刚刚购买了计算机，很快他就学会了上网“冲浪”，同时领略到网络资源共享的极大乐趣，经常下载软件、歌曲、电影等。而他目前仅仅知道利用 Windows 操作系统中的【目标另存为】下载功能，来下载网页中的文本、图片、视频等文件到本地磁盘。然而，当下载的文件数据量较大，或者网络繁忙时，使用 Windows 系统的下载功能，其下载速度十分缓慢，令他无法忍受。那么，有没有好的工具软件来帮助李先生呢？

任务分析

下载时用户最关注的问题是什么？毫无质疑是速度；那么，下载后面临的问题又是什么呢？众所周知是管理。网际快车(FlashGet)是一款非常知名的下载软件，针对这两个问题，其采用多线程技术，把一个文件分割成几个部分同时下载，从而成倍地提高下载速度；同时可以为下载文件创建不同的类别目录，从而实现下载文件的分类管理，且支持拖动、重命名、查找等功能，令用户在管理文件时更加得心应手。

下面介绍网际快车 3.7 的功能和使用技巧。

学习目标

- 认识网际快车 FlashGet 3.7
- 网际快车的选项设置
- 单任务下载和批量下载
- 网际快车的视频功能

任务实施

2.3.1　设置网际快车

1. 认识网际快车

目前最新版的网际快车为 FlashGet 3.7 版本，通过登录网际快车官方网站即可下载并安装 FlashGet 3.7 软件。安装完毕，即可自动打开 FlashGet 3.7 的主界面，如图 2-38 所示。

主界面的左侧是 FlashGet 3.7 下载文件管理的分类目录，右侧默认显示的是【资源中心】页面，当执行下载任务时将变为显示文件下载状态。软件启动后，会在桌面上显示一个悬浮窗图标，用来显示下载的流量图和下载状态以便用户查看下载情况。

FlashGet 3.7 的界面以灰色为主色调，界面设计更有立体感，更加友好、更加人性化。例如，菜单变成靠右显示、简化了资源中心、突出了资源搜索(电影)功能、【新建下载任务】按钮及 IP 地址显示等。

图 2-38　FlashGet 3.7 的主界面

1) 下载管理更方便

FlashGet 3.7 提供了更加智能的下载管理，例如，下载前自动检查文件大小判断磁盘空间、对下载文件依据扩展名自动分类、错误提示、便捷的分组功能，让任务管理及操作更加方便等，让文件下载更加人性化。

2) 资源中心更精彩

资源中心可以让用户随意查看、定制、搜索资源，单击主界面中的各项链接，就可以在打开的资源库中搜寻自己要下载的资源。

3) 影视搜索快如闪电

FlashGet 3.7 将【影视搜索】功能独立出来，这样可以更加方便用户进行电影、音乐等资源的即时搜索。

2. FlashGet 3.7 的选项设置

为了方便用户的下载和任务管理，需要对 FlashGet 3.7 进行【选项】设置，具体操作步骤如下。

1) 开机启动 FlashGet 3.7

假期到了，李先生喜欢在家中看电影，那么让 FlashGet 3.7 随系统启动是一个很方便的方法，这样，就可以在第一时间利用 FlashGet 3.7 搜索和下载电影了。设置 FlashGet 3.7 开机启动的方法如下。

执行【工具】命令，即可看到第一项菜单命令【开机启动快车】，勾选此选项即可在下一次开机时自动启动 FlashGet 3.7，如图 2-39 所示。

2) 监视剪贴板

在浏览网页时，有许多可以链接的图片、文字等。如果想下载其中某个文件，只需其具有合法的 URL 网址(扩展名符合设置的条件)，就可以使用 FlashGet 3.7 的【监视剪贴板】功能将该 URL 自动添加到下载任务列表中。

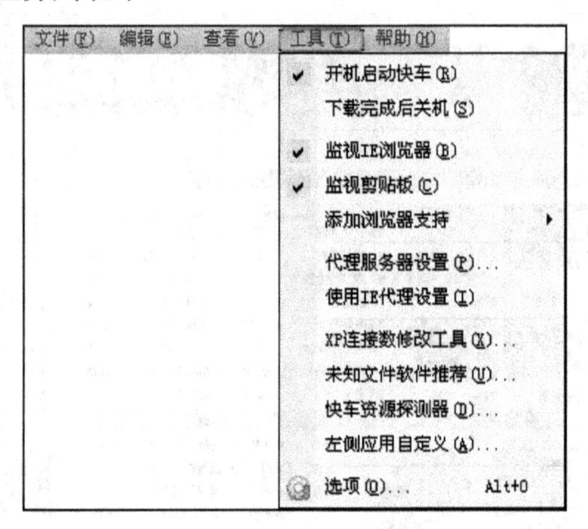

图 2-39 “工具”菜单

执行【工具】|【监视剪贴板】命令，如图 2-39 所示。打开要下载文件所在网页，如果该 URL 符合下载的要求，右击要下载文件的链接文字或图标，执行【复制到剪贴板】命令，弹出【新建任务】窗口，在该窗口的 URL 栏中已经默认为剪贴板中的链接地址。单击【确定】按钮，即可下载。

注意: 如果没有设置【监视剪贴板】，则没有该项功能。

3) 添加浏览器支持

李先生使用的是 360 安全浏览器，有自己的默认下载功能，如果想要使用 FlashGet 3.7 来代替，则执行【工具】|【添加浏览器支持】|【360 安全浏览器】命令，即可将 FlashGet 3.7 作为默认的下载工具。

4) 事件提醒

有时候，正在使用 FlashGet 3.7 下载文件时，不小心单击了【关闭】按钮，就会使下载的任务中途停止，造成不必要的麻烦。如果能够在退出 FlashGet 3.7 时给予任务提示就可以免除这样的事情。其具体操作步骤如下。

执行【工具】|【选项】命令，弹出如图 2-40 所示的【选项】对话框，在此对话框中，可

以通过单击不同的选项按钮进行不同的功能设置。

选择【基本设置】|【事件提醒】选项卡，在如图 2-41 所示的【事件提醒】选项区域中勾选【退出快车时有任务正在下载提示】复选框，单击【确定】按钮，就可以在关闭 FlashGet 3.7 时给予任务提示。

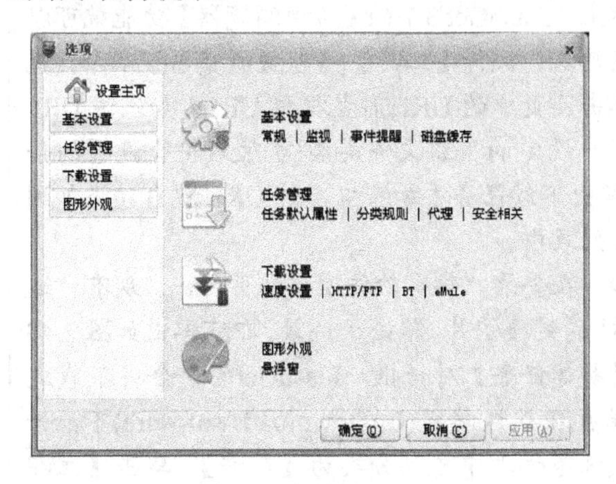

图 2-40 【选项】对话框

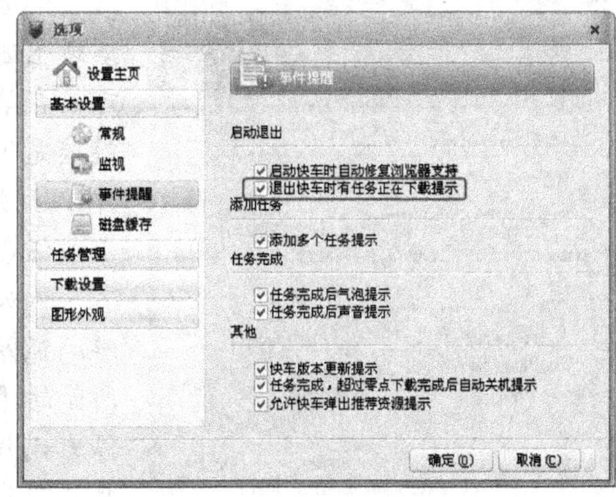

图 2-41 事件提醒

5) 下载完毕，即刻杀毒

网络上的文件，常常会带有病毒或者木马程序，下载到自己的计算机中如果直接打开或运行就可能会被病毒感染。为了在第一时间将可能的病毒或木马检测出来并做删除处理，可以利用 FlashGet 3.7 执行下载完毕后进行病毒扫描的工作，具体操作步骤如下。

执行【工具】|【选项】命令，弹出【选项】对话框。

选择【任务管理】|【安全相关】选项卡，勾选【下载完成后杀毒】复选框，通过单击【浏览】按钮找到本机中安装的杀毒软件程序，如“D:\Program Files\Rising\Rav\Rav.exe”(或者通过单击【自动检测】按钮由 FlashGet 3.7 自行设定)，如图 2-42 所示。

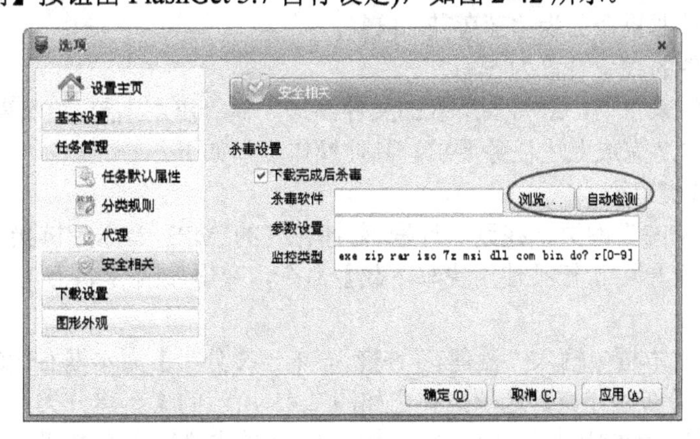

图 2-42 杀毒设置

单击【确定】按钮，完成杀毒设置。

除此之外，还可以利用【选项】对话框，根据自己的需要，自行设置 FlashGet 3.7 的全局功能、新建任务的默认属性、代理服务器信息、快车的任务数量、连接方式、BT 下载相关属性等。

知识链接：监视 IE 浏览器

由于李先生经常下载各类文件，如果能在登录某个下载页面时，FlashGet 3.7 能够在单击某处要下载的文件链接时，能够自动启动 FlashGet 3.7 下载该文件就非常方便了。

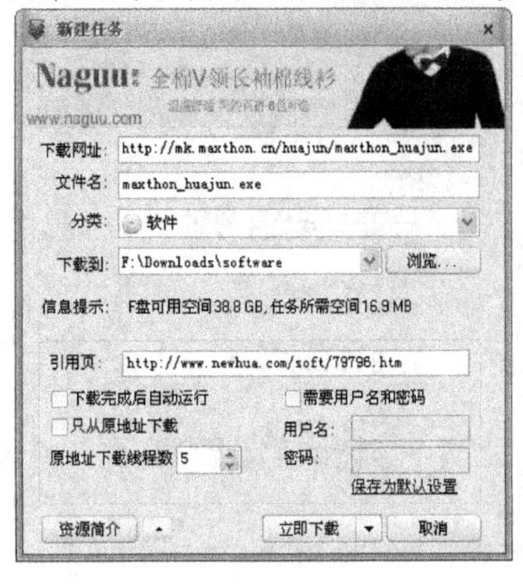

图 2-43 【新建任务】对话框

实际上，FlashGet 3.7 的【监视浏览器】功能就可以实现上述需求。执行【工具】|【监视浏览器】命令，就可以在单击网页中的 URL 时监视该 URL。如果该 URL 链接是用户设定的下载文件类型(扩展名符合设置的条件)，则弹出下载任务添加窗口，该 URL 就自动添加到下载任务列表中。

例如，在登录“华军软件园”网页时，发现有“遨游浏览器”的链接图片，单击该链接，即可弹出如图 2-43 所示的【新建任务】对话框，FlashGet 3.7 会将下载文件自动保存在默认路径(F:\Downloads\software)下，并且在下载任务管理中自动分类为【软件】。单击【立即下载】按钮，FlashGet 3.7 即可开始下载该文件。

2.3.2 使用 FlashGet 3.7 下载文件

1. 单任务下载

李先生想使用 FlashGet 3.7 下载歌手许巍的代表作《蓝莲花》，并且在下载的时候作如下的设置。

(1) 任务完成后，将下载的歌曲《蓝莲花》保存到 FlashGet 3.7 指定的目录“MP3”中。

(2) 将下载的歌曲保存到本地磁盘的“D:\song\许巍”路径下。

(3) 将下载的歌曲重命名为“蓝莲花-许巍”。

(4) 将下载文件的线程设置为 5。

(5) 为了方便将来查询，给将要下载的文件添加注释“留声十年 绝版青春 2005 LIVE”。

使用 FlashGet 3.7 完成上述任务要求，具体操作步骤如下。

1) 设置保存分类目录

利用百度的“MP3”网页，找到“许巍 蓝莲花”的 MP3 音乐超链接。右击该歌曲的链接，从弹出的快捷菜单中执行【使用快车下载】命令，弹出如图 2-44 所示的【新建任务】对话框。

在【文件名】文本框中输入“蓝莲花-许巍”。单击【分类】文本框右侧的下三角按钮，在下拉列表框中选择【新建分类】选项，弹出如图 2-45 所示的【新建分类】对话框，修改名称为“MP3”，选择目录为默认路径“F：\Downloads”，单击【确定】按钮返回【新建任务】对话框。

小提示

当选择 FlashGet 3.7 下载音乐文件时，在【新建任务】对话框中预先将该下载文件进行归类，默认的类别为“音乐”，该音乐文件会保存到该目录中。

图 2-44　新建下载任务

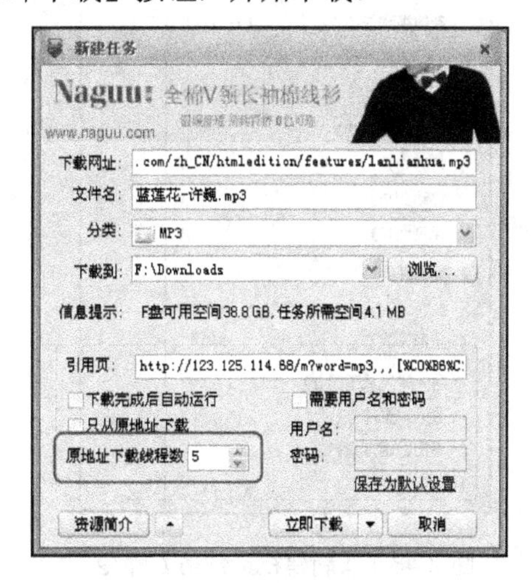

图 2-45　创建分类目录

2) 添加标签注释

在如图 2-46 所示的【新建任务】对话框下方的文本框中输入“留声十年 绝版青春 2005”标签注释文字。

3) 设置下载线程数

下载线程数就是把一个文件分成多个线程同时下载，这样会获得几倍于单线程的速度(最多 10 个线程)。单击如图 2-46 所示的【更多选项】按钮，打开如图 2-47 所示界面。在【原地址下载线程数】数字微调框中输入“5”，单击【立即下载】按钮，开始下载。

图 2-46　添加标签注释

图 2-47　设置下载线程数

小提示

有的用户希望分成更多的线程数，以为可以获得更快的速度，其实不然，分成的线程数越多，服务器的负担也越重，有可能导致服务器崩溃。为了防止这种情况，所以不会有更多的线程数并且也不赞成用户全部分成 10 个线程，一般使用 3～5 个线程即可。

2. 批量下载

李先生找到了一个网页，里面有非常美丽的风景图片，他想下载下来将来作为桌面屏保素材。可是由于图片文件数量很大，如果逐一下载，工作量非常大，有没有便捷的方法能够一次设定批量下载呢？

FlashGet 3.7 可以建立一个批量下载的任务。这样，当需要下载文件名相似的多个文件时，就可以使用这一项功能。其具体操作步骤如下。

1) 复制网址

网页图片一般在图片的命名上都有规律可循，最常见的就是会根据“从先到后”按照序列号的形式命名。

查找命名规律。打开要下载的图片网页，单击其中第一、二幅图片的页面，查看它们的命名是否有规律可循。

复制第一张图片页面的网址 http://www.yunnan-flower.org.cn/pict/wallshow/mjrh/1.jpg。

2) 建立批量下载任务

执行【文件】|【新建批量任务】命令，如图 2-48 所示，在弹出的【添加批量任务】对话框的【下载网址】文本框中粘贴第一张图片页面的网址，删除其中的字符，“1”改为“(*)”(注意使用英文符号)。这个地址中要将有规律变化的文件名用半角括号括起来，并且其中的文件名使用“*”代替，如图 2-49 所示。

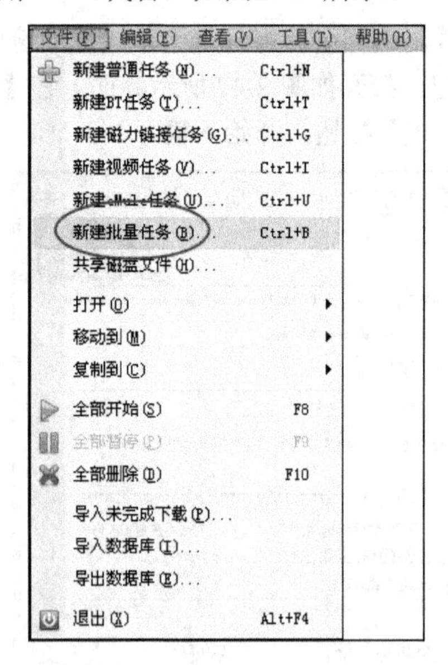

图 2-48 【新建批量任务】命令

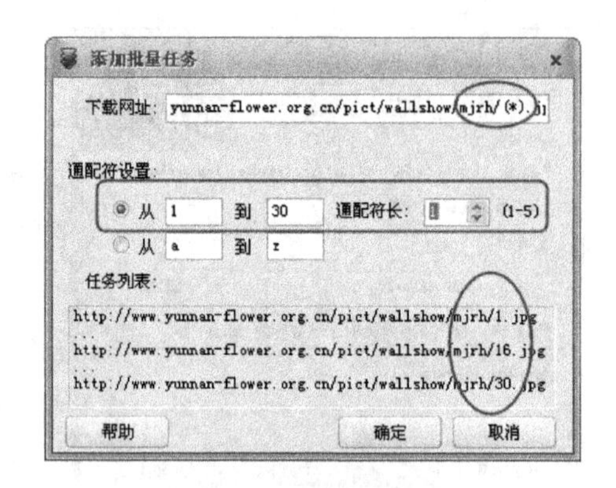

图 2-49 添加批量任务

在此要正确设置通配符，按照需要输入从“1”到“30”，通配符长度选择“1”位(就是*号代表的数值个数)。此时对话框下方的【任务列表】列表框中已经自动将需要批量下载的第一个文件和最后一个文件的 URL 地址显示出来，确认无误后单击【确认】按钮，即可返回【新建任务】对话框。

设置存放路径和目录。新建分类目录“图片”，按照默认保存路径，单击【确定】按钮开始自动批量下载，如图 2-50 所示。

文件名	预览	大小	进度		速度	资源	剩余时间
今天（56）							
5.jpg		770KB		100%		0/0	00:00:00
1.jpg		505KB		100%		0/0	00:00:00
2.jpg		352KB		100%		0/0	00:00:00
3.jpg		591KB		100%		0/0	00:00:00
4.jpg		712KB		100%		0/0	00:00:00
7.jpg		0 B		0.0%		0/0	00:00:00
8.jpg		0 B		0.0%		0/0	00:00:00
9.jpg		0 B		0.0%		0/0	00:00:00
11.jpg		0 B		0.0%		0/0	00:00:00
12.jpg		0 B		0.0%		0/0	00:00:00
10.jpg		0 B		0.0%		0/0	00:00:00
13.jpg		0 B		0.0%		0/0	00:00:00

图 2-50　开始批量下载

2.3.3　FlashGet 3.7 的管理功能

在 FlashGet 3.7 主界面左侧单击【完成下载】按钮，可以看到前面步骤中创建的目录“MP3”、“图片”等，以及刚刚下载完成的“蓝莲花-许巍.mp3”音乐文件和批量下载的图片文件，如图 2-51 所示。

图 2-51　删除下载文件

1. 删除下载文件

如图 2-51 所示，有 4 个下载网页文件已经没有保存价值了，可以利用 FlashGet 3.7 将其从分类目录中删除，同时还可以彻底从本地磁盘中的默认保存路径“F：\Downloads”中删除。其具体操作步骤如下。

按住 Ctrl 键依次单击要删除的文件将其选定，右击选定的文件，从弹出的快捷菜单中执行【彻底删除任务及文件】命令。

在弹出如图 2-51 所示的【删除任务确认】对话框中勾选【同时删除磁盘中文件】复选框，

单击【是】按钮，即可将文件彻底地删除。

2. 创建目录

李先生的家人经常使用 FlashGet 3.7 下载电影等影视文件，如果都保存在默认目录下，时间久了就有些杂乱无章。这就需要在【影视】分类目录下创建不同的子目录，具体操作步骤如下。

1) 创建一级子目录

在主界面左侧的分类目录下右击【影视】目录名称，在弹出的快捷菜单中执行【新建分类】命令，如图 2-52 所示。

在弹出如图 2-53 所示的【新建分类】对话框中的【名称】文本框中输入“戏曲”，单击【确定】按钮，完成【戏曲】子目录的创建。同样，在【影视】目录下分别创建【连续剧】、【电影】、【动画】等一级子目录。

2) 创建二级子目录

由于平时下载的影视文件中电影文件为最多，因此需要在【电影】一级子目录下创建二级子目录。

右击【电影】目录名称，按照上述操作步骤分别创建【喜剧】、【战争】、【灾难】、【动作】等二级子目录。

最后得到新创建的分类目录，如图 2-54 所示。将来在下载影视文件时，就可以直接在【新建任务】对话框中将下载文件分门别类放入不同分类的目录中了。

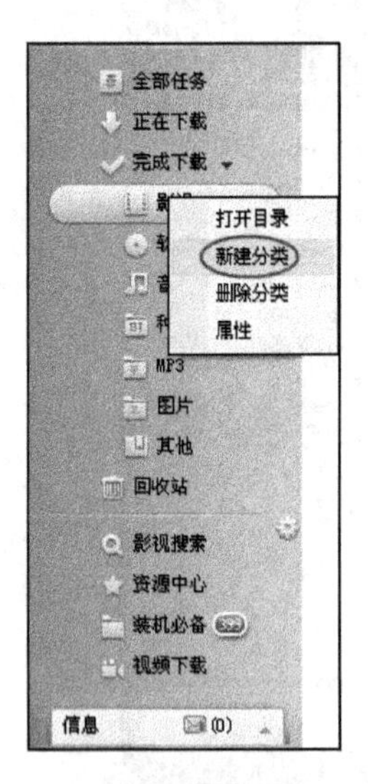

图 2-52　新建分类

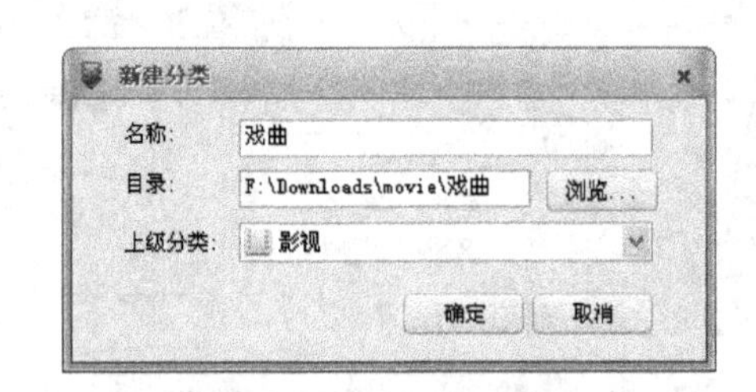

图 2-53　新建一级目录

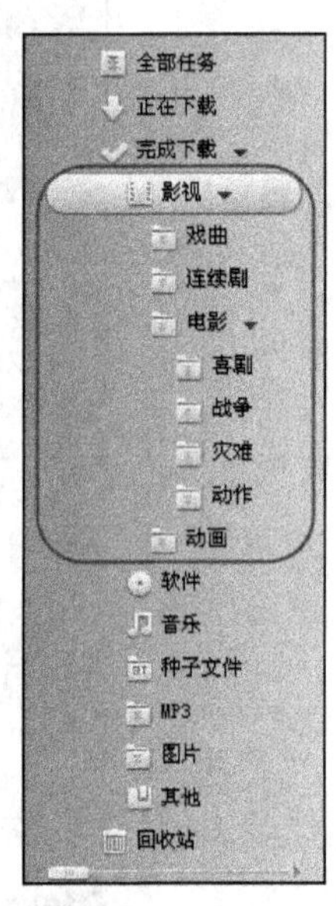

图 2-54　新建目录

2.3.4　FlashGet 3.7 的视频功能

1. 批量下载视频

在线收看连续剧，一直是李先生收看电视剧的习惯，因为连续剧可以说是现在视频分享网站的一个重点频道。可是由于自己家中的宽带速度受限，再加上如果碰到热门的电视连续剧，大量的访问占用势必影响到收看的质量。想使用 FlashGet 3.7 逐一下载，又觉得非常麻烦。那么，有什么方法能一次就下载完成一部连续剧呢？

使用 FlashGet 3.7 的【流媒体感知】功能，就可以使得这个麻烦的问题迎刃而解，具体操作步骤如下。

打开连续剧剧集页面，将指针指向视频画面，可以看到画面上显示【下载视频】消息提示对话框，如图 2-55 所示。

单击【下载视频】右侧的下拉按钮，在弹出的下拉菜单中执行【下载全部视频】命令，弹出【新建视频下载任务】对话框，FlashGet 3.7 会智能的分析所有可下载资源，如图 2-56 所示。

取消不必要的广告等视频资源选项，单击【立即下载】按钮，开始批量下载视频文件，如图 2-57 所示。

图 2-55　流媒体感知

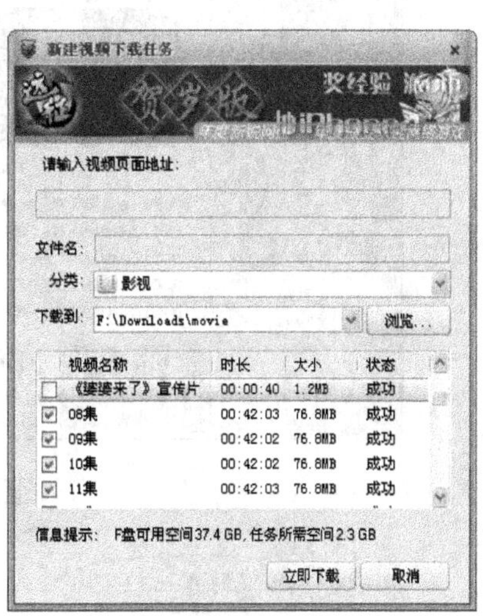

图 2-56　新建视频下载任务

文件名	预览	大小	进度	速度	资源	剩余时间
今天 (24)						
婆婆来了 08. flv		76.8MB	3.4%	426KB/s	1/1	00:02:58
婆婆来了 09. flv		76.8MB	5.6%	238KB/s	1/1	00:05:11
婆婆来了 10. flv		76.8MB	1.6%	198KB/s	1/1	00:06:30
婆婆来了 11. flv		76.8MB	1.1%	121KB/s	1/1	00:10:42
婆婆来了 12. flv		76.8MB	7.2%		0/0	00:05:24
婆婆来了 13. flv		76.8MB	0.0%		0/0	00:00:00
婆婆来了 14. flv		76.8MB	0.0%		0/0	00:00:00
婆婆来了 15. flv		76.8MB	0.0%		0/0	00:00:00
婆婆来了 16. flv		76.8MB	0.0%		0/0	00:00:00
婆婆来了 17. flv		76.8MB	0.0%		0/0	00:00:00
婆婆来了 18. flv		76.8MB	0.0%		0/0	00:00:00
婆婆来了 19. flv		76.8MB	0.0%		0/0	00:00:00
婆婆来了 20. flv		76.8MB	0.0%		0/0	00:00:00

图 2-57　批量下载视频文件

2. 视频预览

李先生在下载影片时，经常会遇到一个很让人恼火的问题，那就是在花了几天的时间好不容易下载完一部大片的高清版，正满怀期待地观看时，却发现其根本就不是什么高清版，而是在电影院里偷拍的枪版。下载它耽误了自己的时间不说，更重要的是还浪费了自己的感情。

现在，利用 FlashGet 3.7【视频预览】功能，这个问题便迎刃而解了。在网上下载视频或电影的同时，可以利用 FlashGet 3.7 的【视频预览】功能预览一下，仔细检查一下视频的内容是不是自己想要的。如果不是，立即中止任务，换个网站继续下载。毕竟现在网上的内容鱼龙混杂，虚假、粗制滥造的视频无处不在。其具体操作步骤如下。

(1) 下载电影文件。单击 FlashGet 3.7 的【影视搜索】按钮，打开如图 2-58 所示的界面，单击其中的电影“陨石撞地球”链接图片，进入 FlashGet 3.7 电影网页“圣城家园”，如图 2-59 所示。单击下载链接，即可弹出【新建任务】对话框，选择适当的分类目录和保存路径后，单击【确定】按钮开始下载。

图 2-58 影视搜索

图 2-59 电影下载页面

(2) 视频预览。在如图 2-60 所示的下载界面中，单击【视频预览】按钮，即可弹出视频播放窗口，即可一边下载一边预览电影文件，非常方便。

图 2-60 视频预览

任务 2.4　FTP 下载上传必备工具 CuteFTP

任务导读

吴先生在工作中经常遇到需要传输超大容量文件的任务，如果使用移动磁盘，有时对方又不在计算机旁。同事之间都在使用一款软件——CuteFTP 进行传输文件，方便快捷。吴先生也想使用这款软件，可是他对此一知半解，面对软件的界面经常是一筹莫展。怎样才能尽快掌握该软件的技巧呢？

任务分析

FTP(File Transfer Protocol)即文件传输协议。FTP 是 Internet 上最早出现的服务功能之一。到目前为止，它仍然是 Internet 上最常用、也是最重要的服务之一。使用 FTP 可以方便地上传、下载文件。

CuteFTP 是一款很受欢迎的 FTP 软件，界面简洁，功能强大，并且支持上传|下载断点续传，整个目录的覆盖和删除、目录比较、宏、远程文件编辑，以及具备 IE 风格的工具条等等，这些特性使其在众多的 FTP 软件中脱颖而出。

下面，以 CuteFTP 8.3 Professional 版本为例，学习上传、下载文件的方法。

学习目标

- 认识 CuteFTP 的主界面
- 创建 FTP 站点——直接创建法
- 创建 FTP 站点——间接导入法
- 利用 CuteFTP 8.3 上传和下载文件

任务实施

对于第一次接触 CuteFTP 软件的学习者，没有必要用最新版本的 FTP 软件(新版本通常需要注册码，即获得正式授权的合法使用)，即使最低版本的软件也具有正常上传网站文件的功能，而且现在网络速度和稳定性都比较高，通常也不太需要断点续传的功能。

2.4.1　认识 CuteFTP

双击桌面上的 CuteFTP 快捷方式图标，即可打开如图 2-61 所示的工作界面。该窗口类似 Windows 资源管理器的双窗口形式，支持鼠标操作。其主要包括以下几个部分。

(1) 命令区域(工具栏和菜单)。

(2) 本地区域(本地磁盘)，显示本地计算机的磁盘中要上传(Upload)或下载(Download)的所在目录及相关文件。这里有两个选项卡，一个是【本地驱动器】选项卡，一个是【站点管理器】选项卡，单击标签实现快速的切换。其中【本地驱动器】选项卡中默认时显示的是整个磁盘目录，当选中新建立的网站项时，自动切换到该网站的本地设置目录中，以准备开始上传。

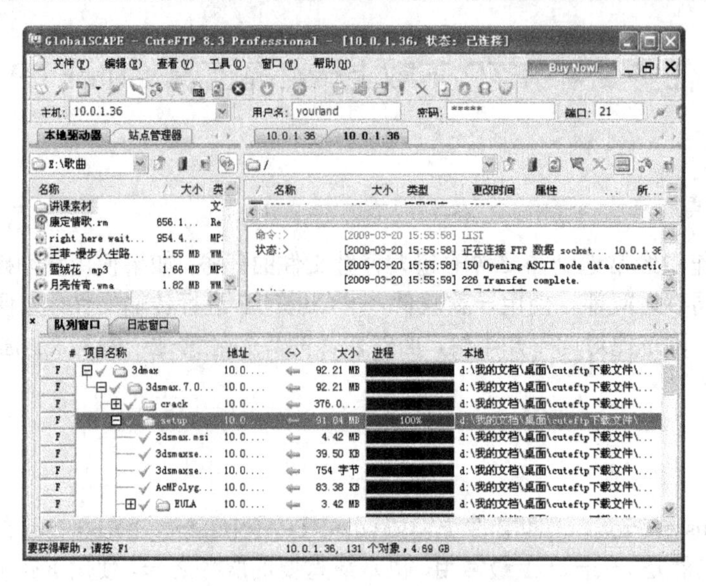

图 2-61　CuteFTP 8.3 的工作界面

(3) 远程区域(远端服务器)，用于显示 FTP 服务器上的目录信息，在列表框中显示的内容包括名称、大小、类型、更改时间等。该窗格上方的工具栏是用来操作目录或文件的按钮(如后退、刷新和重新连接等)。

(4) 批处理、记录区域(队列窗口和日志窗口)，观看文件传输的进程。

2.4.2　创建 FTP 站点

1. 直接创建法

在了解工作界面的布局后，首先要创建一个 FTP 站点。其具体操作步骤如下。

执行【文件】|【新建】|【FTP 站点】命令，弹出如图 2-62 所示新建 FTP 站点的设置对话框。

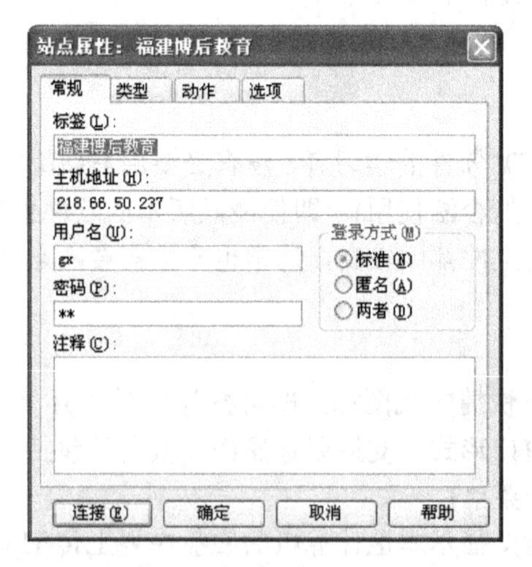

图 2-62　新建站点设置

在【常规】选项卡中输入如图 2-62 所示的信息。单击【连接】按钮，开始与新创建的 FTP 站点进行连接。连接成功后，得到如图 2-63 所示的工作界面。

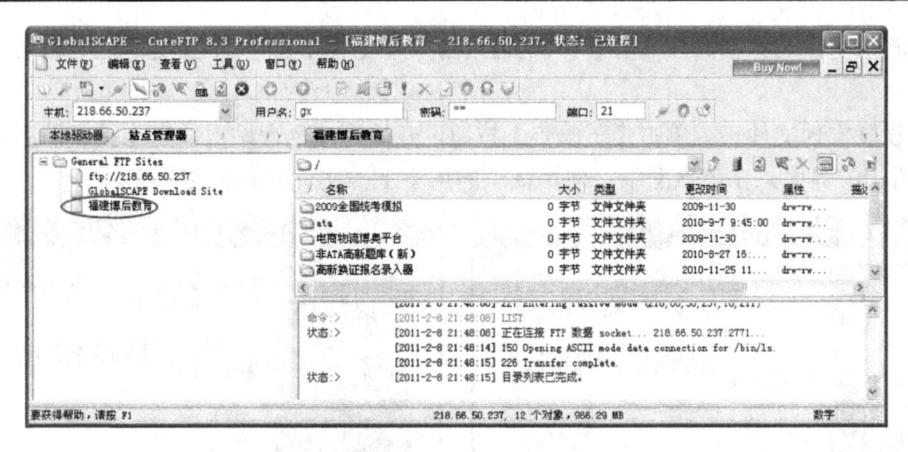

图 2-63　新建 FTP 站点的工作界面

知识链接：【常规】选项卡中的参数

(1) 标签：设置新创建的服务器名称，可以随便输入一个方便记忆、分辨的名称，只是起标示作用。

(2) 主机地址：设置需要登录的服务器地址，可以是域名形式或 IP 地址。该地址不能带有 ftp://之类的字头，也不能带有文件夹的路径，而且必须是站点本身的地址。

(3) 用户名、密码：分别输入登录所需要的用户名和授权密码。

(4) 登录方式：对于自己的站点，用户应该选择【标准】(如果使用的是匿名服务器的话，请选中右边的【匿名】或【两者】单选按钮)。

如果这些都设置好了，单击【连接】按钮可立刻连接到相应的服务器，单击【确定】按钮可保存并退出，第一个 FTP 站点就建立了。

2. 间接导入法

CuteFTP 还提供了一个根据向导来设置服务器的功能，使用这种方式将会更快、更简单地完成一个 FTP 站点的设置。

(1) 输入主机地址、站点名称。执行【文件】|【连接】|【连接向导】命令，弹出如图 2-64 所示的【CuteFTP 连接向导】对话框。在该对话框中的文本框中输入主机地址、站点名称。

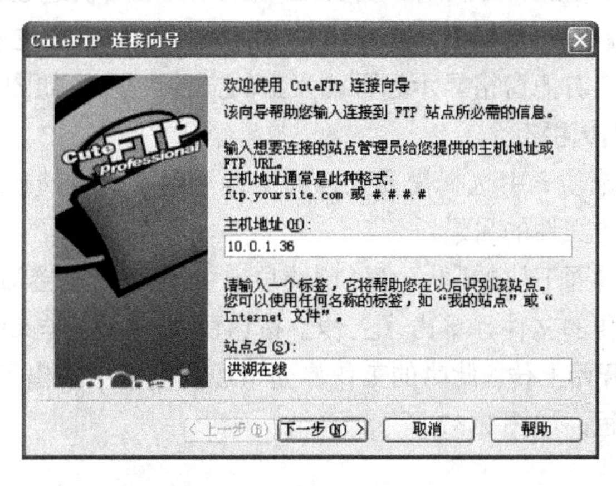

图 2-64　输入主机地址、站点名称

(2) 输入用户名和密码。单击【下一步】按钮，在如图2-65所示的文本框中输入用户名和密码。

(3) 设置本地文件夹。单击【下一步】按钮，开始连接远程站点。当连接成功后，显示如图2-66所示的界面。在该界面中，使用默认的用于上传文件的本地文件夹。

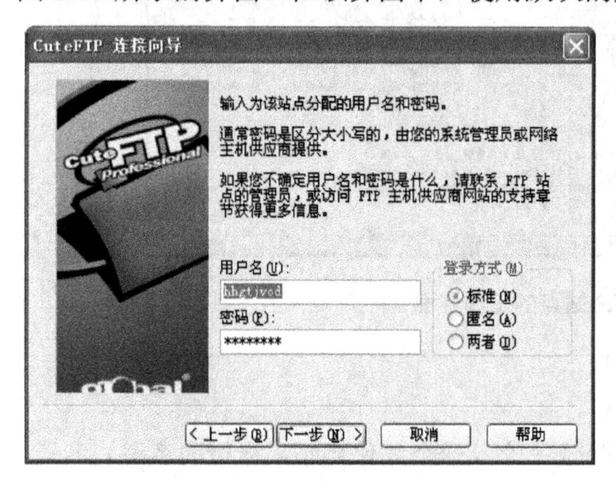

图 2-65　输入用户名和密码

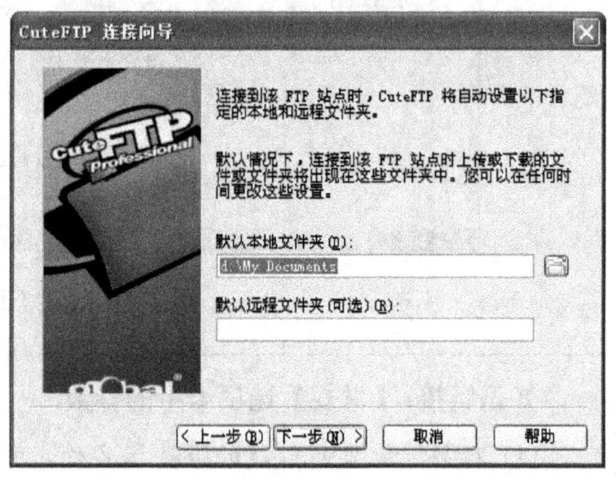

图 2-66　设置本地文件夹

单击【下一步】按钮，就完成了一个FTP站点的设置。

如果用户不是很熟悉用直接创建法创建FTP站点，还是使用间接导入法来创建FTP站点要好些。

2.4.3　使用 CuteFTP 上传、下载文件

1. 上传文件

设置好了FTP站点后，就应该可以开始工作。将本地文件上传到FTP服务器，首先需要对FTP服务器上的目录有写的权限。通常个人用户使用CuteFTP的上传功能来维护个人主页。

下面将本机上的一个文件“网站建设的初步设想.pdf”上传到前面新创建的“洪湖在线”站点(10.0.1.36)中。其具体操作步骤如下。

1) 连接上传FTP站点

在站点管理器选项卡中选择【洪湖在线】FTP站点，单击【快速连接】按钮与之建立连接。

连接到【洪湖在线】服务器以后，CuteFTP的工作界面被分成左右两个窗格(左侧窗格显示本地磁盘的文件列表，右侧窗格显示远程磁盘上的文件列表)，如图2-67所示。

2) 选择上传文件和传输路径

在【本地驱动器】选项卡中选择需要上传的文件“网站建设的初步设想.pdf”，在远程磁盘窗格中，选择保存上传文件的目录。

用鼠标将其拖动到界面下边的【队列窗口】选项卡中(也可以直接拖动到右上边的远程FTP目录下；或者选中要上传的文件，单击【上传】按钮)，程序将会自动比较本地的文件和远程服务器上的相关文件，开始上传。此时的工作界面下边的窗格中给出了文件传输的方向，并给出了每个文件的传输进程，如图2-67所示。

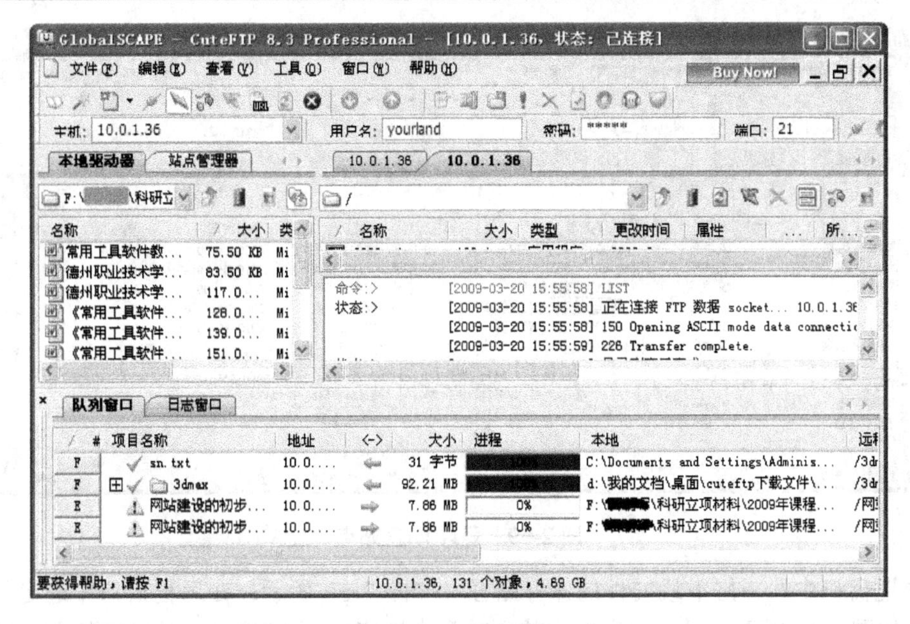

图 2-67 上传文件

知识链接：怎样上传网页

首先用户应该拥有一个自己的空间(例如，在某 Internet 服务提供商网站购买一个空间)，建立与相关服务器的连接，然后开始将自己制作好的网页上传到该服务器上了，具体操作有以下 3 种方法。

(1) 右击要上传的文件，在弹出的快捷菜单中执行【上传】命令即可。

(2) 直接用鼠标拖动要上传的文件到右侧服务器目录窗格中。

(3) 最简单的方法是双击文件名，便可上传文件。

---

2. 下载文件

当界面右边登录到远端的 FTP 服务器后，和上传文件相反，用鼠标拖动远程服务器文件夹中的文件到本地驱动器的文件夹中，就是下载文件。

吴先生打算从创建的“福建博后教育”FTP 站点下载一些试题库文件，具体操作步骤如下。

选择【站点管理器】选项卡，单击工具栏中的【快速连接】图标，随即显示【连接】工具栏，如图 2-68 所示。在【主机】文本框中输入要访问的 FTP 站点地址，还要输入用户名和密码，端口采用默认值“21”。

图 2-68 连接工具栏

填写完毕后，单击【连接】工具栏中的【连接】按钮，开始连接站点。在日志窗格显示【目录列表已完成】，即表示已经成功连接到对方的 FTP 服务器上。此时远程窗格将显示远程计算机的文件和目录，如图 2-69 所示。

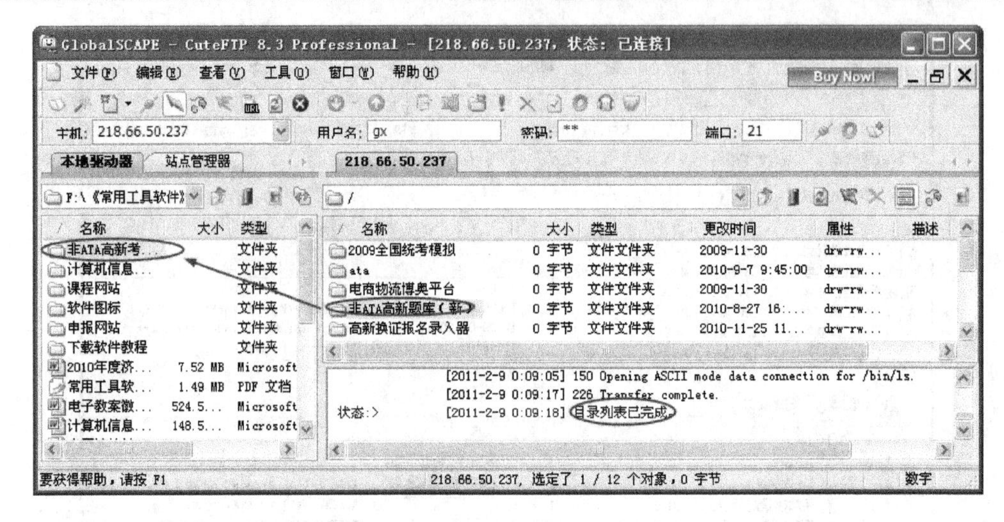

图 2-69　登录 FTP 站点

在本地窗口中选择好下载文件的保存路径，如图 2-69 所示；在远程窗口中选定要下载的文件夹，如图 2-69 所示，用鼠标直接将其拖动到本地窗口(或者单击工具栏中的【下载】按钮)开始下载文件。

下载进程开始，可以通过工作界面最下方的【队列窗口】选项卡查看文件下载的传输大小、进程等状态，如图 2-70 所示。

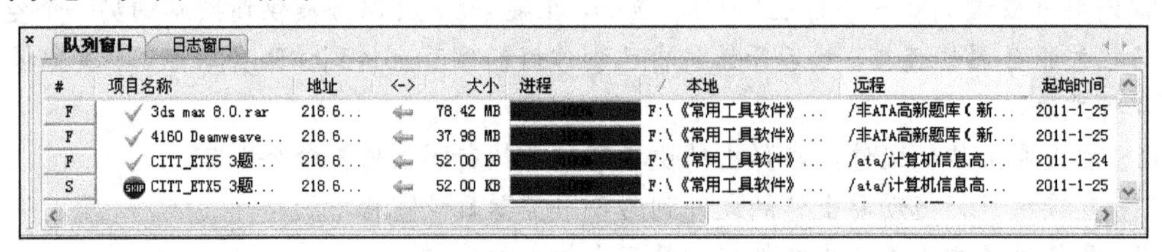

图 2-70　【队列窗口】选项卡

知识链接：CuteFTP 的上传和下载

1) 上传和下载都可以通过拖动文件或者文件夹的图标来实现。将右侧窗格中的文件拖到左侧窗格中，就可以下载文件；将左侧窗格中的文件拖动到右侧窗格中，就可以上传文件。

2) 上传和下载的最大不同之处在于，不是所有的服务器或服务器所有的文件夹都可以上传文件，需要服务器赋予上传权限才可，因为上传需要占用服务器的磁盘空间，而且可能会给服务器带来“垃圾”或者病毒等危及服务器安全的文件。

3) CuteFTP 可以从断点继续下载上次未完的文件，而且几乎所有 FTP 站点都支持它的这个功能。文件在自动下载过程中，万一通信中断或发生其他故障，无需用户介入，CuteFTP 能够自动采取措施完成传输。同样，文件上传过程中，如果传输中断，CuteFTP 可以重新连接并继续从断点开始上传。但这个功能是否有效，要依站点而定，并不是所有服务器都支持。

CuteFTP 是一款具有强大功能的软件，以上简单介绍了 FTP 软件的基本使用方法，作为一款功能强大的专业软件，其功能远远不止这些，更多的功能，用户可以在使用过程中慢慢掌握。

课 后 练 习

一、单项选择题

1. 下列________不是 FlashGet 为已下载的文件设置的默认创建类别。

A. 软件　　B. 音乐　　C. 驱动程序

2. 电影在以下选项中，FlashGet 不具有的功能为________。

A. 断点续传　　B. 多点连接　　C. 镜像功能　　D. 加快网速

3. 利用下载工具软件 FlashGet 下载文件时，最直接的调用方式是________。

A. 单击浏览器工具栏中的 FlashGet 图标，启动 FlashGet

B. 执行【开始】|【程序】|【FlashGet】命令

C. 右击要下载文件的链接，在弹出的快捷菜单中执行【使用网际快车下载】

D. 双击桌面上的 FlashGet 图标，启动 FlashGet

4. 使用 FlashGet 添加下载任务时，下面的________是用户最经常使用的方法。

A. 手动填写下载文件所在的 URL 地址

B. 使用拖动链接的方法添加到悬浮窗口

C. 设定【监视浏览器】功能，通过单击网页的下载链接进行下载

D. 通过 IE 的快捷菜单中的【使用快车下载】命令进行下载

5. 在【新建任务】对话框中，如果想改变下载文件的存放路径，需要在________中进行设置。

A. 下载网址　　B. 分类　　C. 下载到　　D. 其他

6. FlashGet 提供了对下载文件进行归类管理的功能，FlashGet 默认的 3 个类别中不包括________。

A. 正在下载　　B. 全部任务　　C. 回收站　　D. 完成下载

7. 以下哪种软件可以进行下载和上传两种操作______。

A. CuteFTP　　B. 迅雷　　C. FlashGet　　D. HTTP

8. 如果由于其他原因，与 FTP 服务器的联系被中断，则可以选择________菜单，重新登录 FTP 服务器，并且进入刚才断开的文件夹。

A. 快速连接　　B. 重新连接　　C. 连接　　D. 断开连接

9. 本地目录路径是用________格式。

A. /　　B. :　　C. |　　D. \

10.________用于显示 FTP 服务器上的目录信息，在列表框中可以显示的内容包括文件名称、大小、类型和最后更改日期等。

A. 命令区域　　B. 本地区域　　C. 远程区域　　D. 队列窗口

11. 可以将准备上传的目录或文件放到________中，配合“时间表”的使用还能达到自动上传的目的。

A. 命令区域　　B. 本地区域　　C. 远程区域　　D. 队列窗口

12. 如果将本地工作的文件夹与远程服务器同步，在结合 CuteFTP 的________同日程安排功能，那么，在本地工作文件夹内所作的文件编辑同步改写操作后，就会自动覆盖远程文件夹

相应的文件，保持本地与远程文件同步更新。

A. 文件夹同步　　B. 智能覆盖
C. 文件比较　　D. 远程文件编辑及执行

13. FTP 服务器端口默认设置为________。

A. 80　　B. 23　　C. 21　　D. 139

14. CuteFTP 的________功能允许用户在本地磁盘复制一个远程文件夹，或在远程服务器复制一个本地文件夹。

A. 文件夹同步　　B. 智能覆盖　　C. 创建书签　　D. 远程文件编辑及执行

15. ________窗口可显示当前连接状态，通过该处信息能够了解到诸如登录、切换目录和文件传输大小等重要信息，以便确定下一步的具体操作。

A. 队列　　B. 日志显示　　C. 批处理　　D. 远程区域

16. 上传和下载都可以通过________文件或者文件夹的图标来实现。

A. 单击　　B. 双击　　C. 拖动　　D. 右击

二、判断题

1. (　　)FlashGet 可以上传和下载文件。

2. (　　)FlashGet 下载工具支持“多线程”下载。

3. (　　)FlashGet 在升级后，原来下载文件的信息就会被删除。

4. (　　)在【查看】命令中，可以将任务栏中显示的下载信息项进行编排。

5. (　　)在 FlashGet 的【常规】设置选项中，可以设置【启动后自动开始未完成的任务】。

6. (　　)一般，用户在使用 FlashGet 下载文件时，最经常使用的方法就是使用 IE 的快捷菜单中的【使用快车下载】命令。

7. (　　)FlashGet 从其他类别中删除的任务均放在【回收站】类别中，只有从【回收站】类别中删除才会真正的删除。

8. (　　)FlashGet 只能按照用户选择的文件按照时间顺序进行下载，不能将所急需下载的文件提前下载。

9. (　　)CuteFTP 内建计划调度程序，可以按用户指定日期和时间自动传送文件。

10. (　　)用 CuteFTP 建立与相关服务器的连接后，双击文件名，即可上传该文件。

11. (　　)CuteFTP 持管理多个 FTP 或 HTTP 站点，并可以进行相应的传递文件工作。

12. (　　)CuteFTP 可以对本地和服务器上的某个目录内的文件大小写、文件名、日期和尺寸进行比较，不同的文件会突出显示出来，而相同的文件则不会。

13. (　　)如果由于其他原因，与 FTP 服务器的联系被中断，则可以选择快速连接菜单，重新登录 FTP 服务器，并且进入刚才断开的文件夹。

14. (　　)执行【文件】|【新建】|【FTP 站点】命令，弹出新建 FTP 站点的设置对话框，可以看到站点属性对话框一共有两个页面选项。

15. (　　)CuteFTP 还提供了一个高级的功能，右击需要下载的文件，在弹出的快捷菜单中的【下载高级】项级联菜单中提供了多线程下载【多线程下载】功能。

16. (　　)CuteFTP 中的文件夹同步用户在本地磁盘复制一个远程文件夹，或在远程服务器复制一个本地文件夹。

三、上机操作题

1. 清除 IE 浏览器的历史记录。
2. 将连接设置为【始终拨默认连接】。
3. 删除 IE 的临时文件和 Cookie 文件。
4. 请用【内容】选项中的自动完成设置功能禁用表单上的用户名和密码。
5. 设置【Internet 选项】的安全级别为【高】。
6. 请将 http://www.czjsxx.com 设置为【受信任站点】。
7. 用【重置 Web 设置】将 IE 重置为使用默认的主页和搜索页。
8. 将当前浏览器的网页保存为 abc.htm。
9. 将当前网页用电子邮件发送到邮箱 abc@163.com。
10. 打印当前网页，设置打印的页码和网页总数。
11. 将 http://www.czjsxx.com 网址添加到收藏夹，并命名为“滁州市教师进修学校”。
12. 用两种方法访问保存在收藏夹中的网址。
13. 请创建一个收藏文件夹，并命名为“滁州市”，并将网址 www.cz.ah163.net、www.czjsxx.com 放入其中。
14. 将收藏夹中内容导出并保存，再将其导入到收藏夹中。
15. 利用地址栏搜索网络资源。
16. 在当前 Web 页面中查找相关内容。
17. 检索“GOUT COMMUN”是哪一种物品的品牌，其官方网站网址是什么？
18. 在城市的滚滚车流中，“大块头”SUV 队伍壮大的速度快得出人意料。SUV 代表什么车？
19. 1999 年被列入世界文化遗产的大足石刻，现有唐宋时期的摩崖造像 75 处，雕像共有多少尊？
20. 小王搭乘出租车时听到收音机里播放了一首很好听的歌，很想下载下来，但不知歌名，只记得有句歌词“我想去冒险，不管一路多危险”。请找到这首歌的名称，是哪位歌手唱的，最好把歌词也找出来。
21. 1987 年，通过国际互联网向联邦德国卡尔斯鲁厄大学发出中国第一封电子邮件《穿越长城，走向世界》的中国互联网创始人是谁？
22. 使用 Google 主页，搜索“北京旅游景点”网页。
23. 请选择一个搜索引擎，介绍两项其独特的检索功能。
24. 利用 Google 网站的【手气不错】功能按钮，搜索济南天气预报。
25. 西方教育体系中有一种被称为“K-12”教育，请试查出其全称是什么，代表何意。
26. 利用 Google 网站的【手气不错】功能按钮，查询德州区号。
27. 利用百度搜索引擎，搜索有关“北京奥运会”的相关网页。
28. 利用百度搜索引擎，搜索有关“植树节”的图片(分别搜索“大尺寸”、“小尺寸”图片)。
29. 请查找清华大学的地图，若可能，请提供北京站至清华大学的公共交通线路。
30. 利用百度搜索引擎，搜索有关“张韶涵”的歌曲(分别搜索“MP3”、“FLASH”格式和“彩铃”格式的文件)。

31. 利用搜索引擎检索有关“物联网”的 DOC\PDF\PPT 格式的文件，写出检索式。

32. 利用百度搜索引擎搜索，在网页的网址中包含“cdbroad”的网页，写出检索式。

33. 请搜索“中外商标大全”网站并用该网站检索绍兴咸亨的商标图案和寓意。

34. 用 FlashGet 下载 SnagIt 软件后并安装。

35. 使用 FlashGet 下载自己喜爱的 mp3 歌曲，将其存放到 D:\song\hot 文件夹中。

36. 打开百度搜索引擎，找到自己喜欢的一组图片，用 FlashGet 进行批量下载。

37. 将系统安装的杀毒软件关联 FlashGet，当下载完毕立刻进行病毒扫描。

38. 设置 FlashGet 开始运行时，不显示主窗口而直接缩小到任务栏。

39. 设置【启动快车后自动最小化】。

40. 设置【如果出现错误则停止下载】。

41. 为本地 D:\my site 站点创建 FTP 站点，将其与申请的免费空间连接，并上传网站首页。

42. 运用自动修改文件扩展名功能，将编写的扩展名为 HTM 的网页在上传期间自动改为 HTML。

43. 为了防止服务器自动与用户断开，激活 CuteFTP 的【智能保持连接】功能，让服务器知道用户还需要该连接。

44. 运用 HTML 编辑器对远程服务器上的文件进行编辑、保存，并查看修改的效果。

45. 给服务器上的某一文件创建书签。

46. 使用 CuteFTP 到 URL 为 ftp://abc.3322.org/002.mp3 的站点上下载音乐。

47. 通过快速连接的方式登录远程 FTP 服务器。

48. 使用 CuteFTP Pro 新建站点并与远程服务器连接，通过设置使得网页每天上午 5 点得到更新。

49. 激活 CuteFTP 的【智能连接功能】。

项目 3 网络通信工具

随着社会信息化的发展，计算机网络不但走入了千家万户，而且逐渐成为大众传媒的主要角色和信息传递最快捷的渠道，甚至可以毫不夸张地说，使用网络已经成为新时代生存所必须掌握的技能。网络的普及既得益于一些功能强大的、操作简便的网络工具，同时又有力地促进了众多新网络工具的开发，网络与网络工具软件在网络通信中相辅相成。那么怎样使用这些工具和我们的亲人、朋友、网友沟通呢?

本项目将挑选几款常用网络通信工具软件介绍给读者，它们基本上涵盖了网络的几项基本功能，力求让读者在完成本项目的学习后对网络功能有初步的了解，并具备基本的网络操作技能。

任务 3.1 聊天工具腾讯 QQ

任务导读

随着 Internet 的应用与普及，人与人之间的联络越来越依赖网络。“沟通无极限”这句移动通信的广告语其实更适合即时聊天。郑先生的办公室同事最近就建立了一个 QQ 群，有什么工作、学习信息都在 QQ 群上面发送，可是郑先生到现在也不会使用 QQ。

任务分析

腾讯 QQ 是由深圳市腾讯计算机系统有限公司开发的一款完全免费的即时通信(IM)软件。用户可以使用 QQ 和好友进行交流、信息即时发送和接收、语音视频面对面聊天，功能非常全面。此外还可以使用 QQ 与手机用户、聊天室用户聊天，点对点断点续传传输文件、共享文件、QQ 邮箱、备忘录、网络收藏夹和发送贺卡等功能。

QQ 还与全国多家寻呼台、移动通信公司合作，实现传统的无线寻呼网、GSM 移动电话的短消息互联，是国内最为流行、功能最强的即时通信(IM)软件。

学习目标

- 登录使用(或申请)QQ

- 认识 QQ 主界面
- 查找/添加好友
- 与好友进行文字、语音和视频聊天
- 使用 QQ 群进行聊天
- QQ 的其他功能
- 为 QQ 进行个性化设置

任务实施

3.1.1 认识腾讯 QQ 2010

1. 登录使用 QQ 2010

双击 QQ 图标，首先打开的是 QQ 2010 的登录界面，如图 3-1 所示。

2. 申请新账号

第一次使用 QQ 需要申请一个注册账号。其具体操作步骤如下。

在 QQ 的登录界面中，单击【注册新账号】按钮，IE 浏览器会自动打开免费申请 QQ 号码的注册页面，如图 3-2 所示。

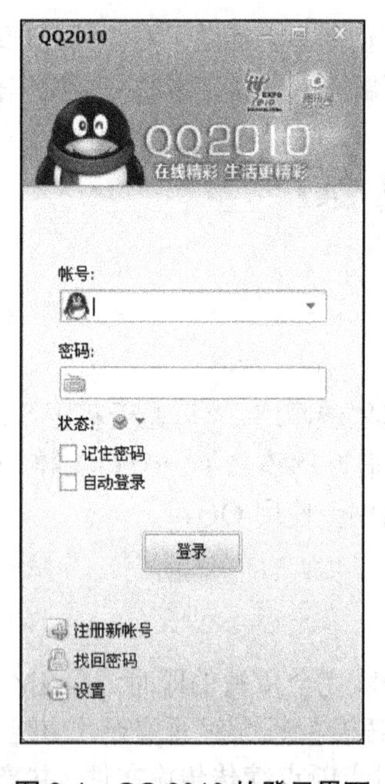

图 3-1　QQ 2010 的登录界面

图 3-2　网上申请 QQ 账号

单击【立即申请】按钮，打开如图 3-3 所示的选择账号类型页面。单击【QQ 号码】链接，打开如图 3-4 所示的填写注册信息页面，逐一填写注册信息。

填写完毕后单击【确定 并同意以下条款】按钮，完成申请过程，打开如图 3-5 所示的申请成功页面。该页面中有很多腾讯产品的链接，可以直接单击【立即体验】按钮打开相应的页面。

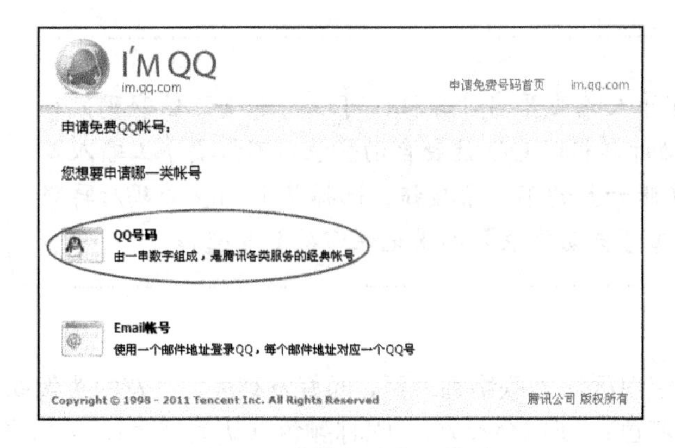

图 3-3　选择注册账号类型

图 3-4　填写注册信息

图 3-5　申请成功页面

3. 登录自己的 QQ 账号

在图 3-5 所示的申请成功页面中单击【立即登录 QQ】链接，即可打开如图 3-1 所示的登录界面，从中输入刚刚申请的账号和密码，单击【登录】按钮，打开如图 3-6 所示的 QQ 主界面。

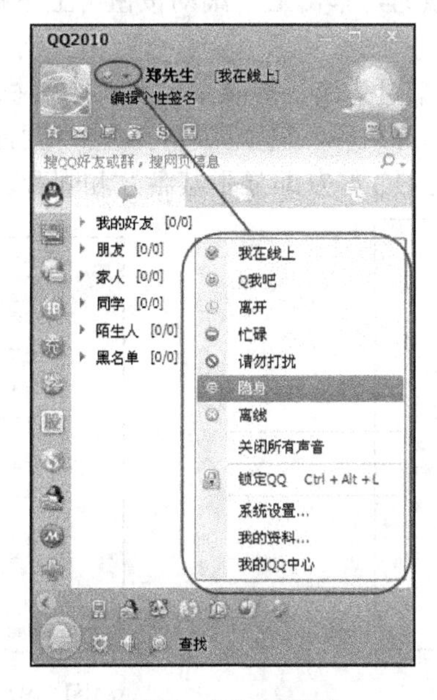

图 3-6　QQ 主界面

小提示

如果是家庭计算机，并且确信没有外人随便开启计算机，可以勾选【记住密码】和【自动登录】复选框，这样以后每次启动计算机时QQ就会自动登录，不需要手工输入口令。如果有多个QQ号码，可以单击【账号】的下三角按钮，选择某个QQ号码后再登录。如果是在网吧使用QQ，则不要勾选【自动登录】和【记住密码】复选框。

4. 认识QQ主界面

腾讯QQ的主界面形状狭长，其中的空白区域为联络列表区，即好友列表。好友的头像颜色区分为在线好友(彩色)、好友不在线(暗灰色)、在线会员好友(昵称颜色默认为红色)、在线非会员好友(昵称颜色默认为黑色)。

1) 显示QQ当前的状态

单击如图3-6所示的QQ主界面中的【在线状态】下三角按钮，会弹出一个在线状态下拉菜单(右击任务栏中QQ图标，同样显示相同的下拉菜单)。其中包括如下各种在线状态。

(1) 我在线上：表示登录成功，当自己的QQ好友上线时QQ会提示自己。

(2) 离开：登录成功后如果有事情暂时离开，QQ将按照自动回复设置，自动回复给向自己发送消息的好友。

(3) 隐身：登录成功，可是QQ好友看到我们的头像是灰色的，就不会给我们发送消息，这并不影响正常使用QQ的其他功能，选择这种方式可以防止被打扰。

(4) 离线：登录没有成功，或者主动断开QQ与服务器的连接。

此处选择默认的在线状态为“我在线上”。

2) 查看主菜单

单击QQ主界面下方的【主菜单】按钮，弹出如图3-7所示的主菜单。另外，QQ主界面下方还包括【打开系统设置】、【打开消息管理器】和【查找联系人】按钮。

单击QQ主界面上的其余按钮可执行该按钮所代表的功能。当组内好友较多时，QQ主界面中的空白区域内会显示滚动按钮，单击上下滚动按钮可上下翻看联络列表。

3) 设置名称显示

右击QQ主界面的空白区域可弹出快捷菜单，在其中可执行修改操作界面和联络列表命令，如使用小图标显示头像和添加组等。例如，执行【名称显示】|【显示备注和昵称】命令，如图3-8所示，则好友列表中的QQ好友即显示其备注和昵称。

图3-7 主菜单

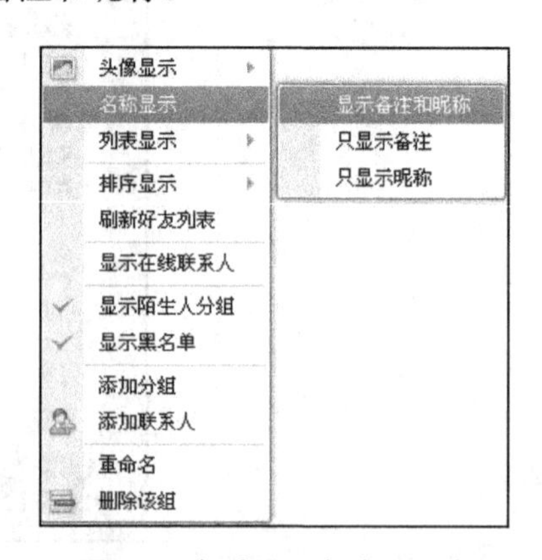

图3-8 勾选显示备注和昵称

3.1.2　QQ 聊天

1. 添加好友

新号码首次登录时，好友名单是空的，要和其他人联系，必须先要添加对方的 QQ 账号。

1) 添加联系人

添加联系人的具体操作步骤如下。

在如图 3-8 所示的快捷菜单中，执行【添加联系人】命令，弹出如图 3-9 所示的【查找联系人/群/企业】对话框，从中输入要添加的好友的账号与昵称。

单击【查找】按钮，在如图 3-10 所示的【查找联系人/群/企业】对话框中单击【添加好友】按钮，弹出如图 3-11 所示的【添加好友】对话框(如果对方在【身份验证】系统设置中选择了【需要验证信息】的验证方式，才会弹出该对话框)。在此采用默认方式，单击【确定】按钮，弹出如图 3-12 所示的【添加好友】提示框。

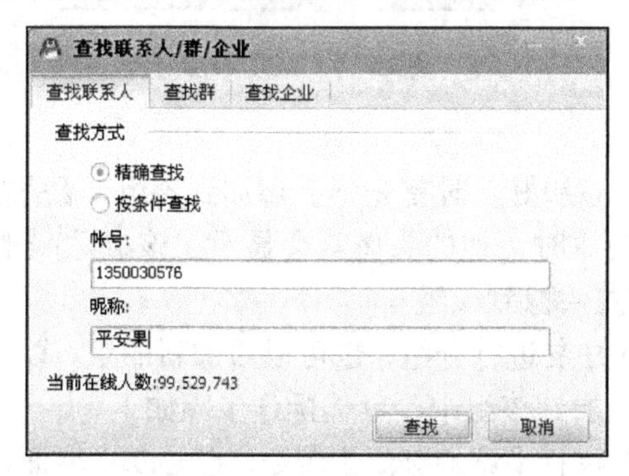

图 3-9　查找好友

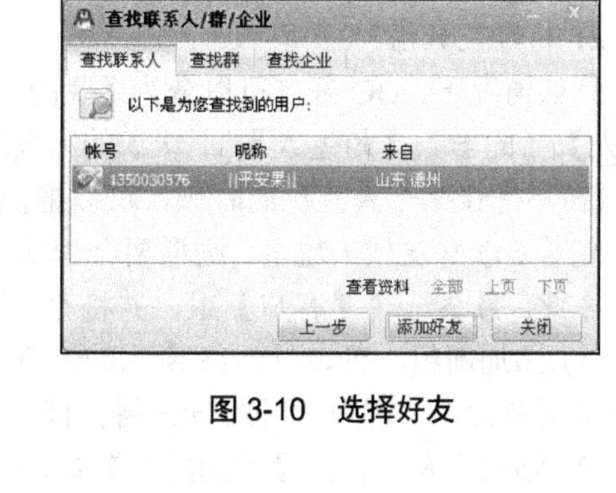

图 3-10　选择好友

图 3-11　添加好友

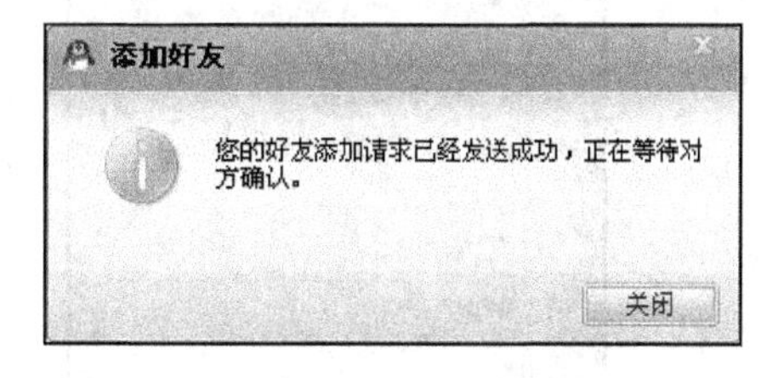

图 3-12　等待对方同意

如果对方同意，对方系统会有提示，如图 3-13 所示。确定以后，就可以在自己的 QQ 主界面中看到刚刚添加的好友，如图 3-14 所示。按照上述操作步骤，可以继续添加其他好友。

同时也可以拒绝对方添加好友的申请，表现为不给予通过身份验证、返回一个拒绝理由或者设置禁止任何人加为好友。如果对方主动发送来消息，他的头像会显示在【陌生人】组中，如果要将其移到【我的好友】组也可能弹出身份验证对话框。

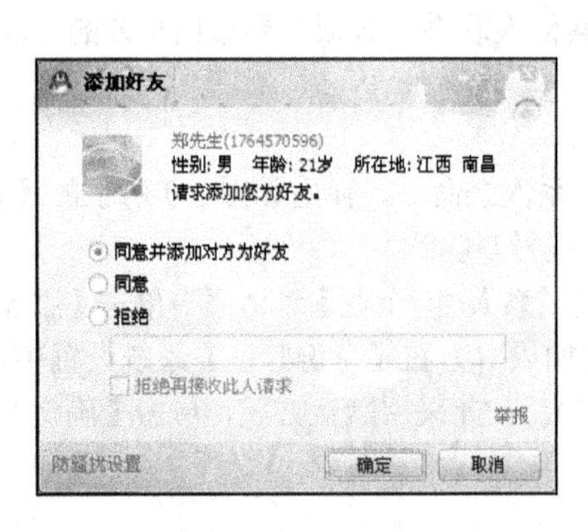

图 3-13　对方同意

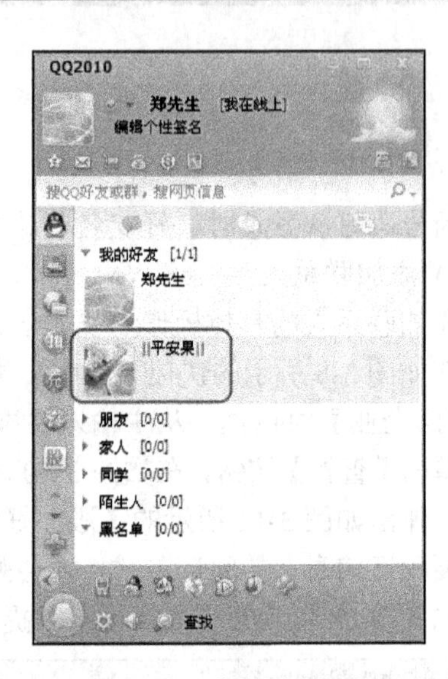

图 3-14　成功添加好友

2) 将好友分组

默认情况下，QQ 好友可以分为【我的好友】(添加好友时首先都会添加到该组)、【朋友】、【家人】、【同学】、【陌生人】(不认识的人发送来消息时，他的头像就会显示在该组)和【黑名单】(在不想让某个人打扰的时候，可以拖拽该好友头像到该组)。

随着 QQ 好友越来越多，则需要合理地将 QQ 好友进行分组，也可以添加新的组，以便管理。在此，新建一个【客户】组，并将 QQ 好友添加到该组中，具体操作步骤如下。

(1) 添加新组。在如图 3-15 所示的快捷菜单中执行【添加分组】命令，在 QQ 主界面显示的文本框中输入“客户”，按 Enter 键，即可创建新组。

(2) 移动好友。打开【我的好友】组，QQ 主界面内显示组内 QQ 好友名单的头像。右击某位 QQ 好友头像，从弹出的快捷菜单中执行【移动联系人至】|【客户】命令，如图 3-16 所示，将该 QQ 好友移动到【客户】组内。

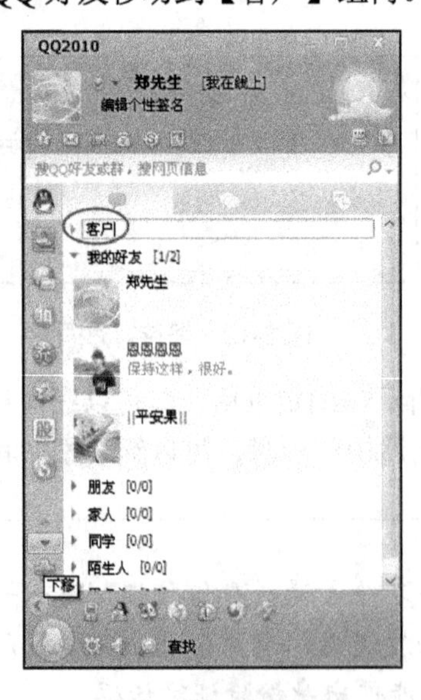

图 3-15　添加新组(客户)

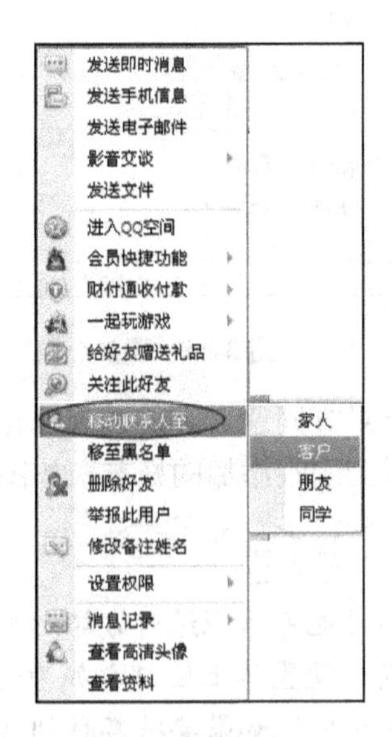

图 3-16 移动好友

2. 文字聊天

添加了好友之后，只要好友在线，就可以进行聊天。例如，郑先生准备与好友“平安果”聊天，具体操作步骤如下。

在 QQ 主界面的好友列表中双击好友“平安果”的头像，弹出如图 3-17 所示的聊天窗口。

在下方文本框中输入聊天内容，单击【发送】按钮，输入的聊天内容即发送到好友的聊天内容显示区中。

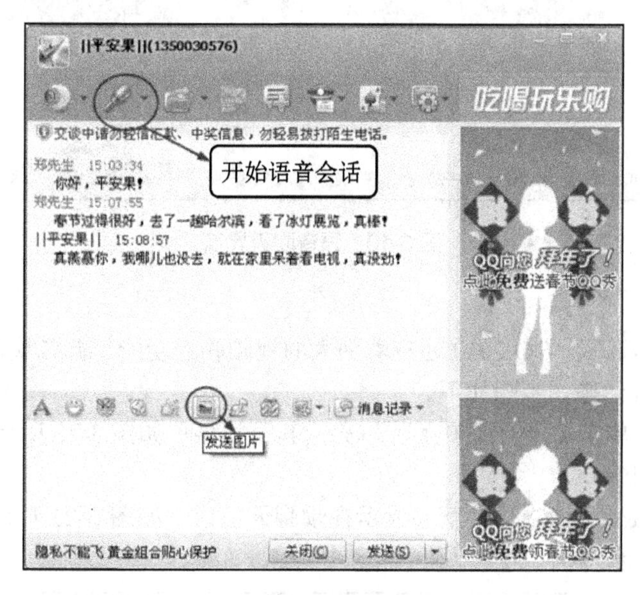

图 3-17　聊天窗口

3. 语音聊天

好久没有见到好友了，郑先生很想听听好友的声音，利用 QQ 的语音聊天功能就可以帮助郑先生实现这个愿望。其具体操作步骤如下。

在如图 3-17 所示的聊天窗口中，单击【开始语音会话】按钮，对方的 QQ 就会发出提示音，同时显示如图 3-18 所示的界面。

对方单击【接受】按钮后，就可以通过传声器和对方进行语音聊天，如图 3-19 所示。

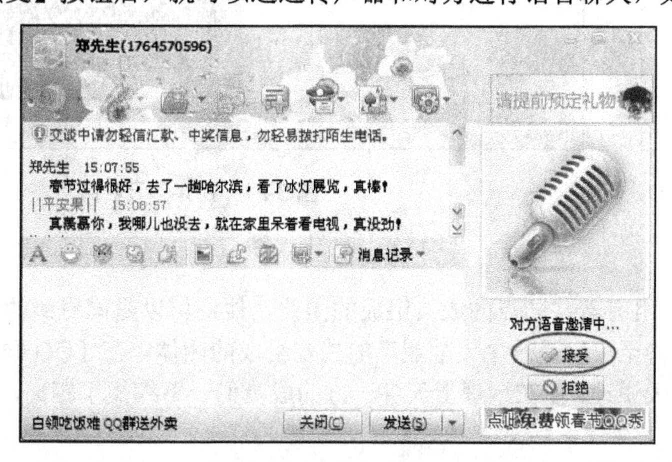

图 3-18　等待对方接受

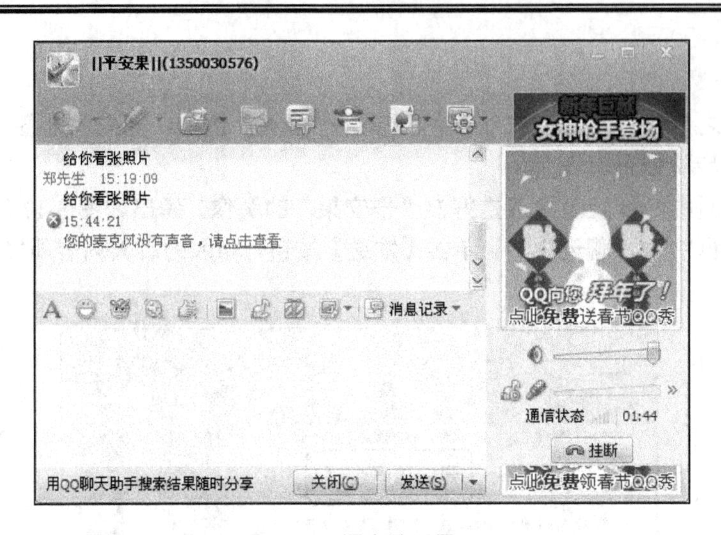

图 3-19 语音聊天界面

4. 视频聊天

如果不满足语音聊天，QQ 2010 还有着强大的视频聊天功能，能实现郑先生在千里之外见到好友的愿望。其具体操作步骤如下。

在聊天窗口中，单击【开始视频会话】按钮(其下拉菜单如图 3-20 所示)，聊天窗口即显示请求视频聊天的消息窗口。

等待对方好友接受了请求后，就会显示视频聊天窗口，如图 3-21 所示。这时就可以通过摄像头和好友进行视频聊天。

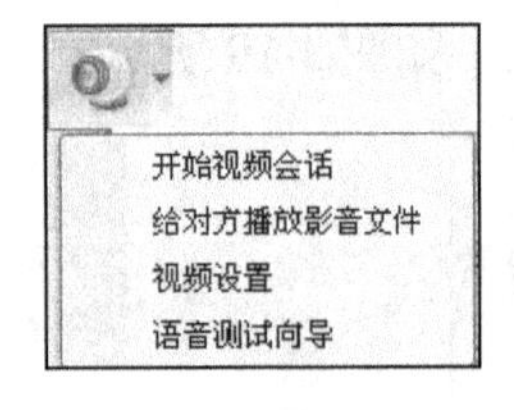

图 3-20 视频会话选项

图 3-21 视频聊天窗口

5. QQ 群聊

【QQ 群】是一组有着共同点的成员组成的团体，他们可以是同班级的同学、同单位的同事、同星座的朋友甚至可以是一个“战盟”的战友组成的团体。在【QQ 群】组中，各个成员可以畅所欲言的谈天说地，使在地理上天各一方的成员们一下缩短了距离，仿佛置身于一个房间里一样。

由于工作需要，郑先生想建立一个【客户】群，便于将自己公司的业务快速介绍给各位客户。其具体操作步骤如下。

(1) 单击 QQ 主界面上方的【群/讨论组】右侧下三角按钮，弹出如图 3-22 所示的下拉菜单，执行【创建一个群】命令，打开如图 3-23 所示的“创建新群”页面。

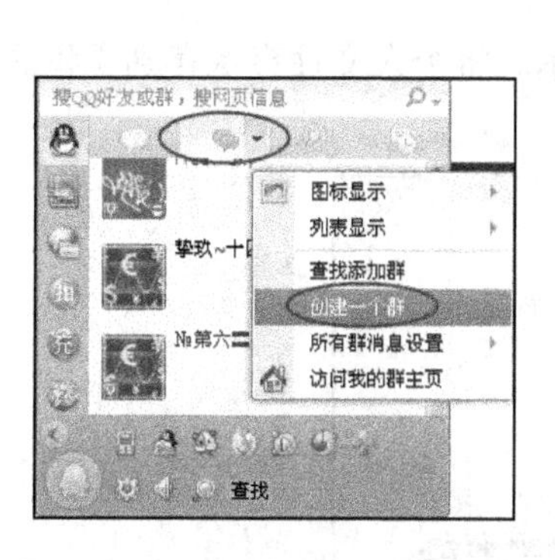

图 3-22　【群讨论组】下拉菜单

图 3-23　选择群类型

(2) 单击【创建普通群】按钮，在打开的填写群信息页面中详细填写客户群资料，然后提交。

(3) 弹出如图 3-24 所示的邀请新成员页面，将左侧的好友通过【添加】按钮添加到右侧的【群成员列表】列表框中。

(4) 返回 QQ 主界面，打开【群/讨论组】组，右击新创建的【客户】群，在弹出的快捷菜单中执行【发送群消息】命令，如图 3-25 所示，即可开始进行 QQ 群聊天。

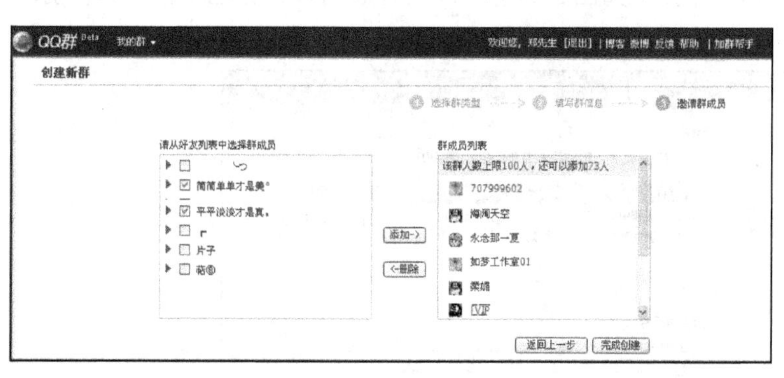

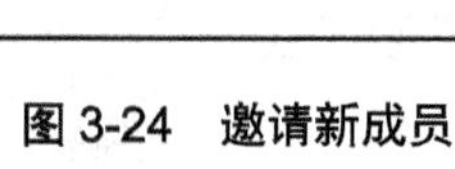

图 3-24　邀请新成员

图 3-25　【发送群消息】命令

3.1.3　个性化设置 QQ

目前，使用腾讯 QQ 的用户越来越多，很多人的个人信息都曾被不法分子盗用。实际上，在申请到自己的 QQ 号码之后，先不要急于和好友发送消息，在软件中的各种设置项目也是必须了解的。只有设置得当才可以保证用户在网上的安全和聊天的方便。下面，介绍 QQ 的一些设置。

1. 系统设置

单击 QQ 主界面下方的【打开系统设置】按钮，即可弹出【系统设置】对话框。其中有【基本设置】、【状态和提醒】、【好友和聊天】、【安全和隐私】4 个选项卡，如图 3-26 所示。

1) 基本设置

选择【基本设置】选项卡中的【文件记录】，如图 3-26 所示。将个人文件夹保存到【我的文档】，单击【清理个人文件夹】按钮，清除无用的个人文件。

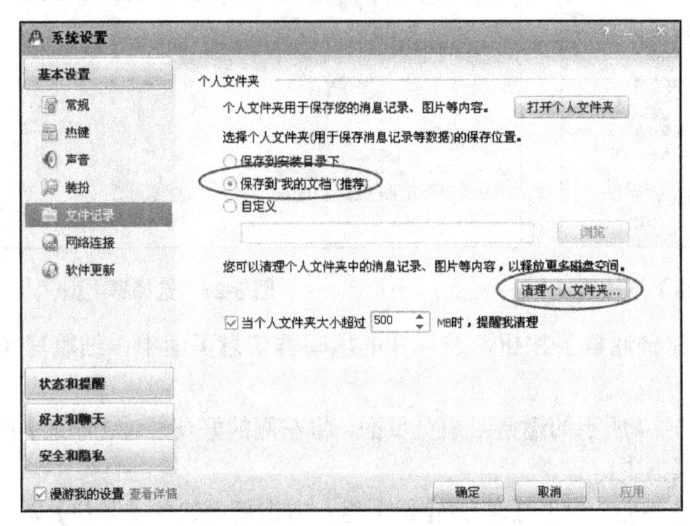

图 3-26 【系统设置】对话框

2) 状态和提醒设置

选择【状态和提醒】选项卡中的【自动回复】，在此选择默认的第一种自动回复文本为“您好，我现在有事不在，一会再和您联系”，如图 3-27 所示。这样就可以在自己不在计算机前时，能够自动回复好友。

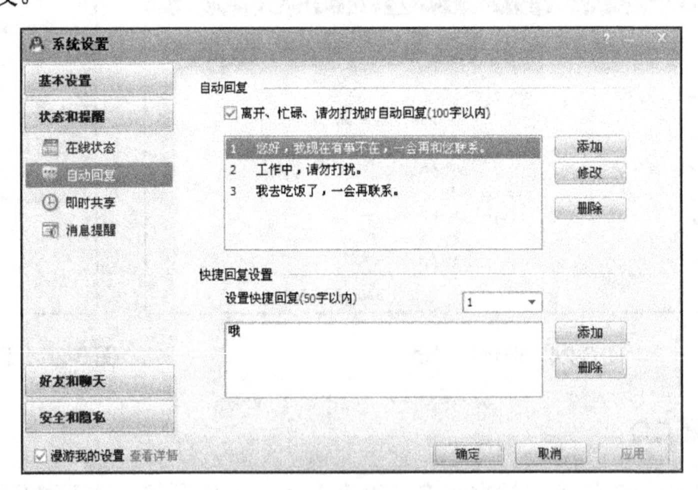

图 3-27 设置自动回复

3) 文件传输设置

选择【好友和聊天】选项卡中的【文件传输】，如图 3-28 所示，在此将文件传输文件夹设置为默认目录。

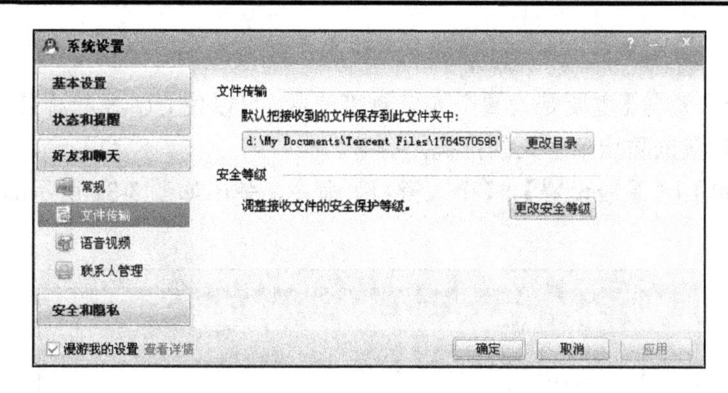

图 3-28　设置文件传输文件夹

4) 安全设置

选择【安全和隐私】选项卡中的【安全】，按照如图 3-29 所示选中【安全级-中(推荐)】单选按钮和勾选【始终显示 QQ 安全检查提示】复选框，可以保护文件传输安全。

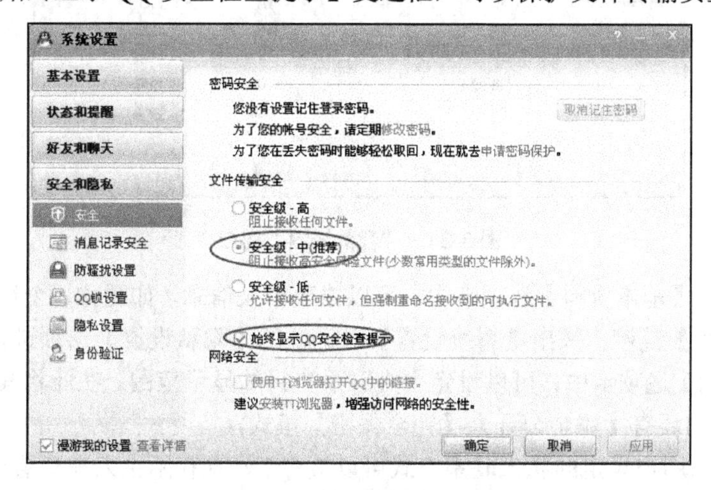

图 3-29　文件传输安全设置

5) 身份验证设置

选择【安全和隐私】选项卡中的【身份验证】，如图 3-30 所示，选中【需要验证信息】单选按钮，这样陌生人必须通过自己的同意，方可接收为好友。

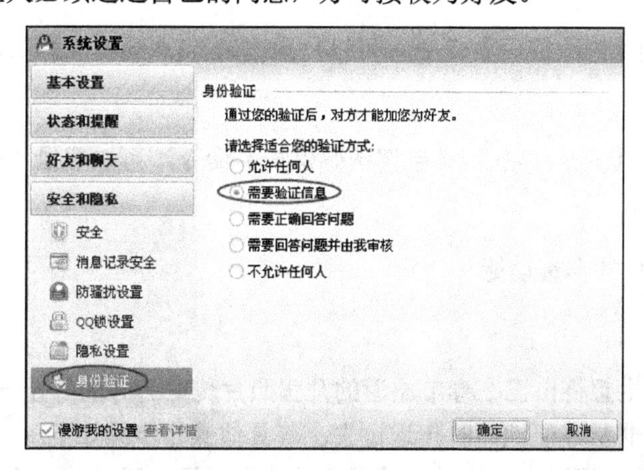

图 3-30　【安全和隐私】选项卡

2. 个人资料

QQ 中的【个人资料】主要是设置个人资料等信息，可以使 QQ 好友对自己有初步的了解，还可以通过有效设置来防止陌生人的打扰，等等。

执行【主菜单】|【系统设置】|【个人资料】命令，弹出如图 3-31 所示的【我的资料】对话框。

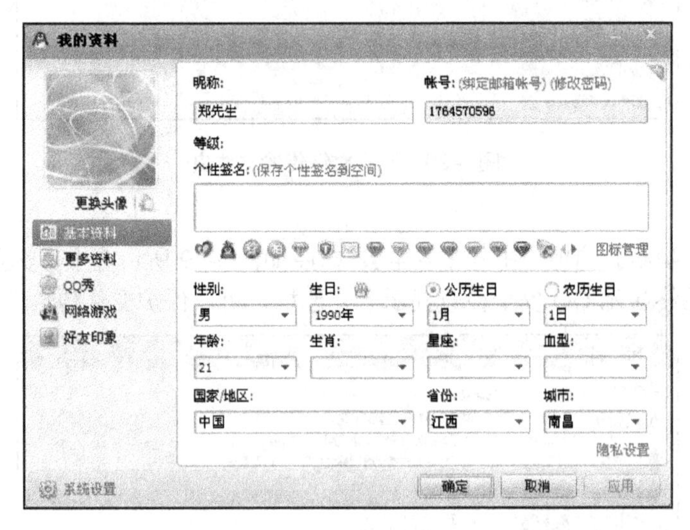

图 3-31 “我的资料”窗口

在默认打开的【基本资料】选项卡中，可以修改个人信息，如昵称、个性签名等。单击右下角的【隐私设置】链接，弹出【系统设置】对话框的【隐私设置】选项进行个性设置。

在【更多资料】选项卡中，可以设定个人联系资料的显示范围。在此将其设置为【仅好友可见】模式(默认的还有【完全公开】、【完全保密】模式)。

(1) 完全公开。用户设定的私人联系方式可以被 QQ 好友和陌生人在查看个人资料时看到。

(2) 仅好友可见。用户设定的私人联系方式可以被 QQ 好友在查看个人资料时看到，但不会被陌生人看到。

(3) 完全保密。用户设定的私人联系方式不会被所有人看到。

3. 更改密码

执行【主菜单】|【修改密码】命令，可以登录“im.qq.com”网站页面修改自己的密码。

4. 申请密码保护

执行【主菜单】|【安全中心】|【申请密码保护】命令，可以登录“QQ 安全中心”网站页面修改自己的密保。

3.1.4 腾讯 QQ 2010 的丰富功能

1. 传送图片

在聊天中，郑先生想将自己在春节旅游的几张照片传给远方的好友一起共享。QQ 的【发送图片】功能就可以非常方便地即时传送过去。其具体操作步骤如下。

在如图 3-17 所示的聊天窗口中单击【发送图片】按钮，可以从本机磁盘中查找并选择要传输的图片，单击【发送】按钮，即可将图片发送给对方，如图 3-32 所示。

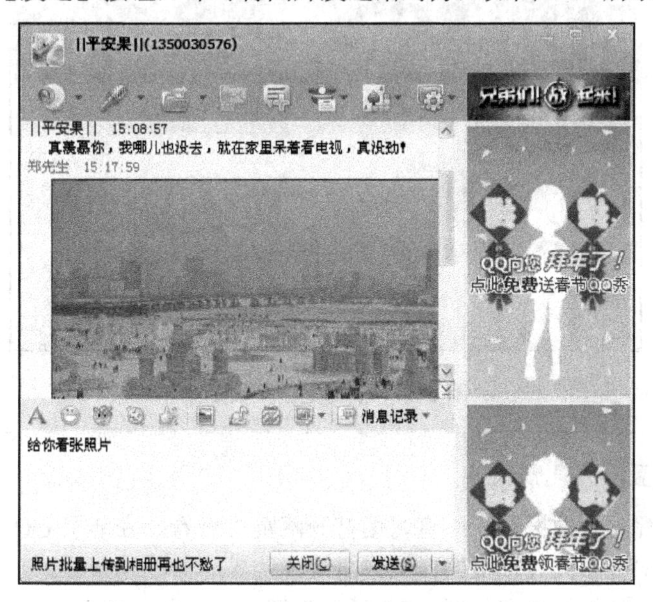

图 3-32　发送图片

2. 发送文件

QQ 2010 不但可以即时发送图片，而且可以很方便地给在线好友发送文件。

在聊天窗口中单击【发送文件】按钮，在弹出的【打开】对话框中选择所要发送的文件，单击【打开】按钮，等待好友接收该文件，如图 3-33 所示。

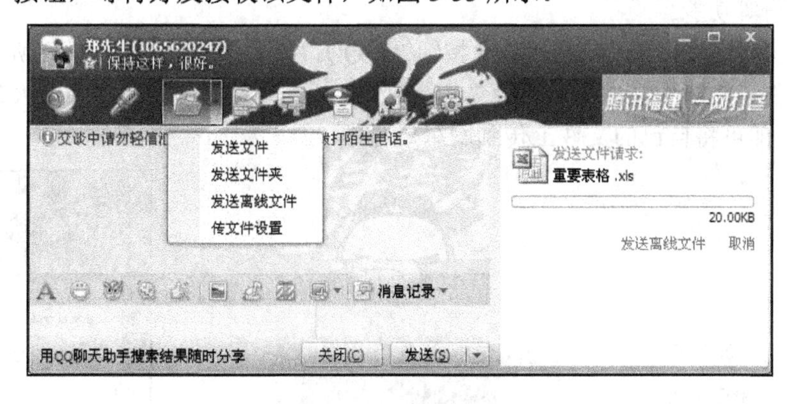

图 3-33　发送文件

如果好友选择了【接收】文件，即可开始传送文件，只需耐心等待，直到文件传送完毕。

当好友发来文件时，我们也需要单击【接收】链接，将文件保存在 QQ 默认的文件夹下。如果单击【另存为】链接，则可以选择目标文件夹与文件名进行保存。如果单击【拒绝】链接，则不接收好友的文件传送请求。文件传送完毕，只需单击【打开文件】链接点即可浏览文件内容，如图 3-34 所示。

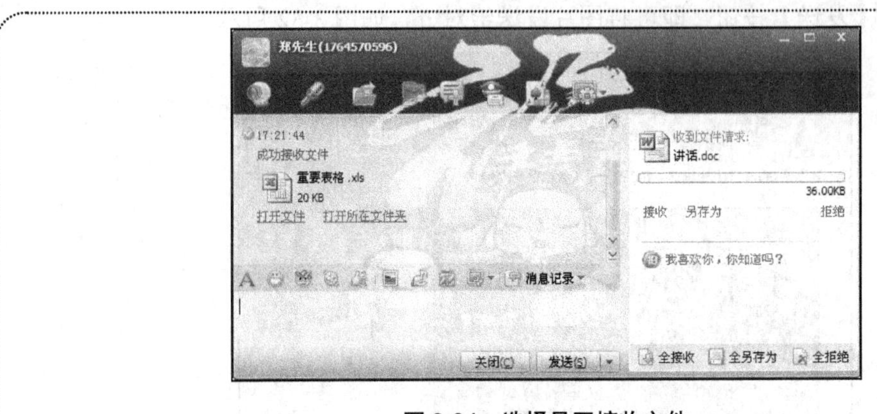

图 3-34　选择是否接收文件

3. 共享地理位置和天气预报

郑先生想要了解天气预报时，一直习惯打开网页去查看。安装了 QQ 2010 之后，就可以很方便地得到地理位置和天气预报的详细信息了。

在 QQ 主界面，将指针指向如图 3-35 所示头像 tips 位置，即可在 QQ 主界面一侧浮现出自己所在城市的名称和天气预报(同样，也可以在好友的头像 tips 里，看到好友所在的城市名称和天气预报)。

4. QQ 网络硬盘

网络硬盘是腾讯公司推出的在线存储服务。服务面向所有 QQ 用户，提供文件的存储、访问、共享和备份等功能。

单击 QQ 主界面左侧的【网络硬盘】按钮，QQ 主界面即显示如图 3-36 所示的界面。其中【中转站文件】网盘中文件可以保存 7 天，【收藏夹文件】网盘中文件可以永久保存。单击【上传】按钮，即可将自己的文件上传到网络硬盘中。

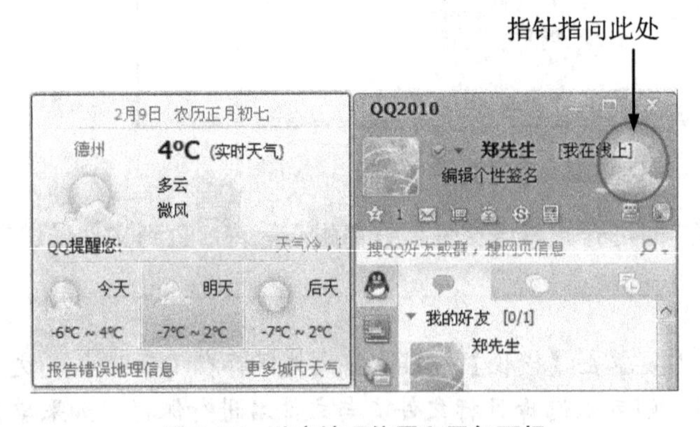

图 3-35　共享地理位置和天气预报

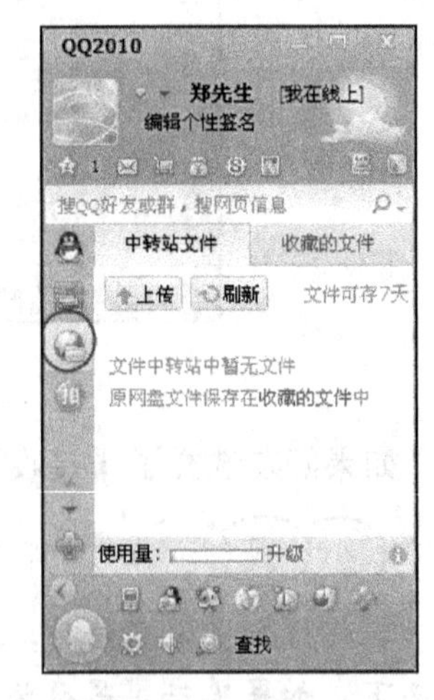

图 3-36　网络硬盘

5. QQ 网络电视

QQ 网络电视是一个基于 P2P 技术的媒体播放器，视频质量高、播放流畅、节目内容丰富。

在 QQ 主界面单击下方的【QQLive 网络电视】按钮，按照提示安装直播软件后即可打开 QQLive 首页，选择想要浏览的内容单击即可观看，如图 3-37 所示。

图 3-37　QQLive 网络电视

腾讯 QQ 不仅具有上述众多的功能，同时还有其他一些强大的功能。例如，它的【远程协助】功能，可以登录对方计算机，协助对方完成系统恢复，系统调试等操作；【发送抓图】功能可以将屏幕上的一些即时图片信息截取并且发送给好友等等。

任务 3.2　飞信 2011

任务导读

余先生是一位销售部门的业务经理，平时经常需要给客户发送短信，还要将一些文字和图片资料通过邮箱或者 QQ 发送给客户。可是，由于手机的输入速度所限，有时为了精简短信内容却使得客户不能准确理解短信的含义；如果利用邮件和 QQ 发送资料，客户却因为不便上网而延误了接收查看。听朋友介绍说有一款【飞信】软件，能够使用计算机和手机与对方进行文字或语音聊天、文件交互和发送文件。即使是客户或朋友出门在外，自己也可以在计算机中直接将信息发送到对方的手机上，而且这种情况下发短信还可以享受“免费午餐”，保证永不离线，实现无缝通信服务，随时随地与客户和好友保持畅快有效的沟通。那么，这款软件到底有哪些功能，又该如何使用呢？

任务分析

飞信是中国移动通信集团公司推出的综合通信服务，即融合语音(IVR)、GPRS 和短信等多种通信方式，实现 Internet 和移动网间的无缝通信服务。使用飞信最大的好处就是省钱、方便，通过飞信可以免费发短信，打电话也更便宜；自己和好友无论通过手机或计算机都可以随时随地聊天。

学习目标

- 添加飞信好友
- 发送即时消息

- 传输文件或文件夹
- 群发短信
- 语言和视频聊天

任务实施

3.2.1 安装飞信和添加好友

1. 开通飞信服务

登录飞信官方网站(http://feixin.10086.cn)，在首页导航栏中即可找到飞信 PC 客户端的下载页面，根据页面的提示进行下载，然后安装在自己的计算机中。运行飞信 2011 客户端软件，打开登录界面，如图 3-38 所示。

图 3-38 飞信登录界面

余先生是中国移动用户，因此可以通过以下 3 种方法注册和开通飞信服务，分别是通过手机发送短信“KTFX”到 10086；通过 PC 客户端或者登录飞信官方网站。

小提示

非中国移动手机号的用户，则可以运行飞信 PC 客户端，在登录界面(见图 3-38)，单击【注册用户】链接，在弹出的【注册新用户】对话框中，选中【使用电子邮箱清册飞信账号】单选按钮，在【电子邮箱】文本框中输入用户的邮箱地址，单击【下一步】按钮，根据页面的提示操作开通飞信业务。开通之后，即可登录飞信 PC 客户端，使用飞信服务。

2. 添加好友

注册开通了飞信业务之后，即可成为飞信用户。在如图 3-38 所示的登录界面中输入手机号码(也可以输入飞信号或者邮箱地址)以及登录密码，单击【登录】按钮，打开飞信的 PC 客户端主界面，如图 3-39 所示。

要想使用飞信，首先需要添加好友，具体操作步骤如下。

在主界面中执行【主菜单】|【联系人】|【添加好友】命令，如图 3-39 所示(或者单击主界面下端的【添加好友】按钮；或者在【好友】组中右击，在弹出的快捷菜单中执行【添加好友】命令)。

接下来会弹出【添加好友】对话框，如图 3-40 所示。按照提示输入对方的手机号和显示名称(注意：通过手机号添加好友，自己的手机号也将公开给对方)。在【添加到组】列表框中选择【未分组】(或者单击右侧的【新建分组】按钮，创建新的分组同时将好友添加到新创建的分组中)。

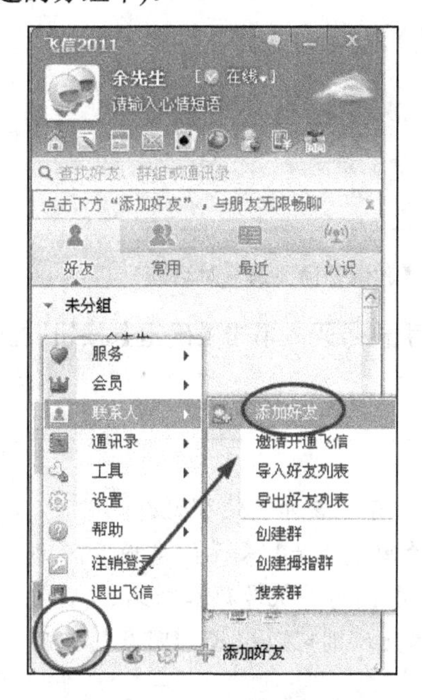

图 3-39　飞信 PC 客户端主界面

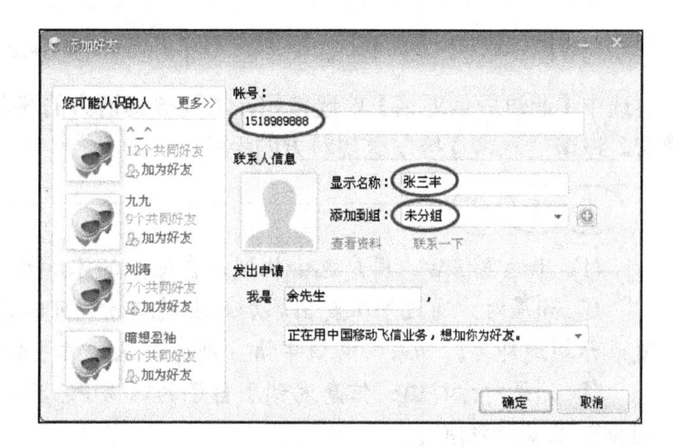

图 3-40　添加好友

在【发出申请】选项区域中填写自己的姓名(建议填写真实姓名)，选择一条邀请语。单击【确定】按钮，确认发送添加好友的申请。

发出邀请之后，好友的手机上会接收到一条短信，只要对方按照短信要求回复“是”就会在自己的飞信主界面中显示添加的好友。

按照上面的方法，可以将自己的所有好友一一添加到飞信 PC 客户端中，如图 3-41 所示。普通的飞信用户可以添加 500 个好友，当好友的人数达到上限时，系统会给以提示。

3. 邀请好友开通飞信业务

仅仅在自己的 PC 客户端上添加好友是不够的，毕竟交流和沟通是相互的。为了实现双方更为详细地编写短信、实时地发送和接收文件资料，还需要邀请好友开通飞信业务。其具体操作步骤如下。

在飞信主界面中执行【主菜单】|【联系人】|【邀请开通飞信】命令，弹出的【邀请开通飞信】对话框如图 3-42 所示。

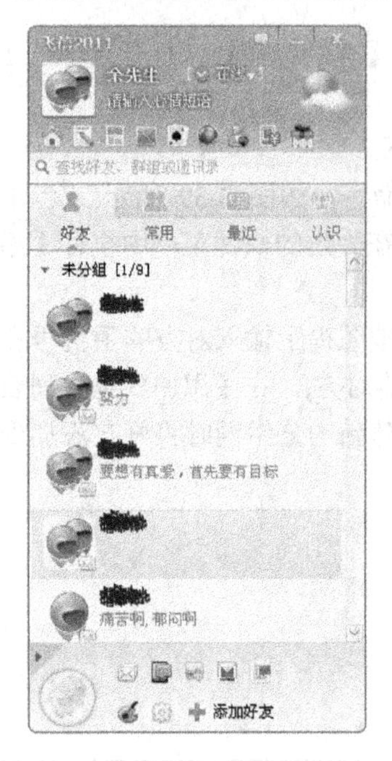

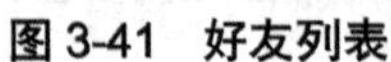

图 3-41　好友列表

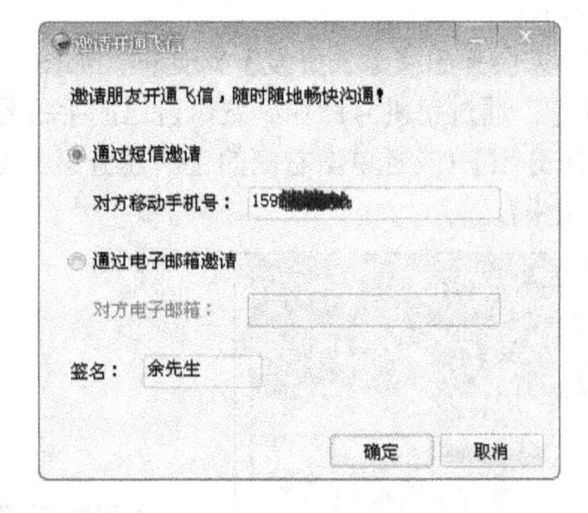

图 3-42　【邀请开通飞信】对话框

选中【通过短信邀请】单选按钮，填写被邀请方的移动手机号码，单击【确定】按钮发出邀请。邀请信息将直接发送到对方的手机上。

小提示

(1) 开通飞信后，用户也会收到来自他人的添加好友申请，该如何处理呢？

① 如果对方通过手机发出添加好友的邀请，可以选择回复“是”表示同意或者不回复表示拒绝即可。如果同意该申请，则会默认向对方公开自己的手机号码和姓名。

② 如果对方将邀请信息发到了自己的飞信 PC 客户端上，则可以选择“同意”、“不同意”或者“取消”。

(2) 怎样删除好友？

如果原来添加的某些好友已经不再联系，可以在【好友】组中删除。其操作步骤如下。

右击要删除的好友的头像，在弹出的快捷菜单中执行【删除好友】命令(或直接按 Delete 键)，根据提示确定删除好友。

注意：如果在删除对方时，没有勾选【同时将我从他的好友列表中删除】复选框，那么对方仍然能够看到自己的状态并向自己发送消息。

3.2.2　为好友分组

余先生的飞信好友列表中，有一些是自己的公司员工，有一些是自己的同学好友，还有一些是自己的客户，能否将好友分类显示呢？

1. 创建好友分组

飞信 PC 客户端可以设定 50 个好友分组，下面，我们帮助余先生把他的飞信好友分成 3

个分组，分别是【同学】、【客户】和【同事】，具体操作步骤如下。

在如图3-43所示的主界面中，右击【联系人】组中的任意组名称，在弹出的快捷菜单中执行【添加分组】命令，弹出如图3-44所示的【新建分组】对话框，输入新组的名称【同学】，单击【确定】按钮。即可在飞信主界面中显示添加结果。

按照上述操作步骤，分别添加【同事】和【客户】分组。

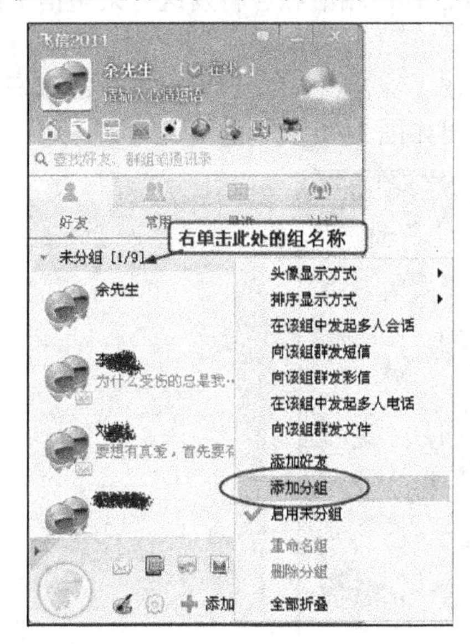

图3-43　【添加分组】命令

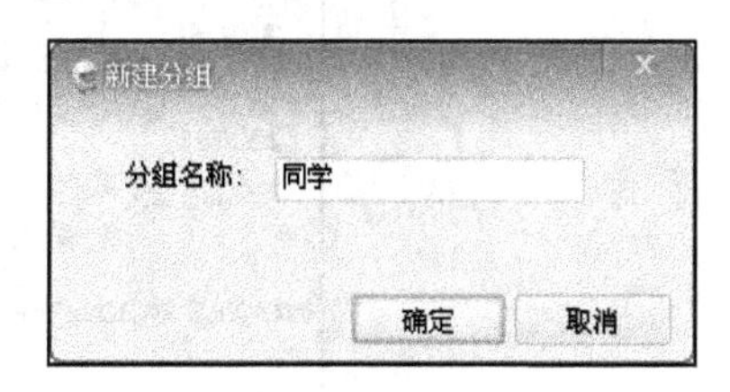

图3-44　【新建分组】对话框

2. 添加好友到分组中

分组创建以后，要想把好友添加到相应的分组中，具体操作步骤如下。

右击要想添加分组的好友的头像，如图3-45所示，在弹出的快捷菜单中执行【组管理】|【将好友移动到】|【同学】命令，即可将该好友从未分组状态添加到【同学】组。

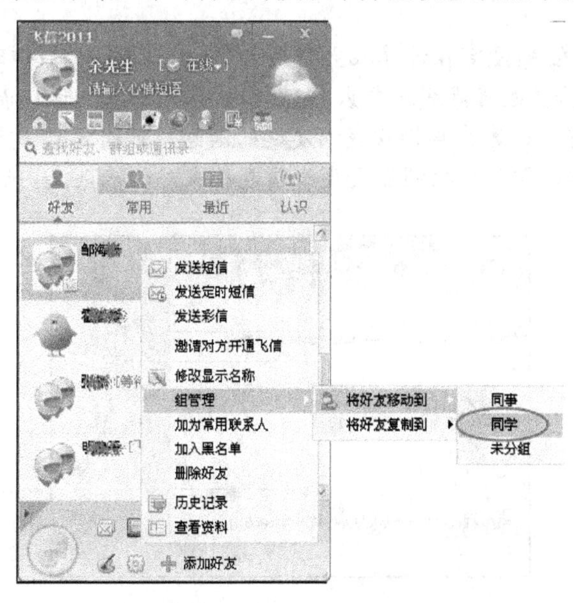

图3-45　移动好友到其他分组

按照上述操作步骤，可以将其他好友分别移动或复制到相应的分组中。

3.2.3 聊天和传输文件

1. 发送即时消息

余先生想让综合科给自己送一份资料，可以通过 PC 客户端给综合科发送一条短信，具体操作步骤如下。

在如图 3-41 所示的【联系人】组中找到并双击好友【综合科】的头像(或者右击该好友，在弹出的快捷菜单中执行【发送即时消息】命令)，弹出如图 3-46 所示的聊天窗口。

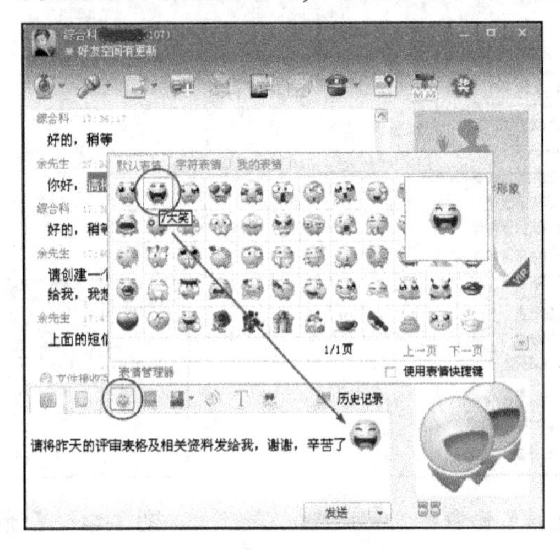

图 3-46 给好友发送即时短信

在聊天窗口下方编辑消息内容后，单击【飞信表情】按钮，如图 3-46 所示选择【大笑】表情，单击【发送】按钮即可将即时消息发送给对方。

小提示

(1) 当好友短信在线(没有在计算机上登录 PC 客户端)或离线(暂时退出飞信 PC 客户端)时，用户可以选择发送【离线消息】，即不以短信的形式发送，而是待好友登录飞信 PC 客户端时，自动在 PC 客户端接收我们发送的消息。如图 3-47 所示，在聊天窗口中，单击【发消息】按钮，即可切换到发送离线消息模式，输入消息内容后，单击【发送】按钮即可。

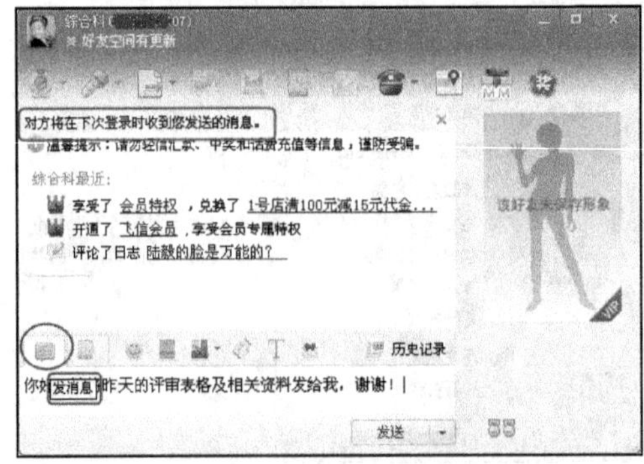

图 3-47 发送离线消息

(2) 在聊天过程中，还可以通过【发送图片】、【截屏发图】、【发送闪屏】、【短信传情】等按钮，为对方传送更丰富的内容。例如，可以单击【短信传情】按钮，在短信库中为对方送去祝福短信，如图 3-48 所示。

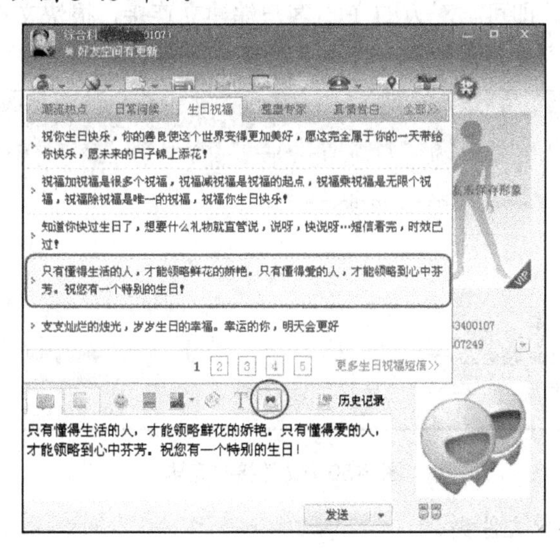

图 3-48　发送祝福短信

2. 接收好友发送的文件或文件夹

对方收到文件传输请求短信以后，很快为余先生传来了相关文件，如图 3-49 所示。

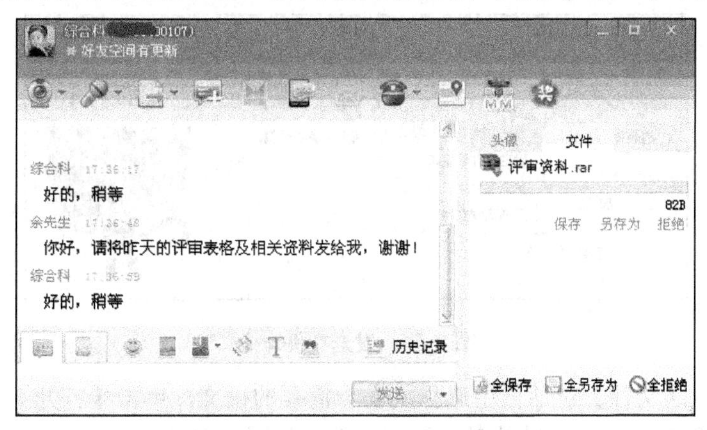

图 3-49　接收文件

小提示

接收文件的处理方式有以下几种。

(1) 保存：将文件或文件夹保存到默认目录中。

(2) 另存为：将文件或文件夹保存到指定目录中。

(3) 拒绝：拒绝文件或文件夹的传送请求。

当收到文件或文件夹比较多时，可以在聊天窗口下方选择以下接收方式。

(1) 全保存：把所有文件或文件夹保存在系统设置好的文件传输目录内。

(2) 全另存为：把所有文件或文件夹保存到指定目录中。

(3) 全拒绝：拒绝所有文件或文件夹的传送请求。

单击【保存】按钮，即可与对方的 PC 客户端建立连接，很快文件接收完毕，如图 3-50 所示。单击【打开】或者【打开所在文件夹】链接可以查看文件。

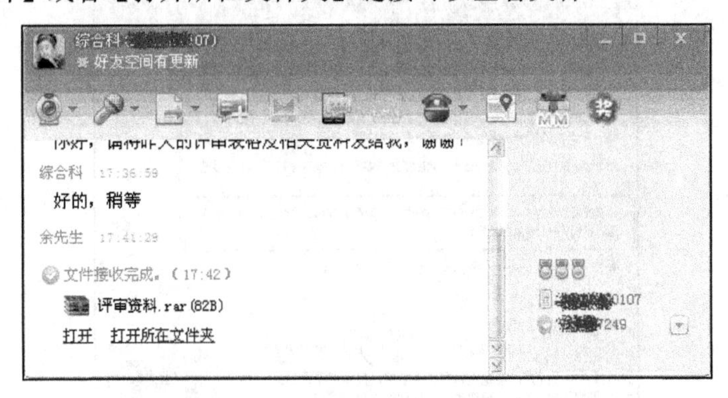

图 3-50 文件接收完毕

3. 为好友传输文件或文件夹

刘女士登录 PC 客户端在线发来了短信，想请余先生给她发送一篇论文。在此，用户可以直接发送文件或文件夹给对方，具体操作步骤如下。

在【好友】组中双击【刘女士】头像，打开聊天窗口，如图 3-51 所示。单击【文件传输】右侧的下三角按钮，执行【发送文件】命令，弹出【发送文件】对话框。

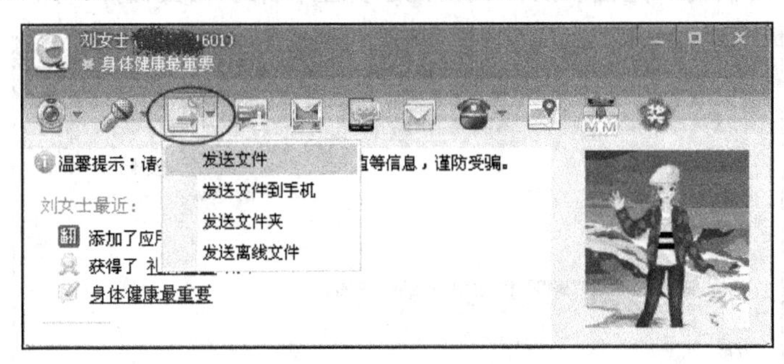

图 3-51 发送文件命令

从弹出的【发送文件】对话框中选择刘女士需要的论文，单击【打开】按钮(或直接将论文拖动到当前的聊天窗口中)，等待对方接收文件，如图 3-52 所示。

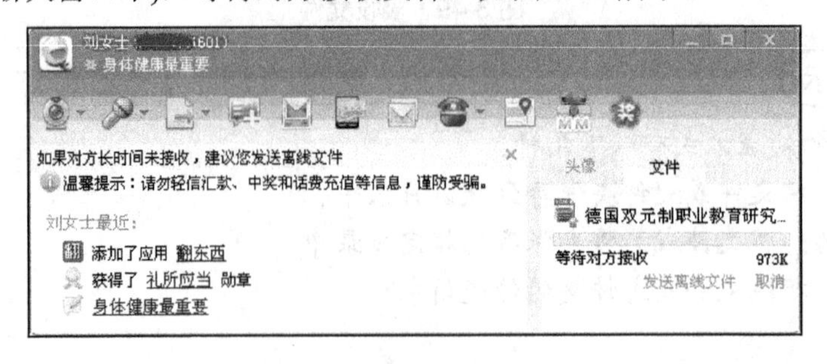

图 3-52 等待对方接收文件

对方接收下载文件完毕后，会在聊天窗口中显示文件发送完毕的提示，如图 3-53 所示。

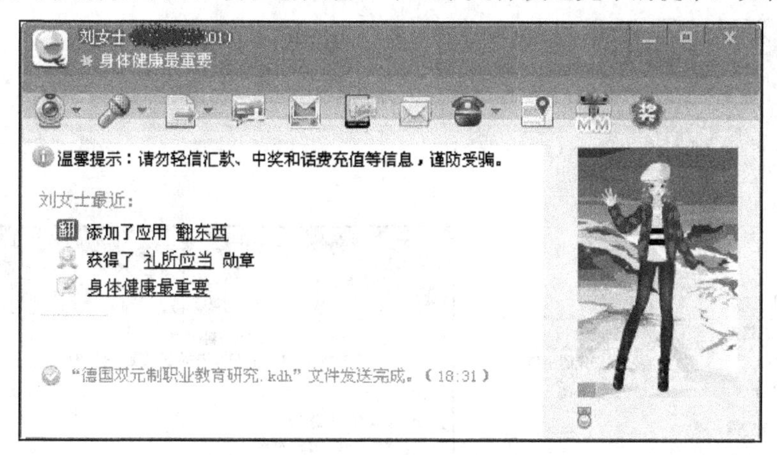

图 3-53　文件发送完毕

小 提 示

(1) 如果对方当前处于【短信在线】状态(没有登录 PC 客户端)，也可以将文件直接发送到好友的手机上，好友会收到一条包含文件下载信息的 WAP push 信息，对方可以通过 WAP push 信息下载文件。

(2) PC 客户端之间直接发送文件最大支持 2GB；好友短信在线时，文件容量不超过 2MB。未绑定手机号的用户不能将文件发送到飞信好友的手机上。

(3) 群发文件。如果发现所有的好友都在线，那么就可以进行多人对话，直接将文件(容量小于 10MB)通过飞信发送给员工(不超过 31 人)。单击飞信主界面下方快捷工具栏中的【多人会话】按钮，在弹出的【选择联系人】对话框中选中好友后，单击【确定】按钮，在打开的聊天窗口中，单击【文件传输】按钮，按照前面传输文件的方法发送文件。

4. 发送短信到对方手机

余先生想给刘女士发短信，询问论文是否有帮助，可是怎样把短信直接发送到对方手机上呢？

其实，只要飞信好友绑定了手机号码，且设置了【接收短信/彩信】，那么无论对方 PC 客户端是否在线，都可以给对方的手机发送短信。其具体操作步骤如下。

在【好友】组中右击好友【刘女士】头像，在弹出的快捷菜单中执行【发送手机信息】|【发送短信】命令，如图 3-54 所示。

打开如图 3-55 所示的聊天窗口，在消息输入文本框中编辑短信内容，单击【发送】按钮即可将该信息发送到对方手机上。

此外，即使双方都正在通过 PC 客户端进行会话，也可以在聊天窗口中单击【发短信】按钮，如图 3-55 所示，切换到发送飞信短信模式将短信发送到好友手机上。

5. 群发短信

余先生接到了公司通知，要求他将最近的会议内容传达给部门里的所有员工。如果逐个给多个员工发送短信，实在是太麻烦了。实际上，可以通过 PC 客户端群发短信到所有员工的手机上，收到回复后，再分别建立独立的两人会话。其具体操作步骤如下。

在飞信主界面中执行【主菜单】|【工具】|【发短信】命令，如图 3-56 所示。

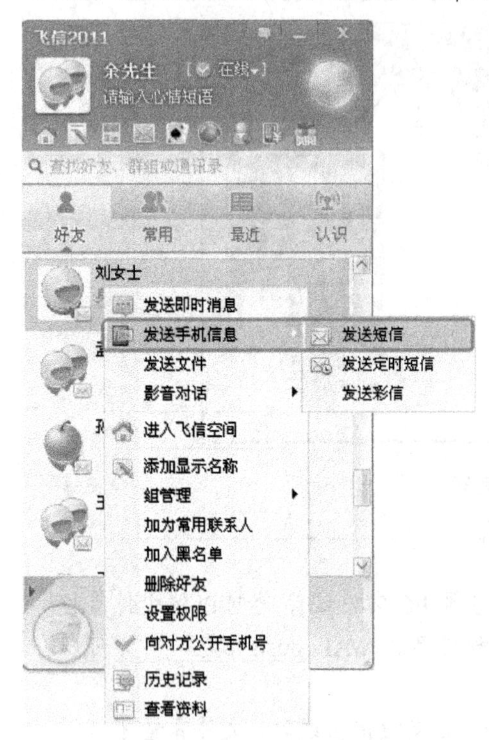

图 3-54　执行【发送短信】命令

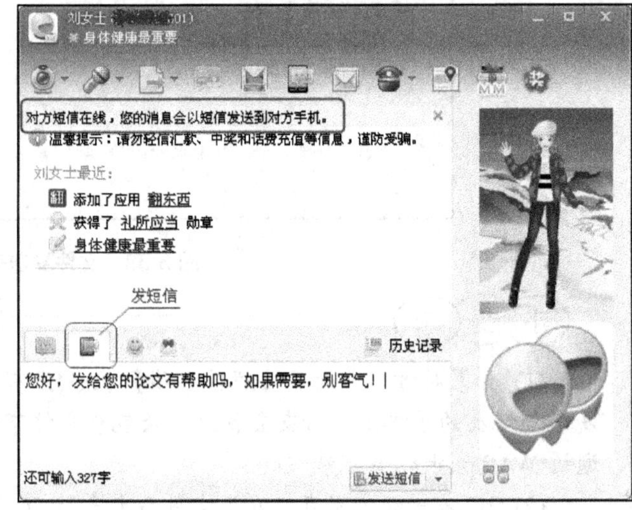

图 3-55　发送短信到手机

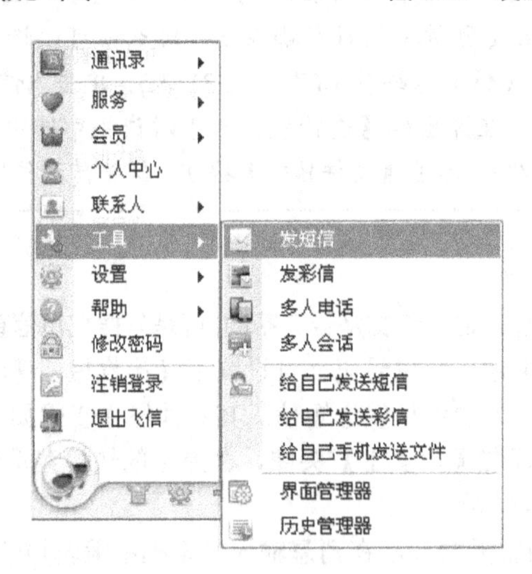

图 3-56　群发短信菜单命令

在弹出的【发短信】对话框中，输入短信内容，如图 3-57 所示。

单击【接收人】按钮，在弹出的【选择接收人】对话框中的左侧好友列表中勾选所有员工，如图 3-57 所示。单击【确定】按钮返回【发短信】对话框，再单击【发送】按钮即可发出短信。飞信会员用户最多可以同时给 200 位好友群发短信，普通飞信用户最多可以同时给 100 位好友群发短信。

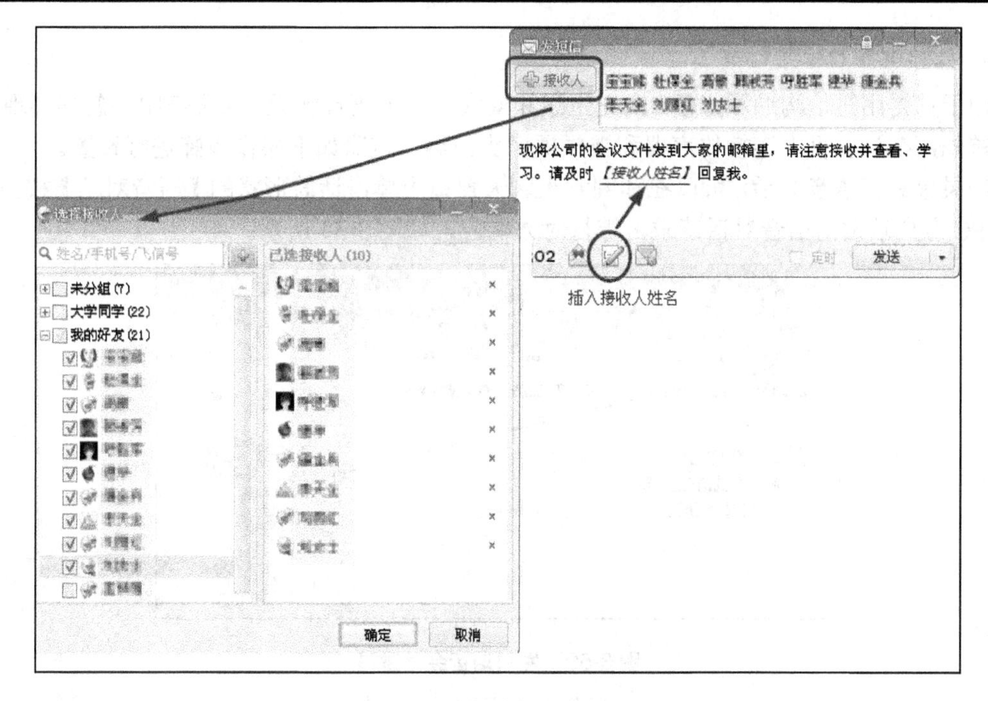

图 3-57　选择接收人群发短信

小 提 示

1. 在短信中插入接收人姓名

在如图 3-57 所示的【发短信】对话框中，如果需要在短信内容中显示员工的姓名，可以将光标移动到合适的位置，单击下方的【插入收件人姓名】按钮，在光标的位置插入接收人姓名。当多位员工收到短信后，在该位置将仅显示好友自己的姓名。

2. 发送定时短信

有时为了避免短信干扰工作(如正在开会)，用户可以设置发送定时短信。

在如图 3-58 所示的【发短信】对话框中输入短信内容，勾选【定时】复选框，然后设置发送时间，单击【发送】按钮，系统将会在设定的时间将短信发出。

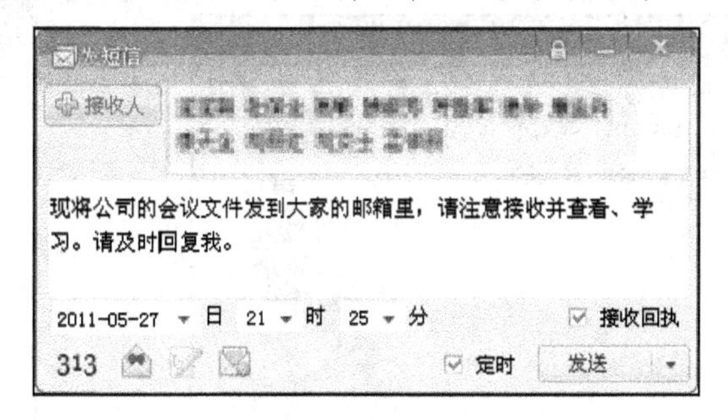

图 3-58　定时短信

普通用户可以将定时短信发给包括自己在内的最多 100 个收信人，会员用户则可以发给最多 200 个收信人。未发送的定时短信上限为 300 条。

6. 发起语音和视频对话

由于觉得用短信沟通不方便，余先生想和刘女士采用语音聊天。在飞信中该怎样实现呢？首先，在计算机上连接传声器和视频摄像头，然后按照如下操作步骤进行设置。

如果想进行语音对话，可以在和刘女士聊天窗口中单击话筒形状的【语音对话】按钮，向对方PC客户端发出语音对话请求，等待对方响应，如图3-59所示。

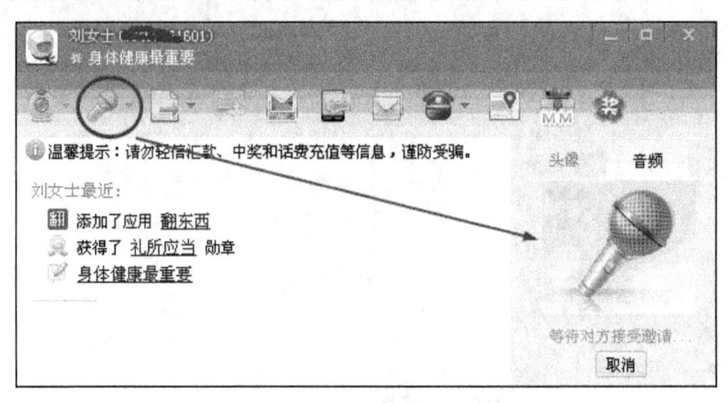

图3-59　发起语音会话邀请

刘女士收到语音对话请求后，单击【接受】按钮即可开始语音对话(单击【拒绝】按钮则拒绝语音对话)，如图3-60所示。

小提示

如果想进行视频对话，可以单击摄像头形状的【视频对话】按钮，向对方PC客户端发出视频对话请求，等待对方响应。对方收到视频对话请求后，单击【接受】按钮开始视频对话。

注意：双方任何一方关闭聊天窗口或单击【挂断】按钮，则终止语音/视频对话，如图3-61所示。

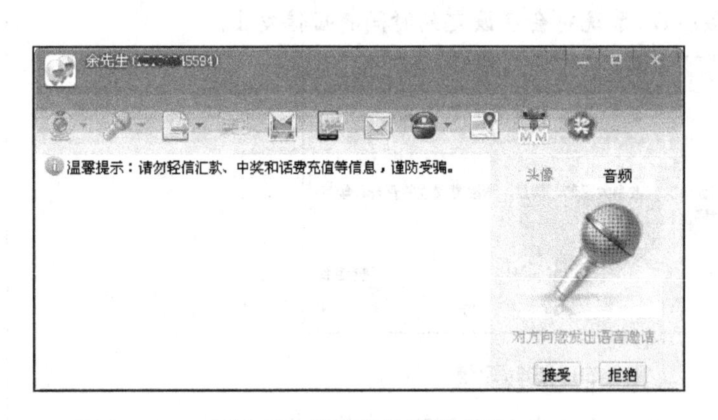

图3-60　接受/拒绝语音会话

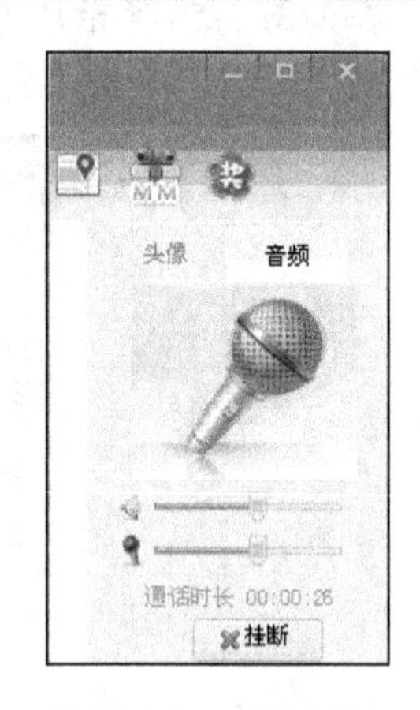

图3-61　语音会话

7. 管理自己的聊天记录

在聊天过程中，PC客户端会留下在本地计算机中和好友聊天的历史记录，其保存了聊天历史、系统消息、添加好友历史和文件传输历史等信息。

余先生想将曾经发送过的一封短信重新发送到好友的手机上，可在【历史记录管理器】窗口中查找。其具体操作步骤如下。

在飞信主界面中执行【主菜单】|【工具】|【历史管理器】命令，弹出如图 3-62 所示的【历史记录管理器】窗口。

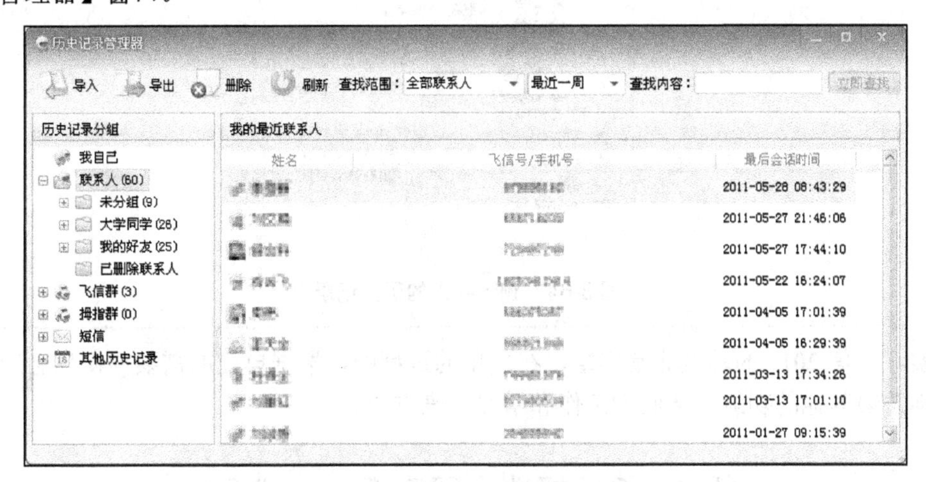

图 3-62　【历史记录管理器】窗口

在【我最近的联系人】列表框中双击要查找的好友名称，在右窗格的【本地聊天记录】列表框中就可以查找自己想要的短信记录了。

小提示

(1) 逐条删除聊天记录。在如图 3-63 所示的【本地聊天记录】列表框中，右击某条聊天记录，在弹出的快捷菜单中执行【删除选中的记录】命令即可删除该记录。

(2) 删除好友的所有历史记录。在如图 3-64 所示的【历史记录分组】列表框中，右击某好友名称，在弹出的快捷菜单中执行【删除历史记录】命令即可删除与该联系人的所有历史记录。

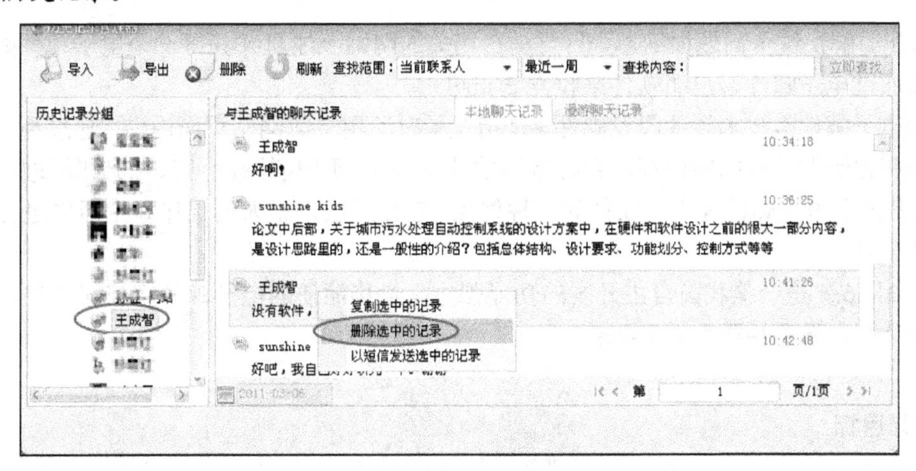

图 3-63　【本地聊天记录】列表框

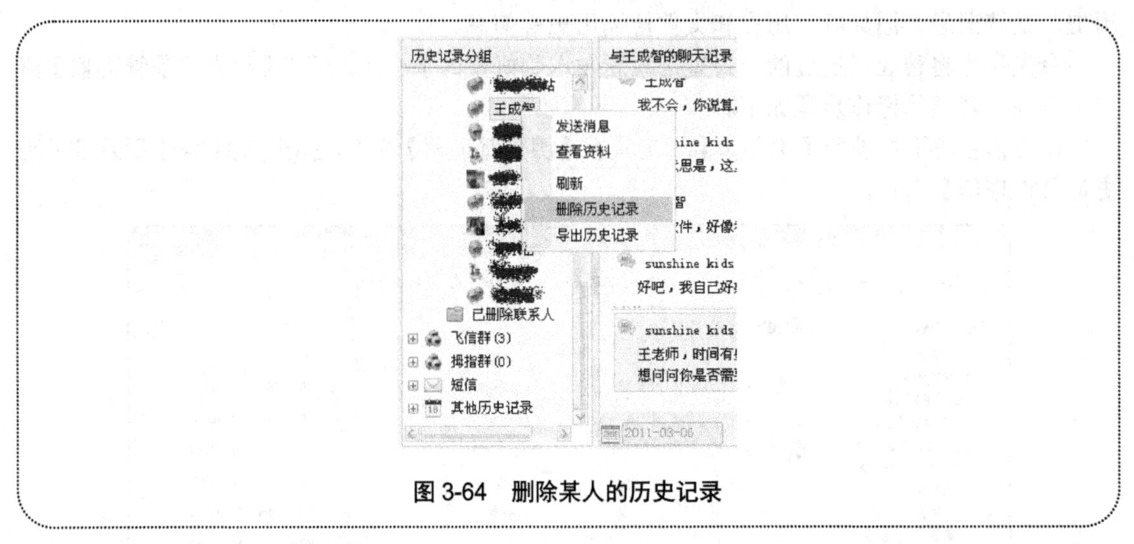

图 3-64　删除某人的历史记录

其实，飞信 2011 的功能非常丰富，在使用的过程中，根据自己的需要慢慢体会应用，就会不断地发现其他的功能，从而为工作和学习带来方便。

任务 3.3　邮件小管家 Foxmail 6.5

任务导读

石先生在一家法律咨询公司工作，经常使用电子邮箱给朋友写信。让他感到疑惑的是，依赖于网络的电子邮箱要求在线撰写、发送邮件，能否在不联网的状态下先写好待发信件，等到联网时一起发送邮件？另外，一旦网络断开，在脱机状态下就不能看到自己原来的邮件了。有没有相应的软件解决上述问题呢？

任务分析

实际上，解决这个问题很简单，只要是在相关的网站上注册并获得一个电子邮件账号，然后就可以通过电子邮件客户端软件来收发 E-mail。

所谓电子邮件客户端软件收发邮件，是指登录时不用下载网站页面内容，速度更快，使用它收到的和曾经发送过的邮件都保存在本地的计算机中，不用联网就可以对旧邮件进行阅读和管理。正是由于电子邮件客户端软件的种种优点，它已经成为了人们工作和生活中进行交流必不可少的工具。

Foxmail 6.5 是一款我国自主开发的功能强大、操作简便的电子邮件客户端软件，使用它可以轻松地收、发各种类型的 E-mail。

学习目标

- 新建邮件账户
- 使用地址簿

● 撰写和发送邮件

任务实施

3.3.1　新建 Foxmail 邮件账户

为了能够正常使用 Foxmail 6.5，在软件安装完毕，第一次运行时，系统会自动启动向导程序，引导用户添加第一个邮件账户。

1. 建立新的用户账户

如图 3-65 所示为 Foxmail 6.5 的【建立新的用户账户】向导对话框，我们和石先生一起使用他的网易邮箱账户创建第一个 Foxmail 账户，具体操作步骤如下。

1) 输入 E-mail 地址和密码

在【电子邮件地址】和【密码】文本框中输入石先生完整的网易邮箱的 E-mail 地址和密码。

注意：在此也可以不填写电子邮箱地址的密码，但是在每次 Foxmail 开启后第 1 次查收邮件时就要输入密码。

2) 输入账户名称和邮件中采用的名称

在【账户显示名称】和【邮件中采用的名称】文本框中输入石先生在 Foxmail 中显示的账户名称(可以按自己喜好随意填写。Foxmail 6.5 支持多个邮箱账户，通过这里的名称可以让自己更容易区分、管理它们)，以及姓名或昵称(这样，对方可以在不打开邮件的情况下就知道是谁发来的邮件)。

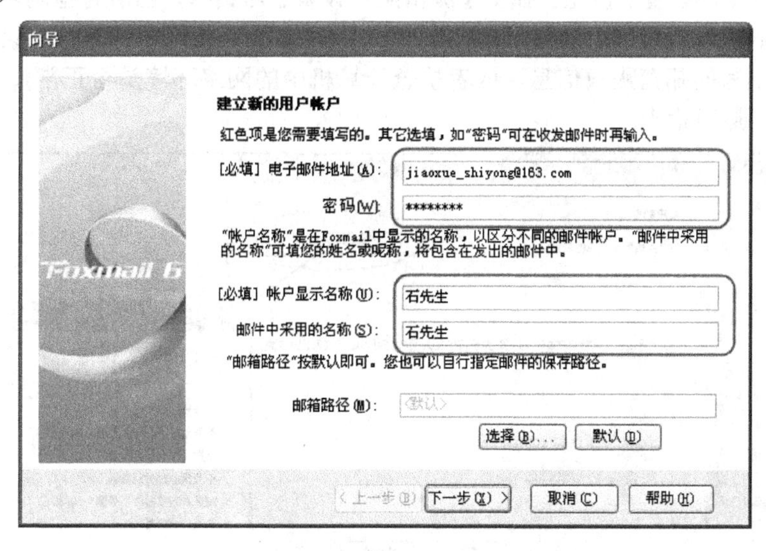

图 3-65　建立新的用户账户

2. 指定邮件服务器

单击【下一步】按钮，在如图 3-66 所示的【指定邮件服务器】向导对话框中进行设置。

对于一些流行的免费邮箱，如 163、新浪等，Foxmail 会自动填写正确的 POP3 和 SMTP 服务器地址，继而就可以完成账户的建立。在此，系统根据上一步填写的邮箱服务器，默认填写接收服务器类型“POP3”、接收邮件服务器“pop.163.com”以及发送邮件服务器“smtp.16.com”。

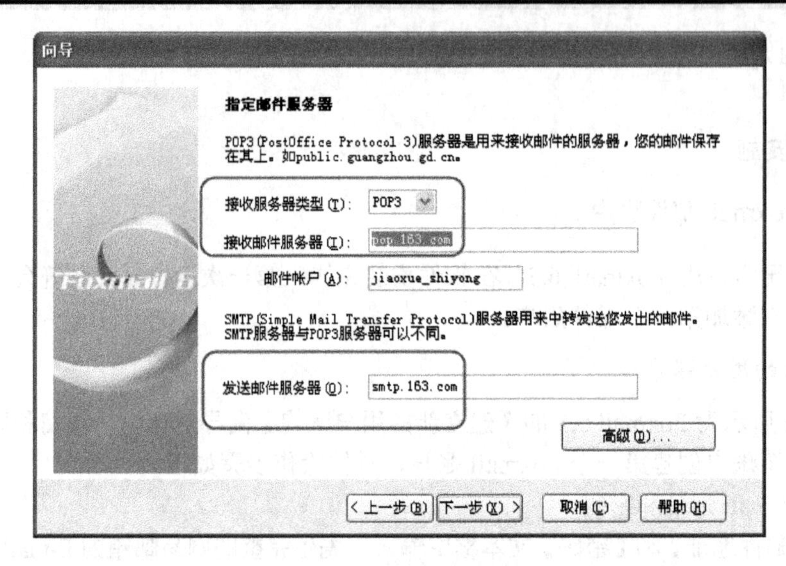

图 3-66　指定邮件服务器

3. 测试账户设置

单击【下一步】按钮，进入最后一个向导步骤，如图 3-67 所示。

添加个性 LOGO 图片。单击【选择图片】按钮，弹出对应对话框，选中个性图片并打开，就可以创建自己的 LOGO 图片。这样，对方在接收到自己的邮件时，就可以同时看到自己设置的 LOGO 图片。

单击【测试账户设置】按钮，弹出【测试账户设置】对话框，当所有检测项目前面都显示绿色对勾时，账户设置测试就通过了(测试成功，就可以放心使用该邮箱；如果不成功，可以返回检查自己填写的邮箱账户信息，或者检查计算机中的网络环境是否正常)，单击【关闭】按钮，即可返回原对话框。

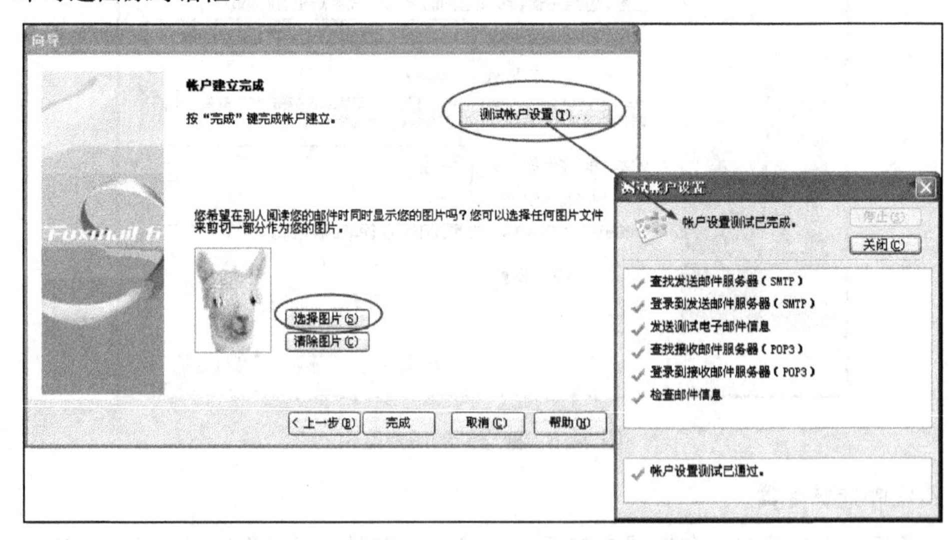

图 3-67　完成账户建立

单击【完成】按钮，即可打开 Foxmail 6.5 的主界面，如图 3-68 所示。可以看到，在【Foxmail】列表框中有一个与【建立新的用户账户】向导对话框的【账户显示名称】文本框中输入的名称相同的账户——【石先生】。

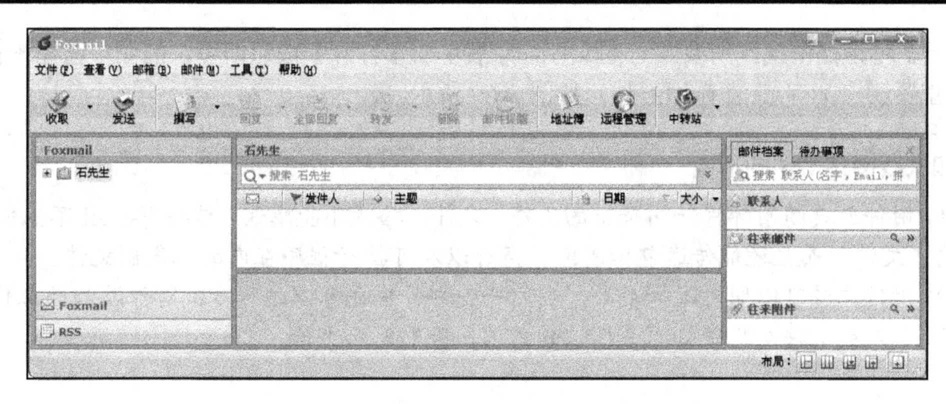

图 3-68　Foxmail 6.5 主界面

3.3.2　撰写、发送和接收邮件

下面，我们以【石先生】的名义撰写一封给自己的测试邮件，检查邮箱账户设置是否正确，具体操作步骤如下。

1. 撰写邮件

(1) 单击工具栏中的【撰写】按钮，打开邮件编辑器，如图 3-69 所示。

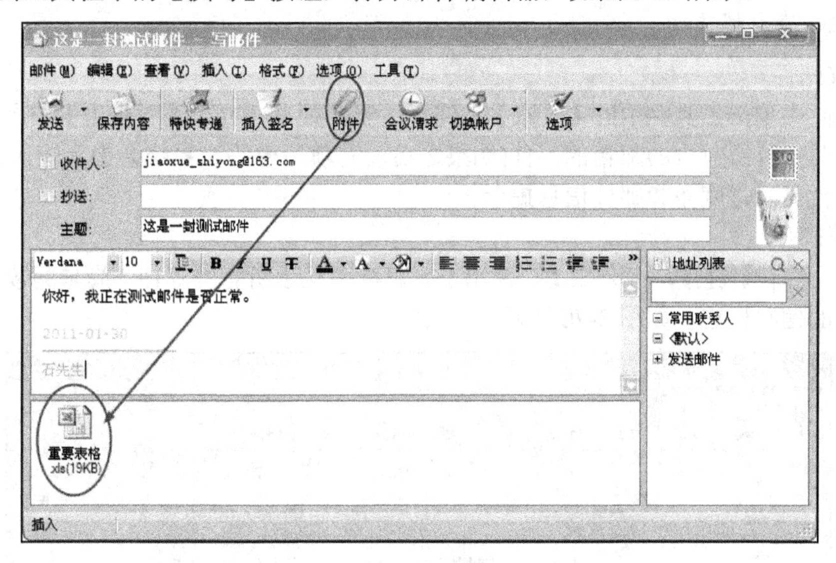

图 3-69　邮件编辑器

(2) 填写收件人的 E-mail 地址。此处填写前面建立的石先生邮箱地址(如果收件人为不同的多个地址，则必须用逗号分隔)。

注意：【抄送】文本框中如果填写其他联系人的 E-mail 地址，邮件将同时抄送给这些联系人，而且所有的【抄送】E-mail 地址都将以明文传送，即所有的收件人都知道此邮件被发送给了哪些人。

(3) 填写主题。例如，填写“这是一封测试邮件”(邮件的主题相当于邮件内容的题目，可以让收信人大致了解邮件可能的内容，也可以方便收信人管理邮件)。

(4) 输入邮件正文。邮件的正文就是邮件的内容。

(5) 添加附件。如果需要发送文件给收信人，可以单击工具栏中的【附件】按钮，在弹出的【打开】对话框中找到所要发送的文件，然后单击【打开】按钮即可，例如，选择本机磁盘中的“重要表格.xls”文件作为附件，如图 3-69 所示。

知识链接：附件的形式

(1) 附件就是随附邮件一同寄出的文件，文件的格式不受限制，这样 E-mail 不仅能够传送纯文本文件，而且还能传送包括图像、声音以及可执行程序在内的二进制文件。

(2) 附件文件可以同时选择多个，在同一份邮件中也可以进行多次附件添加的工作。

(3) 插入的文件夹附件必须是压缩的文档，否则无法上传。

2. 发送邮件

写好邮件后，单击工具栏中的【发送】按钮右侧的下三角按钮，可以有如下两种选择方式。

(1) 发送：单击【发送】按钮，信件保存在发件箱中，并立即发送出去。

(2) 独立发送：当同时向多个联系人发送邮件时，每位联系人都可以看到其他联系人的邮件地址。独立发送功能并不是将一封邮件反复发给多个人，而是同时向每一个人发送同样内容的邮件。这样不但提高了单封邮件的保密性，而且更加易于管理。

在此，直接单击【发送】按钮，将该邮件发送出去。

3. 接收、查看邮件

1) 接收邮件

在主界面中单击工具栏中的【收取】按钮，由于此处只建立了【石先生】一个账户，因此即刻收取当前账号所包含的邮箱的邮件(如果之前没有填写密码，系统会提示输入邮箱密码)，接收过程中会显示进度条和邮件信息提示。

2) 浏览邮件

单击【收件箱】链接，将会在【收件箱】列表框中显示所有的邮件，尚未阅读的邮件前有一个未拆开的信封标志，如图 3-70 所示。

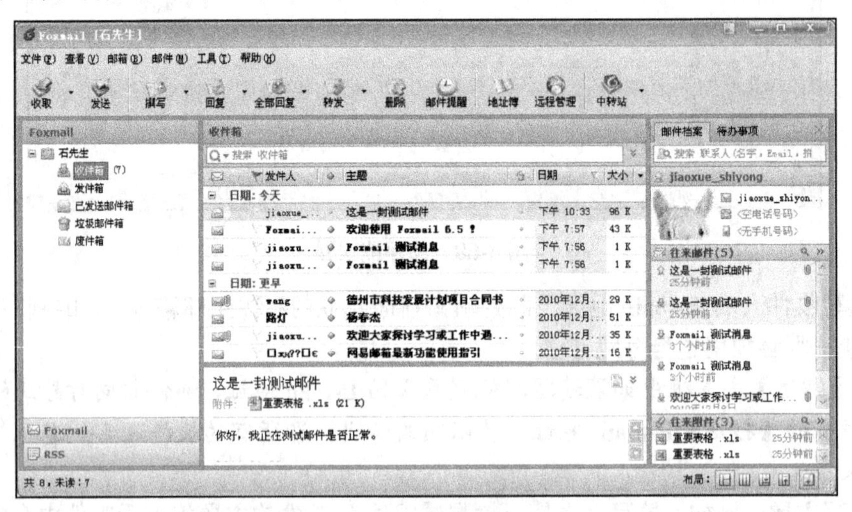

图 3-70　【收件箱】列表框

3) 查看邮件

单击【发件箱】列表框中的第一封信(默认为最近的一封来信)，即可在主界面下方邮件预览框中看到邮件的内容以及附件(主界面中将会自动增加一个附件框，显示附件的文件图标和名称)，如图 3-70 所示。

4. 回复或转发邮件

1) 回复邮件

双击需要回复的邮件(第一封邮件)标题，将以邮件阅读窗口显示邮件，如图 3-71 所示。单击【回复】按钮，打开邮件编辑器，其中【收件人】中将自动填入邮件的回复地址，编辑窗格中以灰体字显示了原信件内容(如果不需要可以将其删除)。信件写完后，选取【发送】按钮即可给来信者回复邮件。

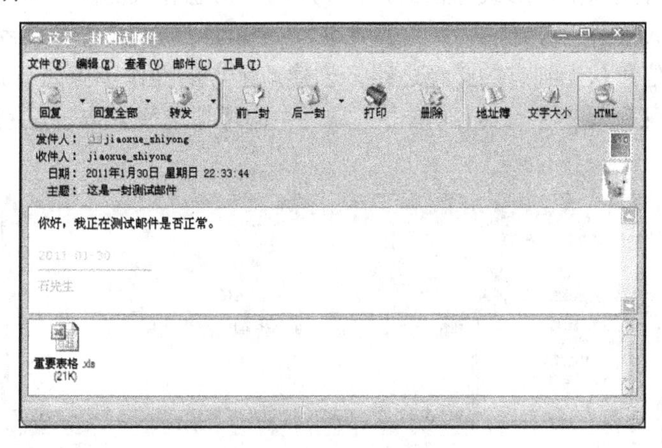

图 3-71　邮件阅读窗口

2) 转发邮件

如果想将第一封邮件转给另外一个人看，但是又不想将信的内容再复制一遍，则单击【转发】按钮，打开邮件编辑器，在【收件人】文本框中填入要转发人的邮件地址，单击【发送】按钮即可将该信转发给其他人。

注意：还可以打开并进入相应的邮箱，单击【收件箱】按钮浏览通过 Foxmail 所收取到的邮件，如图 3-72 所示。

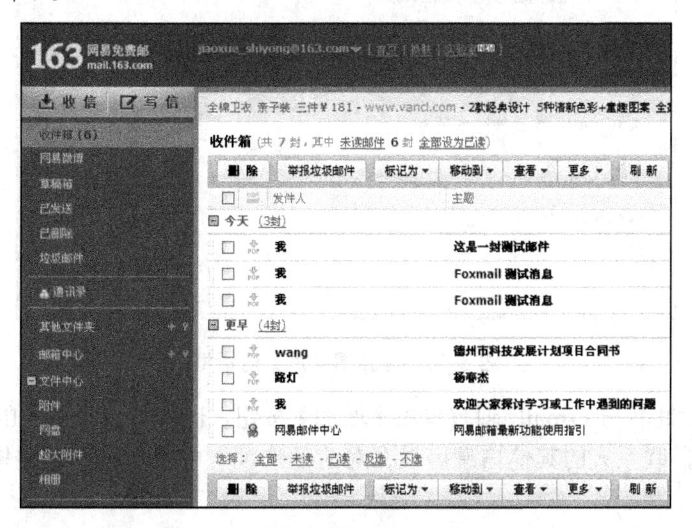

图 3-72　进入邮箱服务器浏览邮件

3.3.3 利用地址簿群发邮件

石先生经常遇到这样的情况，即想要将一封内容相同的邮件同时发给几个客户，就需要在【收件人】文本框中输入多个 E-mail 地址，有什么办法能够将客户的信息“收藏起来”，在撰写邮件后快速输入多个客户的邮件地址呢？

在 Foxmail 6.5 中，可以使用【地址簿】的功能实现石先生的上述要求。

1. 创建地址卡

地址簿中的信息是以卡片形式存在的，卡片是用户信息存放的最小单位，在卡片中记录了用户的联系人的个人信息。它包括联系人的姓名、E-mail 地址以及各种联系方式等信息。因此创建卡片是地址簿信息从无到有的必经之路。创建地址卡的操作步骤如下。

执行【工具】|【地址簿】命令(或单击工具栏中的【地址簿】按钮)，弹出如图 3-73 所示的【地址簿】窗口。

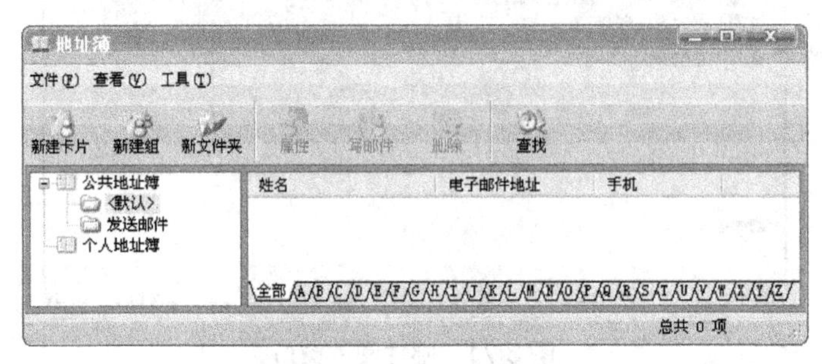

图 3-73 空白地址簿

选择【公共地址簿】下的【默认】文件夹，单击工具栏中的【新建卡片】按钮，弹出如图 3-74 所示的【新建卡片】对话框。

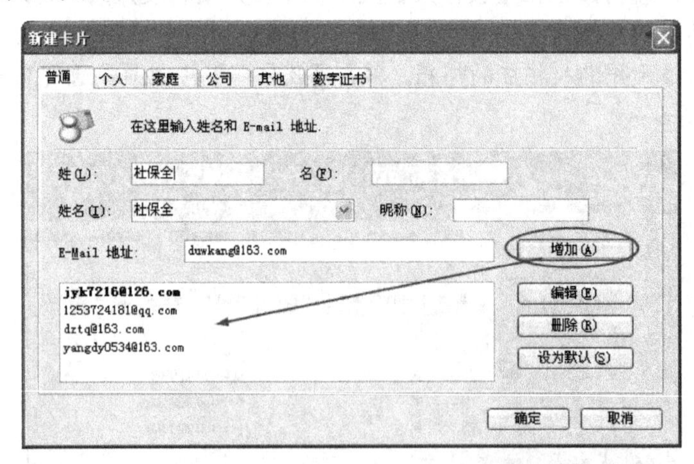

图 3-74 【新建卡片】对话框

输入联系人的姓名与 E-mail 地址(单击【增加】按钮，也可将该联系人的其他 E-mail 地址添加到地址卡中)，联系人的其他信息可以在对应的选项卡中填写，填写完毕单击【确定】按钮完成创建。

继续添加其他联系人，得到如图 3-75 所示的结果。

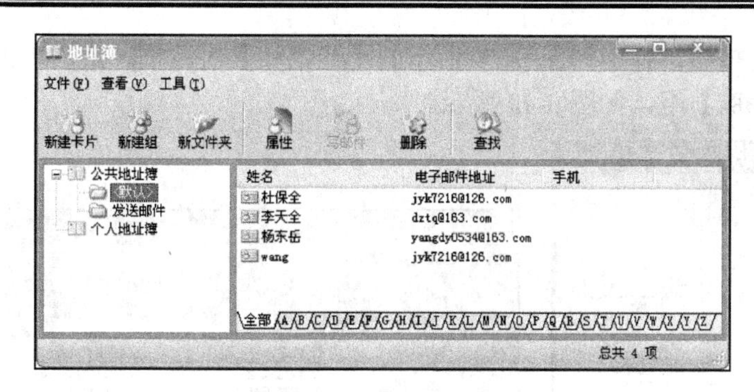

图 3-75　【默认】文件夹

2. 创建组

在 Foxmail 中【组】是一类用户的集合，是地址簿中具有同一类性质的卡片的集合。例如，通过上述操作步骤建立了多个经销商的地址卡，就可以创建一个【经销商】组把这些客户的地址卡放入该组中，便于管理和群发邮件。

首先要创建【经销商】组。在如图 3-75 所示的【默认】文件夹中，单击工具栏中的【新建组】按钮，弹出如图 3-76 所示的【新建邮件组】对话框，在此对话框中的【组名】文本框中输入组的名称【经销商】。

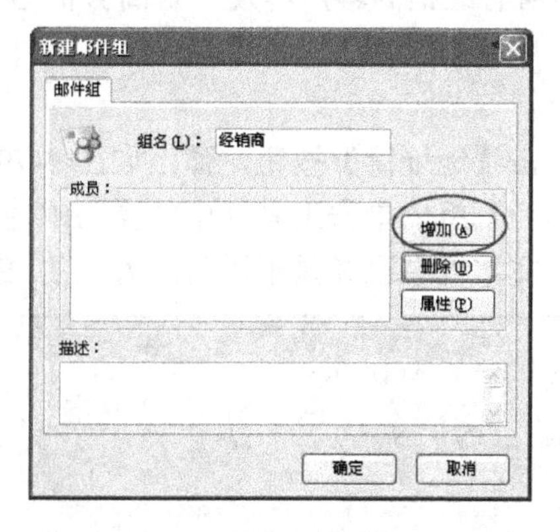

图 3-76　【新建邮件组】对话框

然后添加组成员。单击【增加】按钮，弹出【选择地址】窗口。此窗口左侧的【姓名】列表框中，列出了当前的【默认】文件夹中的所有地址卡。在此选择所有属于经销商组的地址卡，然后单击【 -> 】按钮，这时被选中的地址卡将会移动到窗口右侧的【成员】列表框中，如图 3-77 所示。

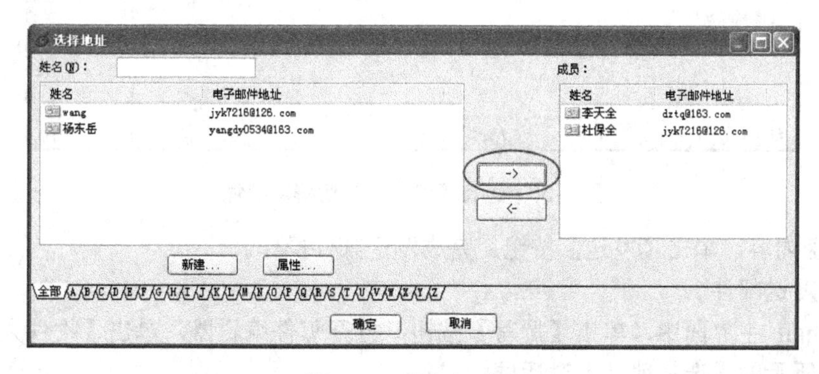

图 3-77　添加组成员

单击【确定】按钮，弹出如图 3-78 所示的【经销商】对话框。最后单击【确定】按钮，即成功建立【经销商】组，如图 3-79 所示。

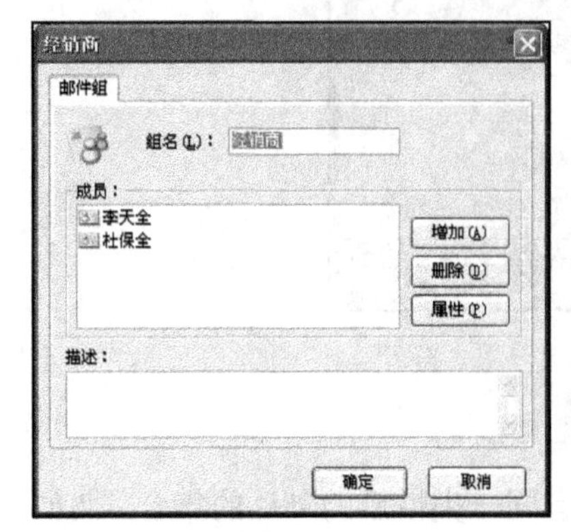

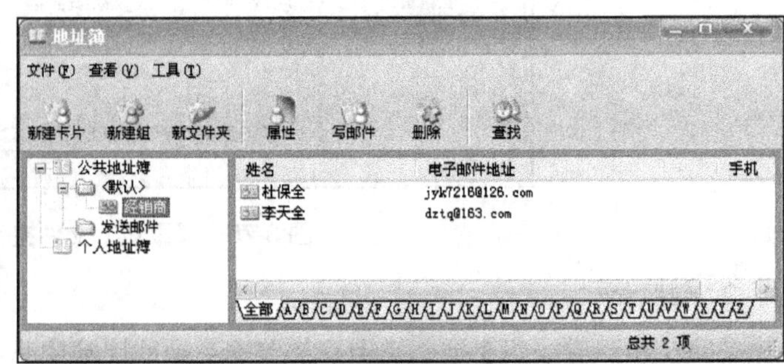

图 3-78 【经销商】对话框　　　　图 3-79 新建【经销商】组

3. 用地址簿发送邮件

有了地址簿，就可以利用它的卡片和组更为方便地向一个或多个联系人发送邮件了。

例如，石先生要想给他的所有经销商客户群发一封商务信函，可以有两种方法，具体操作步骤如下。

1) 直接发送邮件

在 Foxmail 主界面中，单击【地址簿】按钮，弹出如图 3-79 所示的【地址簿】窗口，选择【默认】文件夹中的【经销商】组，单击工具栏中的【写邮件】按钮，打开如图 3-80 所示的邮件编辑器，在【收件人】文本框中已经显示了所选人员的 E-mail 地址“经销商;”。

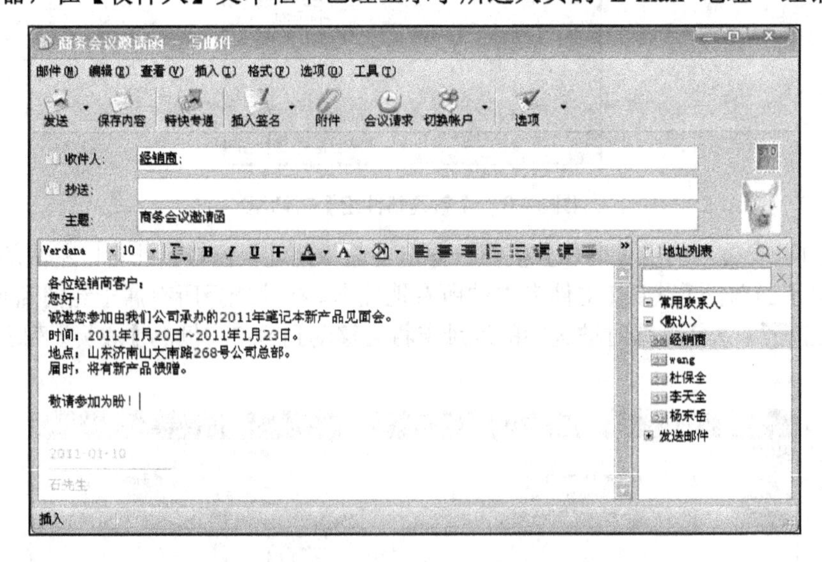

图 3-80 选择【经销商】组群发邮件

撰写信函内容，单击【发送】按钮，完成发送邮件操作。

2) 抄送发送邮件

在 Foxmail 主界面中，单击【撰写】按钮，打开邮件编辑器，单击【收件人】按钮，弹出如图 3-81 所示的【选择地址】对话框。

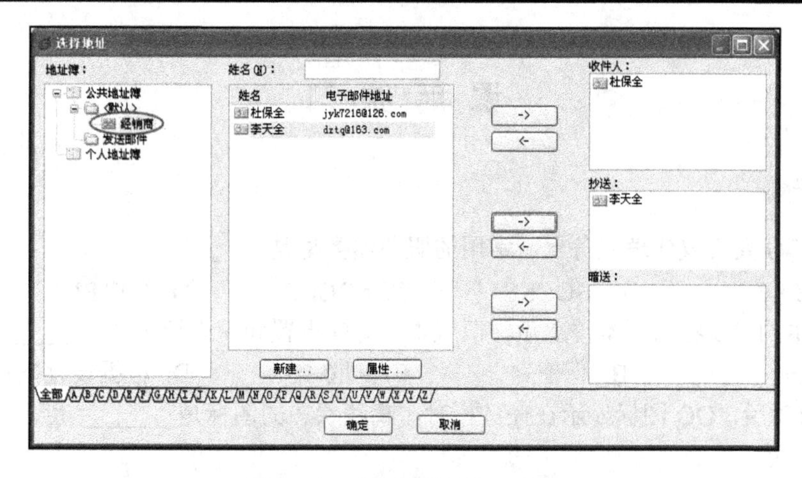

图 3-81　【选择地址】对话框

单击【默认】文件夹下的【经销商】组，然后选择收件人，单击【 -> 】按钮添加到【收件人】列表框中；选择抄送人，单击【 -> 】按钮添加到【抄送】列表框中。

单击【确定】按钮，返回邮件编辑器，撰写信函内容，如图 3-82 所示。单击【发送】按钮，Foxmail 就按照用户的选择分别按照【收件】和【抄送】将信件发送出去。

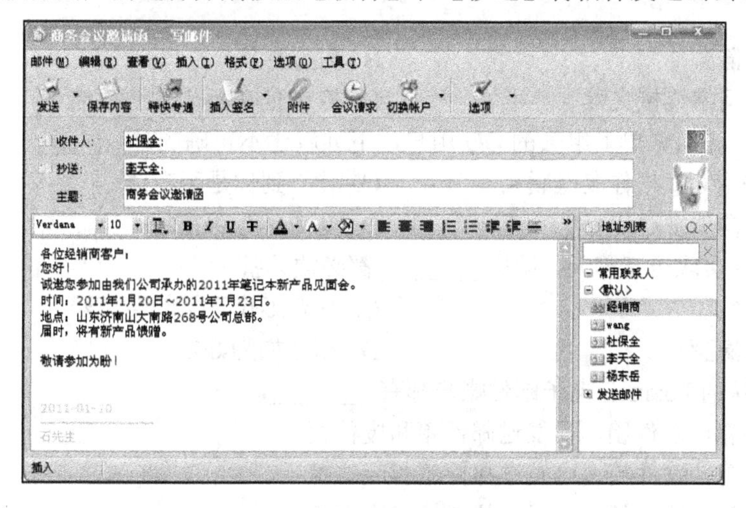

图 3-82　抄送发送邮件

除此之外，Foxmail 还有强大的多账号管理功能，可以对多用户、多账户以及多邮箱的管理。一般来说，如果是单个用户使用 Foxmail，可以只用一个账户进行邮件的收发。但是石先生根据公司业务的需要，针对不同的客户对象注册了多个不同用途的 E-mail 地址(有时，石先生也会在其他计算机，公用同一台机器上的 Foxmail 软件收发 E-mail，这时，添加多个账户将会带来很大的方便。

当邮件逐渐多起来以后，用户可以使用 Foxmail 提供的【邮件管理】功能来管理邮件。主要的邮件管理操作有保存邮件、导出、导入邮件、复制、转移、删除邮件、查找邮件、标记邮件、邮件排序和邮件打印。

实际上，Foxmail 的功能远不止上面介绍的这些，作为一名商务人士，熟练的使用该款软件，就可以高枕无忧地收发、管理自己的电子邮件，给自己的工作和生活带来便利。

课 后 练 习

一、单项选择题

1. 如果 QQ 要设置代理服务器，常用的服务器类型是________。

A. HTTP　　B. SOCKS4　　C. SOCKS5　　D. HTTP1.1

2. 新版本的 QQ 将旧版本覆盖后，旧版本的 QQ 设置和聊天记录会________。

A. 丢失　　B. 保留　　C. 删除掉　　D. 根据设置来定

3. QQ 启动后，QQ 图标显示在任务栏时，离线状态的图标是________色，成功登录后状态是________色。

A. 黑色　彩色　　B. 白色　彩色

C. 灰色　彩色　　D. 无色　彩色

4. 选择________方式登录，QQ 好友看不到你登录 QQ。

A. 隐藏　　B. 隐蔽　　C. 隐身　　D. 暗藏

5. 利用 QQ 向好友传送文件，在对方同意接收文件的前提下，传送连接失败的原因是________。

A. 对方隐藏　　B. 对方离线

C. 对方网络连接失败　　D. 双方处在不同的防火墙下

6. 对于移到【黑名单】组去的 QQ 用户，下列叙述不正确的是________。

A. 无法用 QQ 与你取得联系　　C. 看不到你是否在线

B. 不能向你发送信息　　D. 知道你是否在线

7. 利用 QQ 实现语音聊天，除去________都必须具备。

A. 都在线　　C. 具有工作正常的传声器

B. 不能隐身　　D. 相互加为好友

8. 每个默认的 Foxmail 电子邮件账户都有________。

A. 收件箱、发件箱、已发送邮件箱和废件箱

B. 地址簿、发件箱、已发送邮件箱和废件箱

C. 收件箱、地址簿、已发送邮件箱和废件箱

D. 收件箱、发件箱、已发送邮件箱和地址簿

9. 撰写的和等候发送的邮件放在________。

A. 收件箱中　　B. 发件箱中　　C. 草稿箱中

10. 邮件箱中已经发出的邮件会自动保存到______。

A. 收件箱中　　B. 发件箱中　　C. 草稿箱中　　D. 邮件箱中

11. ________被删除后，该邮箱中的邮件将不可恢复。

A. 收件箱　　B. 发件箱　　C. 草稿箱　　D. 邮件箱

12. 邮件删除实际上是把邮件转移到了 Foxmail 的________中，要想真正从磁盘中删除邮件，需要再到【废件箱】中将其删除，然后________废件箱。

A. 废件箱　压缩　　C. 草稿箱　压缩

B. 废件箱　清空　　D. 草稿箱　清空

13. 为网易 163 的电子邮件建立连接时，网易 163 的 POP3 的服务器是________。

A. 163.COM.CN　　C. POP3.163.COM.CN

B. 163.COM　　D. POP3.163.COM

14. 【收件人】为不同的多个地址，下列叙述不正确的是________。

A. 各地址间用逗号分隔　　C. 各地址间用竖线分隔

B. 同时写在地址栏里　　D. 能同时收到同一个信件

二、填空题

1. 腾讯 QQ 是由深圳市腾讯计算机系统有限公司开发的一款基于 Internet 的即时通信________软件。

2. 如果不想让被别人打扰，但又确实想和其他好友交流，可以选择________登录方式。

3. 在不想让某个人打扰的时候，可以将该好友图标直接移到________组，这样他发送的信息就不会显示。

4. 如果对方没有设置________，则直接添加好友成功。

5. 在 QQ 中________主要是设置你的个人资料等信息。

6. 在 QQ 中设置个人资料包括________。

7. 利用 Foxmail 可以方便地在网上接收、发送和________电子邮件。

8. Foxmail 支持全部的 Internet________功能。

9. 在 Foxmail 安装完毕后，第一次运行时，系统会自动启动向导程序，引导用户添加第一个________。

10. 账户建立完成之后如果发现设置有误，可以________当初的设置。运行 Foxmail，执行【邮箱】|【修改邮箱账户属性】命令。

11. 单击工具栏中的【撰写】按钮或者执行【邮件】|【写新邮件】命令，均可打开出________。

12. 如果需要发送文件给收信人，可以单击工具栏中的________按钮，在弹出的【打开】对话框中找到所要发送的文件，然后单击【打开】按钮即可。

13. ________可以写好很多待发送的信件然后将它们一次性地发送出去。

14. 单击工具栏中的________按钮，将收取当前账号所包含的邮箱的邮件。

15. 单击账户下的________，将会在【收件箱】列表框上看到所有的邮件。

16. 还未阅读的邮件前有一个未拆开的________标志。

三、判断题

1. (　　)申请什么样的 QQ 号码都是免费的。

2. (　　)由于不慎，忘记了自己的 QQ 登录密码，就意味着将失去该 QQ 号码。

3. (　　)用户要想隐身和 QQ 好友聊天，只在登录的时候选择隐身登录才可以。

4. (　　)在用户的计算机上可以备注 QQ 好友的姓名，以便用户对好友进行鉴别。

5. (　　)QQ 提供一个比邮件附件快捷的传送方法，和好友间互相传送单个文件或者是压缩包。

6. (　　)移动 QQ 可以向开通了该服务的手机用户发送短信息，但通话记录不能被保存。

7. (　　)通过【添加组】命令，可以将好友分为不同的组，这种分组信息可以在任何计算机上都能看到。

8. (　　)移到【黑名单】组中去的好友，再也不能恢复到【我的好友】组中去了。

9. (　　)电子邮件客户端软件一般比网页邮件系统提供更为全面的功能。

10. (　　)Foxmail 登录时不用下载网站页面内容，速度更快。

11. (　　)使用电子邮件客户端软件收到的和曾经发送过的邮件都保存在自己的计算机中。

12. (　　)使用 Foxmail 不用上网就可以对旧邮件进行阅读和管理。

13. (　　)Foxmail 支持多个邮箱账户，支持全部的 Internet 电子邮件功能。

14. (　　)Foxmail 会对于一些流行的免费邮箱，自动填写正确的 POP3 和 SMTP 服务器地址。

15. (　　)设置【邮件在服务器上保留备份，被接收后不从服务器删除】后，则邮件收取后在原邮箱中还依然保留备份。

16. (　　)保存邮件的两种形式即【保存】和【附加保存】。

17. (　　)如果是单个用户使用 Foxmail，可以只用一个账户进行邮件的收发。

四、上机操作题

1. 使用 QQ 2010 申请一个 QQ 号码。
2. 使用新申请的 QQ 号码登录 QQ 并添加几个 QQ 好友。
3. 使用 QQ 与好友进行文字/语音/视频聊天。
4. 加入一个 QQ 群与好友群聊。
5. 给好友发送一个自己所喜欢的 MP3 文件。
6. 在 QQ 2010 中设置个人信息并将【私人联系方式】设置为【仅好友可见】。
7. 在 QQ 2010 中设置每隔 10 分钟鼠标键盘无动作时自动切换到离开状态。
8. 在 QQ 2010 中设置消息窗口自动弹出。
9. 设置一些固定不变的语句回复，如“请稍候片刻”、“我也不知道”等，在需要用这些话回复的时候不需要输入任何字符，直接单击【发送】按钮，选择一句即可。
10. 使用 Foxmail 创建一个账号，使用它接收和阅读邮件。
11. 为新建的 Foxmail 6.5 账户重命名。
12. 将 Foxmail 设置为 IE 浏览器中【邮件】功能中的默认处理程序。
13. 设置【在邮件中使用个性图标】，选择一个自己喜爱的图标。
14. 设置 Foxmail 中自己的一个账户，每隔 3 分钟自动收取新邮件。
15. 为过滤掉不希望看到的邮件，为自己的 Foxmail 账号添加过滤器。
16. 设置 Foxmail 中自己的一个账户每隔 3 分钟自动收取新邮件，并且为该账户加密。然后清除已加密账户的密码。
17. 创建 Foxmail 地址簿。使用 Foxmail 组群发邮件功能，根据信件内容选择一种相适宜的 HTML 信纸，给你的朋友们发一封带附件的 E-mail。

项目 4 文件管理与加密、解密工具

随着时代的发展，人们对信息的渴求程度越来越高，传统的书本信息已经不能完全满足当代人的需求。而随着计算机的广泛应用及网络时代的到来，大量的信息都以电子文件或文档的形式被传输和使用，因此掌握一些基本的文件文档处理工具已经成为现代办公、学习、经商等的最基本要求。

本项目介绍了 3 个常用文件文档工具，使用它们可以轻松处理、阅读文件和数据，提高文件操作的方便性。

任务 4.1 文件压缩与解压缩工具 WinRAR

任务导读

王先生最近学会了从网上下载软件和其他学习资料。可是，一般情况下，从网上下载的资源很多都是以压缩包形式出现的。而且，下载的压缩包，王先生常常不知道应该如何正确解压使用。

任务分析

现在的存储介质的容量越来越大，要想存储或转移文件非常容易。然而，电影等文件的容量一般都非常大，在网络上不便于传输，也不利于快速下载。将它们压缩后，文件容量将大大减小，这样更有利于文件的存储和传输。

下载的压缩文件必须先经过解压缩后才能使用。这就需要用到解压缩工具了，而应用最普及的就是 WinRAR。

WinRAR 是一个强大的压缩文件管理工具，它能备份数据，减少 E-mail 附件大小限制，创建并解压缩 RAR、ZIP 等格式文件。

学习目标

- WinRAR 的下载和安装

- 使用 WinRAR 压缩文件
- 使用 WinRAR 解压缩文件包
- 制作自解压文件

4.1.1 使用 WinRAR 压缩和解压缩文件

1. 安装和设置

访问官方网站下载 WinRAR 软件的试用版，将其安装到默认文件夹中。安装后程序弹出一个设置对话框，如图 4-1 所示。为了发挥其优秀的性能，在此先对其进行相关的设置。

1) WinRAR 文件关联

为了扩大 WinRAR 软件的适用范围，需要在【WinRAR 文件关联】选项区域中选择可与 WinRAR 创建文件关联的压缩包类型设置，即可以将所有复选框都勾选。

2) 外壳整合设置

在【外壳整合设置】选项区域中，勾选全部复选项，将 WinRAR 集成到 Windows 资源管理器中。另外，根据需要在【界面】选项区域中勾选【创建 WinRAR 程序组】复选框。单击【确定】按钮完成设置。

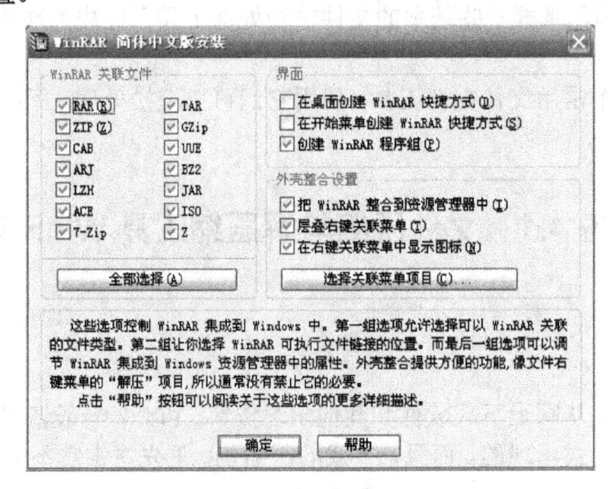

图 4-1 安装选项

2. 压缩文件

1) 快速压缩

由于在前面设置了 WinRAR 右键关联菜单功能，因此，最快捷的压缩方法就是使用右键快捷菜单命令。其具体操作步骤如下。

在资源管理器中找到要压缩的文件夹“My eBooks”，右击该文件夹弹出快捷菜单，如图 4-2 所示。

执行【WinRAR】|【添加到“My eBooks.rar”】命令，WinRAR 就可以快速地将要压缩的文件在当前目录下创建成一个 RAR 压缩包。

2) 对压缩文件进行复杂设置

如果需要对上述文件夹进行一些复杂的设置(如分卷压缩、给压缩包加密、备份压缩文件和给压缩文件添加注释等)。可以按照如下操作步骤。

(1) 改变保存路径。在如图 4-2 所示的右键快捷菜单中执行【添加到压缩文件】命令，弹出【压缩文件名和参数】对话框，如图 4-3 所示。单击【浏览】按钮，弹出【查找压缩文件】对话框，将其保存在其他路径下。

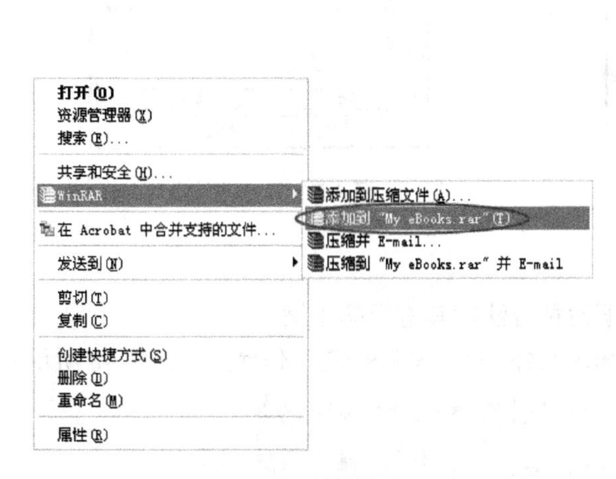

图 4-2　右键菜单

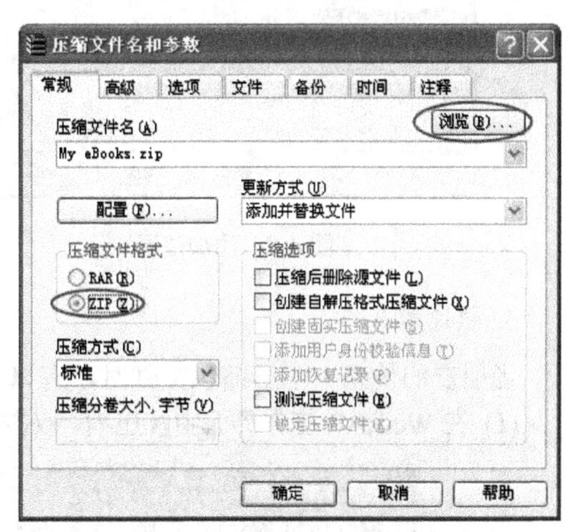

图 4-3　设置压缩文件名和参数

(2) 改变压缩格式。在【压缩文件格式】选项区域中选中压缩文件格式【ZIP】单选按钮(默认为 RAR 类型)。

(3) 自动关机。切换到【高级】选项卡，勾选【完成操作后关闭计算机电源】复选框，这样就不必等待容量较大的文件全部压缩完成后再关机休息，如图 4-4 所示。

(4) 设置密码保护。在如图 4-4 所示的【压缩文件名和参数】对话框中，单击【设置密码】按钮，弹出如图 4-5 所示的【带密码压缩】对话框，输入密码单击【确定】按钮退出设置。这样可以对压缩文件进行加密，起到保护压缩文件的作用。

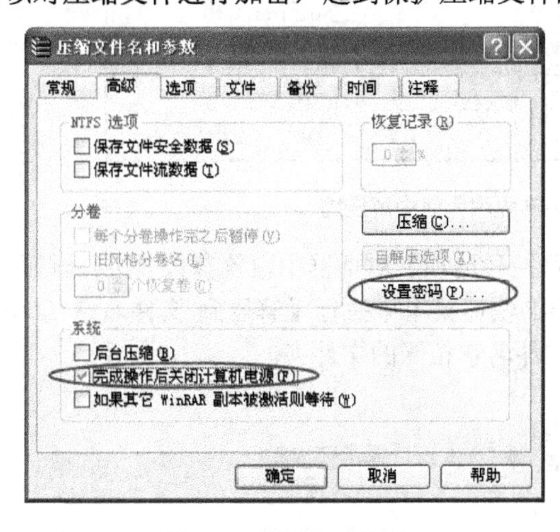

图 4-4　设置自动关机

图 4-5　设置密码保护

(5) 添加注释内容。选择【注释】选项卡，如图 4-6 所示，单击【浏览】按钮，从弹出的对话框中选择作为压缩文件注释的文件(也可以输入相关文字作为注释)，有待以后查证。

单击【确定】按钮，完成对要压缩文件的参数设置，即可开始压缩文件的进程，如图 4-7 所示。完成压缩后在选定目录下生成一个设置了密码的 ZIP 格式压缩文件，同时自动关机。

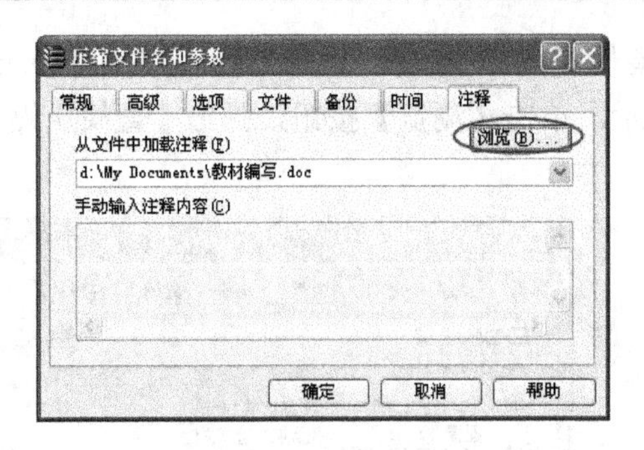

图 4-6　添加注释

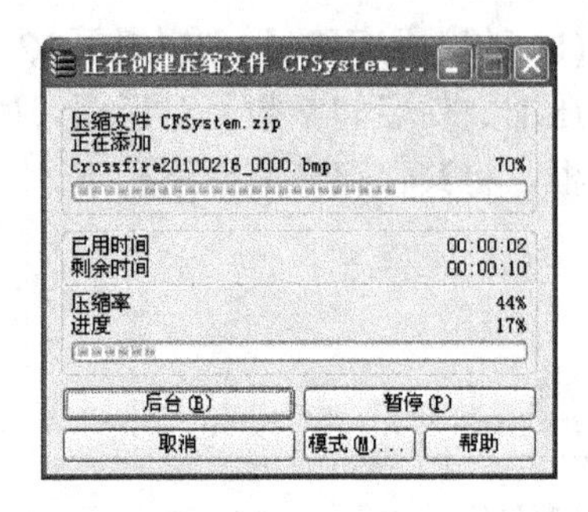

图 4-7　开始压缩文件

3. 快速解压缩

当朋友们传来一个压缩包文件时，有以下两种方法对其进行解压缩。

(1) 在 WinRAR 工作界面中解压缩。双击压缩文件，打开 WinRAR 工作界面，如图 4-8 所示。

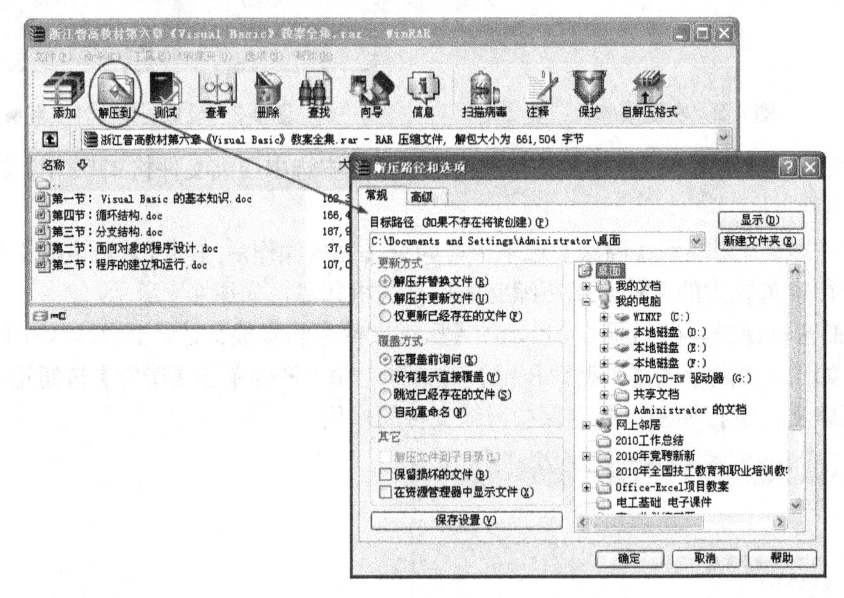

图 4-8　在 WinRAR 程序界面中解压缩

单击【解压到】按钮，在弹出的【解压路径和选项】对话框中设置参数后进行解压缩。

(2) 快捷菜单命令。右击压缩文件，弹出的快捷菜单中执行【解压到(文件名)】命令，如图 4-9 所示，即可在当前路径下创建与压缩文件名字相同的文件夹。

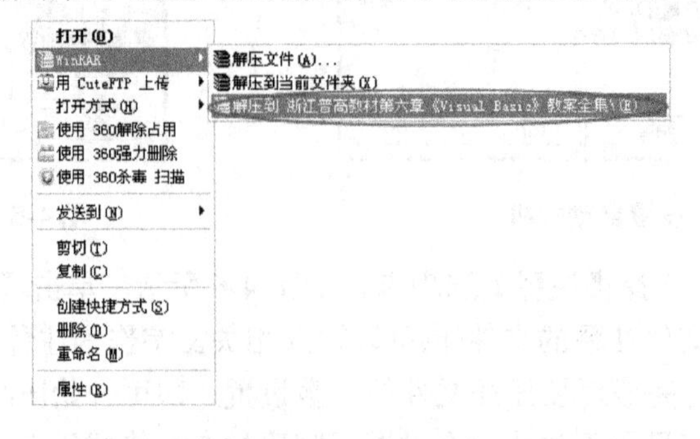

图 4-9　快速解压缩

知识链接：解压缩

(1) WinRAR 在系统右键菜单中包含了 3 个 WinRAR 解压缩的命令，提供了解压缩的 3 种简单方法。

① 【解压文件】。可自定义解压缩文件存放的路径和文件名称。

② 【解压到当前文件夹】。是最为简便的方式，表示扩展压缩包里的文件到当前路径下。

③ 【解压到 XXX\】。表示在当前路径下创建与压缩包名字相同的文件夹，然后将压缩包文件扩展到该路径下。

(2) 其他解压缩。在 WinRAR 工作界面中使用 Ctrl+单击(或用 Shift+单击)选择要解压缩的多个不连续对象(或者选择连续的多个对象)，单击【解压缩】按钮，即可对压缩包中的部分文件进行解压缩。

4. 制作自解压文件

王先生将在家中压缩好的文件夹传到了同事的计算机中，可是却无法打开该文件。原来对方计算机中并没有安装 WinRAR 软件，无法解压使用，显示的是未知关联的图标。

其实用户可以使用 WinRAR 制作自解压文件，这样的压缩文件不需要外部程序，文件本身就有进行解压操作的功能。其具体操作步骤如下。

1) 直接生成法

在资源管理器中右击要压缩的文件夹“C:\总管资料”，在弹出的快捷菜单中执行【添加到压缩文件】命令，弹出【压缩文件名和参数】对话框。

如图 4-10 所示，勾选【压缩选项】选区下的【创建自解压格式压缩文件】复选框。单击【确定】按钮即可把选定文件压缩成 EXE 格式的自解压文件。

2) 转换法

对于已经压缩好的文件，也可以把它转换为 EXE 格式的自解压文件。

双击压缩文件，打开 WinRAR 的工作界面，如图 4-11 所示。

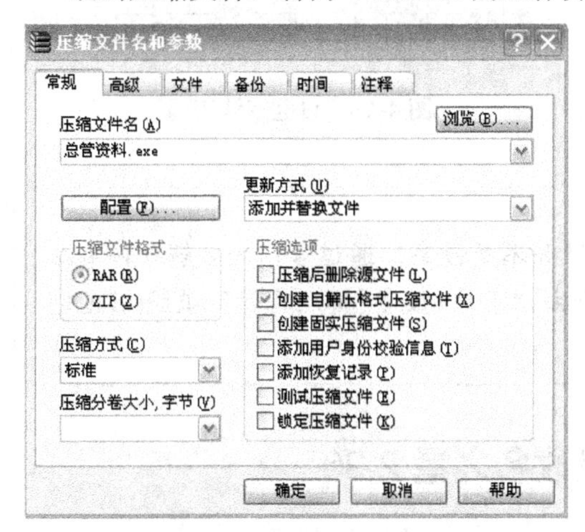

图 4-10　创建自解压格式压缩文件

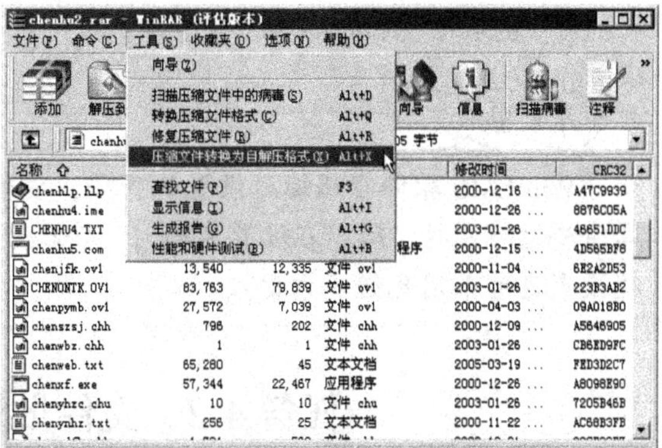

图 4-11　转换压缩文件为自解压格式

执行【工具】|【压缩文件转换为自解压格式】命令(或者按快捷键 Alt+X)，在弹出的对话框中单击【确定】按钮即可。

把生成后的 EXE 文件通过 E-mail 发送给朋友，他们在收到后直接双击文件即可把压缩包中的文件解压到当前文件夹下。

4.1.2 WinRAR 的其他功能

1. 修复受损的压缩文件

王先生收到了朋友传来的压缩包，里面是几个正在热播的电视剧集，可是在进行解压时发现文件被损坏了而无法正常解压。好在 WinRAR 能够帮用户修复这些受损的文件，从而最大限度的挽回损失。其具体操作步骤如下。

启动 WinRAR 找到受损的压缩文件，单击【修复】按钮，在弹出的对话框中，选择好压缩文件的类型，单击【确定】按钮就可以开始修复了，如图 4-12 所示。

2. 加密压缩重要文件

文件安全十分重要，因为其可能涉及人们的隐私或者一些重要的资料。怎么保护好这些重要的文件呢？WinRAR 具有加密功能，它能够把文件名也列入加密范围，而且加密过程十分简单，足以应付一般场合。

在 WinRAR 工作主界面执行【文件】|【设置默认密码】命令，弹出如图 4-13 所示的【输入默认密码】对话框，从中输入密码，同时勾选【加密文件名】复选框。这样，加密的文件就自动加上了“密码锁”，只有输入正确密码才能完成解压过程。

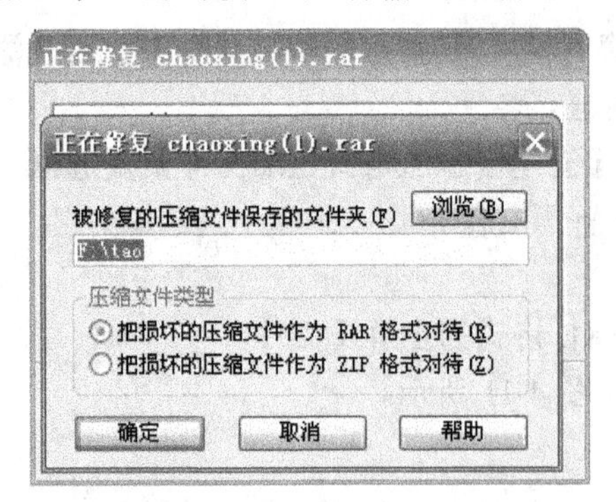

图 4-12　WinRAR 修复解压缩

图 4-13　设置默认密码

小提示

WinRAR 软件在压缩时设置的密码，安全性并不是最高，通过专门的破解软件有破译密码的可能性，所以在设置密码时，密码最好由“字母+数字+标点符号”组成(其他密码设置也可采用此组码方案)。

任务 4.2　文件批量改名之星 2.26

任务导读

在龚先生的计算机中，保存了大批数码相片，它们的名称有的是按照网站默认名称命名，如“01200_BeautifulScenery_480x300”；有的是按照数码相机默认方式命名，如“SSL22900”、“DSC_0648”等。如果想要按照某种规则将它们重命名，如修改成“青岛一日游(1)”、“郊游_1”等样式，应该选择何种方法呢？

任务分析

当面对大批文件，特别是下载的音乐、视频以及数码照片等，需要按照规则批量重命名时，大家首先想到的是使用 ACDSee，或者 Total Commander。但是这些软件的容量都比较大，仅仅为了实现这个小功能去安装它们，有点儿小题大做了。虽然说 Windows XP 自带了批量重命名的功能，然而面对复杂的文件批量重命名工作，Windows 提供的批量重命名功能显得太弱，往往达不到要求。

文件批量改名之星 2.26 是一款功能强大的文件改名工具，可以为各种格式的文件进行快速重命名，同时还具有更改文件属性、修改文件时间、多文件夹同时处理和文件更名前预览等功能。

学习目标

- 认识“文件批量改名之星 2.26”主界面
- 利用“文件批量改名之星 2.26”更改文件名称
- 使用标签更改文件名和扩展名
- 文件属性的更改

任务实施

4.2.1　认识主界面

在本案例中，本书使用的是文件批量改名之星 2.26 试用版。

安装完成以后，双击桌面上的快捷图标，首先启动程序进入注册界面，单击【继续试用】按钮，进入软件的工作界面，如图 4-14 所示。

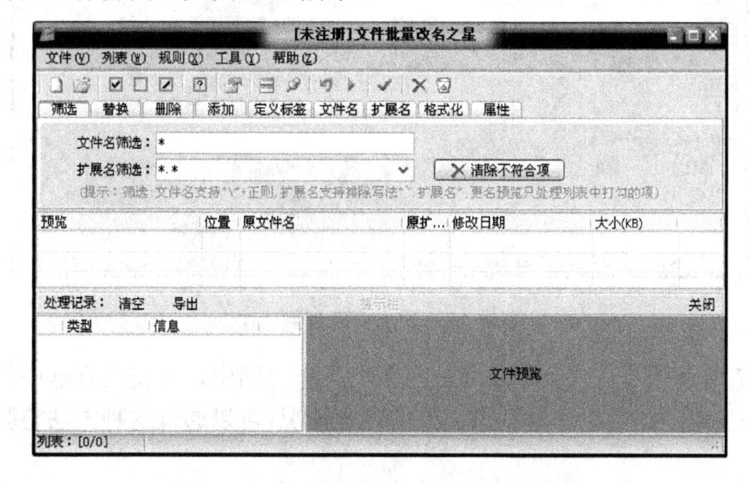

图 4-14　文件批量改名之星的工作界面

4.2.2 更改文件名

龚先生从网上下载了很多优美的风景图片，这些图片都采用了默认的命名方式(如“01195_BeautifulScenery_480x300.jpg”)。现在他打算将它们同一重命名为“桌面壁纸-001”、“桌面壁纸-002”、“桌面壁纸-003”……的样式，具体操作步骤如下。

1. **添加文件**

首先，要将这些文件添加到文件批量改名之星的工作界面中来。

单击工具栏中的【添加文件含子目录】按钮，如图 4-15 所示，弹出如图 4-16 所示的【浏览文件夹】对话框。

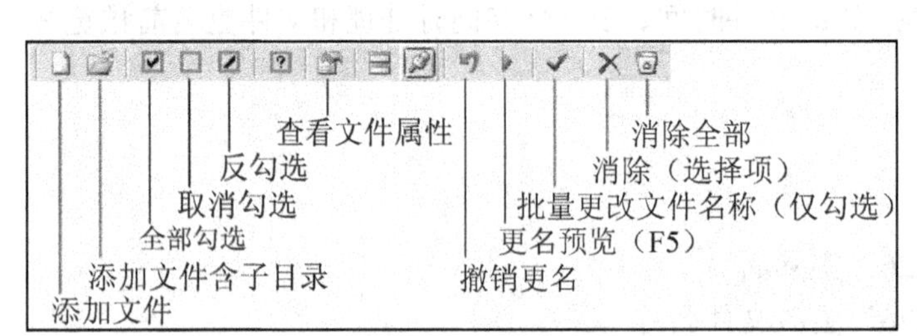

图 4-15 工具栏按钮

图 4-16 【浏览文件夹】对话框

选择【田野风光】文件夹目录，单击【确定】按钮，即可将该文件夹中的所有文件添加到当前列表中，如图 4-17 所示。

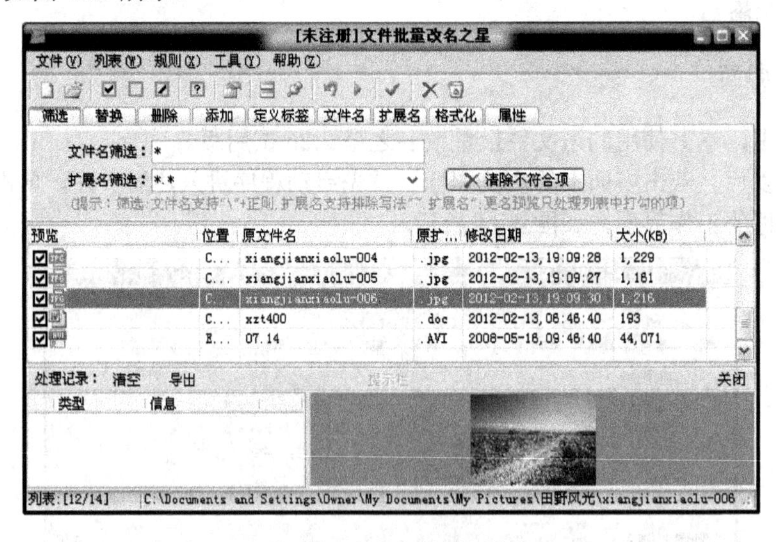

图 4-17 添加文件到列表中

在如图 4-17 所示的【文件批量改名之星】的工作界面中，单击列表框中的任意文件，即可在工作界面右下角的提示栏中看到该文件的预览情况，可以通过这种方法检验要重命名的文件是否正确。

小提示

除了使用上面介绍的一次性将整个文件夹中的文件添加到文件批量改名之星 2.26 文件列表中的方法之外，还可以使用以下其他的方法添加文件。

(1) 【添加文件】按钮法。单击工具栏中的【添加文件】按钮，如图 4-15 所示，弹出如图 4-18 所示的【打开】对话框。

从【打开】对话框中选择要添加的文件(按住 Shift 或 Ctrl 键可以多选)，单击【打开】按钮，选中的文件即可加入到当前列表框中。

(2) 【添加文件】命令法。执行【文件】|【添加文件】命令(或者按快捷键 Ctrl+F)，也可以弹出如图 4-18 所示的对话框进行文件的选择和添加。

图 4-18　选择添加文件

2. 筛选列表

以上介绍的是通过单击【添加文件含子目录】按钮，快速地将【田野风光】文件夹中的所有文件统统添加到当前列表中。不过这种情况下，文件夹中其他格式的一些文件(如 DOC、XLS、AVI 等格式)也被同时添加到列表框中，如图 4-17 所示。

因为要进行更名操作的对象只是其中的图像格式文件，就必须先将这些文件进行一下筛选，即进行文件名过滤或扩展名过滤，将所需格式的文件筛选出来。其具体操作步骤如下。

在文件批量改名之星的工作界面中选择【筛选】选项卡，在【文件名过滤】文本框中保留默认的“*”(因为图片的名称字符不限)；在【扩展名筛选】下拉列表框中选择“*.bmp;*.jpg;*.png;*.gif” (设定过滤条件)，如图 4-19 所示。

单击【清楚不符合项】按钮，完成对列表框中文件的筛选，只留下 JPG 格式的风景图片，其他多余的文件已经从列表框中移除，如图 4-20 所示。

3. 替换(重命名)

接下来替换文件名中的部分内容，具体操作步骤如下。

1) 加入替换规则

选择【替换】选项卡，可以看到在此有【替换规则】列表框，要进行文件名内容的替换，首先要建立替换规则。

(1) 在【把文件名的】文本框中输入“yuanlin”，在【替换为】文本框中输入“园林”，单击【加入替换规则】按钮，将上述设置结果添加到【替换规则】列表框中，如图 4-21 所示。

(2) 按照上述方法，添加第二个替换规则“xiangjianxiaolu->>园林”，如图 4-22 所示。

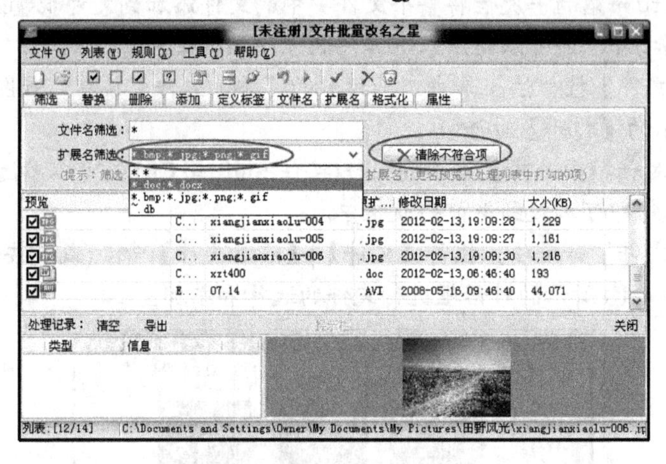

图 4-19 文件过滤

预览	位置	原文件名	原扩...	修改日期	大小(KB)
☑	C...	yuanlin_jingguan-016	.jpg	2012-02-13, 19:11:46	450
☑	C...	yuanlin_jingguan-017	.jpg	2012-02-13, 19:11:48	376
☑	C...	yuanlin_jingguan-018	.jpg	2012-02-13, 19:11:49	451
☑	C...	yuanlin_jingguan-019	.jpg	2012-02-13, 19:11:50	457
☑	C...	yuanlin_jingguan-020	.jpg	2012-02-13, 19:11:51	377
☑	C...	yuanlin_jingguan-021	.jpg	2012-02-13, 19:11:52	375
☑	C...	xiangjianxiaolu-001	.jpg	2012-02-13, 19:09:26	864
☑	C...	xiangjianxiaolu-002	.jpg	2012-02-13, 19:09:25	987
☑	C...	xiangjianxiaolu-003	.jpg	2012-02-13, 19:09:29	880
☑	C...	xiangjianxiaolu-004	.jpg	2012-02-13, 19:09:28	1,229
☑	C...	xiangjianxiaolu-005	.jpg	2012-02-13, 19:09:27	1,161

图 4-20 过滤后的文件列表

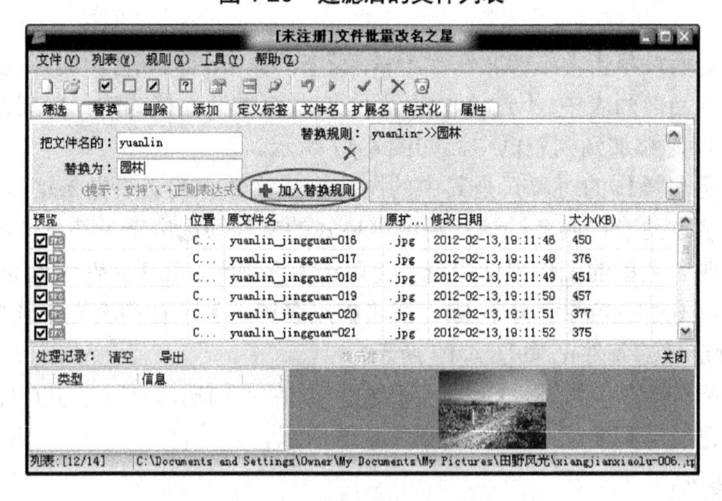

图 4-21 设置替换规则(1)

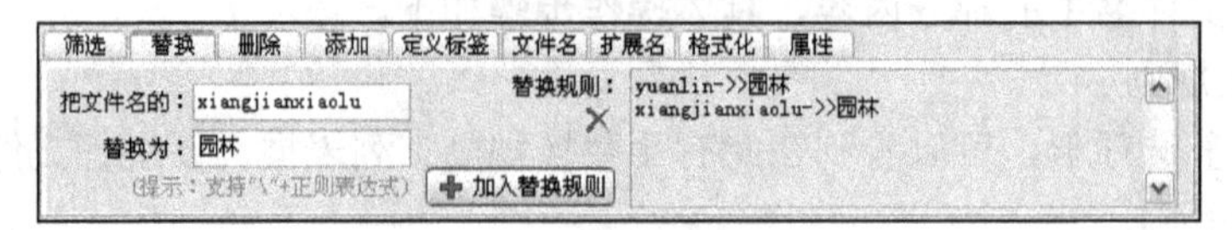

图 4-22 设置替换规则(2)

现在【替换规则】列表框中已经有了两种替换规则，单击工具栏中的按钮可以文件批量改名之星的工作界面的最左侧【预览】区域看到替换后的效果, 如图 4-21 所示，即执行了两个替换规则(先是执行“yuanlin->>园林”，然后执行“xiangjianxiaolu->>园林”)。

可以看到，所有文件名中的“yuanlin”和“xiangjianxiaolu”都变成了“园林”，如图 4-23 所示。

预览	位置	原文件名	原扩...	修改日期	大小(KB)
园林_jingguan-016.jpg	C...	yuanlin_jingguan-016	.jpg	2012-02-13, 19:11:46	450
园林_jingguan-017.jpg	C...	yuanlin_jingguan-017	.jpg	2012-02-13, 19:11:48	376
园林_jingguan-018.jpg	C...	yuanlin_jingguan-018	.jpg	2012-02-13, 19:11:49	451
园林_jingguan-019.jpg	C...	yuanlin_jingguan-019	.jpg	2012-02-13, 19:11:50	457
园林_jingguan-020.jpg	C...	yuanlin_jingguan-020	.jpg	2012-02-13, 19:11:51	377
园林_jingguan-021.jpg	C...	yuanlin_jingguan-021	.jpg	2012-02-13, 19:11:52	375
园林-001.jpg	C...	xiangjianxiaolu-001	.jpg	2012-02-13, 19:09:26	864
园林-002.jpg	C...	xiangjianxiaolu-002	.jpg	2012-02-13, 19:09:25	987
园林-003.jpg	C...	xiangjianxiaolu-003	.jpg	2012-02-13, 19:09:29	880
园林-004.jpg	C...	xiangjianxiaolu-004	.jpg	2012-02-13, 19:09:28	1,229
园林-005.jpg	C...	xiangjianxiaolu-005	.jpg	2012-02-13, 19:09:27	1,161
园林-006.jpg	C...	xiangjianxiaolu-006	.jpg	2012-02-13, 19:09:30	1,216

图 4-23　替换结果预览

小提示

(1) 替换规则列表框中的 3 种替换方案也可以直接在替换规则列表框中输入和编辑。

(2) 如果对预览的结果不满意，可以单击【撤销】按钮撤销更改(只对预览结果有效)。

2) 替换文件名

通过预览确定无误后，单击按钮，弹出消息提示对话框，如图 4-24 所示，单击【确定】按钮即可开始对文件名进行批量更改，如图 4-25 所示为已经重命名完毕的效果。

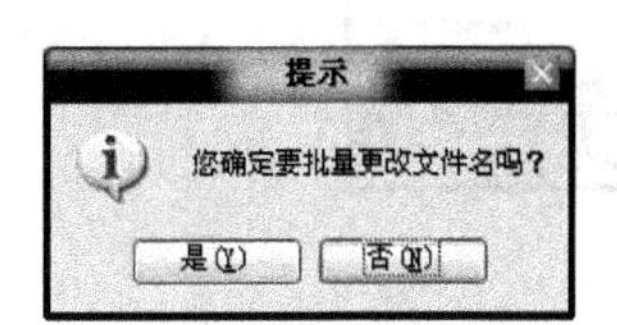

图 4-24　消息提示对话框

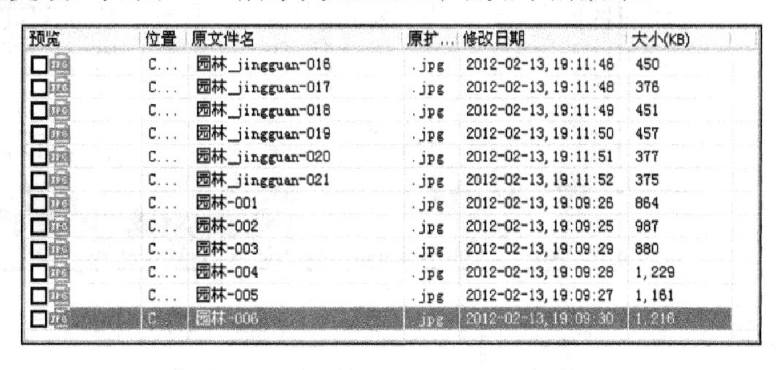

预览	位置	原文件名	原扩...	修改日期	大小(KB)
	C...	园林_jingguan-016	.jpg	2012-02-13, 19:11:46	450
	C...	园林_jingguan-017	.jpg	2012-02-13, 19:11:48	376
	C...	园林_jingguan-018	.jpg	2012-02-13, 19:11:49	451
	C...	园林_jingguan-019	.jpg	2012-02-13, 19:11:50	457
	C...	园林_jingguan-020	.jpg	2012-02-13, 19:11:51	377
	C...	园林_jingguan-021	.jpg	2012-02-13, 19:11:52	375
	C...	园林-001	.jpg	2012-02-13, 19:09:26	864
	C...	园林-002	.jpg	2012-02-13, 19:09:25	987
	C...	园林-003	.jpg	2012-02-13, 19:09:29	880
	C...	园林-004	.jpg	2012-02-13, 19:09:28	1,229
	C...	园林-005	.jpg	2012-02-13, 19:09:27	1,161
	C...	园林-006	.jpg	2012-02-13, 19:09:30	1,216

图 4-25　更改文件名后的效果

4. 删除文件名中的多余字符

在上面重命名后的图片名称中，“jingguan”也是原来图片文件名中的一部分，要想在文件名称中删除这部分内容，具体操作步骤如下。

1) 设定删除内容

首先，要先设定删除的内容。选择【删除】选项卡，在【删除文件中的】文本框中输入“jingguan”，然后单击【添加删除字符串】按钮，将对应的文本作为要删除的内容添加到【删除字符串】列表框中，如图 4-26 所示。

2) 删除字符串

单击工具栏中的按钮，可以检查在【预览】区域中是否得到想要的删除效果。核实无误后，单击☑按钮，即可得到删除部分字符后的文件名，如图 4-27 所示。

重命名之后，在部分图片名称之后产生了新问题，如“园林-001(1)”的情况，仍然可以利用上面的方法将其中的“(1)”进行删除。

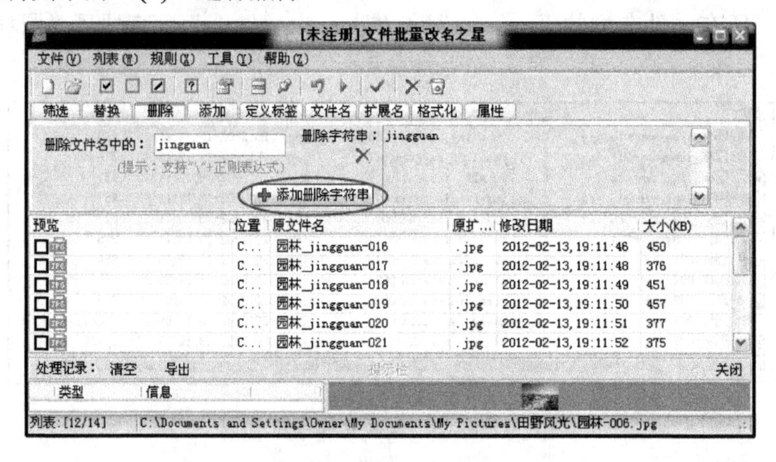

图 4-26　设定删除内容

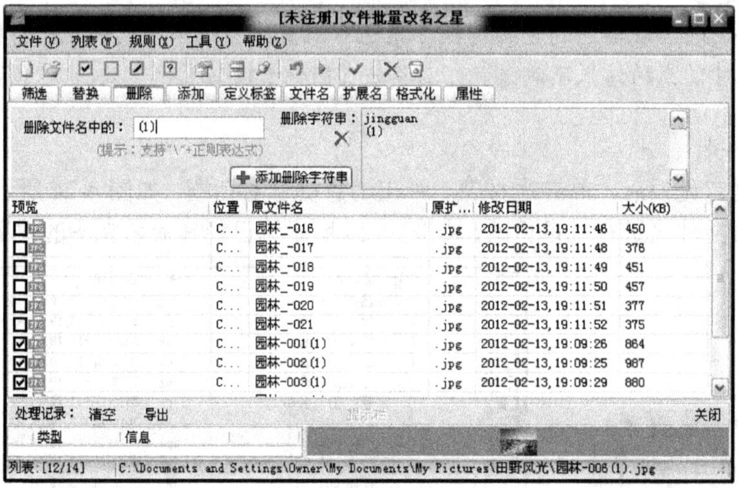

图 4-27　删除文件名中的字符

首先，增加删除字符串：(1)，然后在预览区域中勾选所有需要作删除处理的图片文件，然后单击▷按钮，在【预览】区域中检查是否得到想要的删除效果。最后，单击☑按钮，即可得到删除了“(1)”字符后的文件名效果，如图 4-28 所示。

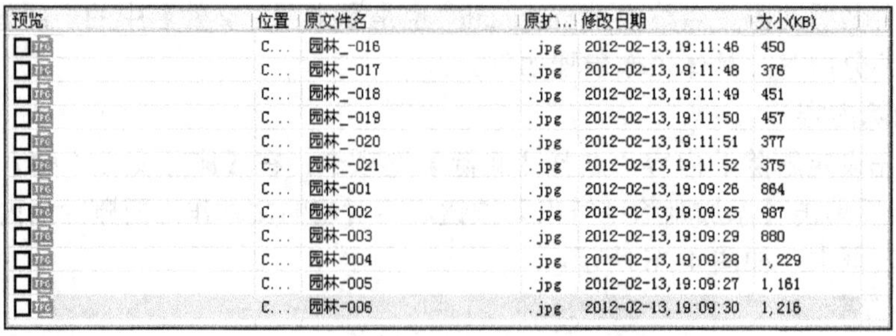

预览	位置	原文件名	原扩...	修改日期	大小(KB)
☐	C...	园林_-016	.jpg	2012-02-13, 19:11:46	450
☐	C...	园林_-017	.jpg	2012-02-13, 19:11:48	376
☐	C...	园林_-018	.jpg	2012-02-13, 19:11:49	451
☐	C...	园林_-019	.jpg	2012-02-13, 19:11:50	457
☐	C...	园林_-020	.jpg	2012-02-13, 19:11:51	377
☐	C...	园林_-021	.jpg	2012-02-13, 19:11:52	375
☐	C...	园林-001	.jpg	2012-02-13, 19:09:26	864
☐	C...	园林-002	.jpg	2012-02-13, 19:09:25	987
☐	C...	园林-003	.jpg	2012-02-13, 19:09:29	880
☐	C...	园林-004	.jpg	2012-02-13, 19:09:28	1, 229
☐	C...	园林-005	.jpg	2012-02-13, 19:09:27	1, 161
☐	C...	园林-006	.jpg	2012-02-13, 19:09:30	1, 216

图 4-28　删除文件名中多余的字符

5. 自定义数字序号

龚先生要想将原有的数字序号删除掉，然后换成自定义的序号，可以按照下面的 3 个步骤来实现。

1) 添加文件名

首先，要在原文件名的后面添加如“_001”、“_002”、“_003”等序号，就要自定义“基变量”。

切换至【添加】选项卡，如图 4-29 所示，在【在文件名后添加】文本框中的“<1>”前面输入“_”符号，勾选右侧的【使用变量】复选框，设置【序数】为“1”,【最少位数】为“3”,【不足补】为“0”。

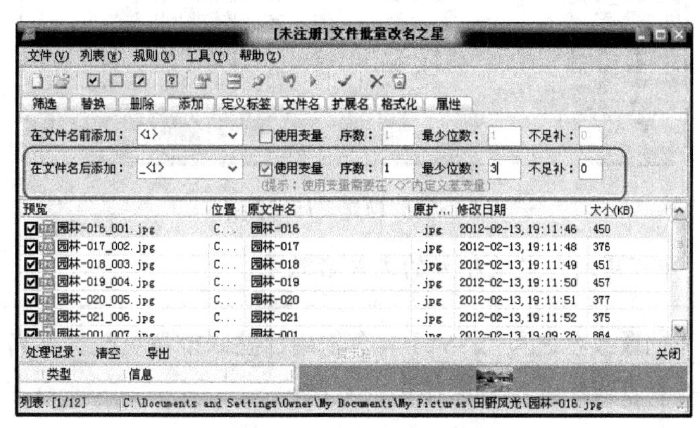

图 4-29 自定义基变量

单击按钮，可以看到如图 4-29 所示的预览效果(图中定义的“_<1>”，表示基变量从 1 开始，前面加个下划线_；序数为+1，位数为 3 位，不足的位数用 0 补齐，这就形成了_001、_002、_003…的序号列)。

注意： 如果只添加数字序号，可直接在文本框中输入数字，并勾选【使用变量】复选框。

2) 利用“正则表达式”将数字序号替换为符号

接着将原来文件名中数字序号删除。切换至【替换】选项卡，按照前面介绍的方法，将正则表达式“\[0-9]->>.”加入替换规则(将原文件名中所有数字符号替换为“.”字符)。

3) 删除符号

单击按钮，原文件名更改结果如图 4-30 所示。

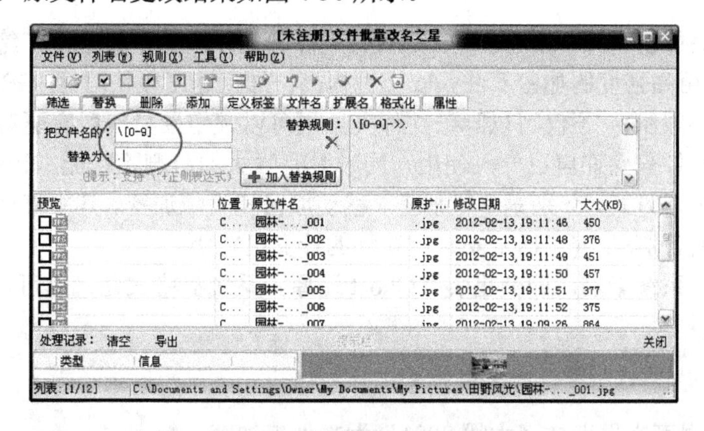

图 4-30 删除原来数字序号

知识链接：删除多余的字符

按照前面介绍的方法，在【删除】选项卡中，将“...”和“-”分别添加到【删除字符串】列表框中，将这两种多余的字符从文件名中删除，如图 4-31 所示即为删除的预览效果。

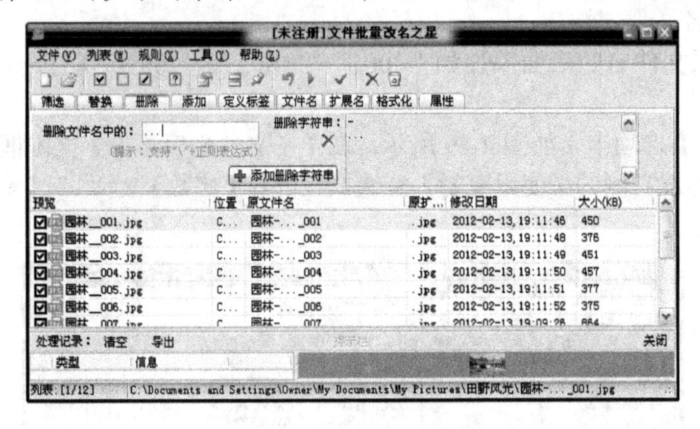

图 4-31　自定义序号效果

单击✅按钮，即可得到自定义序号的文件名效果。

除此之外，文件批量改名之星 2.26 还具有使用标签来批量更改文件名和扩展名，以及格式化文件名和扩展名等方面功能，其操作也很方便。

任务 4.3　高强度文件夹加密大师 9001

任务导读

岳先生在自己的工作单位的计算机中，保存了一些私密的文件，为了防止无关人员随意浏览，他曾经使用了隐藏文件夹、更改文件夹名称等措施，但是他总觉得这些较为“低级”的方法不能保证文件夹被人发现和复制。有什么方法能够帮助他解决这些后顾之忧呢？

任务分析

高强度文件夹加密大师 9001 是一款专业的文件和文件夹加密器(注意：绝不是简单的隐藏文件夹！)。它使用高强度的加密算法，安全性极高；加密速度极快(上百 GB 的数据仅需 1 秒钟完成，没有大小限制)；不仅可以隐藏文件夹，更可以锁定硬盘等所有驱动器；它还可以设置运行密码，让软件只允许自己一人使用，同时具有强大的防删除功能，让破坏者无从下手。

它支持 3 种加密方式，分别是本机加密、移动加密和隐藏加密。其中移动加密的文件夹可以随意移动到任何计算机中(包括未安装本软件的计算机)使用。

同时，它不受系统影响，即使重装、Ghost 还原、系统盘格式化，也可以照常使用。

学习目标

● 利用“高强度文件夹加密大师 9001”为文件夹加密、解密

● “高强度文件夹加密大师 9001”工具软件的设置

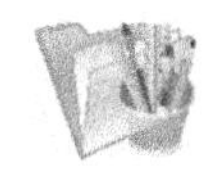

任务实施

下载、安装运行高强度文件夹加密大师 9001 后，即会弹出如图 4-32 所示的工作界面。

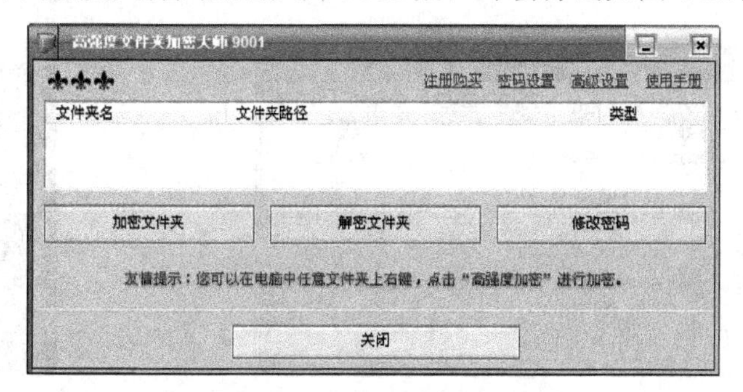

图 4-32　【高强度文件夹加密大师 9001】的工作界面

4.3.1　文件夹加密

单击【加密文件夹】按钮，弹出如图 4-33 所示的【浏览文件夹】对话框，从中选择要加密的文件夹(例如，桌面上的【下载资料】文件夹)。

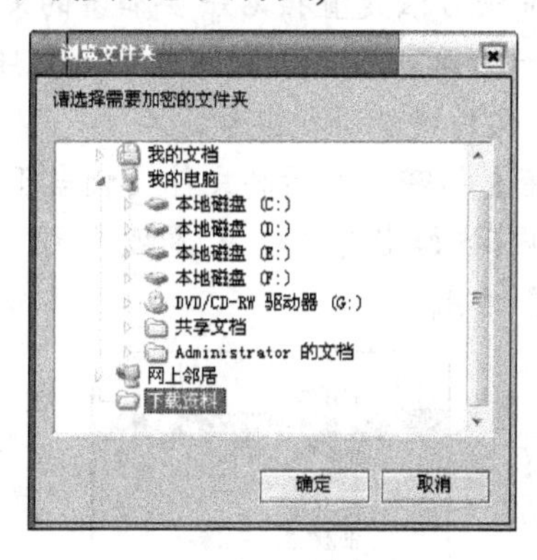

图 4-33　选择文件夹

单击【确定】按钮，弹出如图 4-34 所示的【文件夹加密】对话框(单击【设置图标】按钮，可以看到右侧有 3 种可选图标，选中其中的【使用加密图标】单选按钮)。

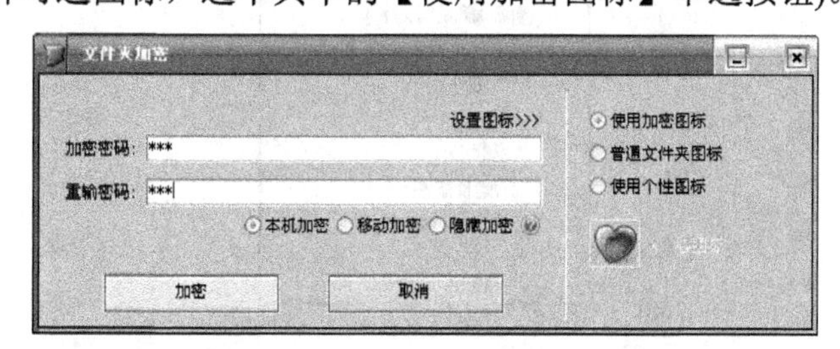

图 4-34　输入密码

1. 本机加密

这是一种安全性极高的加密方式，加密后的文件(夹)可以防止被他人使用或复制。

在【文件夹加密】对话框中两次输入加密密码后，选中【本机加密】单选按钮，单击【加密】按钮返回高强度文件夹加密大师 9001 的工作界面，被加密的文件夹【下载资料】显示在列表框中(已经加密)，如图 4-35 所示。

单击【关闭】按钮，可以看到经过加密的文件夹图标上面添加了一个锁形图案，如图 4-36 所示。

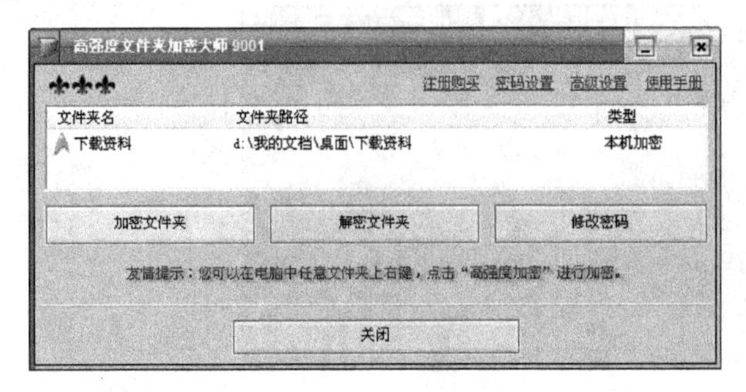

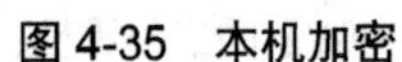
图 4-35　本机加密

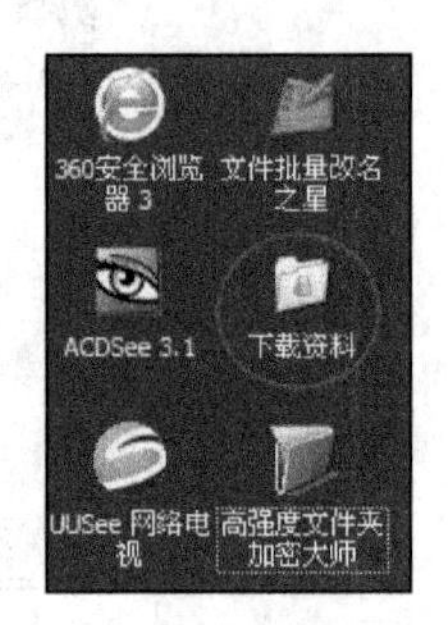

图 4-36　加密的文件夹图标

小提示

(1) 加密文件夹的另一种方法。

文件夹加密的另外一个简便方法是直接右击要加密的文件夹，从弹出的快捷菜单中执行【高强度加密】命令，如图 4-37 所示。接下来即可按照前面加密的方法设置即可。

(2) 使用【本机加密】的文件夹能否被复制。

实际上，使用【本机加密】加密方式后的文件夹相当于一把“钥匙”(大小为 1KB)。数据仍然在自己的电脑磁盘内(被加密起来)，就算被复制，也得不到内容。因此要想移动文件夹请使用【移动加密】方式。

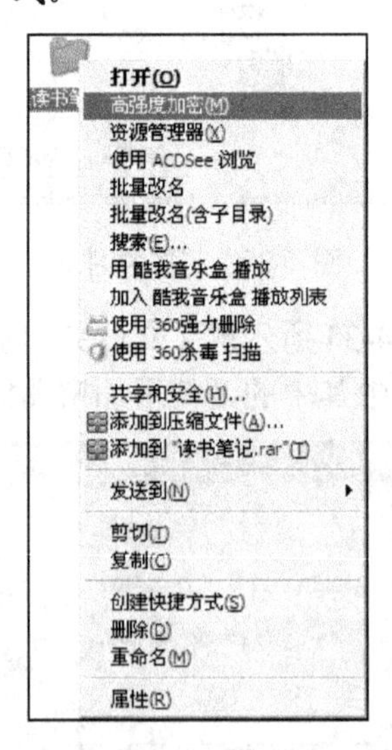

图 4-37　右键菜单关联

2. 移动加密

岳先生发现自己使用【本机加密】的加密方式将上述【下载资料】文件夹加密后，复制到另外一台计算机上就无法解密了，这种情况是因为【本机加密】的加密方式只能在本机上使用，在其他计算机上就无法解密了。可以使用【移动加密】的加密方式解决，具体操作步骤如下。

【在高强度文件夹加密大师 9001】的工作界面上选择了要加密的文件夹后，在如图 4-38 所示的【文件夹加密】对话框中选中【移动加密】单选按钮，输入密码，单击【确定】按钮。

加密完后，文件夹的内容就被加密，双击打开该文件夹，里面只剩下一个【！解密加密】图标，如图 4-39 所示。双击该图标，按照要求输入解密密码即可解密。

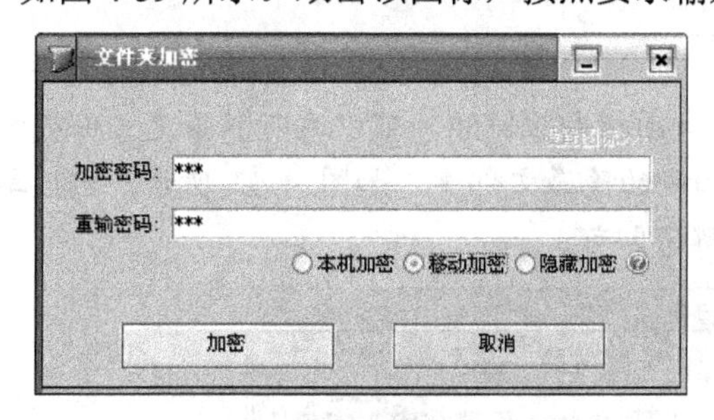

图 4-38　移动加密

图 4-39　【！解密加密】图标

小提示

解密操作后，如图 4-39 中所示的【！解密加密】图标仍然保存在原来的【下载资料】文件夹中，如图 4-40 所示。双击它就可以再次进行加密操作(再次加密之后，【下载资料】文件夹中只剩下【！解密加密】图标)。

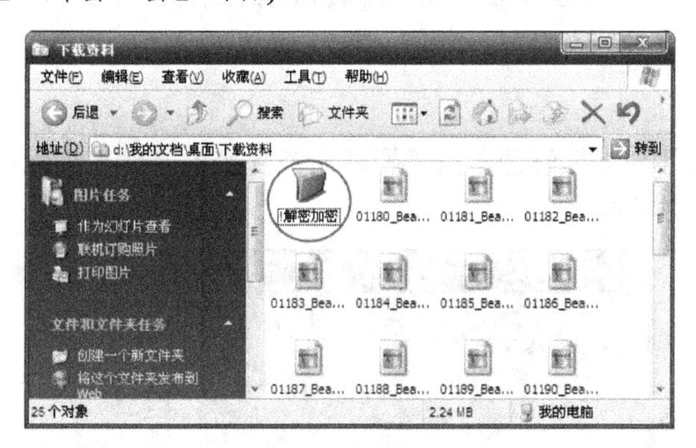

图 4-40　解密后的文件

这种加密方式既可以在本机使用，也可以移动到其他计算机使用，包括未安装本软件的计算机。

3. 隐藏加密

有些重要的文件，岳先生觉得仅仅加密还不够放心，那么可以选择【隐藏加密】加密方式将加密后的文件夹隐藏起来。

右击要加密的文件夹(如【下载资料】文件夹)，执行【高强度加密】快捷菜单命令，在如图 4-38 所示的【文件夹加密】对话框中选中【隐藏加密】单选按钮，单击【加密】按钮，弹出如图 4-41 所示的消息提示对话框，单击【确定】按钮，被加密的文件夹图标从原来的位置隐藏起来。

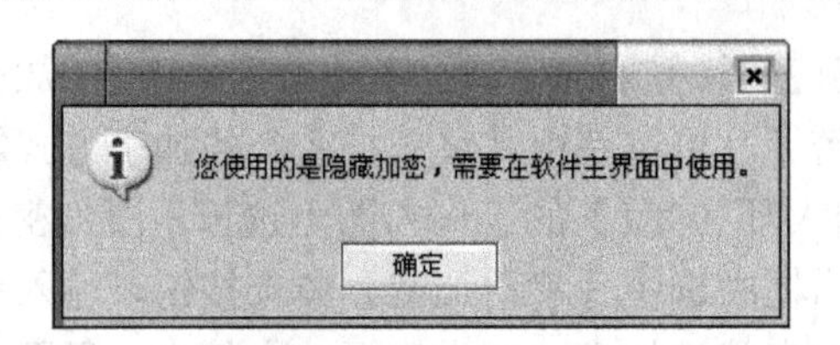

图 4-41　消息提示对话框

小提示

执行完【隐藏加密】命令后，该文件夹图标即被隐藏，可以运行高强度文件夹加密9001 软件，在它的工作界面即可看到被加密的隐藏文件夹，如图 4-42 所示，然后单击【解密文件夹】按钮，输入加密密码进行解密即可。

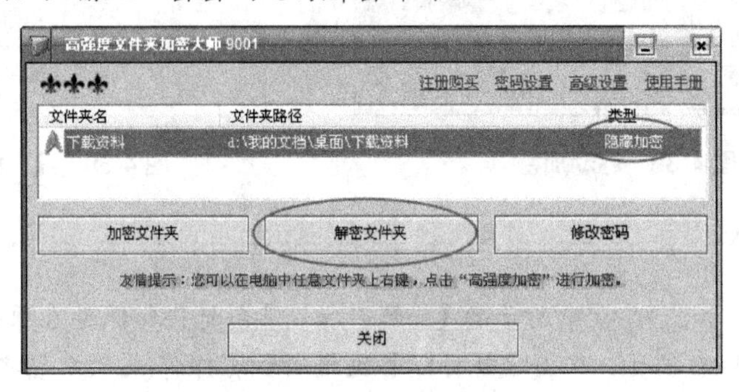

图 4-42　解密被隐藏加密的文件夹

4.3.2　文件夹解密

要对已经加密的文件夹进行解密，只需要双击被加密的文件夹图标，即可弹出如图 4-43 所示的【文件夹解密】对话框。

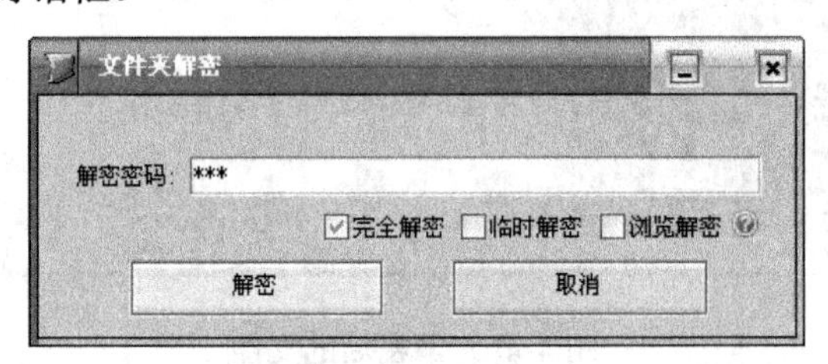

图 4-43　解密文件夹

【高强度文件夹加密大师 9001】有 3 种解密模式，分别是【完全解密】、【临时解密】和【浏览解密】。

(1)【完全解密】：彻底解开加密文件夹而不是临时使用。完全解开后，下次加密时需要重新输入密码。

(2)【临时解密】：临时性地使用一次加密文件夹中的文件，可以选择这种解密模式。选择这种解密模式解开后，弹出如图 4-44 所示【文件夹解密】对话框。将该对话框最小化到托盘，就可以不受干扰地使用文件。使用完文件后，重新还原该对话框，单击【恢复加密状态】按钮就能重新加密，而且不需要重新输入密码。

(3)【浏览解密】：解密完成自动打开文件夹，可以浏览其中的文件。关闭该文件夹窗口，重新返回如图 4-42 所示的【高强度文件加密大师 9001】工作界面，文件夹自动加密。

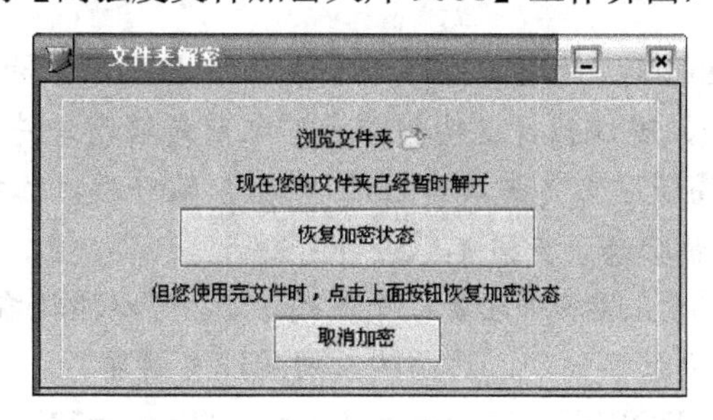

图 4-44　临时解密

4.3.3　软件设置

1. 添加登录密码

如果不想让其他用户登录使用该软件，可以给它设置登录密码。单击工作界面中的【密码设置】，在弹出的【登录密码设置】对话框中勾选【运行需要密码】复选框，然后输入两次密码即可，如图 4-45 所示。

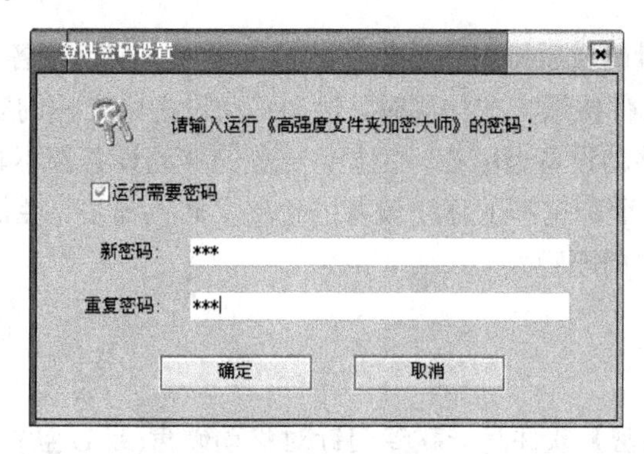

图 4-45　设置登录密码

2. 高级设置

单击工作界面中的【高级设置】按钮，可以进行一些选项设置。例如，更改右键关联菜单中的命令文本、启用防删除功能(防止文件夹被误删除或被恶意删除)等，如图 4-46 所示。

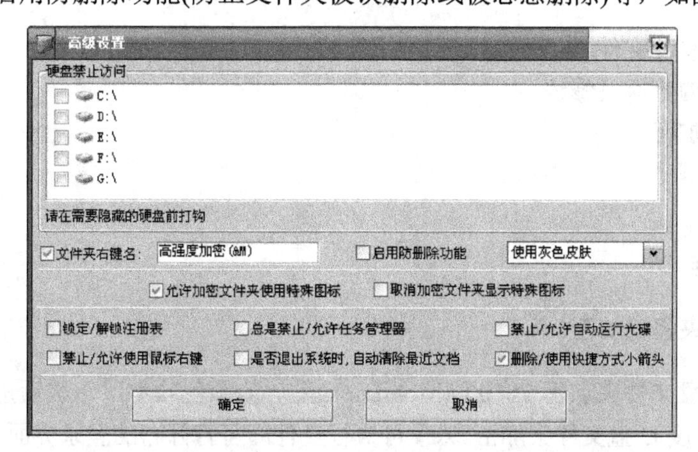

图 4-46　高级设置

小提示

(1) 重装系统或 Ghost 后，加密文件夹仍保持加密状态，保持原密码，重装本软件后就可以解开(为防止意外，建议执行这些特殊操作之前先解密文件夹)。

(2) 卸载或删除【高强度文件夹加密大师 9001】软件后，已加密的文件夹不会被解密，文件夹仍然保持加密状态，重装本软件即可解开。

(3) 如果移动加密的【！解密加密】文件误删除了，可以通过右击移动加密的文件夹，执行【高强度加密】快捷菜单命令，然后输入密码即可解密。

(4) 不要加密“WINDOWS”、“Program Files”、“System32”等系统需要使用的文件夹，否则可能导致系统运行错误。

任务 4.4 高强度 U 盘文件夹加密

任务导读

祝女士习惯于将大量的教学资料存放到移动设备之中，然后在各种场合的计算机上使用。然而，她在享受快捷的文件传递方式的同时，也为移动设备中文件的安全问题而担忧，因为丢三落四的她已经多次将移动设备遗落在教室里。一般的移动设备都不具备加密的功能，任何人都可以看到其中的内容，而加密型的移动设备的价格又较为昂贵，性价比不高，那么如何才能更好地解决文件安全性的问题呢？

任务分析

【高强度 U 盘文件加密】软件是一款专门针对移动硬盘(或 U 盘)文件夹加密的软件。这款软件采用了独到安全的加密算法，为那些一直以来使用移动硬盘或 USB 闪存盘(简称 U 盘)，但同时又急需对 U 盘文件夹进行加密的用户解决了后顾之忧。

学习目标

- 快速加密移动文件
- 加密内容的查看及修改
- 强度压缩加密
- 文件夹的解密

任务实施

4.4.1 快速文件夹移动加密

【高强度 U 盘文件夹加密 2010】(MobiLock)是一款绿色软件，下载后进行解压缩，然后运行其中的【高强度 U 盘文件夹加密.exe】可执行文件即可打开它的登录界面，如图 4-47 所示。

输入默认的密码“123”，即可打开其主界面，如图 4-48 所示。

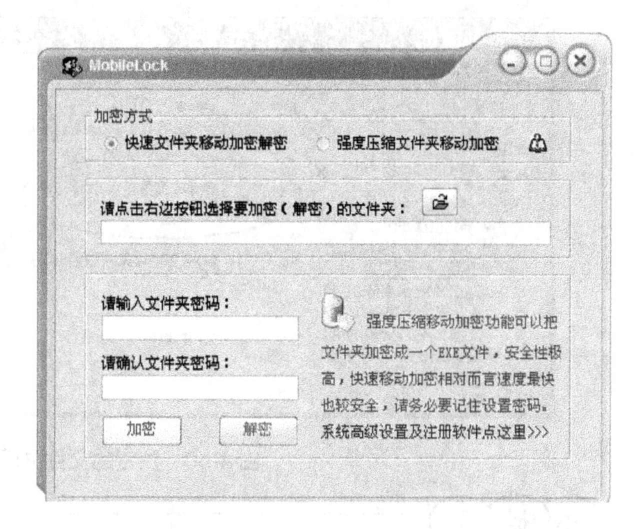

图 4-47　软件登录

图 4-48　软件主界面

1. 快速加密移动文件

这款软件为用户提供了快速文件夹移动加密解密和强度压缩文件夹移动加密两种加密方法。其中，快速移动加密，是这款小软件默认的加密方法。其优越性体现在对文件夹加密速度快、安全可靠性高，加密 10GB 的资料仅需要不到 3 秒钟。其具体操作步骤如下。

首先单击主界面中的【打开】按钮，弹出【浏览文件夹】对话框，打开可移动磁盘，从中选择要加密的文件夹(如图 4-49 所示的【《Office 商务办公应用》学生作业】文件夹)，单击【确定】按钮返回主界面，两次输入加密密码，单击【加密】按钮即可对文件夹加密。

这时可以从资源管理器中看到，加密后文件夹图标变成了一个带锁的图标，如图 4-50 所示。

图 4-49　打开可移动磁盘中的文件夹

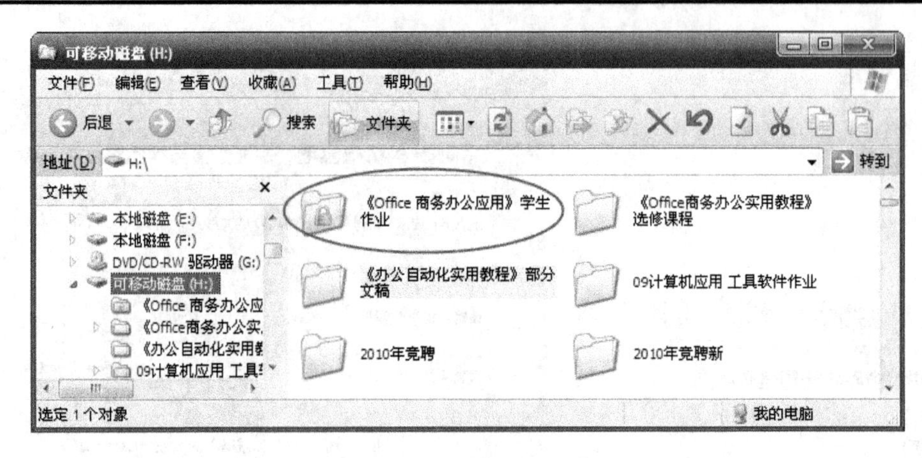

图 4-50　加密的文件夹图标

小提示

【高强度 U 盘文件夹加密 2010】软件在第一次运行后，会自动在右键快捷菜单中添加上【移动加密】命令，这样用户就可以直接在移动磁盘中对选定文件夹进行加密操作。

如果右键快捷菜单中没有【移动加密】命令，可以在软件主界面中单击【系统高级设置及注册软件点这里】，在弹出的【高级设置】对话框中进行设置，如图 4-51 所示。

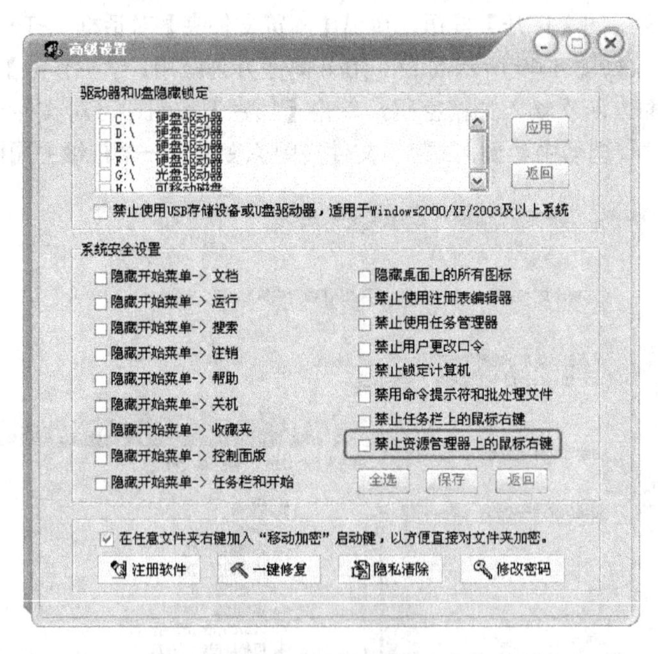

图 4-51　取消勾选【禁止资源管理器上的鼠标右键】复选框

2. 加密内容的查看及修改

当文件夹被加密后，怎样查看加密文件夹中的内容呢？

首先，双击被加密的文件夹(如【《Office 商务办公应用》学生作业】文件夹)，弹出如图 4-52 所示的【《Office 商务办公应用》学生作业】窗口。

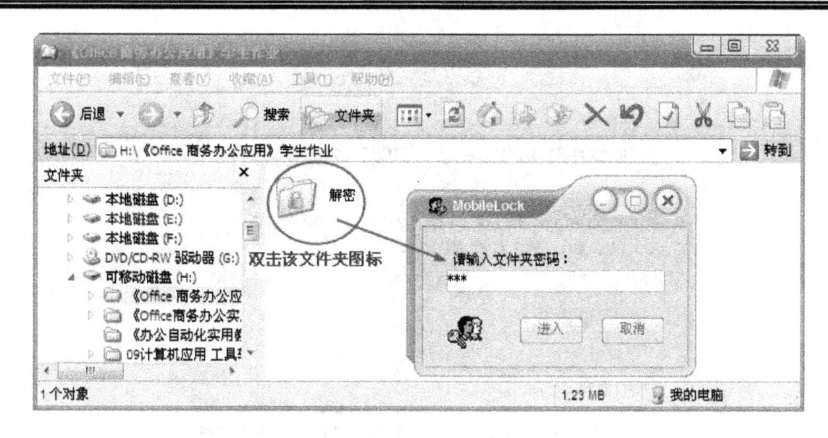

图 4-52　输入文件加密码

然后，双击【解密】文件夹图标，在弹出的【MobileLock】对话框中输入正确的密码，单击【进入】按钮，即可打开一个类似于资源管理器的界面，如图 4-53 所示，就可以很方便地查看加密文件夹内的内容。

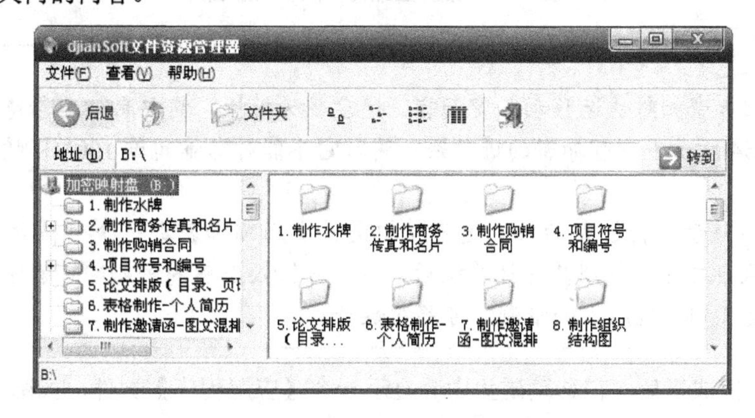

图 4-53　类似于资源管理器的界面

小提示

高强度 U 盘文件夹加密工具除了可以对其中的文件进行查看，还可以对其中的文件进行删除或添加新文件，甚至还可以自由地拖动其中的文件到其他分区中，非常方便。

需要注意的是，一旦关闭上面的窗口，文件夹将又会自动恢复加密状态。

4.4.2　强度压缩文件夹移动加密

强度压缩文件夹移动加密的操作方法与上面的快速文件夹移动加密解密加密操作方法相同。这里以移动磁盘中的另一个文件夹【《办公自动化实用教程》部分文稿】为例介绍加密的具体操作步骤。

1. 强度压缩加密

首先，在软件主界面中选中【强度压缩文件夹移动加密】单选按钮，通过单击【打开】按钮，在移动磁盘中找到要加密的文件夹，两次输入加密密码后，单击【加密】按钮即可开始加密过程，如图 4-54 所示。

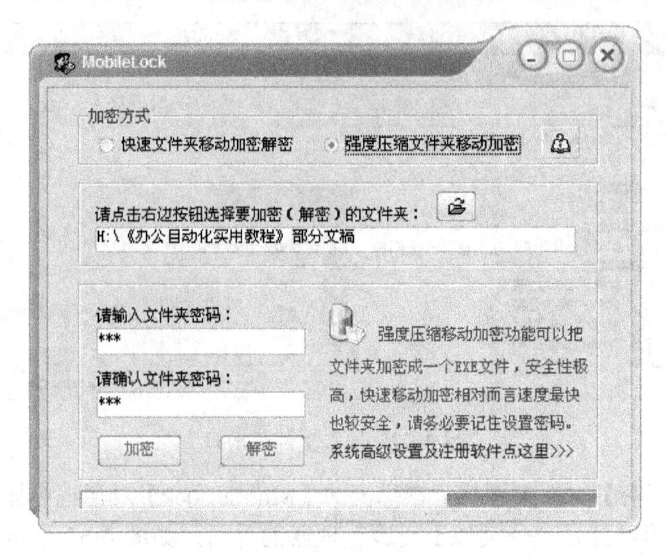

图 4-54　强度压缩文件夹移动加密

小提示

强度压缩加密相对快速移动加密而言，速度较为缓慢，需要耐心地等待加密过程的完成(如图 4-54 所示下方有加密的进程条)；同时它不能对容量超过 100MB 的文件夹进行加密。

强度压缩移动加密最大的特点是可以把文件夹压缩加密成一个可被移动的.exe 文件。把该可执行文件复制到其他计算机后，运行并输入正确的密码即可解密，安全性极高，同时不受操作系统版本的限制，可移植性好。

当加密过程完成以后，在移动磁盘中会显示一个【应用程序】文件，如图 4-55 所示。

图 4-55　加密为 EXE 应用程序文件

2. 文件夹的解密

双击上面生成的应用程序文件，在弹出的如图 4-56 所示的【MobileLock】对话框中输入加密密码，单击【解密】按钮，即可开始解密。

图 4-56　开始解密

> **小提示**
>
> 一般被加密的文件夹，其解密过程比较简单，通过右击被加密的文件夹，在弹出的快捷菜单中执行【移动加密】命令，然后在弹出的对话框中输入解密密码即可完成文件夹的解密工作。

高强度 U 盘文件夹加密工具的加密功能非常强大，用户还可以通过对该软件的【高级设置】选项，对磁盘进行锁定，进行一些安全方面的设置以及 IE 自动修复等操作。

这款软件轻松地帮助用户在移动设备上加了一把安全锁，利用它可以高枕无忧地使用 U 盘，成为工作、生活中的安全小助手！

课后练习

一、单项选择题

1. 自解压格式文件的扩展名是________。

A. RAR　　B. ZIP　　C. EXE　　D. *.*

2. 自解压格式文件在没有安装 WinRAR 的计算机上________解压。

A. 不可以　　B. 可以

C. 有的可以，有的不可以　　D. 与该机器上的软件有关

3. 常见的声音文件专用压缩格式、图像文件专用的压缩格式、视频文件专用的压缩格式分别是________。

A. JPEG、MPEG、MP3　　B. MP3、JPEG、MPEG

C. MPEG、MP3、JPEG　　D. MP3、MPEG、JPEG

4. WinRAR 支持单击右键弹出菜单，不具备________压缩文件。

A. 快速创建　　B. 快速解压

C. 快速创建，并以邮件形式发送　　D. 快速打开

5. 压缩并 E-mail 选择是________。

A. 压缩再发送　　B. 以邮件的形式压缩

C. 压缩、保存、发送　　D. 压缩到邮箱中

6. 压缩到“setup.rar”并 E-mail 选项是________。

A. 压缩再发送　　B. 以邮件的形式压缩

C. 压缩、保存、发送　　D. 压缩到邮箱中

7. WinRAR 实现了________的高度集成，方便用户压缩或解压文件。

A. 软件　　B. 功能　　C. 管理　　D. 资源管理器

二、填空题

1. WinRAR 是一个强大的________工具。

2. 使用 WinRAR 制作________，这样的压缩文件不需要外部程序，自己就可以进行解压操作。

3. 启动 WinRAR 后找到受损的压缩文件，再选择工具栏中的________按钮。

4. 在 WinRAR 中已经内置有 ZIP 压缩器，用户只要选择文件后，单击工具栏中的【添加】按钮，并选择压缩包格式为________即可生成 ZIP 格式的文件。

5. WinRAR 软件界面有两种基本模式：一种是________模式，另一种是________模式。

6. 在 WinRAR 的________模式中，会显示当前工作文件夹下的文件和文件夹列表。

7. 创建压缩文件成功后，就能在当前文件夹中生成一个与原文件名一样，但后缀名为________的压缩文件。

8. WinRAR 可在________的同时加设密码，使文件只有在输入正确的密码后才能打开。

三、判断题

1. (　　)WinRAR 能够支持多种压缩格式的文件。

2. (　　)WinRAR 可以创建自解压格式的文件。

3. (　　)若将压缩文件*.rar 进行解压，则计算机中必须安装 WinRAR 才可以。

4. (　　)WinRAR 具有修复损坏的压缩文档的功能。

5. (　　)WinRAR 完全支持 RAR 和 ZIP 格式文件。

6. (　　)对于已经压缩好的文件，用户也可以把它转换为 EXE 格式的自解压文件。

7. (　　)WinRAR 像资源管理器一样可以对文件进行复制、删除和移动等操作。

8. (　　)WinRAR 具有加密功能。

9. (　　)WinRAR 具有对声音、图像文件压缩与解压缩的功能。

10. (　　)WinRAR 能解压 ACE、ARJ、CAB、ISO 等格式。

四、上机操作题

1. 练习 WinRAR 的安装与启动。

2. 自定义一个自解压文件常用模式，并将其保存为新配置。

3. 一般需要双击压缩列表框中某个文件才能打开它，如果为了方便如何设置“一击即开”？

4. 将任一文件压缩为自解压格式文件。

5. 将几个相关的 Word 文档存放到一个新建文件夹中，制作自解压压缩文件并且设置解压密码。

6. 下载一个较大的音频文件(如电影)，然后使用 WinRAR 来压缩并分割。

7. 选择文件，运用直接转换法将其制作成自解压文件。

8. 选择一个压缩文件(RAR 格式文件)，运用转换法将其转换为自解压文件。

9. 选择一个经常访问的文件夹，将其放置在 WinRAR 的收藏夹中。

10. 在 C:\下创建文件夹【Chenhu2】，并在该文件夹中创建多个子文件。使用 WinRAR 把

C 磁盘的 chenhu2 目录下的所有文件压缩为 D 磁盘的 chenhu2.rar。

11. 在桌面上创建【我的文件】文件夹，使用右键快捷方式对其进行本机加密，要求使用【个性图标】中的【我是 QQ】图标。选择完全解密方式将其进行解密。

12. 对上述文件夹进行移动加密；然后双击文件夹中的【！解密加密】文件，选择临时解密方式进行解密操作。

13. 对上述文件夹进行浏览解密，然后恢复加密状态。

14. 为【高强度文件夹加密大师 9001】软件设置登录密码、选择【使用银色皮肤】、更改文件夹右键名为“高强度文件夹加密”、取消防删除功能、选择【禁止使用鼠标右键】和【禁止使用任务管理器】两项功能。

以网络及各种存储介质为载体的数字图书，即俗称的电子书，因其承载的信息量大、资源丰富、更新及时和阅读方式灵活等特点而成为很多用户的首选阅读手段。电子读物及电子图书存在的格式有很多种，当前比较流行和比较常见的几种电子阅读文件格式包括 PDF 文件格式、CHM 文件格式、EXE 文件格式、HLP 文件格式、WDL 文件格式、SWB 文件格式、LIT 文件格式和 EBX 文件格式等。

任务 5.1 PDF 阅读专家 Adobe Reader

任务导读

冯先生最近要写一篇关于指纹研究方面的文章，想从网上寻找、下载一些相关文章作参考，可是下载的好多文章都不是自己所熟悉的 Word 格式，而是一种 PDF 格式的文档，应该怎么阅读啊？

任务分析

PDF 格式是当前应用范围最广的、通用的一种开放式的电子图书文件格式规范。PDF 文件图像质量高、文件小、阅读速度快，受到越来越多的网上阅读者的青睐，是人们在网上见到的电子图书的主要格式之一。要阅读 PDF 文件就必须使用 Adobe Reader 阅读工具——一款由 Adobe 公司开发的 PDF 阅读工具。

Adobe Reader 是用于打开和使用在 Adobe Acrobat 中创建的 Adobe PDF 文档的工具。可以查看、打印和管理 PDF 文档。在 Reader 中打开 PDF 文档后，可以使用多种工具快速查找信息。如果收到一个 PDF 表单，则可以在线填写并以电子方式提交。如果收到审阅 PDF 的邀请，则可使用注释和标记工具为其添加批注。使用 Reader 的多媒体工具可以播放 PDF 中的视频和音乐。如果 PDF 包含敏感信息，则可利用数字身份证对文档进行签名或验证。

下面，以 Adobe Reader 9.4.1 为例，一起来学习 PDF 文档阅读工具。

学习目标

- 认识 Adobe Reader 9
- 使用 Adobe Reader 9 阅读 PDF 文档
- 使用 Adobe Reader 9 复制 PDF 内容
- 查找和搜索 PDF 文档
- 打印 PDF 文档

任务实施

5.1.1 认识 Adobe Reader 9.4.1

1. 使用 Adobe Reader 打开 PDF 文档

启动 Adobe Reader 9，执行【文件】|【打开】命令，在弹出的对话框中双击要打开的 PDF 文件，即可打开 PDF 文档，如图 5-1 所示。

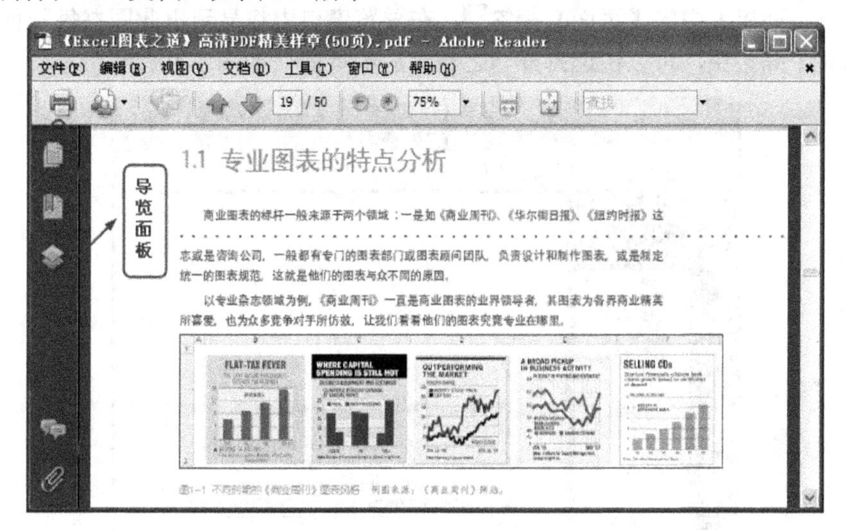

图 5-1 Adobe Reader 工作区域

> **小提示**
>
> 从 Adobe Reader 外部打开 PDF 文档。
>
> (1) 从 E-mail 应用程序打开 PDF 附件。双击 E-mail 中的附件打开 PDF 文档。
>
> (2) 从文件系统中打开 PDF 文档。在资源管理器中双击要打开的 PDF 文档图标。

2. 了解 Adobe Reader 9 工作窗口

1) 窗口构成

Adobe Reader 9 工作区域包含一个文档窗口，用于显示 Adobe PDF 文档；在左侧是一个导览窗格，用于帮助用户导览当前 PDF 文档，窗口顶部的工具栏和窗口底部的状态栏提供了其他控件，可用于操作 PDF 文档。

2) 工具栏

在 Reader 工具栏中，更多选项按钮，可以更多方式地调整页面以获取更好的显示效果，如图 5-2 所示。

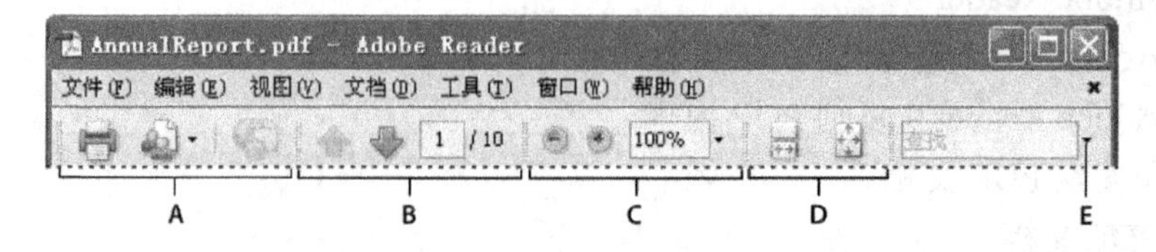

图 5-2 默认打开的工具栏

A. 【文件】工具栏；B. 【页面导览】工具栏；C. 【选择和缩放】工具栏；
D. 【页面显示】工具栏；E. 【查找】工具栏

5.1.2 使用 Adobe Reader 处理 PDF 文档

1. 阅读 PDF 文档

1) 页面快速跳转

单击【导览面板】中的【页面】标签，在导览窗口中将显示出此图书每一页的缩略图，单击其中的某个缩略图，可以快速打开与之相对应的页面，如图 5-3 所示。

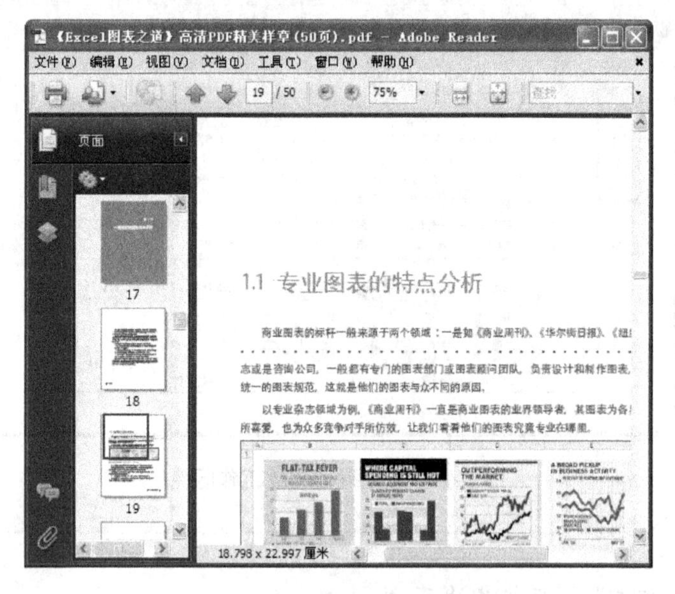

图 5-3 “页面”快速跳转

2) 增大文档显示比例

为了保护眼睛视力，可以增大文档显示比例。单击工具栏中两个【放大率】按钮，可以放大或缩小文档内容，如图 5-4 所示即为将文档放大显示的效果。

另外，在如图 5-5 所示的放大率百分比区域中输入新的百分比值，然后按 Enter 键也可以调节页面的显示比例。

3) 快速浏览

如图 5-6 所示为【页面导览】工具栏，单击其中的不同按钮，可以快速浏览 PDF 文档中页面。

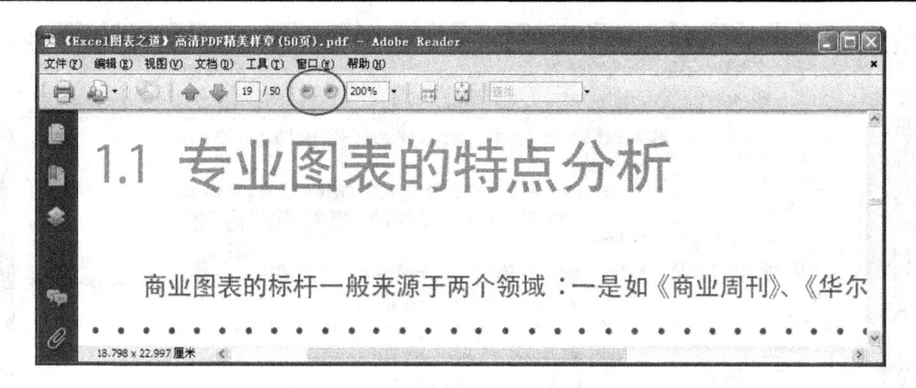

图 5-4　文档放大显示

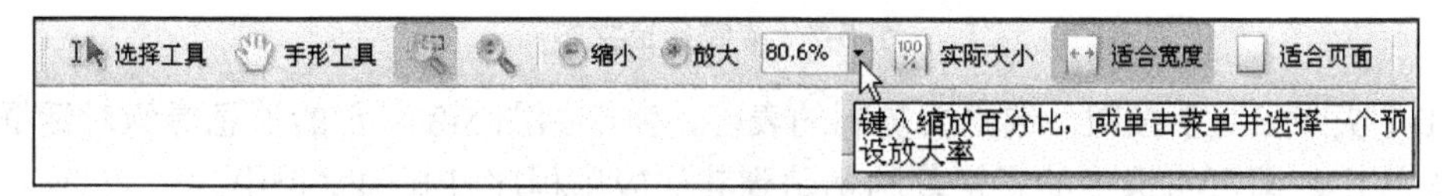

图 5-5　改变缩放百分比率

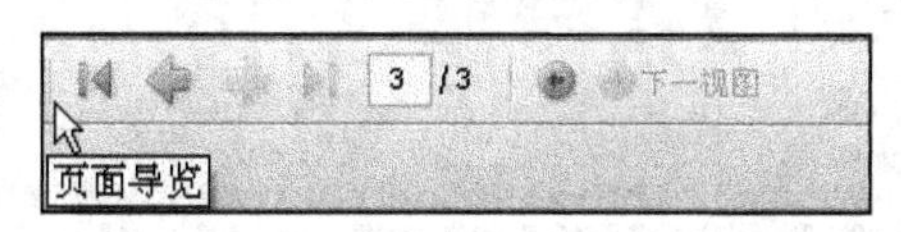

图 5-6　【页面导览】工具栏

4) 调整文档位置

先单击【选择和缩放】工具栏中的【手形工具】按钮，然后在文档窗格中拖动页面，就可以随意查看页面的区域。

小提示

(1) 如果放大或缩小文档操作不容易调节，而要达到最佳的阅读效果，可以单击【页面显示】工具栏中的【适合宽度】按钮或【适合页面】按钮，将页面调节到较易阅读的形式。

(2) 在阅读 PDF 文档时，执行【视图】|【全屏模式】命令和【视图】|【自动滚动】命令，可以实现文档的全屏阅读和自动滚屏功能。

2. 复制 PDF 文档内容

如果需要 PDF 文档中的内容，可以像在 Word 文档中复制文本或图片操作一样，复制 PDF 文档中所需要的内容，然后粘贴到另一个应用程序的文档中。

1) 复制文本

打开如图 5-7 所示的 PDF 文档，在主界面中右击，在弹出的快捷菜单中执行【选择工具】命令。

使用鼠标拖动的方法选择要复制的内容，右击被选中的文本，在弹出的快捷菜单中执行【复制】命令，即可将选择文本复制到剪贴板中。

2) 复制表格

对于 PDF 文档中的表格，可以文本的形式复制到其他应用程序(参看上一节“复制文本”)，也可以图像的形式复制到其他应用程序中。

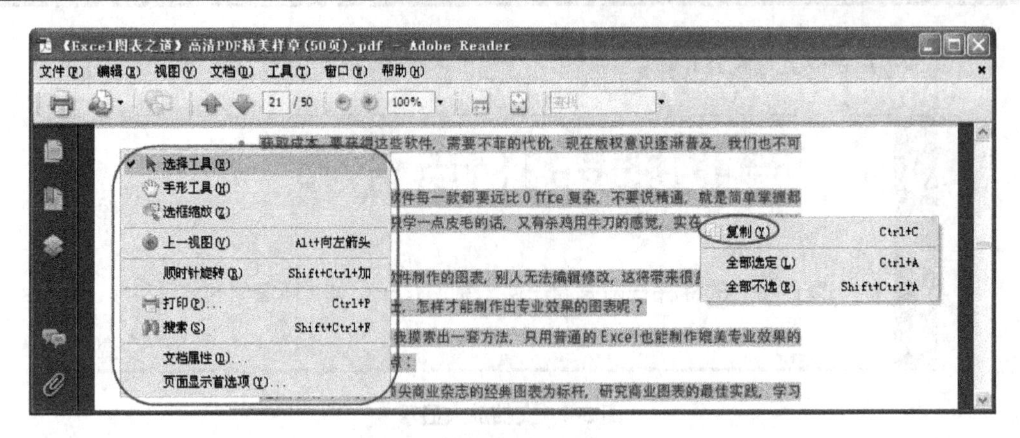

图 5-7 复制所选文本

单击【快照工具】按钮，选中要复制的表格，弹出如图 5-8 所示的消息提示对话框，单击【确定】按钮，即可将选中的表格复制粘贴到其他应用程序打开的文档中。

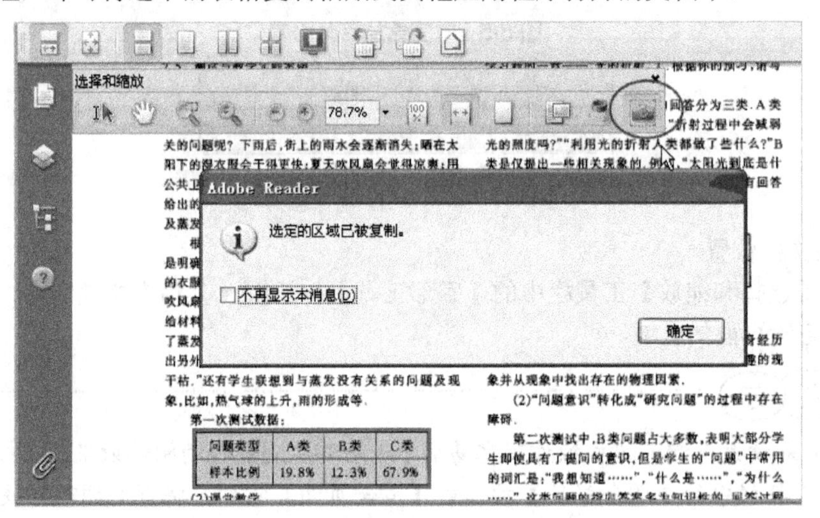

图 5-8 用【快照工具】按钮复制表格

3) 复制图像

单击【选择和缩放】工具栏中的【选择工具】按钮，单击选中要复制的图像，然后右击该图像，在弹出的快捷菜单中执行【复制图像】命令完成复制，如图 5-9 所示。

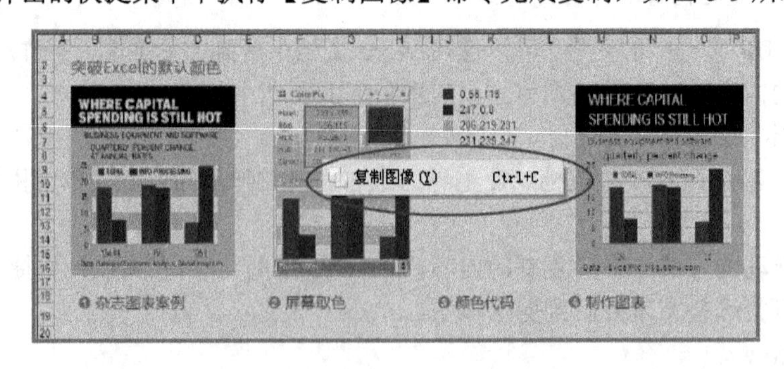

图 5-9 用【选择工具】复制图像

小提示

(1) 某些 PDF 文档是扫描的图片或设定了安全保护，其中的文本其实是图片，因此不能对其进行选中和复制操作。

(2) 如果要复制大量的文本，可以使用【另存为文本】命令来替代【选择工具】。但是，需要注意的是文档中的所有文本全部被复制，包括所有页眉、页脚、标题和脚注。

3. 查找 PDF 信息

有时，需要在 PDF 文档中查找某些文字，这就需要利用 Adobe Reader 的【查找】功能。

在【查找工具】工具栏中的【查找】文本框中输入要查找的文本“图”，然后连续按 Enter 键，系统会在文档中以高亮条的方式逐一标志要查找的文字，如图 5-10 所示。单击文本框右侧的【查找上一个】和【查找下一个】按钮，系统会继续查找上一个或下一个相同文字。

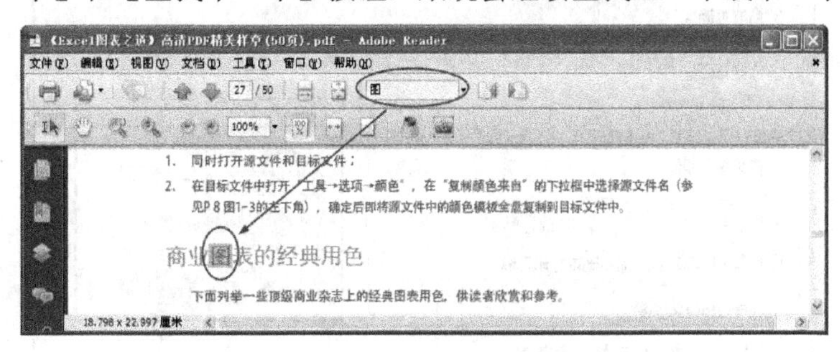

图 5-10　查找文本

4. 搜索 PDF 信息

假如想知道在一篇文档中使用某个单词的频率，可以使用 Adobe Reader 的【搜索】功能。

执行【编辑】|【搜索】命令，弹出如图 5-11 所示的【搜索】窗口，输入要查找的关键词“图”，勾选【全字匹配】复选框，然后单击【搜索】按钮，系统开始查找符合条件的词条，最后得到如图 5-12 所示结果。

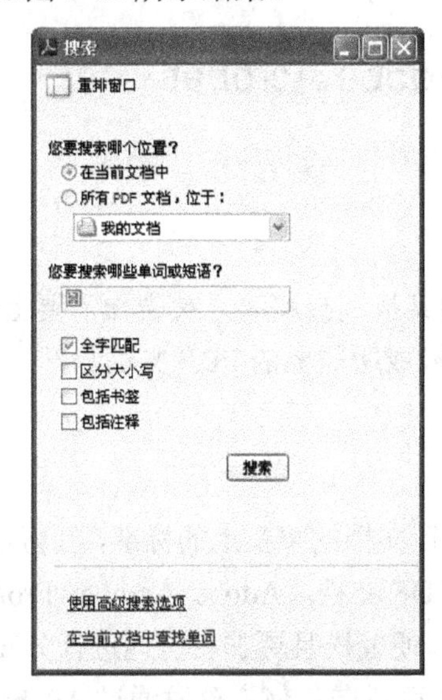

图 5-11　输入搜索关键词

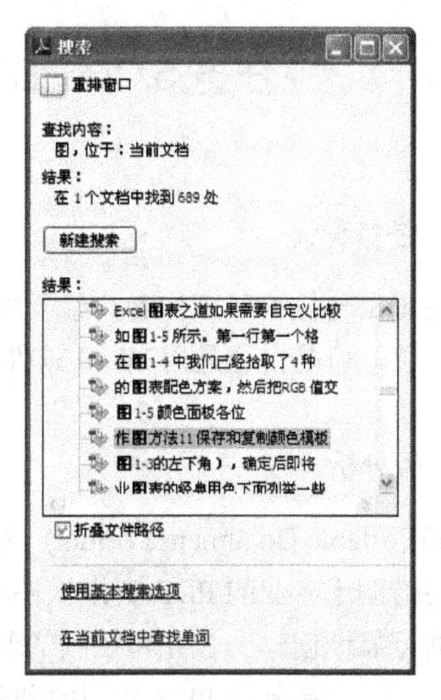

图 5-12　搜索结果

同样也可以使用相同的功能，查找 PDF 文档中的其他内容，包括书签、注释等。

5. 打印 PDF 文档

要想将下载的 PDF 文档打印成纸质文件保存起来，可以连接上打印机，然后利用 Adobe Reader 的【打印】功能打印出来。

单击工具栏中的【打印】按钮，弹出如图 5-13 所示的【打印】对话框，选择合适的打印机和其他属性，然后单击【确定】按钮，将文档打印出来。

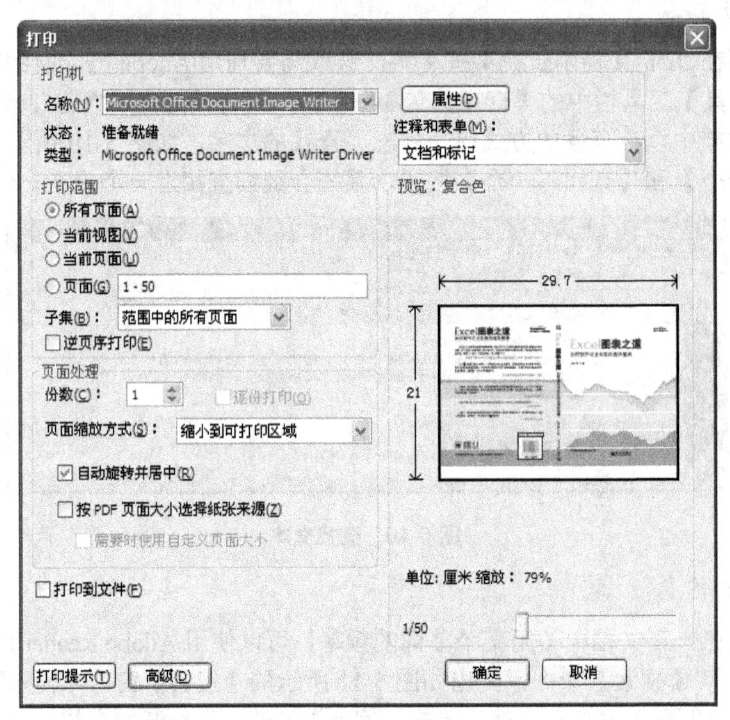

图 5-13 【打印】对话框

任务 5.2 PDF 文档制作 Adobe Acrobat

任务导读

冯先生是一位科研工作者，经常撰写科技论文。向某报刊投稿时，被告知需要上传 PDF 格式的文档，可是自己是用 Word 软件编写的，怎样转换成所需要的 PDF 文档呢？

任务分析

PDF(Portable Document Format) 文件格式是电子发行文档的事实上的标准，写好的 Office 文档需要借助于专业的 PDF 制作软件，才能转换成为 PDF 文档。Adobe Acrobat Professional 软件能够可靠地创建、合并和控制 Adobe PDF 文档，以便轻松且更加安全地进行分发、协作和数据收集，它是制作 PDF 文档的利器，文档的撰写者可以向任何人分发通过 Adobe Acobat

制作的 PDF 文档而不用担心被恶意篡改。

下面，以 Adobe Acrobat Professional 9 版本为例，帮助大家学习如何利用该软件创建 PDF 文档。

学习目标

- 使用 Acrobat PDFMaker 创建 PDF
- 在 Adobe Acrobat 程序中创建 PDF
- 使用打印命令创建 PDF
- 将网页转换为 PDF

任务实施

5.2.1　使用 Acrobat PDFMaker 创建 PDF

1. 将 Word 文档转换为 PDF

在 Windows 系统中，Adobe Acrobat Professional 在默认安装以后，会在许多常用的应用程序(如 Microsoft Office 2003 应用程序)中安装 Acrobat PDFMaker 工具栏和 Adobe PDF 菜单，如图 5-14 所示。

图 5-14　Word 2003 中的 Adobe PDF 菜单

用户可以在 Word 文档中使用工具栏按钮或 Adobe PDF 菜单将 Word 文档转换为 PDF 格式文档，而不需要打开 Adobe Acrobat Professional 程序。其具体操作步骤如下。

打开要转换格式的 Word 文档，单击 Acrobat PDFMaker 工具栏中的【转换为 Adobe PDF】按钮(也可以执行【Adobe PDF】|【转换为 Adobe PDF】命令，如图 5-15 所示)。

弹出【另存 Adobe PDF 文件为】对话框，要求输入新建的 PDF 文档的文件名和位置(默认的保存位置一般与 Word 文档同文件夹，文件名一般为原始文档文件名)。按照自己的需要设置完成之后单击【保存】按钮。

系统即可开始进行格式转换，如图 5-16 所示。当转换过程完成后，生成的 PDF 文档会自动打开，如图 5-17 和图 5-18 所示为转换前后的两种格式文档对比。

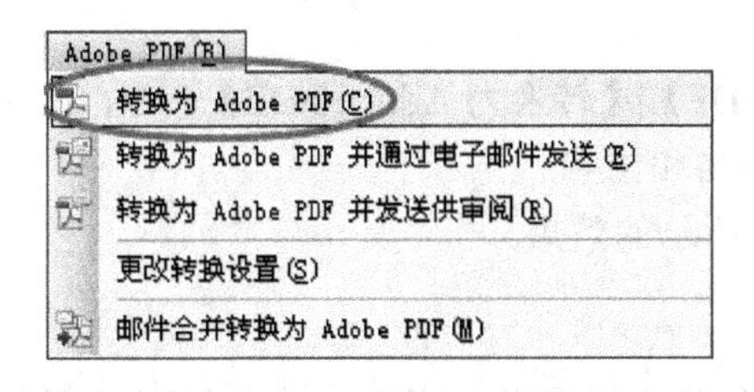

图 5-15　Adobe PDF 菜单命令

图 5-16　创建 PDF 文档

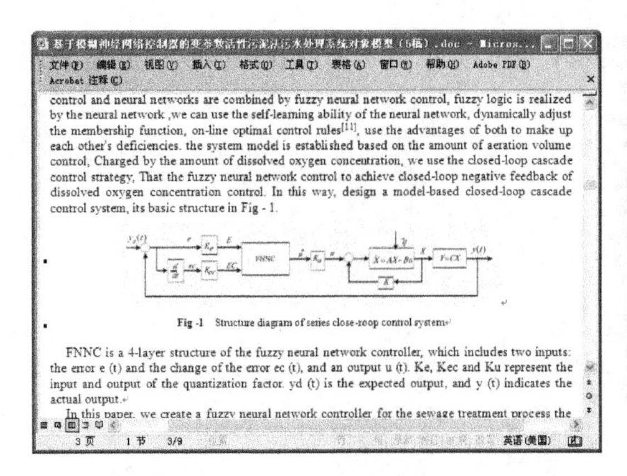

图 5-17 Word 原始文档

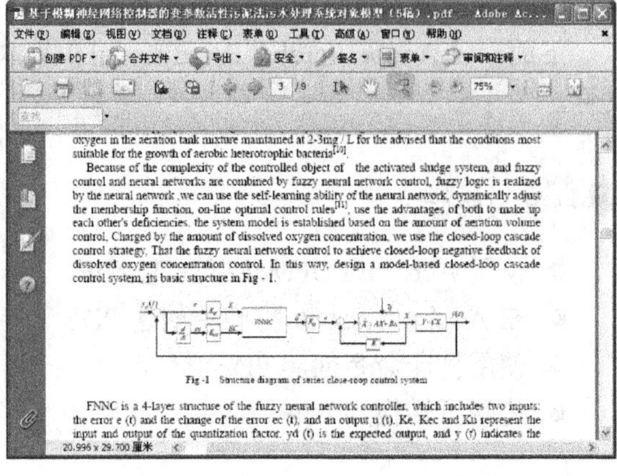

图 5-18 转换的 PDF 文档

2. 转换 Excel 电子表格

打开 Excel 文件，选择【最终结果】工作表中要转换的单元格区域。执行【Adobe PDF】|【转换为 Adobe PDF】命令，弹出如图 5-19 所示的【Acrobat PDF Maker】对话框。可以看到，所选择的【最终结果】工作表已经在【PDF 中的工作表】列表框中。

单击【转换为 PDF】按钮，弹出【另存 Adobe PDF 文件为】对话框，指定 PDF 文件的文件名和位置后，单击【保存】按钮创建 PDF 文档，得到如图 5-20 所示的效果。

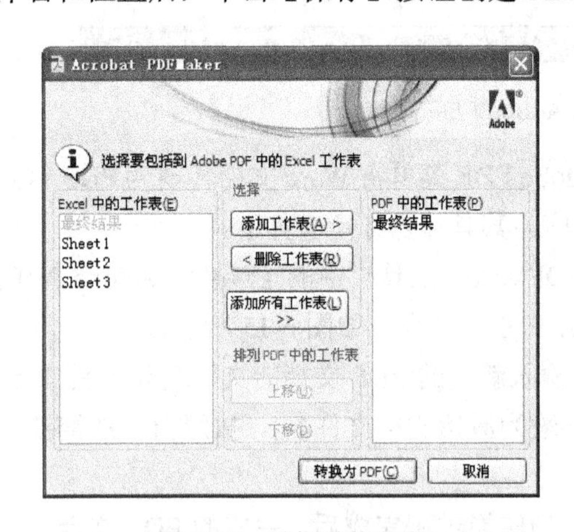

图 5-19 选择转换范围

2010年系部考核明细

系部	课程建设与管理	师资队伍建设与管理	教学制度与运行管理	专业建设与管理	实践教学	合计	名次
机械系	15.30	17.20	16.55	16.00	16.20	81.25	4
电气系	15.25	16.41	14.19	17.00	13.60	76.45	9
计算机系	19.30	18.39	16.01	19.00	19.40	92.60	1
经管系	15.25	17.36	16.46	18.00	18.20	85.77	2
化轻系	14.95	15.23	14.95	15.00	16.00	76.12	10

图 5-20 转换 Excel 为 PDF 文档

3. 转换 PPT 演示文稿

打开要转换的 PowerPoint 文件，执行【Adobe PDF】|【转换为 Adobe PDF】命令，在【另存 Adobe PDF 文件为】对话框中，指定 PDF 的文件名和位置。

单击【保存】按钮以创建 PDF，得到如图 5-21 所示的效果。

4. 使用打印命令来创建 PDF

另外，还可以利用 Office 应用程序的【打印】命令，将 Office 文档转换为 PDF 文档并保存在磁盘中。其具体操作步骤如下。

打开要转换的文档(如 Word 文档)，执行【文件】|【打印】命令，弹出【打印】对话框，

从【打印机】下拉列表框中选择【Adobe PDF】，如图 5-22 所示。

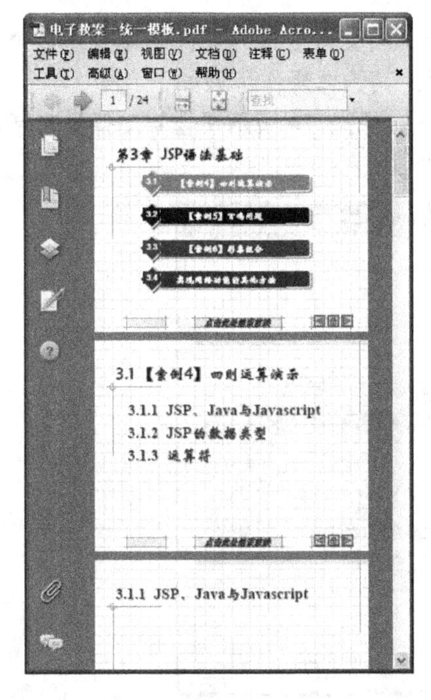

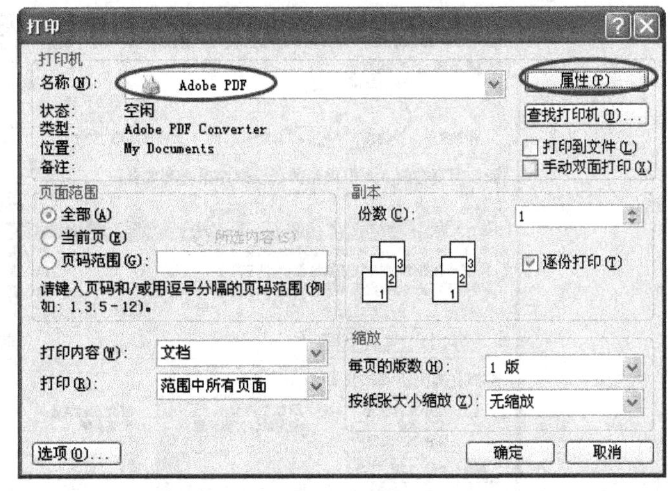

图 5-21　转换 PPT 为 PDF　　　　图 5-22　选择 Adobe PDF 打印机

单击【属性】按钮可以自定义 AdobePDF 打印机设置。单击【确定】按钮，按照提示保存所创建 PDF 文档的位置和名称，确认后即可开始转换，最后得到转换后的 PDF 文档。

5.2.2　在 Adobe Acrobat 程序中创建 PDF

冯先生有多个 Office 文档需要转换为 PDF 文档，有没有更灵活的方法有选择地创建 PDF 文件呢？其实，在 Adobe Acrobat Professional 程序中，还有更多的方法实现上述要求。

如图 5-23 所示为 Adobe Acrobat Professional 的主界面，利用其菜单命令，用户可以很方便地创建 PDF 文件。

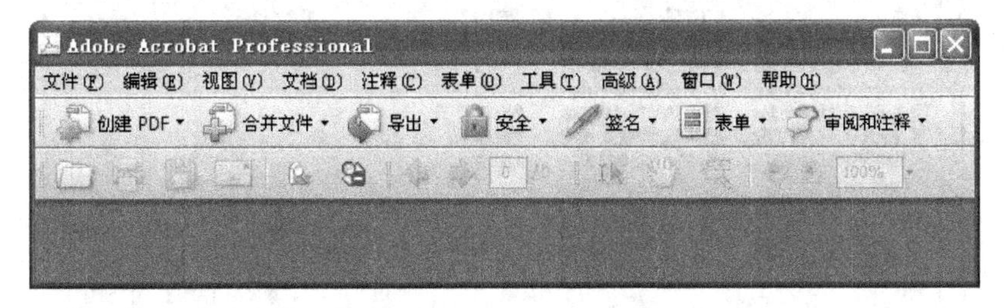

图 5-23　Adobe Acrobat Professional 主界面

1. 转换单个文件为 PDF

在 Adobe Acrobat Professional 主界面中，执行【文件】|【创建 PDF】|【从文件】命令，也可以在【任务】工具栏中单击【创建 PDF】按钮，然后执行【从文件创建 PDF】命令。

在弹出的对话框中选择要转换的文件，单击【打开】按钮，根据提示操作即可将文件转换为 PDF。

2. 从多个文件创建多个 PDF

Adobe Acrobat Professional 可以在一次操作中，将多个不同支持格式的文件创建成为多个 PDF 文件，此方法在需要将大量文件转换为 PDF 时很有用。其具体操作步骤如下。

执行【文件】|【创建 PDF】|【从多个文件】命令，弹出如图 5-24 所示【合并文件】对话框。选择【添加文件夹】选项，然后选择相应的文件或文件夹。

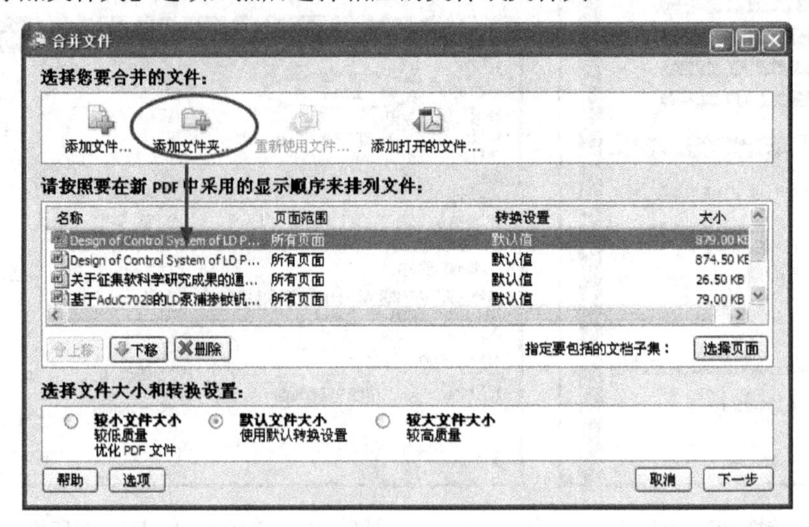

图 5-24 合并文件

按照默认设置，单击【下一步】按钮，选中【组合文件到 PDF 包】单选按钮，如图 5-25 所示。

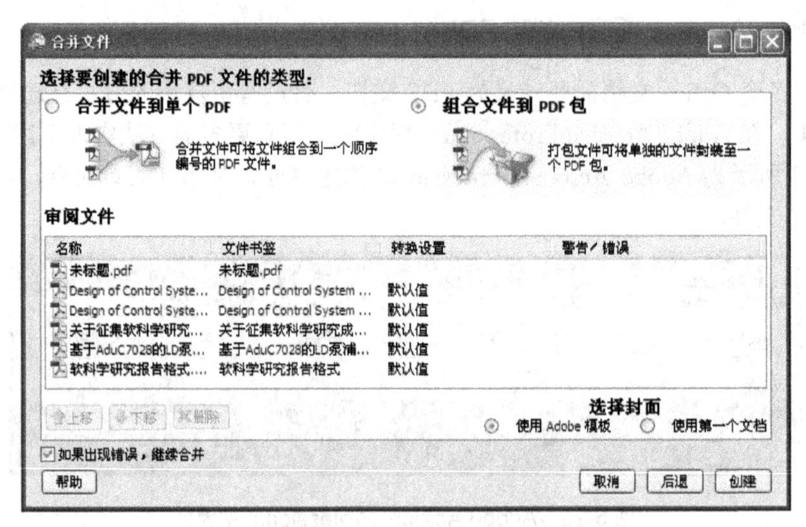

图 5-25 组合文件到 PDF 包

单击【创建】按钮，开始逐一创建 PDF 文件，当全部完成后，弹出消息提示对话框提示是否保存，如图 5-26 所示。

单击【是】按钮，弹出【输出选项】对话框，指定目标文件夹和文件名(默认为“包 1.pdf”)，单击【确定】按钮，得到如图 5-27 所示的 PDF 包。

3. 通过拖动快速创建多个 PDF

在资源管理器中选择一个(或多个文件)的图标。将该文件图标拖动到 Adobe Acrobat Professional 应用程序图标上(或者将文件拖动到打开的 Adobe Acrobat Professional 主界面中，系统即开始将拖动的文件创建为 PDF 文件。

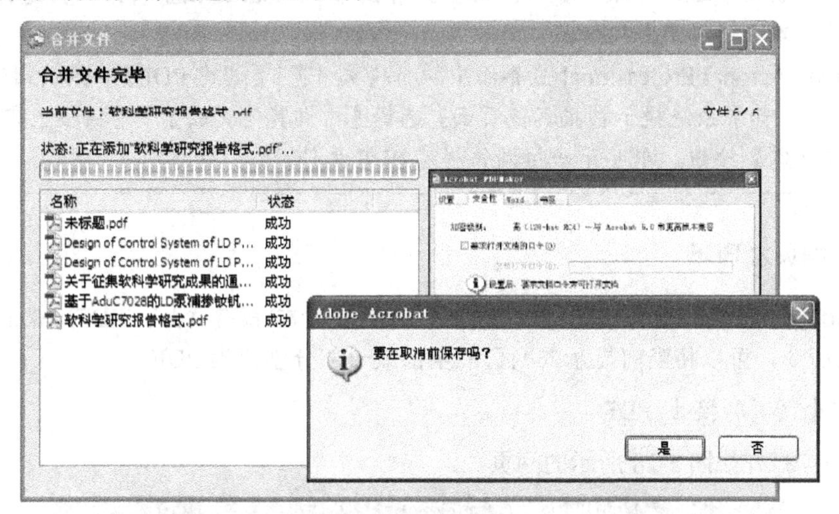

图 5-26　创建完毕

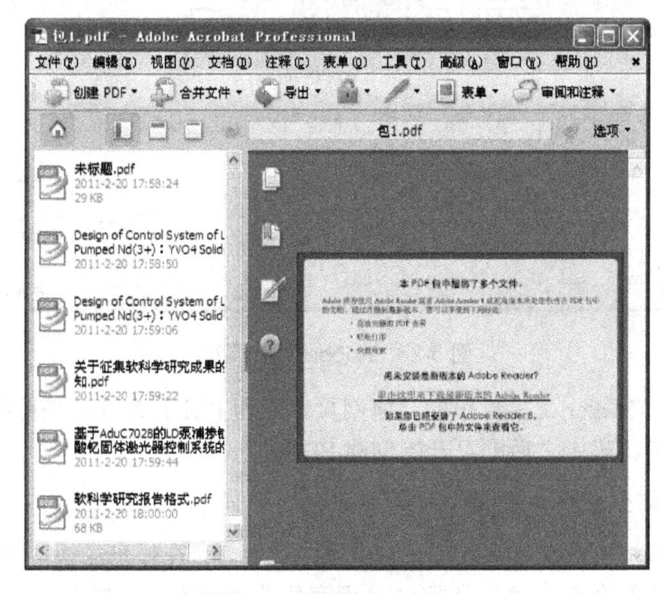

图 5-27　得到组合 PDF 包

小提示

如果弹出消息提示对话框告知该文件无法用 Adobe Acrobat Professional 打开，说明该文件类型无法通过拖动方法转换为 PDF。也可在资源管理器中右击该文件，然后在弹出的快捷菜单中执行【创建 PDF】命令。

如果文件大小和输出质量间的平衡不重要，则本方法最适用于简单的小容量文件，如小容量的图像文件或纯文本文件。

知识链接：将纸质文档扫描为 PDF

可以使用扫描仪和 Adobe Acrobat Professional 直接从纸质文档创建 PDF 文件。

如果扫描仪安装了 WIA 驱动程序，则可以单击【扫描】按钮，然后在操作系统中已注册应用程序列表框中选择【Adobe Acrobat】，弹出【Acrobat 扫描】对话框，选择扫描仪以及文档预设，单击【确定】按钮。

在 Adobe Acrobat Professional 主界面中执行【文件】|【创建 PDF】|【从扫描仪】|【文档预设】命令，如果系统提示扫描其他页面，选择【扫描其他页面】或【扫描已完成】选项，然后单击【确定】按钮，即可开始扫描并创建 PDF 文件。

5.2.3 转换网页为 PDF

安装 Adobe Acrobat Professional 时，IE(6.0 或更高版本)获得 Adobe PDFMaker 工具栏。使用工具栏的命令，可以将当前显示的网页的全部或一部分创建为 PDF。

1. 将一个网页转换为 PDF

在 IE 中，打开如图 5-28 所示的网页。

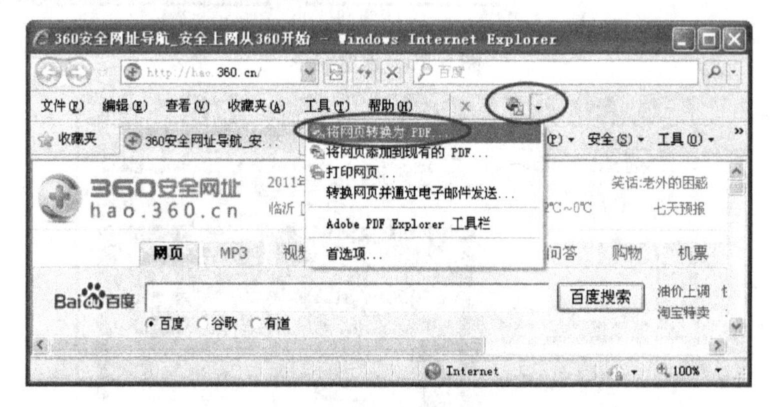

图 5-28 Adobe PDF 网页

单击 Adobe PDFMaker 工具栏中的【将网页转换为 PDF】命令，按照提示指定 PDF 文件的保存位置和文件名，确定之后即可开始创建 PDF。

2. 将网页的一部分转换为 PDF

拖动鼠标选中网页上的文本和图像，右击选中的内容，在弹出的快捷菜单中执行【转换选取内容为 Adobe PDF】命令，然后选择 PDF 保存位置和名称，确定之后开始创建 PDF。

任务 5.3 超星阅览器

任务导读

高尔基说："书是人类进步的阶梯。"在竞争日益激烈的今天，博览群书，不断充电，不断提高自己的竞争能力尤为重要，作为上班一族，俞先生很少有足够的时间走进图书馆坐下来读书。怎样能够借助 Internet 丰富的数字资源，来满足自己阅读图书的需要呢？

这里给大家推荐一款图书阅览工具，可以让你不受时间、地点的限制，利用闲暇的时间博览群书，这款软件就是【超星阅览器(SSReader)4.01】。

任务分析

超星阅览器(SSReader)是超星公司拥有自主知识产权的图书阅览器，可以针对数字图书进行阅览、下载和打印等。经过多年不断改进，它已经成为国内外用户数量最多的专用图书阅览器之一。

超星阅览器 4.01 版简单易用，由于有超星数字图书网的支持，图书资源丰富，可以满足不同用户的不同需求，会员付费方式多样，收费标准也比较公道，性价比较高，普通浪费者也可以承受得起，体现了超星数字图书网“让更多的人读更多的书”的经营理念。其集搜索、阅览、收藏于一身的特色功能，可以让用户快速找到图书，轻松阅览图书，打造属于自己的个人图书馆，而且有些书目还允许免费下载打印，确实是读书爱好者博览群书的得力助手。

好了，下面就来一起看看怎么样使用超星阅览器吧！

学习目标

- 注册“超星图书阅览器”
- 利用“超星图书阅览器”搜索阅览和收藏图书
- 利用“超星图书阅览器”采集文本和图像

任务实施

5.3.1　注册超星阅览器用户

运行超星阅览器 4.01 软件，即可弹出如图 5-29 所示的超星阅览器主界面。

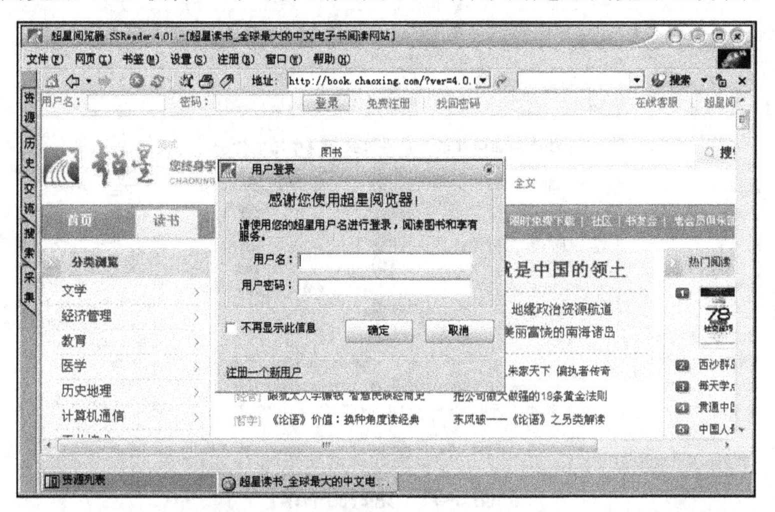

图 5-29　超星阅览器 4.01 主界面

想要利用超星阅览器博览群书，首先需要注册。

第一次运行超星阅览器会弹出【用户登录】窗口，如图 5-29 所示。单击【注册一个新用户】链接或执行【注册】|【新用户注册】命令均可打开注册页面。注册过程很简单，在向导指示下接受协议、设置用户名、填写密码和个人信息即可(例如，用户名为“朝晖夕阴”)，注册成功后会显示用户信息，如图 5-30 所示。

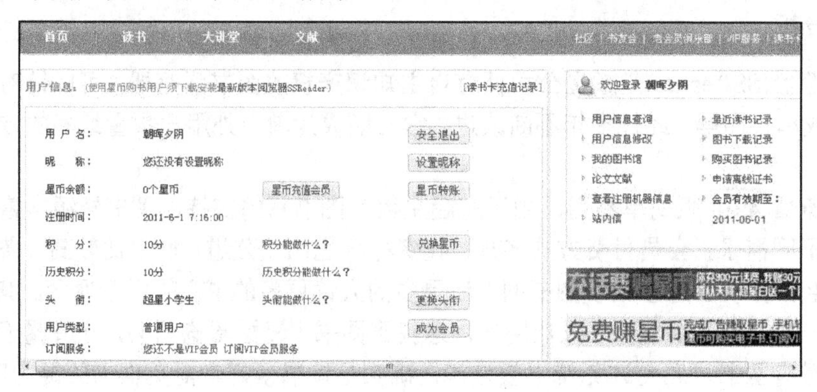

图 5-30　注册成功后显示用户信息

5.3.2　图书资源

超星阅览器 4.01 是为超星数字图书网量身定制的图书阅览器，拥有海量藏书，不但数量多，而且涉及范围广，不同年龄、不同学历，不同职业的人都可以在这里找到适合自己阅读的图书，可以充分满足用户的个性化需求。其图书资源主要由免费图书馆、新书阅览室和数字图书馆等版块组成。

1. 免费图书馆

在超星阅览器 4.01 主界面单击【读书】链接，进入为免费用户准备的免费图书馆。这里面收藏了包括文学、经济管理、教育医学和历史地理等 11 大类的图书供用户免费阅读，如图 5-31 所示。

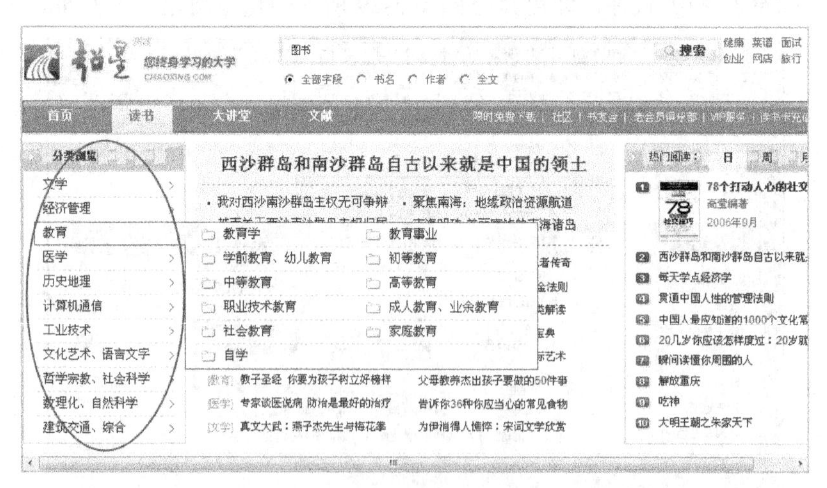

图 5-31　免费图书馆

如果想浏览有关【教育】类的图书，可以使将指针指向【教育】链接处，从右侧滑出的列表中单击【教育学】链接，即可切换至如图 5-32 所示的有关【教育学】的图书浏览页面。

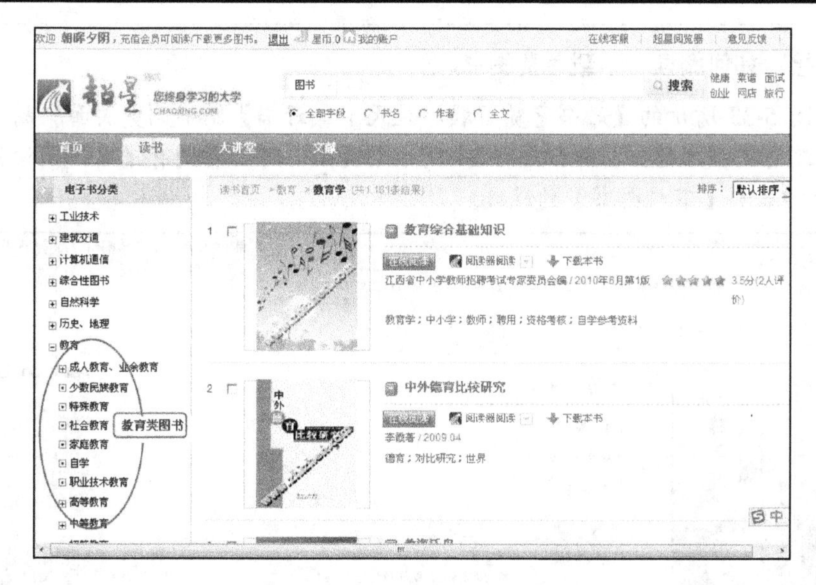

图 5-32　各大类中丰富的藏书

知识链接：会员图书馆

在如图 5-34 中所示的用户信息界面单击【成为会员】按钮，可以登录【购买读书卡】界面，通过网上银行等方法进行充值，从而成为超星阅览器的会员，这样就可以进入【会员图书馆】，浏览阅读更为丰富的图书内容(涉及的领域有经典理论、哲学宗教、社会科学总论、政治法律、军事、经济、文化科学教育体育等 22 个子图书馆，每个子图书馆的藏书又进行了分类，每个分类下都有丰富的藏书供会员用户阅读)。

2. 新书阅览室

在如图 5-31 所示的【免费图书馆】图书浏览页面中单击【限时免费下载】链接，可以打开如图 5-33 所示的【好书免费下载，天天下载好书】图书浏览页面。它提供的是最新上市的图书，是出版社、作者新书推介、促销平台，免费会员也能阅读、下载(仅提供 7 天新书试读服务)。

图 5-33　新书阅览室是新书推介、促销的平台

知识链接：如何阅读、下载免费图书

单击如图 5-33 所示的【好书免费下载，天天下载好书】图书浏览页面中的某一本图书的封面图片或者图书名称，打开如图 5-34 所示的页面，可以看到有【在线阅读】、【阅读1】、【阅读 2】和【下载图书】的链接。

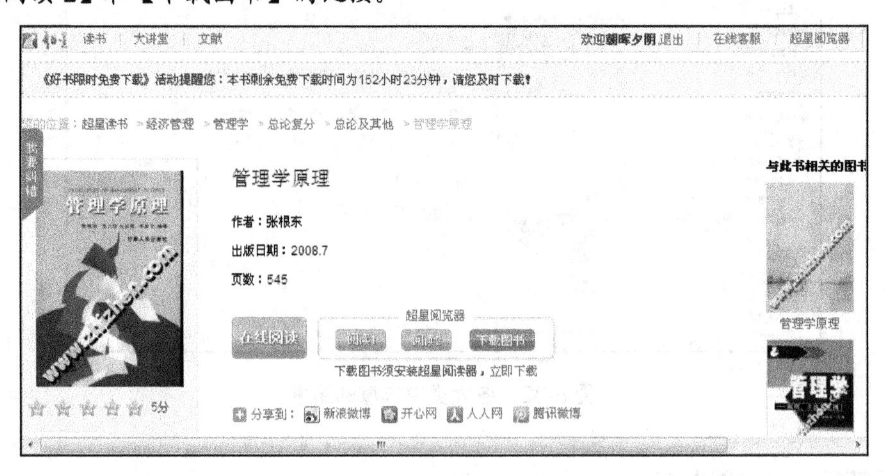

图 5-34　阅读或下载新书

1. 免费在线阅读新书

(1) 单击【在线阅读】按钮，打开如图 5-35 所示的在线阅读的页面，默认以翻页模式阅读图书，分别单击如图 5-35 所示的 3 种按钮，可以切换至【显示目录阅读】、【隐藏目录阅读】和【全屏连页阅读】3 种模式进行阅读。

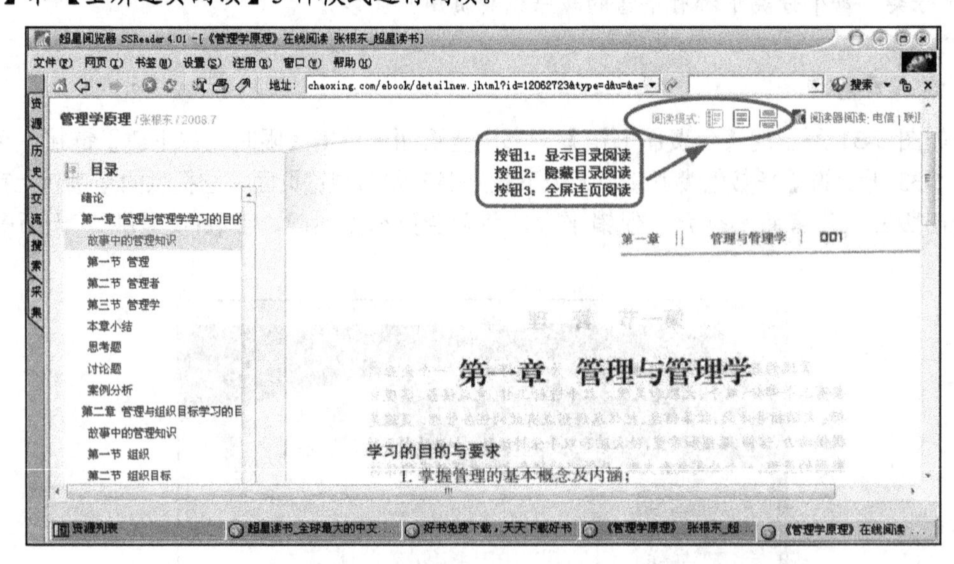

图 5-35　在线阅读-显示目录阅读

(2) 单击【显示目录阅读】(或者【隐藏目录阅读】)按钮，切换至如图 5-36 所示的超星阅览器的默认阅读模式，通过单击目录中的章节标题，可以快速地切换至相关页面进行阅读；如果不想显示目录，可以单击【显示/隐藏章节目录】按钮暂时隐藏目录。

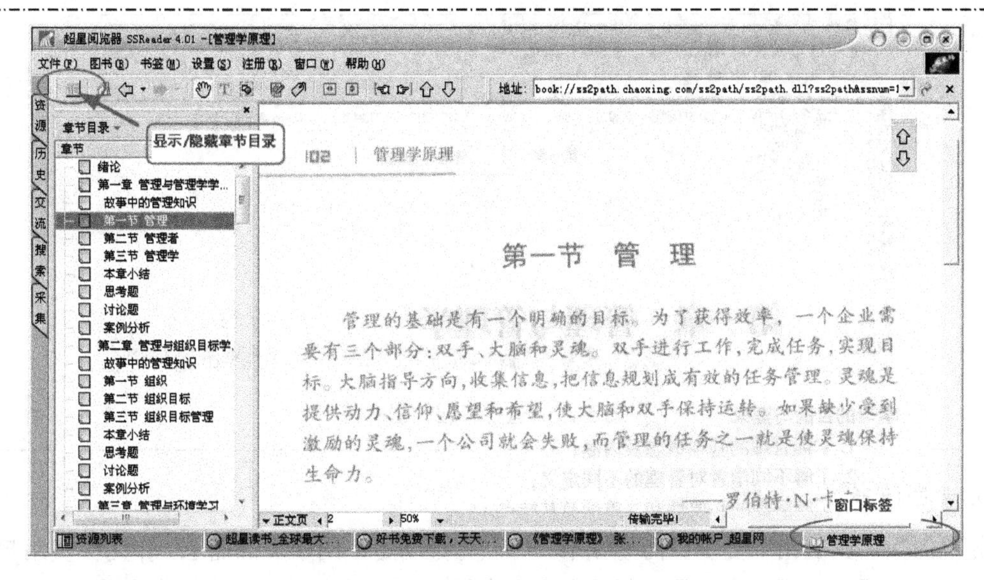

图 5-36　阅览器阅读

2. 免费下载新书

单击【下载图书】按钮，弹出如图 5-37 所示的【下载选项】对话框，按照默认，图书下载的保存路径为“d:\我的文档\My eBooks”。同时，图书信息还会在按照【个人图书馆】进行分类(用户可以在【个人图书馆】下新建子分类,如【管理学】等)。

单击【确定】按钮，开始下载过程，如图 5-38 所示。

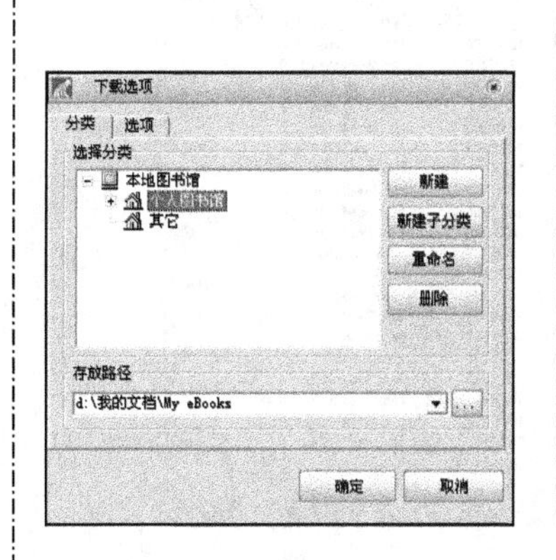

图 5-37　【下载选项】对话框

图 5-38　开始下载

3. 阅读下载图书

当下载结束后，系统会弹出消息提示对话框，单击【确定】按钮，完成下载。此时，要想阅读下载的图书，可以选择主界面左侧的【资源】选项卡，如图 5-39 所示，可以看到在【个人图书馆】分类中的【分类 2】中保存有刚刚下载的【管理学原理】图书，双击图书信息行即可打开超星阅览器的阅读页面开始阅读。

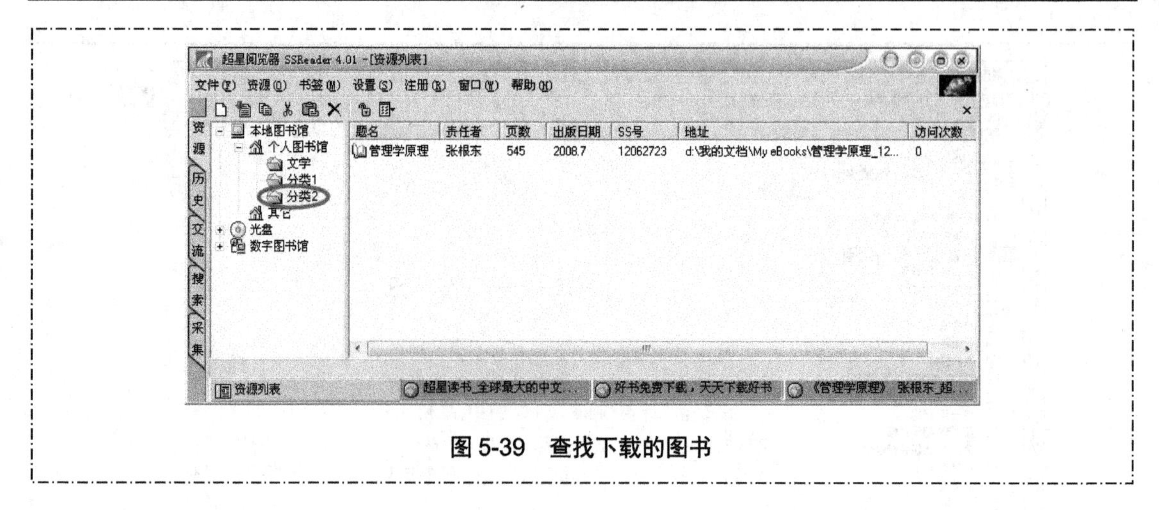

图 5-39　查找下载的图书

3. 数字图书馆

超星的数字图书馆中提供了海量图书，可以充分满足不同用户的需求。作为免费用户，俞先生可以通过【数字图书馆】尽情阅览免费图书馆中丰富的藏书，具体操作步骤如下。

如图 5-40 所示，单击【资源】选项卡中的【数字图书馆】左侧的【+】符号，可以像展开资源管理器中的文件夹一样展开非常详细的图书分类列表(例如，选择【数字图书馆】|【经济管理主题馆】|【经济学】|【马克思主义政治经济学】三级子文件夹，可以看到右侧显示了相关的丰富的图书名称)。

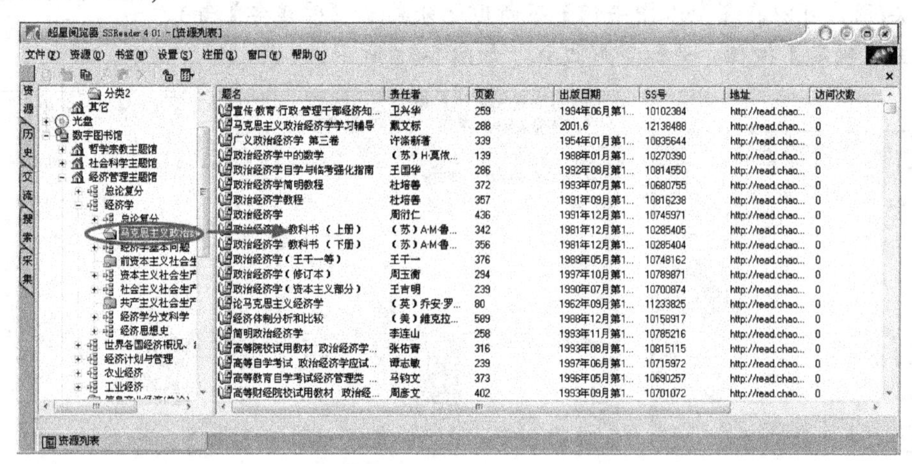

图 5-40　丰富的数字图书馆藏书

在右侧众多图书中，双击要阅读的图书名称，打开如图 5-34 所示的页面，选择阅读或者下载即可。

5.3.3　搜索、阅览、收藏

作为一款数字图书浏览工具，阅览数字图书是超星阅览器最重要的功能，它集搜索、阅览、收藏于一身，不仅可以阅览图书，而且可以快捷搜索图书，根据自己的喜欢收藏图书。

1. 搜索图书

例如，俞先生想查找一些关于 Excel 方面的图书资料，可以借助超星阅览器的【搜索】功能进行，具体操作步骤如下。

在超星阅读器的主界面上方的【搜索】文本框中输入“Excel”，将搜索选项选定为【图书】，如图 5-41 所示。

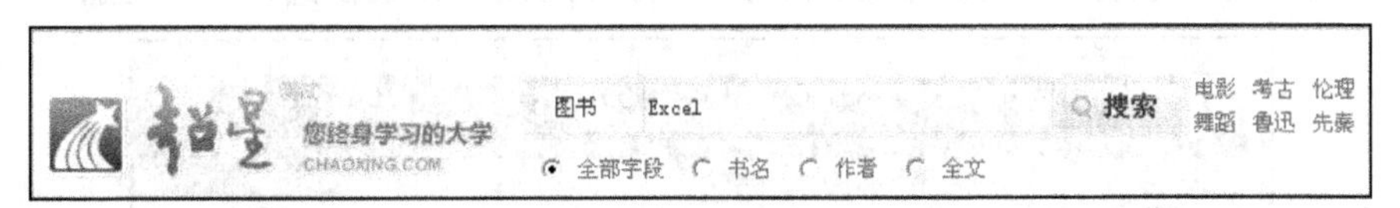

图 5-41　快速搜索“Excel”

单击【搜索】按钮，打开数字资源检索页面，如图 5-42 所示为搜索到的相关图书(共计 1 303 条结果)，接下来就可以有选择性地进行在线阅读或者下载。

图 5-42　数字资源检索页面

2. 阅览图书

俞先生想在下载之前先浏览一下图书的概况，之后再决定是否下载，具体操作步骤如下。

单击【在线阅读】或【阅览器阅读】按钮，可以分别打开如图 5-35 和图 5-36 所示的阅读页面进行阅读，无论选择哪种阅读方式都可以达到阅览图书的目的。

3. 收藏图书

如果对当前页面的所有检索图书都比较满意，可以采取【收藏】的功能将它们收藏到【个人图书馆】中，具体操作步骤如下。

在数字资源检索页面下方，勾选【全选】复选框，然后单击【收藏到我的图书馆】按钮，如图 5-43 所示，打开图书收藏页面。

图 5-43　数字图书收藏

在打开的图书收藏页面中单击【确定】按钮，页面显示出“成功添加了 10 条收藏。”提示信息，单击【进入我的图书馆】链接，即可打开自己的图书馆页面，如图 5-44 所示。日后可以通过单击图书的名称(如【Excel 宏魔法书】)，打开阅读页面进行阅读或者选择下载。

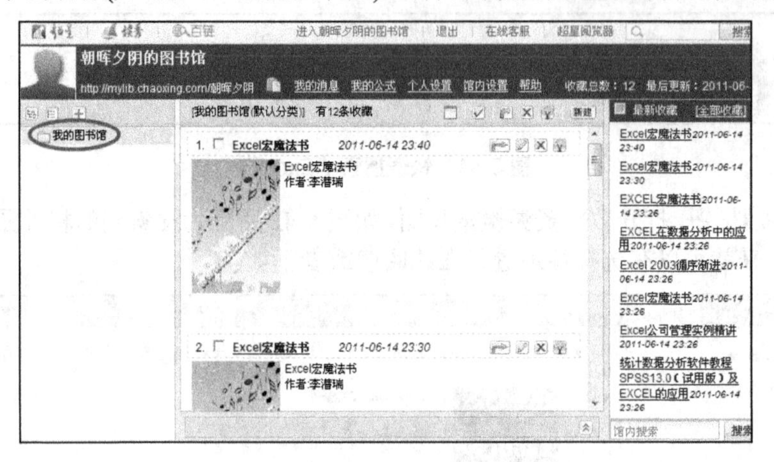

图 5-44　个人图书馆中的藏书

知识链接：怎样进入“我的图书馆”

登录超星阅览器主界面后，就会发现在如图 5-45 所示的位置添加了【我的图书馆】链接。

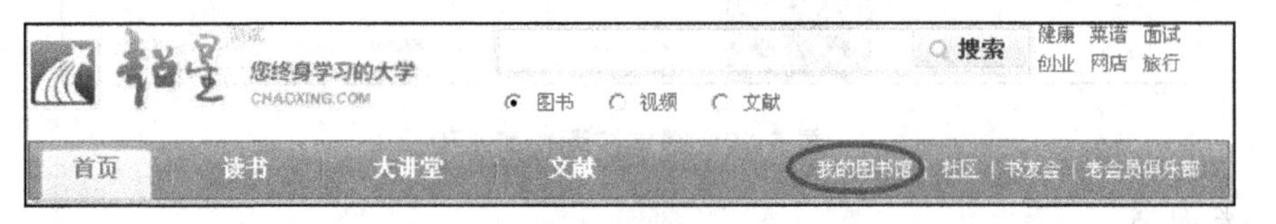

图 5-45　“我的图书馆”链接点

单击此链接，即可打开如图 5-46 所示的页面，单击【立即进入我的图书馆】按钮即可打开【我的图书馆】页面。

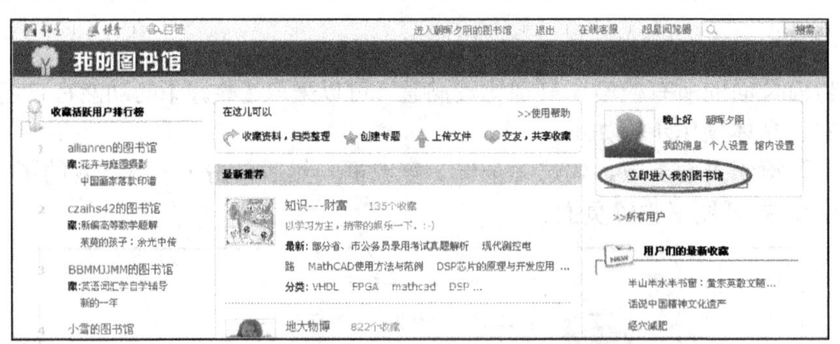

图 5-46　【我的图书馆】主页面

5.3.4　超星阅览器 4.01 的阅读功能

1. 界面介绍

双击桌面上的【超星阅览器】图标启动软件，执行【文件】|【最近打开】命令，从下一

级联菜单中选择【管理学原理】目录，如图 5-47 所示，即可打开图书阅览页面。

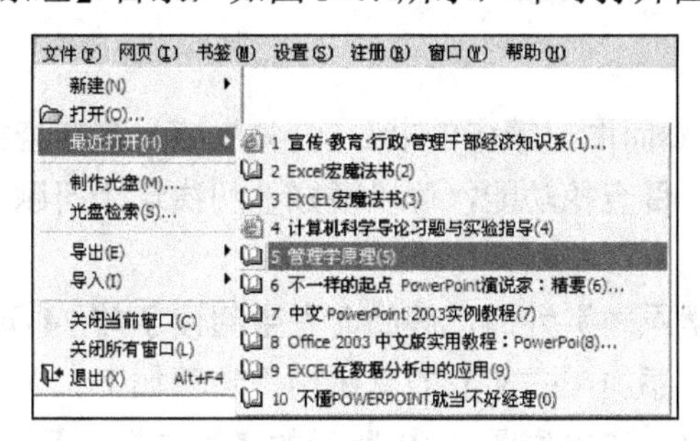

图 5-47　打开下载的图书

【最近打开】下一级联菜单中没有要阅读的图书目录怎么办?

用户也可以通过执行【文件】|【打开】命令，在本地计算机的相关路径找到并打开下载的图书。

如图 5-48 所示为打开的【管理学原理】图书，左侧窗格显示了章节目录，可以通过单击目录中的标题快速切换至对应的页面。

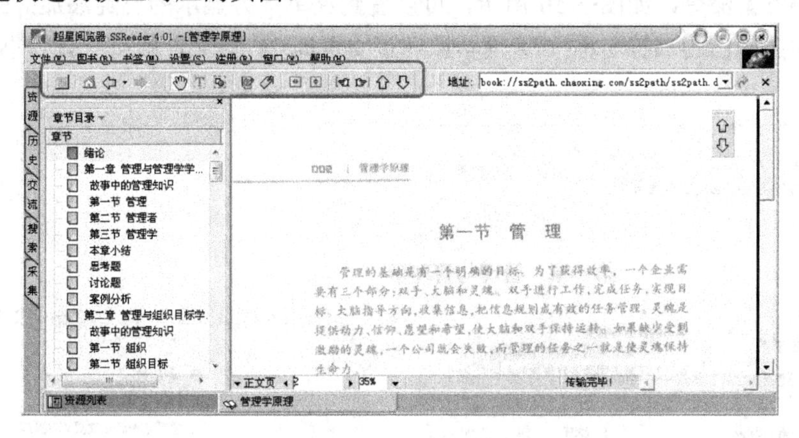

图 5-48　利用工具栏调整阅览器页面显示

在超星阅览器的工具栏中，从左向右依次为常用的工具栏按钮，如表 5-1 所列。

表 5-1　常用工具栏按钮

按钮	名　　称	按钮	名　　称
	显示/隐藏章节目录		添加标注
	主页		调整到与屏幕相同宽度
	后退		调整到与屏幕相同高度
	正常拖动状态		目录页
	选择图像进行文字识别		到指定页
	区域选择工具		上一页
	图书标注		下一页

用户可以借助这些工具栏按钮功能实现快速翻页，方便自己的阅读。

2. 使用书签和查找

书多了自然是件好事，然而面对繁多的书目，俞先生感觉到在查找和翻阅的时候十分不便。超星阅览器提供了书签和书目查找功能，可以很好地解决这个问题。

1) 添加书签

以打开的图书【管理学原理】为例，假如俞先生阅读了前 74 页，可以使用【书签】记录下自己翻阅到的这个地方。添加【书签】的具体操作步骤如下。

单击【添加书签】按钮，弹出如图 5-49 所示的【添加书签】对话框。可以看到系统默认添加到【书签名】文本框中的“《管理学原理》正文第 74 页”书签(也可以自行在此为书签命名一个好记的名称，最好采用一定的名称规范，因为随着翻阅的书目的增多，各类图书需要有所区分，不然连书签都很难找到，就失去了设置书签的意义)，在【备注】文本框中可以不添加备注信息。单击【确定】按钮完成书签的添加。

2) 借助书签快速查阅图书

当俞先生下次要接着学习时，只需找到该书签，超星阅览器会自动跳转到书签所在的页码。其具体操作步骤如下。

执行【书签】命令，如图 5-50 所示，可以看到菜单下方显示的已经添加好的多个书签，直接单击其中要阅读的书签名称(“管理学原理正文页地 74 页”)，即可打开该书的第 74 页继续阅读。

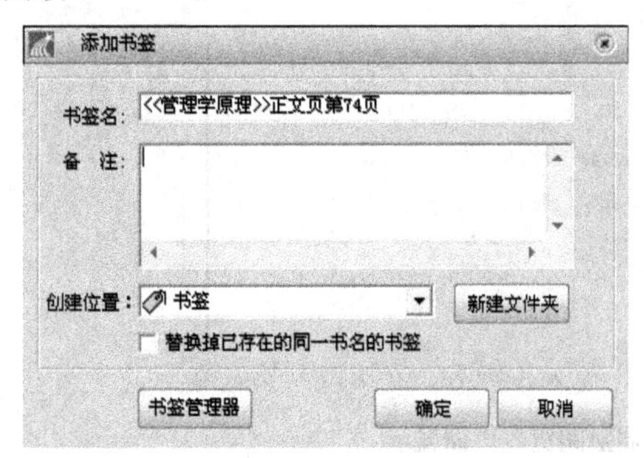

图 5-49　添加书签

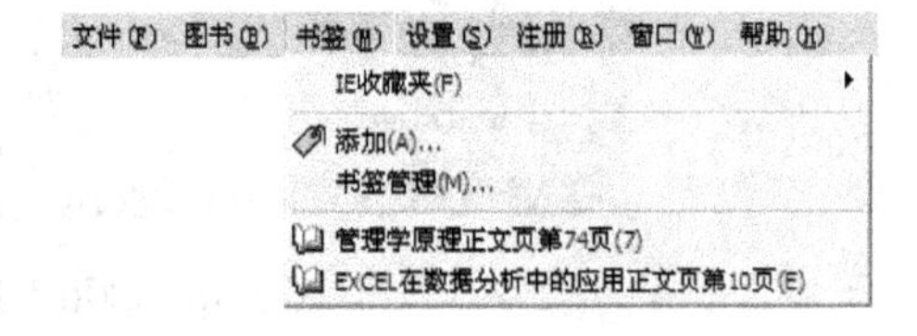

图 5-50　在“书签”菜单中的书签

5.3.5　采集文本和图像

1. 文字识别

俞先生对于文章中的部分内容很感兴趣，想将它们复制下来粘贴到 Word 文档中进行编辑，可以使用超星阅览器的【文字识别】功能来实现，具体操作步骤如下。

在感兴趣的书籍阅读页面单击【文字识别】按钮，此时鼠标指针的形状成为一个空心十形状，在页面的适当位置拖画出一个虚线的方框，框选出要识别的文字，框中的文字即会被识别成文本显示在弹出的【识别文字】窗口中，如图 5-51 所示。可以对照着原文编辑、修改识别结果，最后单击【保存】按钮，即可将文字的识别结果保存为 txt 文本文件。

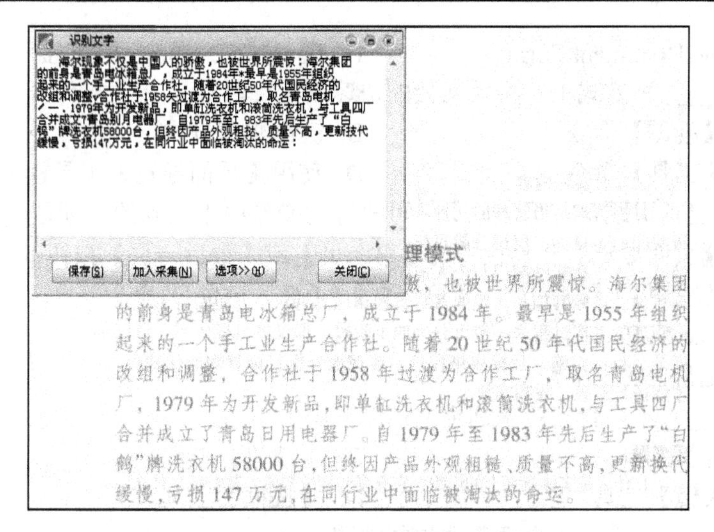

图 5-51　文字识别

2. 复制图像

对于图书中重要的图像或者表格，俞先生想先将其复制下来，然后再在其他软件中进行编辑处理，可以使用超星阅览器的【区域选择工具】功能实现，具体操作步骤如下。

右击书籍阅读页面，在弹出的快捷菜单中执行【区域选择工具】命令，然后框选所要剪切的图像或图表，如图 5-52 所示，在弹出的快捷菜单中执行【复制图像到剪贴板】命令，然后通过【粘贴】功能到【画图】等软件中进行修改或保存。

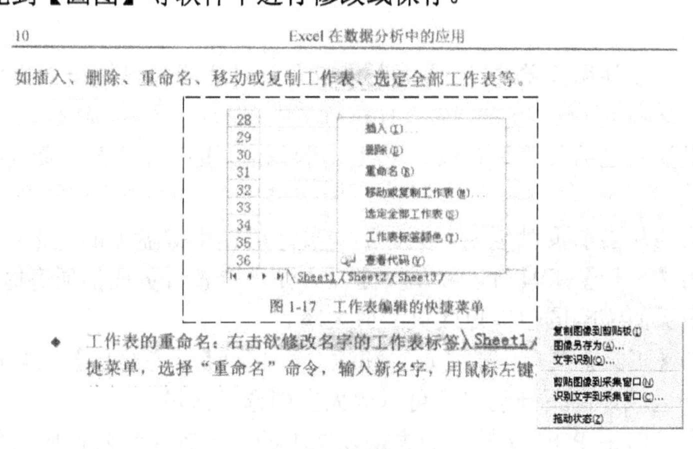

图 5-52　复制图像

课 后 练 习

一、单项选择题

1. Adobe Reader 可以阅读的文件格式是________。

A. DOC　　B. PDF　　C. DBF　　D. TXT

2. PDF 的全称是________。

A. Page Document Format　　B. Page Document Form

C. Portable Document Form　　D. Portable Document Format

3. 下列________种方式不能实现文档的快速浏览、翻阅。

A. 使用【视图】命令　　B. 键盘快捷方式

C. 使用【工具】命令　　D. 使用【页面导览】工具栏

4. 如果要从当前页跳至首页、尾页，可执行的操作中不正确的一项是________。

A. 单击【页面导览】工具栏中的【第一页】或【最后一页】按钮

B. 执行【视图】|【跳至】|【第一页】(【最后一页】)命令

C. 按 Home 或 End 键

D. 使用键盘上的上下箭头

5. 下列________不是直接用来调整文档的视图大小的。

A. 【手形】工具　　B. 【缩放】工具

C. 【放大镜】工具　　D. 【选框】工具

6. 下列________不可以用来调整文档的视图。

A. 【选择】和【缩放】工具　　B. 【视图】菜单下的【页面显示】命令

C. 导览窗格中的【页面】标签　　D. 【编辑】菜单下的【搜索】命令

7. 要选择文档窗格中图像，应先单击【选择和缩放】菜单中________工具，以圈选的方式选择图像。

A. 【手形】工具　　B. 【选择】工具

C. 【选框缩放】　　D. 【动态缩放】

二、判断题

1. (　　)用户可以使用菜单命令、【页面导览】工具栏或键盘快捷方式来快速浏览、翻阅当前文档。

2. (　　)如果要从当前页跳至首页、尾页，可单击【页面导览】工具栏中的【第一页】或【最后一页】按钮。

3. (　　)如果要从当前页跳至上一页、下一页，可使用键盘上的上下、左右箭头。

4. (　　)使用【手形】工具可以移动页面以方便用户查看页面的所有区域。

5. (　　)使用页面缩略图也能更改页面放大率。

6. (　　)单击【工具】菜单中的【选择和缩放】中的【动态缩放】工具后，向上拖动鼠标可以缩小文档选择区域，向下拖动鼠标可以放大文档选择区域。

7. (　　)用户可以将 PDF 文档中的表格以文本的形式制作到其他应用程序，也可以以图像的形式复制到剪贴板，或复制到其他应用程序打开的文档中。

8. (　　)所有的 PDF 文档都能复制或转换成 Word 文档。

9. (　　)如果要复制大量的文本，用户可以使用【另存为文本】命令来替代【选择】工具。

10. (　　)要选择文档窗格中图像，应先单击【选择和缩放】工具栏中【手形】工具，以圈选的方式选择图像。

三、上机操作题

1. 认识 Adobe Reader 主界面功能，了解 Adobe Reader 的使用界面。

2. 可以从电子邮件应用程序、文件系统、网络浏览器中或在 Adobe Reader 中执行【文件】|【打开】命令来打开一个 Adobe PDF 文档。

3. 复制 PDF 文档中的一个表格到【记事本】。
4. 复制 PDF 文档中的一段文字到 Word 文档。
5. 复制 PDF 文档中的一段文字到【记事本】。
6. 复制 PDF 文档中的一幅图像到【记事本】。
7. 逐一练习【选择和缩放】命令提供的各种工具的用法。
8. 应用 Adobe Reader 9.0 打开 PDF 书籍，将文档显示比率设置为 140%。

项目 6 文字翻译处理与桌面应用工具

在使用软件或上网浏览时，经常会遇到一些不懂的外文单词，如果不能正确理解它们的意思，将会带来不少麻烦。以前没有汉化软件，只能靠翻阅词典查询单词的意思，非常不方便，汉化翻译工具的出现极大地解决了一个困扰人们交流沟通的难题，只要用鼠标轻轻一点，就可以查阅当前单词的意思，使人们从繁琐的词典检索中解脱出来。

本项目将介绍两款翻译汉化软件——金山词霸和东方快车 2003。

任务 6.1 词典工具金山词霸

任务导读

杨先生的单位最近新进了一台进口设备，领导让他将说明书整理成汉文，杨先生有多年没有使用过英语了，虽然说明书上的文字并不难懂，但是他担心自己翻译质量差，影响将来的使用。听说现在网上的语言工具软件很多，不知道哪一款翻译软件更适宜自己进行文字翻译？

任务分析

目前流行使用的语言翻译软件很多，金山词霸 2012 作为词霸的十年典藏版本，不仅在应用的稳定性和兼容性等方面更加完善，而且还增加了强大的网络功能，为用户提供更加全面和高效的在线服务。

学习目标

- 查询单词
- 屏幕取词
- 朗读文字
- 生词本

任务实施

6.1.1　了解金山词霸 2012 的基本功能

运行金山词霸 2012 之后，可以看到如图 6-1 所示的金山词霸 2012 主界面。

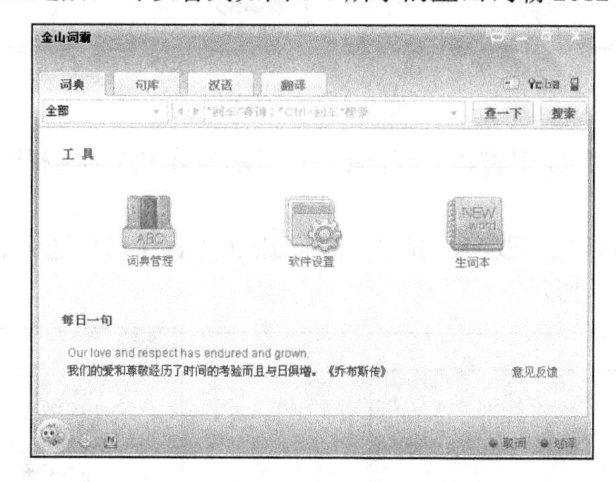

图 6-1　金山词霸 2012 主界面

1. 查询单词

在工作和学习中，如果遇到需要翻译或查找词意的单词，可以直接在词典搜索输入操作区中输入单词进行查询。其具体操作步骤如下。

首先输入想要查询的单词(如 student)，输入完成后，左侧列表框中即可显示该单词不同解释和词组的列表，如图 6-2 所示。

单击某个词条(如 student aid)，则在【主体内容显示区】中显示包括词源、释义、词性变化、动词短语、例句、用法以及相关词汇的所有详细内容，如图 6-3 所示。

图 6-2　查询输入单词

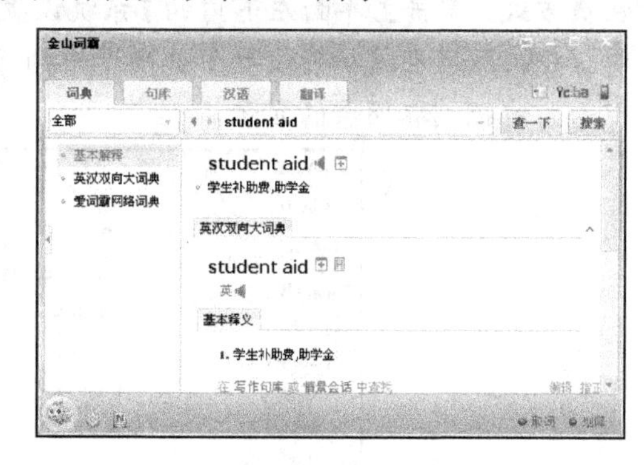

图 6-3　基本查询词义

2. 屏幕取词

当阅读一篇英文文章时，如果遇到自己不熟悉的单词，就会影响阅读的速度。使用金山词霸的【屏幕取词】的功能，就会帮助自己快速地识别这些不认识的单词或短语，大大提高阅读速度。其具体操作步骤如下。

将指针指向屏幕任意位置的英文单词上，即会显示一个浮动列表框，其中显示该单词的词意解释，如图 6-4 所示。

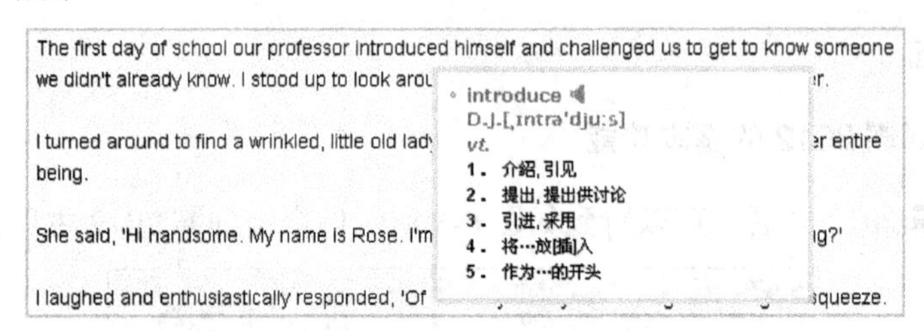

图 6-4　英文取词

将指针指向中文文字上，在浮动列表框中也会显示与该中文词语相应的英文单词，如图 6-5 所示。

词霸还能对单词进行局部取词，例如，在 student 单词中可以选中后面 4 个字母“dent”进行屏幕取词，如图 6-6 所示。

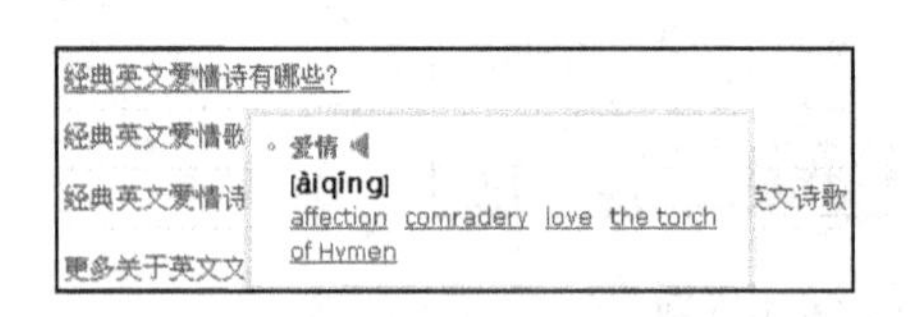

图 6-5　汉字取词

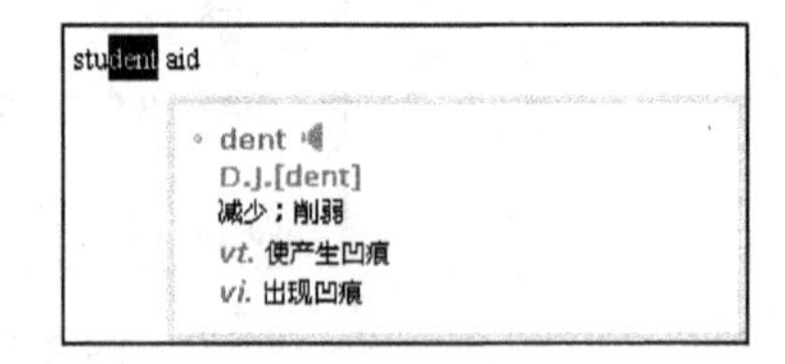

图 6-6　局部取词

为何屏幕上有些词取不到？

有些单词可能包含在图片里或是以图形方式显示的，所以无法进行取词。另外，要注意主界面右下角的【取词】按钮是否被选中。如果没有选中，则无法实现屏幕取词。

词霸的取词功能可以使用【取词】按钮打开或者关闭，也可以按照下面的方法设置快捷方式。单击主界面左下角的【系统设置】按钮，弹出如图 6-7 所示的【系统设置】对话框，然后在【功能设置】选项卡中的【热键】选项中对取词模式进行设置，这样可以人为地控制取词条的显示。

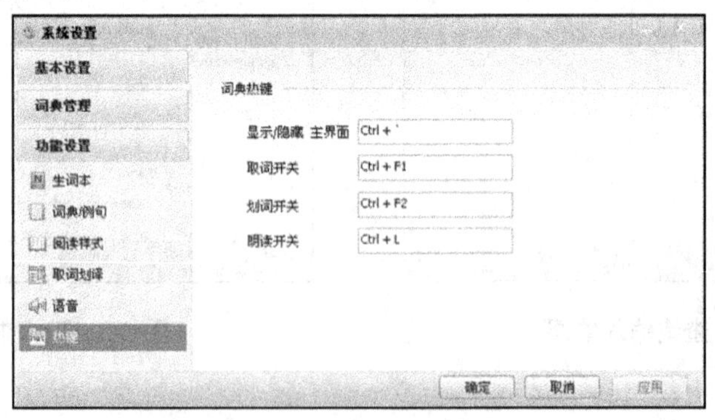

图 6-7　词典热键设置

3. 朗读文字

单击取词条中的小喇叭图标，如图 6-6 所示，可直接朗读屏幕中选中的文字。另外，在主体内容显示区中选中需要朗读的内容，右击，在弹出的快捷菜单中执行【朗读】命令(或者单击例句右侧的小喇叭图标)，如图 6-8 所示，可以使词霸将整段文字朗读发音(注意：朗读内容仅限于英文)。

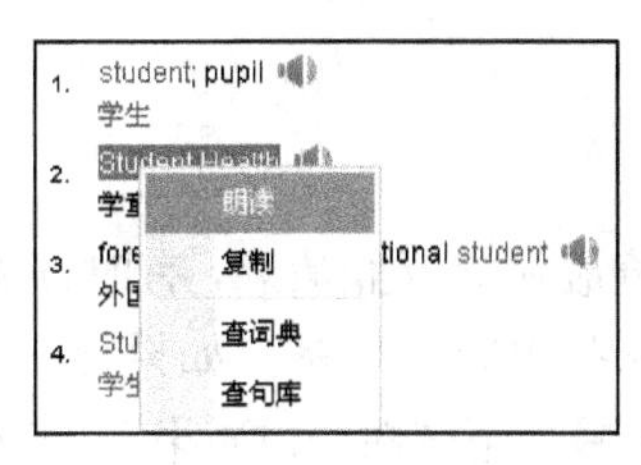

图 6-8　整句朗读

4. 生词本与词霸的灵活切换

有些单词需要特别记忆，可以在词霸取词之后将其添加到生词本。其具体操作步骤如下。

单击取词条右下角的【更多】按钮，在下拉菜单中选择【添加到生词本】，如图 6-9 所示，可将所取单词添加到生词本中，便于今后的学习。在主界面中单击左下角的【生词本】按钮，即可弹出【生词本】窗口，如图 6-10 所示。

在【生词本】窗口中的【浏览】列表框中双击要查询的单词，即可快速切换到词霸的查询结果界面解释该单词。

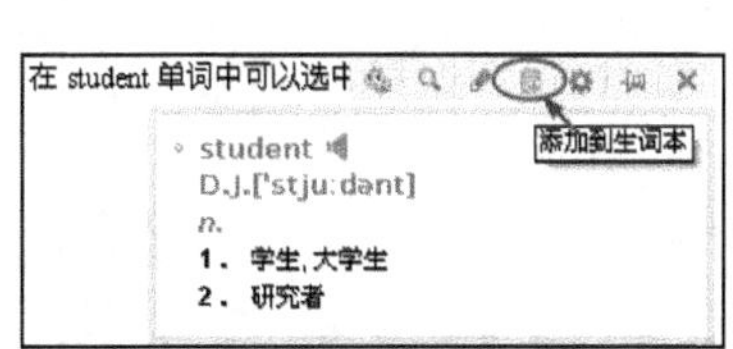

图 6-9　选择【添加到生词本】

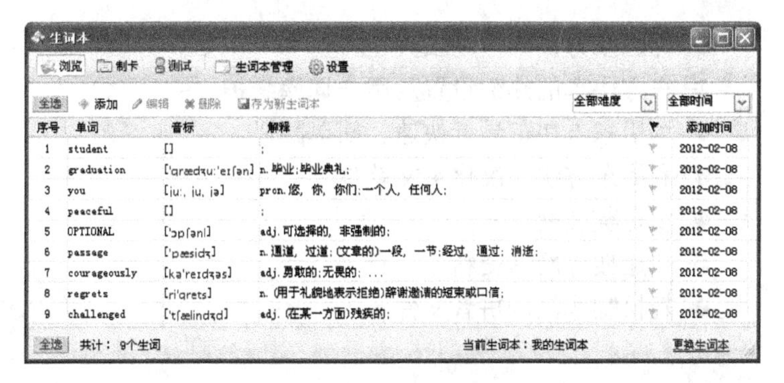

图 6-10　【生词本】窗口

6.1.2　金山词霸 2012 的属性设置

词霸的【属性】设置窗口可以对词霸进行整体的管理，包括界面设置、取词设置、热键设置和系统设置等多项内容的设定。其具体操作步骤如下。

单击金山词霸 2012 主界面左下角的【主菜单】按钮，从弹出的菜单中执行【系统设置】|【功能设置】命令，如图 6-11 所示，弹出如图 6-7 所示的【系统设置】对话框，然后按照需要进行相应设置即可。

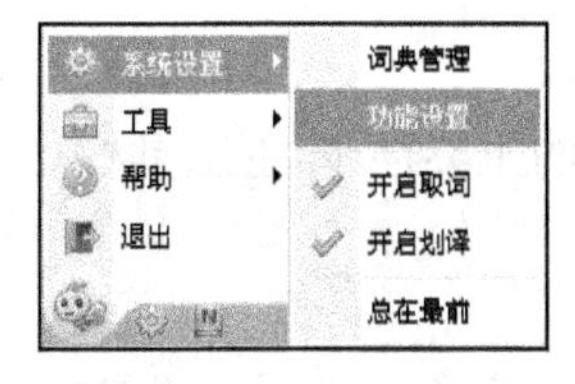

图 6-11　打开功能设置

任务 6.2　多功能语言工具东方快车 2003

任务导读

吕先生经常利用英文网站浏览最新的行业信息，有时候看到某个英文网页内容不错，就想快速地弄清楚页面中到底叙述了哪些内容。可是，如果使用金山词霸、有道等即时翻译软件，免不了逐字逐句地进行翻译，速度慢，连贯性差。如果有一款软件能够将英文网页一次性地翻译成中文网页就好了。

任务分析

东方快车 2003 是一款集汉化、翻译、词典、全内码转换等应用于一体的多功能软件，它可以对软件进行智能汉化，有助于进行全文翻译；可以汉化西文软件界面，便于国人轻松使用；可以转换中、日、韩内码，解决网页、文档的乱码问题。

学习目标

- 熟悉东方快车浮动工具栏
- 东方快车的热键设置及用户词库维护
- 利用东方快车进行快速、简单翻译
- 利用东方快车汉化英文软件
- 汉化英文网页
- 快速搜寻网站资料
- 轻松制作汉语拼音文件

任务实施

东方快车 2003 安装在计算机中以后，会在桌面上建立一个快捷方式图标，同时，在系统任务栏右侧的系统托盘中显示一个【智能助手】图标，双击该图标，直接启动【导航平台】，其操作界面如图 6-12 所示。

图 6-12　东方快车 2003 的【导航平台】主界面

6.2.1　认识东方快车 2003

【导航平台】是东方快车 2003 的主界面(即主工具栏)，其功能按钮以及所带的菜单项包含了东方快车 2003 的所有功能。

1. 主界面介绍

指针指向主界面上除按钮以外的区域分界线并且双击时，工具栏会在正常界面和迷你界面两种形式之间切换。迷你界面如图 6-13 所示。

图 6-13　【导航平台】迷你界面

(1) 【翻译】按钮中：在不同的翻译方式下，【翻译】按钮动态显示目标语言的图标(如“中译英”时，显示为英按钮)。单击【翻译】按钮则执行软件或文档的翻译，右击【翻译】按钮时，弹出相关快捷菜单，可执行【界面翻译】或【全部翻译】命令。

(2) 【还原】按钮英：在不同的翻译方式下，【还原】按钮动态显示原始语言的图标(如“中译英”时，显示为中按钮)。单击【还原】按钮则取消对软件或文档的翻译。

(3) 【TRANS 123】按钮123：单击该按钮可以弹出 TRANS 123 菜单，通过此菜单可以进行翻译引擎的选择、翻译模式的切换以及乱码的转换，如图 6-14 所示。

其中，包括 3 种翻译引擎，即英中翻译(切换到【英中】翻译引擎)、中英翻译(切换到【中英】翻译引擎)和日中翻译(切换到【日中】翻译引擎)，3 种翻译显示模式，即正常(正常显示)、对照(对照显示原文和译文)和拼音(拼音模式，即在中文上方标注汉语拼音)。

另外，还有双语菜单(对照显示英中菜单)以及转码等功能。

(4) 【设置】按钮设：单击弹出【设置】菜单。可以进行专业词库的选择，用户词库的维护，热键设置，更换皮肤，以及一些高级选项的设置等，如图 6-15 所示。

图 6-14　【TRANS123】菜单

图 6-15　【设置】按钮

(5) 【实用工具】按钮实：单击该按钮，可以弹出【实用工具】菜单，其中包括东方快文、永久汉化、多语搜索、聊天助理和个人阅读助理等多种实用工具，如图 6-16 所示。

(6) 【即指即译】按钮即：东方快车 2003 拥有【即指即译】功能。单击【即指即译】按钮即可开启其功能，当用指针在屏幕中取词时进行即时翻译。此时在指针经过的区域，如果遇到英文单词，指针在该英文单词上停留片刻，就会显示英译中的列表框。再次单击【即指即译】按钮则关闭【即指即译】功能，如图 6-17 所示。

图 6-16　【实用工具】按钮

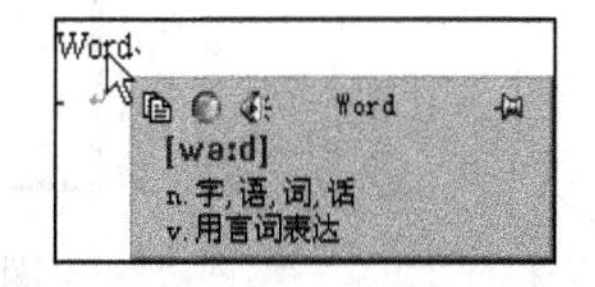

图 6-17　【即指即译】按钮

(7) 【对像图标】按钮：动态显示当前翻译对象的软件图标，例如，当前正在翻译

Word 文档，则此处显示图标。单击该按钮可直接进行翻译，功能类似于翻译按钮。

(8) 【关闭】按钮：退出【导航平台】。

2. 热键设置

当需要快速阅读外文资料时，可借助于热键快速翻译资料，例如，将【快速翻译】功能设置热键为 Ctrl+Alt+F9，可以通过单击【设置】按钮设置热键组合。其具体操作步骤如下。

单击【设置】按钮弹出【设置】菜单，执行【热键设置】命令，弹出【热键设置】对话框，如图 6-18 所示。

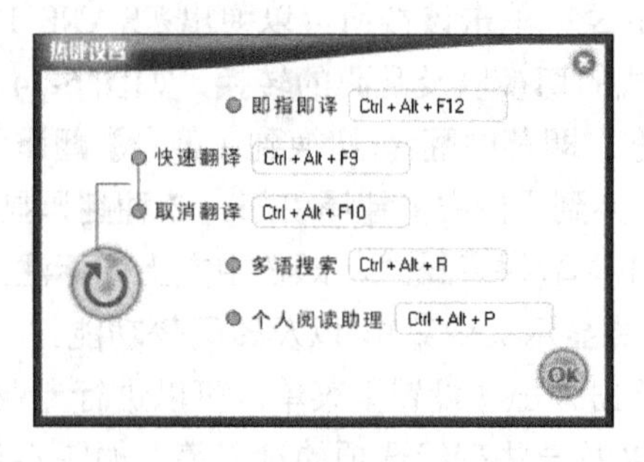

图 6-18 【热键设置】对话框

在需要更改的【快速翻译】文本框中单击，使之处于激活状态。输入所需热键 Ctrl+Alt+F9，单击【OK】按钮即可完成设置。

3. 用户词库维护

当在翻译专业英文文档时，经常会遇到某些缩写单词，例如，用“dfkc”代表“东方快车”，希望能够快速、准确地加以识读。使用东方快车的【用户词库维护】功能就能解决这个问题，具体操作步骤如下。

单击【设置】按钮弹出【设置】菜单，执行【用户词库维护】命令，弹出【用户词库维护】对话框，如图 6-19 所示。

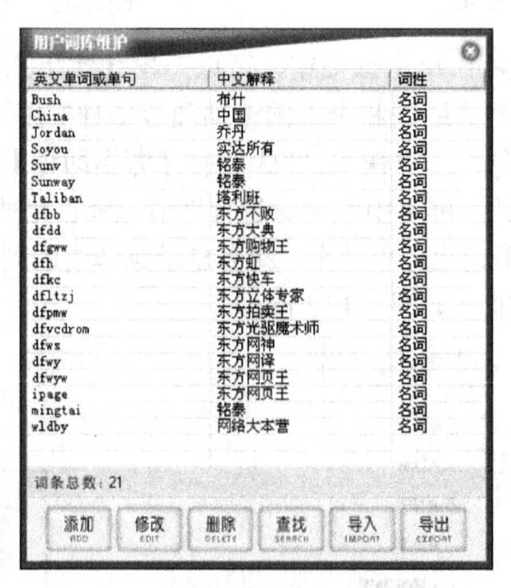

英文单词或单句	中文解释	词性
Bush	布什	名词
China	中国	名词
Jordan	乔丹	名词
Soyou	实达所有	名词
Sunv	铭泰	名词
Sunway	铭泰	名词
Taliban	塔利班	名词
dfbb	东方不败	名词
dfdd	东方大典	名词
dfgww	东方购物王	名词
dfh	东方虹	名词
dfkc	东方快车	名词
dfltzj	东方立体专家	名词
dfpmw	东方拍卖王	名词
dfvcdrom	东方光驱魔术师	名词
dfws	东方网神	名词
dfwy	东方网译	名词
dfwyw	东方网页王	名词
ipage	东方网页王	名词
mingtai	铭泰	名词
wldby	网络大本营	名词

图 6-19 【用户词库维护】对话框

单击【添加】接钮，直接添加词条“dfkc”，输入“东方快车”释义。

另外，也可以在选中词条后，单击【修改】或【删除】按钮，对词条进行修改或删除操作；

单击【查找】按钮，可以查找所需词条；单击【导入】或【导出】按钮，将现有的用户词库进行导入或导出操作。

6.2.2　东方快车 2003 的功能

1. 汉化英文界面的软件

东方快车 2003 可以轻松地永久汉化某些英文软件界面，下次启动该软件时，即可显示熟悉的中文界面，提高使用效率。同时，该工具还允许用户自己编辑汉化包，可以修改和汉化该软件，并生成永久的汉化包，汉化后软件的运行速度、稳定性，丝毫不受影响。

例如，当安装了 WinZIP 软件的英文版，将其永久汉化的具体操作步骤如下。

启动【东方快车—永久汉化】，打开【永久汉化】主界面，如图 6-20 所示。

右击左侧软件列表框中可以汉化的软件【WinZip 8.1】，从弹出的快捷菜单中执行【翻译】或者【翻译并编辑】命令，如图 6-21 所示。(如果执行【翻译】命令，东方快车 2003 就会自动把软件翻译成中文界面；如果执行【翻译并编辑】命令，东方快车 2003 在翻译完成后，用户还可对其进行编译，即把自己认为不太恰当的翻译改成编译自己需要的语句，如图 6-22 所示。)

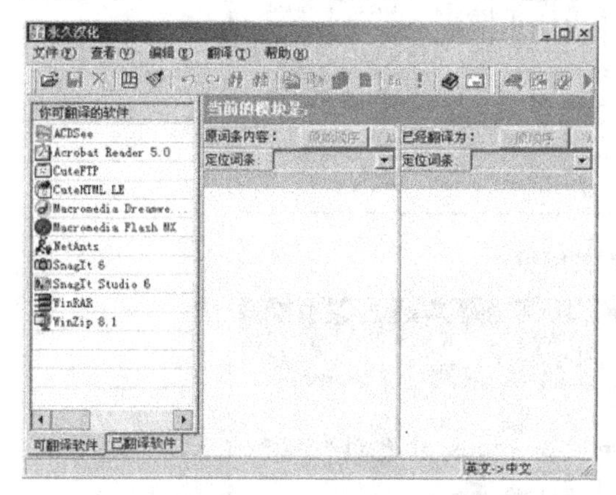

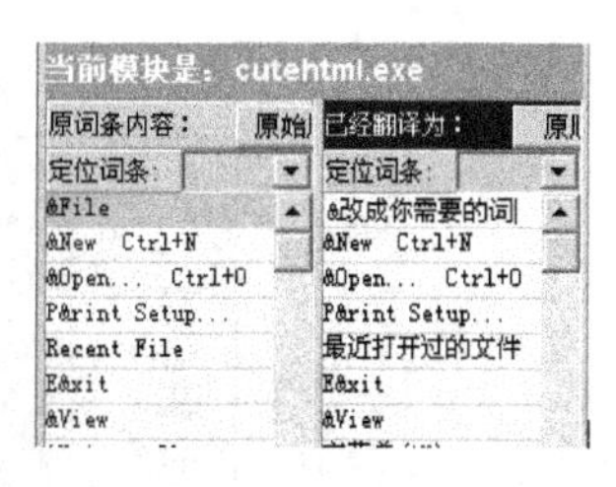

图 6-20　【永久汉化】主界面　　图 6-21　选择翻译　　图 6-22　修改翻译

单击相应命令(如【翻译】)后，东方快车 2003 即可开始汉化，汉化完成会弹出一个消息提示对话框，询问是否立刻运行汉化后的程序。单击【是】按钮，即可运行经过汉化的软件。

对于汉化后的程序，如果想还原到原来的英文界面，可以右击左侧【已经翻译的软件】软件列表框中想还原的软件，在弹出的快捷菜单中执行【还原】命令，如图 6-23 所示，可将汉化的软件恢复为英文界面。

图 6-23　还原软件

小提示

在可汉化软件列表框中可能包括以前安装过但已卸载的软件，原因可能是之前没有完全卸载该软件，对于这种软件是不能进行永久汉化的。

2. 汉化英文网页

对于不能熟练阅读英文的读者来说，可以利用东方快车 2003 的汉化功能，将英文网页汉化为中文界面。例如，打开一个英文网站【世界卫生组织】主页，单击东方快车 2003 快译工具栏中的【英中】按钮，即可完成翻译。阅读后能了解文章大意，可读性强，句子流畅，已接近手工翻译稿。翻前后网页界面如图 6-24 和图 6-25 所示。

图 6-24　汉化前的网页

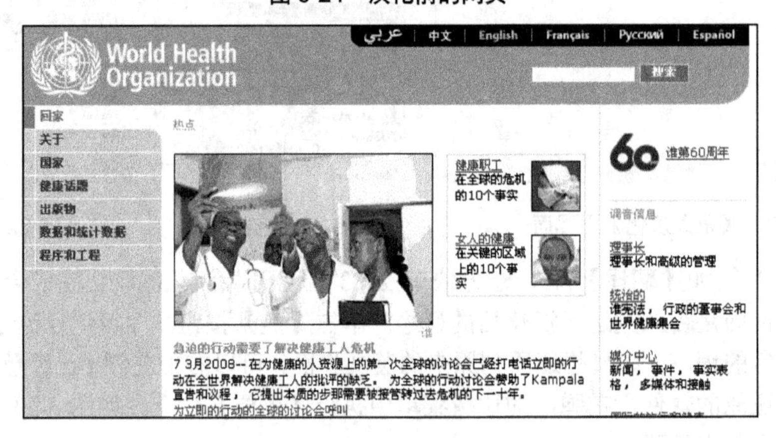

图 6-25　汉化后的网页

3. 快速搜寻网站资料

一般情况下，当需要从网站中查询一些外文资料时，首先要登录相关搜索引擎网站，然后再输入关键字查询搜索结果。但现在，还可以在东方快车 2003 中通过如下的方法快速搜寻所需的网站资料。

右击系统托盘区中的【东方快车】图标，从弹出的快捷菜单中执行【多语搜索】命令，打开【多语搜索】控制面板。

在文本框中输入需要查询的关键词，然后单击控制面板中的【设置 Enter 键及搜索引擎】

按钮，设置好搜索方式及所使用的搜索引擎。【多语搜索】支持包括 Google、Yahoo 在内的多个著名搜索引擎，并可从常规、中英、英中和日中 4 种搜索方式中选择其一使用，如图 6-26 所示。

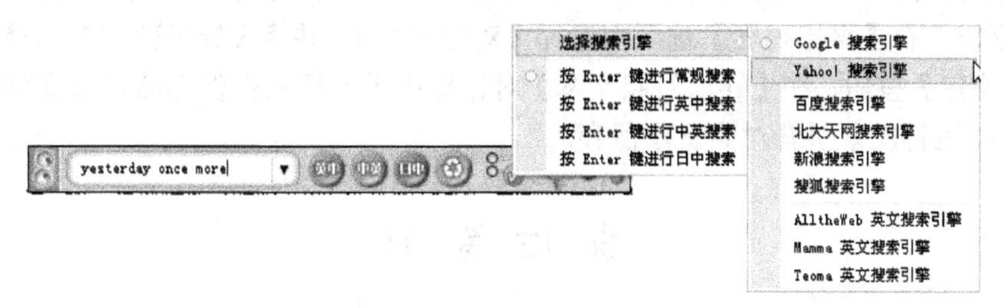

图 6-26　多语搜索方式

设置完成后，按 Enter 键，系统就会自动启动 IE 浏览器软件，并按照用户输入的关键词通过选定的搜索引擎进行搜索。

4. 轻松制作汉语拼音文件

在编写儿童读物的时候，需要为孩子们提供带有汉语拼音的文章或诗词。由于汉语拼音文本的特殊性，制作拼音汉语是一件很麻烦的事情。现在，可以利用东方快车 2003 所提供的【东方快文】功能，非常轻松地制作出汉语拼音文件。

1) 生成汉语拼音文件

打开东方快文窗口，在东方快文左侧的文本框中输入要进行转换的文本内容，然后单击工具栏中的【中音】按钮，这时在右侧的翻译区中，就可以看到左侧文本框中的所有汉字都被转换成了汉语拼音，如图 6-27 所示。如果发现翻译区中的汉语拼音出现多音字转换错误时，还可以在翻译区中对相应拼音进行修改。

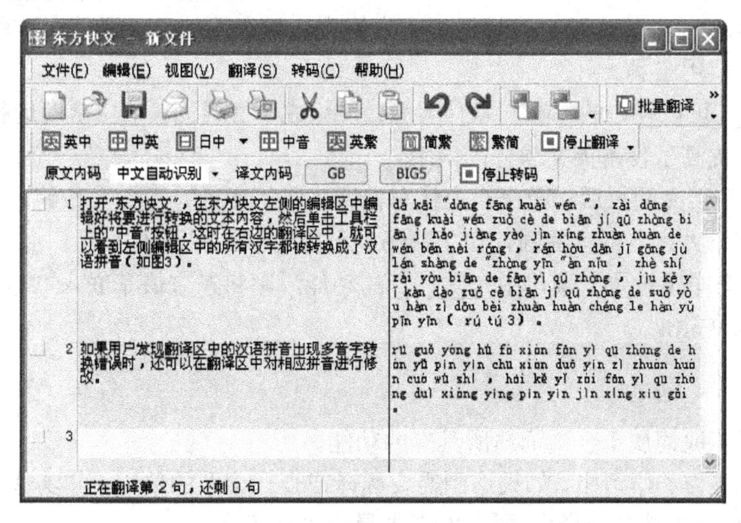

图 6-27　将汉字转换成汉语拼音

2) 保存汉语拼音文件

可以通过 3 种方式保存整理好的汉语拼音文件。

(1) 通过【复制】、【粘贴】等操作将翻译后的汉语拼音文本复制到其他的文字处理软件中使用，如 Word 或 WPS Office 等。

(2) 单击工具栏中的【保存】按钮，将汉语拼音文本保存为文本文件供以后使用。采用此方法保存后的文件中将只保留汉语拼音文本内容。

(3) 将汉语文本与汉语拼音制作成对照文本进行保存。执行【文件】|【导出】命令，弹出【导出】对话框，在【导出内容】选区中选择【对照文本】，并将【导出范围】选择为【全部】，然后单击【确定】按钮，在【导出对照文本】对话框中设置好文件保存路径及文件名，最后单击【保存】按钮将汉语拼音对照文本保存。

课 后 练 习

一、填空题

1. 在使用金山词霸时，如果遇到不认识的英文单词，可以使用________功能获得中文词义解释。

2. 金山词霸的主要使用功能为________、词典查询和用户词典。

3. 金山词霸的________对话框可以对词霸进行整体的管理，包括界面设置、取词设置、热键设置和系统设置等多项内容的设定。

4. 金山词霸取词可以添加到________中，单击取词条上的【添加】按钮，可将所取单词添加到其中，便于今后的学习。

5. 用户可以使用东方快车中的________功能，使汉化的软件可以直接以中文版运行。

6. 单击开启________功能，可以从屏幕上取词即时翻译。

7. 东方快车所提供的________功能，可以非常轻松地制作出汉语拼音文件。

8. 东方快车中包括 3 种翻译引擎，分别是英中翻译、中英翻译和________。

9. 单击弹出________，可以直接运行东方快文、永久汉化、多语搜索、聊天助理、个人阅读助理等多种实用工具。

10. ________可以轻松的将英文软件界面，汉化成中文界面。下次启动运行的将是用户熟悉的中文界面，提高了使用英文软件的效率。

11. 打开一个英文网页后，单击东方快车快译工具栏中的________按钮，即可完成翻译。阅读后能了解文章大意，可读性强，句子流畅，已接近手工翻译稿。

12. 东方快车中【设置】菜单中________的功能，则将东方快车嵌入 Word。取消勾选此项，则不会嵌入 Word。

二、判断题

1. (　　)屏幕取词属于金山词霸所具有的功能。

2. (　　)在工作和学习中，如果遇到需要翻译或查找词意的单词，可以单击系统托盘中的【金山词霸】图标，直接打开金山词霸 2012 主界面进行查询。

3. (　　)移动鼠标在屏幕任意取一个词，显示取词浮动列表框，单击取词浮动列表框上最左上角的【查字典】图标，即可弹出词典查词窗口。

4. (　　)金山词霸除了可以进行英文单词外，还可以进行中英文的互译，将指针指向中文文字上，在浮动列表框就会显示与该中文词语相应的英文单词。

5. (　　)金山词霸不能对单词进行局部取词。

6. (　　)在进行信息搜索时，输入的关键词长度应该适中，如过少则搜索不到所需信息。

7. (　　)使用【TRANS 123】菜单不可以进行翻译引擎的选择、翻译模式的切换以及乱码的转换。

8. (　　)东方快车 2003 采用了全新的嵌入式内核设计，实现零资源占用，做到无需启动即可翻译，并全面支持 IE、Word、Excel、Outlook、PowerPoint、FronPage 以及 PDF 嵌入。

9. (　　)在可汉化软件列表框中可能包括以前安装过但已卸载的软件。原因可能是没有完全卸载该软件。对于这种软件是不能进行永久汉化的。

10. (　　)【导航平台】是东方快车的主界面，其功能按钮以及所带的菜单项包含了东方快车的所有功能。

11. (　　)东方快车中包括 3 种翻译显示模式，分别是正常(正常显示)、对照(对照显示原文和译文)和写入(写入模式，即在中文上方标注汉语拼音)。

12. (　　)永久汉化可以轻松的将英文软件界面，汉化成中文界面。但下次启动运行的将是原来的英文界面。

三、上机操作题

1. 用金山词霸 2012 的【查询】功能查找单词【Like】的所有释义。
2. 启用【屏幕取词】功能，快速查询一篇文档中的词语释义。
3. 运用【局部取词】的功能，查询单词【student】中的【den】的释义。
4. 利用取词条中的小喇叭功能直接朗读选中的单词。
5. 将词霸取到的词条添加到【生词本】中。
6. 运用金山词霸 2012 的【模糊查询】功能，查找符合【st*y】拼写的所有单词。
7. 利用【资料】功能，查询有关【语法知识】的详细内容。
8. 停止第 2 题中设置的【屏幕取词】功能。
9. 运用金山词霸 2012 的【模糊查询】功能，查找符合【st？y】拼写的所有单词。
10. 利用【迷你背单词】工具栏，查询【Like】的所有释义。
11. 将【东方快车 2003】切换至【迷你】模式。
12. 将【TRANS123】菜单中的翻译引擎切换至【中英翻译】。
13. 取消勾选【嵌入 Word】功能。
14. 在【用户词库维护】中添加词条【DFKW-东方快文】。
15. 将一段文本文件利用【个人阅读助理】翻译成英文。
16. 打开一个英语界面的网站，将网页汉化。
17. 利用【聊天助理】进行英语聊天。
18. 利用【即指即译】阅读一段英文文章。
19. 将一段文本标注汉语拼音。
20. 取消【启动时显示欢迎画面】功能。
21. 在【用户词库维护】中添加词条【jscb】(金山词霸)。
22. 运用东方快车 2003 的【多语搜索】功能，用【百度搜索引擎】搜索歌曲 *yesterday once more*。

计算机硬件技术的飞速发展使任何一台计算机都可以成为家庭的娱乐中心，计算机不仅可以用来工作，而且还可以用来播放电影、音乐。通过使用这些影音应用软件让计算机为生活增添了更多的欢乐和色彩。

任务 7.1　音频软件千千静听 5.7 正式版

任务导读

赵先生刚刚添置了家庭计算机，作为音乐爱好者的他，通过在线音乐网站欣赏到更多自己原来没有听过的优美的音乐。同时，他也下载了很多自己喜爱的歌曲和音乐，希望在家中闲暇之时欣赏。那么，使用什么软件来播放这些歌曲和音乐呢？

任务分析

其实，收听音乐，应该使用专门的音频播放软件。例如，千千静听 5.7 正式版是一款完全免费的国产音乐播放软件，纯中文显示，集播放、音效、转换和歌词等众多功能于一身。其小巧精致、操作简捷、功能强大的特点，成为目前国内最受欢迎的音乐播放软件。

学习目标

- 认识千千静听
- 妙用千千音乐窗
- 播放列表的管理使用
- 编辑音乐文件

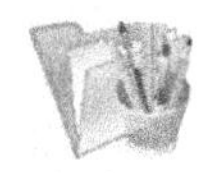

任务实施

7.1.1　认识千千静听 5.7 正式版

当下载并安装千千静听 5.7 正式版完成之后，其默认工作界面就显示在计算机的屏幕上，如图 7-1 所示。左侧的工作窗口从上至下依次由【主控】窗口、【均衡器】窗口、【播放列表】窗口及【歌词秀】窗口组成，右侧的为【音乐窗】。

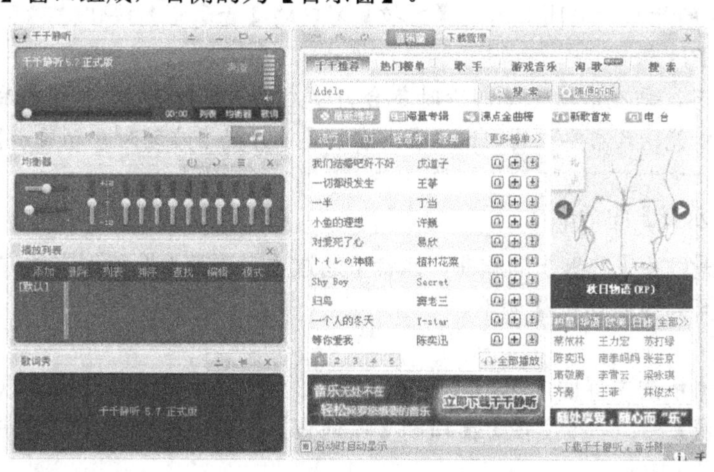

图 7-1　千千静听 5.7 正式版主界面

1) 【主控】窗口

通过【主控】窗口可以控制播放进度、显示/隐藏其他窗口、调节音量、改变视觉效果、访问千千选项配置和查看当前播放文件的信息等操作。

2) 【均衡器】窗口

在【均衡器】窗口中，可以选择流行音乐、摇滚、舞曲等个性音乐风格进行播放，以达到更好的听觉效果。

3) 【播放列表】窗口

通过【播放列表】窗口可以轻松管理音频、列表文件、查看和修改文件标签信息。执行【播放列表】窗口中的【添加】命令进行音乐文件或文件夹的添加。添加完毕后，双击要播放的文件名即开始选定文件的播放(前提是计算机中有该音乐文件)。

4) 【歌词秀】窗口

在播放歌曲文件的同时，可以在【歌词秀】窗口欣赏其同步歌词。如果在本地资源里搜索不到需要的歌词，还可以通过歌词秀访问千千歌词服务器，下载所需要的歌词；也可以利用歌词秀的编辑模式来编辑所需要的歌词。

小提示

有时候，千千静听的主界面会不小心拖动到屏幕显示范围以外，而再也拖不回来了，覆盖安装也没用，你是不是很发愁啊?

解决方法即右击系统托盘中的【千千静听 5.7 正式版】图标，在弹出的快捷菜单中执行【查看】|【重新排列】命令即可恢复窗口显示。

7.1.2 妙用【音乐窗】

千千静听 5.2 及以上版本增加了【音乐窗】，它集合了千千推荐、排行榜、歌手库、电台和搜索等丰富的音乐内容和功能，并及时更新。打开【音乐窗】，不用在网上苦苦搜索，绞尽脑汁下载歌曲，直接轻轻一点，即可直接用千千静听播放喜欢的歌曲。

【音乐窗】的开启和关闭是通过【主控】窗口的【音乐窗】按钮 来控制的，也可以使用快捷键 F11 操作。

默认情况下，每次启动千千静听时都会自动启动【音乐窗】，如果不希望自动开启，也可以关闭此功能，只需要取消勾选【音乐窗】最下方的【启动时自动显示】复选框即可。

1. 试听【音乐窗】中的歌曲

赵先生很喜爱歌手【许巍】的歌曲，他希望通过【音乐窗】搜索到有关许巍的歌曲并且进行添加和下载。其具体操作步骤如下。

1) 单曲试听

在如图 7-1 所示的主界面中单击【音乐窗】中的【小鱼的理想 许巍】歌曲链接，在千千静听的【播放列表】窗口、【主控】窗口和【歌词秀】窗口中就会添加该歌曲信息，同时播放该首歌曲，如图 7-2 所示。

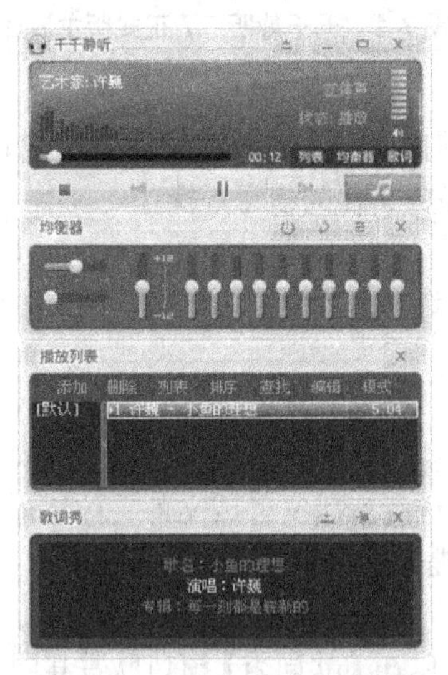

图 7-2 播放千千音乐窗中的歌曲

2) 单曲下载

如果喜爱上面试听的歌曲，还可以利用千千音乐窗中的相应按钮将其添加或下载保存。其具体操作步骤如下。

添加到播放列表。单击【小鱼的理想 许巍】歌曲名称右侧的【添加】按钮⊞，如图 7-3 所示，即可将该歌曲添加到播放列表中。

下载到本地文件夹。单击【下载】按钮，弹出如图 7-4 所示的【下载歌曲保存路径】对话框，选择默认下载文件夹，单击【确定】按钮，即可将该歌曲下载到相应文件夹中。

图 7-3　单曲选项

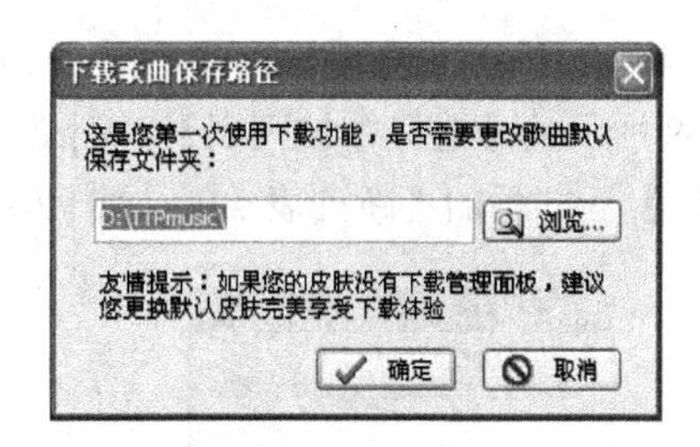

图 7-4　单曲下载

3) 搜索歌曲并播放

搜索歌手信息。单击【音乐窗】中的【歌手】按钮，然后依次单击【男歌手】、【X】链接，打开如图 7-5 所示的界面。

添加歌手歌曲。单击【许巍】链接，打开如图 7-6 所示的界面，单击左侧【一时】歌曲碟片的【整张播放】按钮，即可将该张碟片中的全部歌曲添加到【播放列表】窗口中，如图 7-7 所示，同时开始播放其中的第一首歌曲。

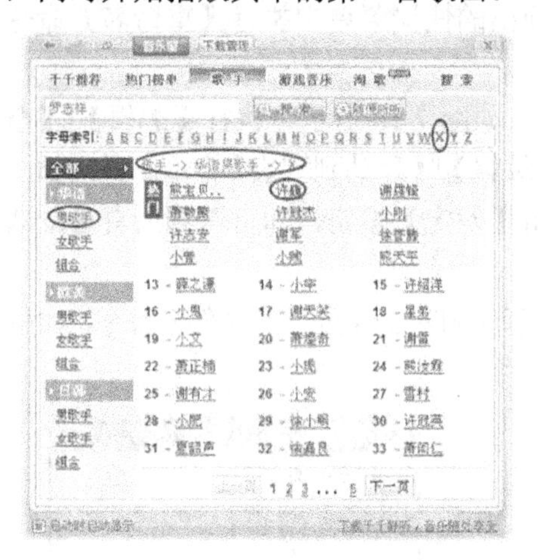

图 7-5　搜索歌手

图 7-6　搜索歌手歌曲

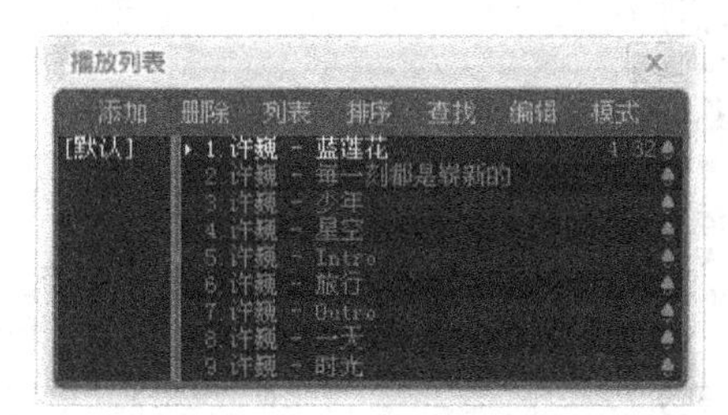

图 7-7　添加整张碟片歌曲

2. 通过【音乐窗】创建播放列表

默认情况下，在千千静听中添加的歌曲会显示在【默认】播放列表中。用户也可以根据所需将歌曲进行分类，创建不同的列表(如英文歌曲、动漫歌曲等)，以便更好地欣赏自己喜欢的曲目。

赵先生希望将添加的歌手【许巍】的全部歌曲都添加到一个新的播放列表中，并且为该列表命名为【许巍】。其具体操作步骤如下。

添加音乐到新建播放列表。单击如图 7-6 所示的【音乐窗】中的【添加】按钮，弹出如图 7-8 所示的【选择播放列表】对话框。单击【新列表】按钮，即可在【播放列表】窗口中的【默认】下方添加【新列表 2】，如图 7-9 所示。

图 7-8　选择播放列表

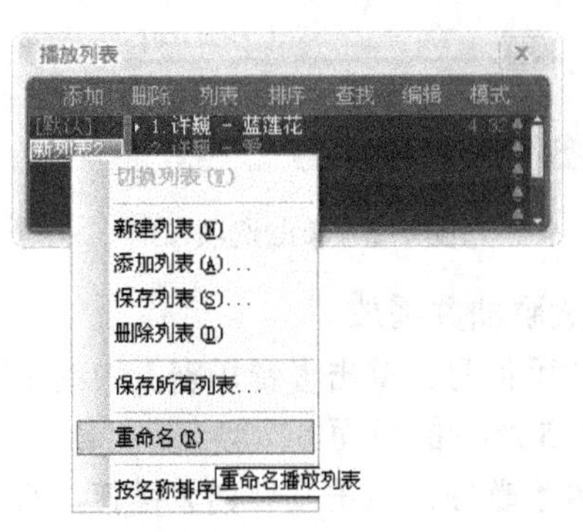

图 7-9　重命名新建列表

重命名新建列表名称。右击【新列表 2】，在弹出的快捷菜单中执行【重命名】命令，将该列表名称重命名为【许巍】。

移动歌曲到新建列表。选择【默认】播放列表，如图 7-10 所示，执行【编辑】|【全部选中】命令，将该播放列表中的歌曲选中，然后执行【编辑】|【移动到列表】命令，弹出如图 7-11 所示【选择播放列表】对话框，选择【许巍】，单击【确定】按钮，即可看到所有【默认】播放列表中的歌曲全部转移到了【许巍】播放列表中。

删除重复歌曲文件。选择【许巍】播放列表，执行【删除】|【重复的文件】命令，如图 7-12 所示，即可将重复的歌曲文件删除。

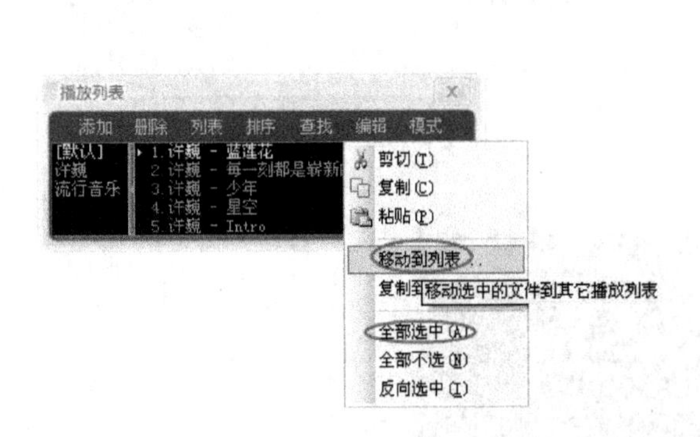

图 7-10　移动到列表

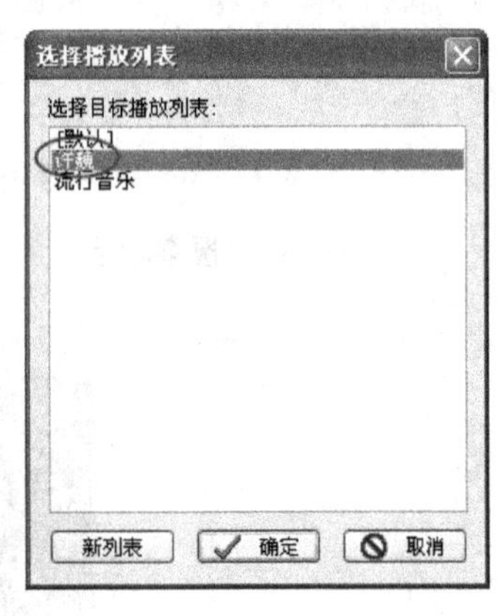

图 7-11　选择播放列表

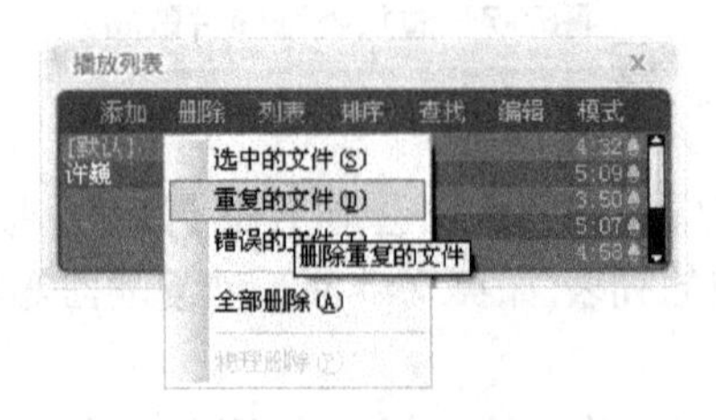

图 7-12　删除重复的文件

3. 收听电台栏目

现在越来越多的传统广播电台都在 Internet 上进行同步转播，千千静听电台栏目是千千静听与百度电台联盟联手打造的数字电台节目，覆盖全国近百家电台，可以将多个电台批量加入到播放列表，随意收听。其具体操作步骤如下。

1) 进入电台音乐窗

单击【音乐窗】中的【电台】按钮，如图 7-1 所示，【电台】栏目界面如图 7-13 所示。

图 7-13　【电台】栏目界面

2) 添加电台到播放列表

选择所喜爱的电台，单击【添加电台到播放列表】按钮，弹出如图 7-11 所示的【选择播放列表】对话框，单击【新列表】按钮，在【播放列表】窗口中创建【新列表 4】，将其重命名为【电台】。

3) 收听电台节目

双击【电台】播放列表中的某个电台名称，即可收听该电台节目。

7.1.3　播放列表的管理使用

喜欢流行音乐的赵先生经常登录音乐网站在线收听和下载歌曲和音乐，可是他在收听歌曲时，首先需要到计算机中查找文件，找到以后还需要左挑右选，不胜麻烦。他想利用千千静听收听这些文件，应该怎样操作呢？

千千静听的【播放列表】窗口可以轻松管理音频、列表文件、查看和修改文件标签信息。下面介绍如何使用【播放列表】窗口，方便快捷地欣赏自己喜爱的流行音乐。

1. 创建播放列表

(1) 创建播放列表。在【播放列表】窗口中执行【列表】|【新建列表】命令(或者右击左侧播放列表空白区域，在弹出的快捷菜单中执行【新建列表】命令)，即可新建【新列表 3】播放列表。

(2) 重命名播放列表名称。直接在选中的【新列表 3】播放列表名称中输入“流行音乐”即可得到相应的播放列表，如图 7-14 所示。

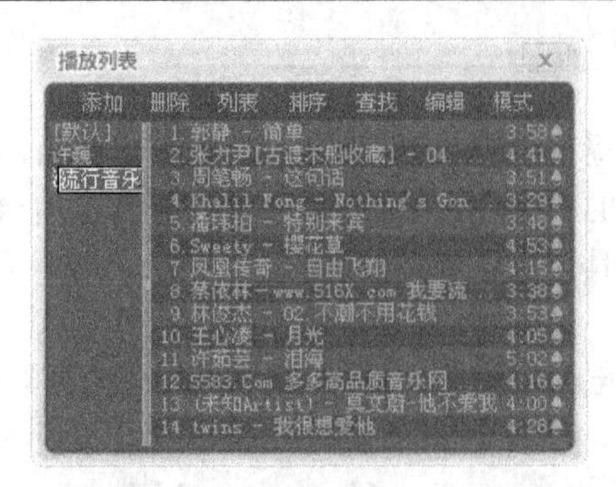

图 7-14　重命名播放列表名称

2. 向播放列表中添加音乐文件

千千静听提供了多种添加歌曲的方法，用户可以根据不同需要选择不同的添加方式。

1) 添加文件

在【播放列表】窗口中执行【添加】|【文件】命令，如图 7-15 所示，在弹出的【打开】对话框中浏览并选择音乐文件，单击【打开】按钮，所选择的音乐文件便添加到播放列表中。

2) 添加文件夹

在【播放列表】窗口中执行【添加】|【文件夹】命令，弹出如图 7-16 所示的【浏览文件夹】对话框，浏览并选择想添加的音乐文件夹“赵先生”，单击【确定】按钮，此时整个文件夹下的所有音频文件均会添加到播放列表中。

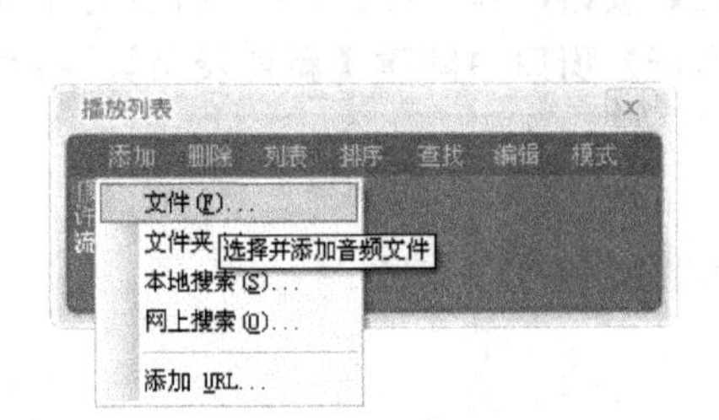

图 7-15　添加文件命令

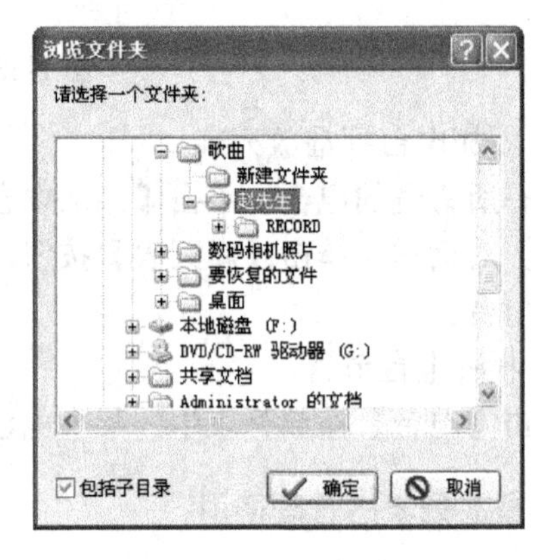

图 7-16　选择文件夹

3. 删除播放列表中的音乐文件

有些歌曲听得时间久了，不想再听，那么怎样从播放列表中将其删除？

在【流行音乐】播放列表中按住 Ctrl 键依次单击要删除的音乐文件名，执行【删除】|【选中的文件】命令，即可删除当前选中的文件。

4. 编辑播放列表

创建了播放列表之后，可以通过切换不同的播放列表欣赏歌曲，也可以上下拖动播放列表名称进行排序。此外，还可以对已有的播放列表进行如下操作。

1) 添加列表

在【播放列表】窗口中执行【列表】|【添加列表】命令，可以在弹出的【打开】对话框

中添加文件夹作为新播放列表，如图 7-17 所示。

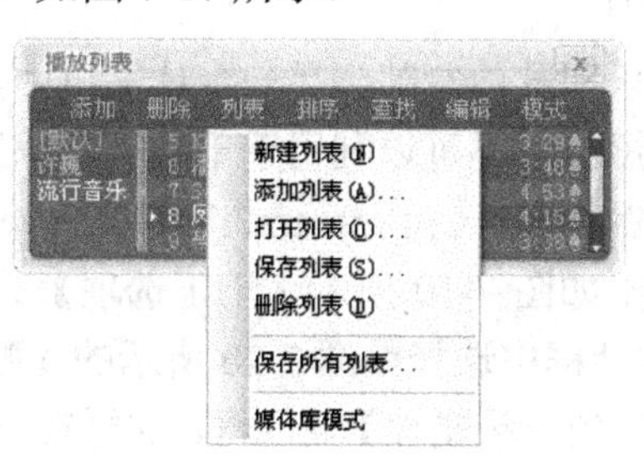

图 7-17　管理播放列表

2) 保存列表

选中需要进行保存的播放列表，执行【列表】|【保存列表】命令，在弹出的【另存为】对话框中选择保存的路径进行保存。下次运行千千静听时只需执行【列表】|【打开列表】命令，就可以打开已经保存的播放列表了。

3) 删除列表

选中需要删除的列表，执行【列表】|【删除列表】命令，即可删除不需要的播放列表。

7.1.4　编辑音乐文件

1. 转换音频格式

赵先生从网上下载的不少歌曲是 RM 格式的，但它们无法添加到 MP3 播放器中收听，利用千千静听就可以将这些 RM 格式的歌曲进行音频格式的转换。其具体操作步骤如下。

1) 新建播放列表

创建名为【格式转换】的播放列表，将要转换格式的文件添加到该播放列表中。

2) 选择要转换的格式

右击所有选中要转换格式的曲目，在弹出的快捷菜单中执行【转换格式】命令，弹出【转换格式】对话框，在【输出格式】下拉列表框中选择要转换的格式，如图 7-18 所示。

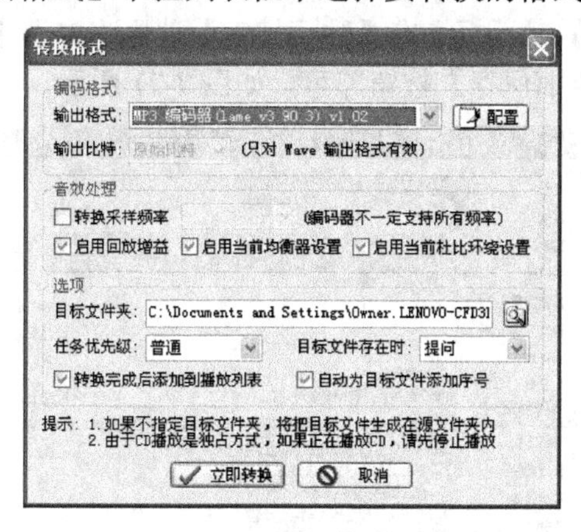

图 7-18　设置转换格式

3) 选择目标文件夹

勾选【转换完成后添加到播放列表】和【自动为目标文件添加序号】复选框，单击【立即转换】按钮开始进行转换，转换后的音频文件添加到【默认】播放列表中。

2. 自动嵌入歌词到音频文件

赵先生想将自己下载的音乐和歌曲复制到另一台计算机中，他发现复制歌曲时既要复制歌词又要复制音频文件，很是麻烦。可不可以利用千千静听，找到一种便捷的方法呢？

千千静听的歌词一般默认保存在“C:\ProgramFiles\TTPlayer\Lyrics\”目录下。右击系统托盘中的【千千静听】图标，弹出如图 7-19 所示【千千选项】菜单，执行【千千选项】命令，在弹出的【千千静听-选项】对话框中选择如图 7-20 所示的【歌词秀】选项卡，在【歌词秀】选项区域中勾选【自动嵌入歌词到音频文件】复选框，这样在复制音频文件时就可以同时将歌词同时复制。

图 7-19 【千千选项】菜单

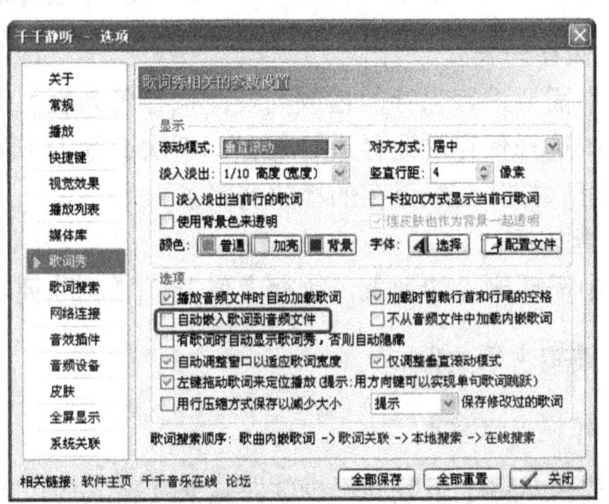

图 7-20 自动嵌入歌词到音频文件

3. 自动选取最佳歌词

千千静听的歌词服务器上储存着大量歌词，经常会出现歌曲名相同而内容不同的音乐文件，这时千千静听会提示用户选择合适的歌词，但这样经常会影响用户的正常工作，怎样才能避免打扰呢？

弹出【千千静听-选项】对话框，在【歌词搜索】选区中勾选【有多个可选下载时自动选择最佳】复选框，单击【全部保存】按钮即可，如图 7-21 所示。

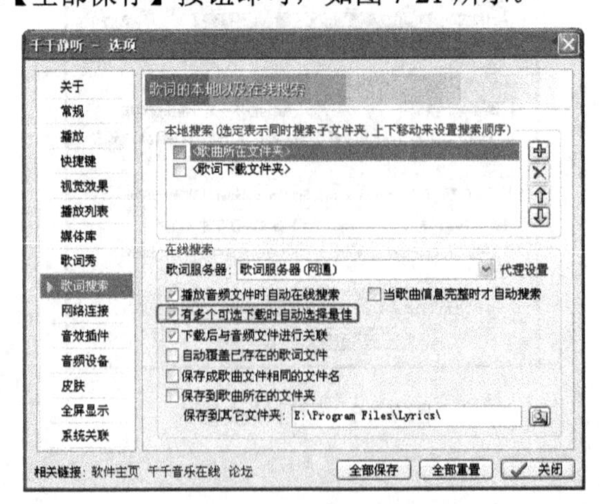

图 7-21 设置歌词搜索

除上述功能之外，用户在使用千千静听的过程中，还可以体验其他更丰富的功能。例如，定时关机、删除重复歌曲、全屏显示等。

任务 7.2 视频播放器暴风影音

任务导读

钱先生从网上下载了一些电影和电视剧，想在十一长假里好好欣赏。现在流行的播放音乐和电影的软件比较多，不知道哪些软件比较好用？

任务分析

现在流行的影音播放软件比较多，暴风影音 2011 新年版是现在网络上最流行、使用人数最多的一款媒体播放器，具有软件简单、播放流畅和占用资源少等优点，支持更多的媒体格式。无论是高清、MP4、手机和 DV 格式的媒体，都可以直接在暴风影音 2011 中直接播放，而且无需下载任何编码和插件。

学习目标

- 暴风影音的下载、安装和运行
- 精彩连续剧一播到底
- 轻松截留经典剧照
- 为媒体文件轻松扩音
- 让视频实现【断点续播】

任务实施

7.2.1 认识暴风影音 2011

登录暴风影音的官方网站(http://www.baofeng.com)，下载最新版本的暴风影音。启动暴风影音 2011，其主界面如图 7-22 所示(右侧为【暴风盒子】)。

图 7-22 暴风影音 2011 主界面

7.2.2 利用【暴风盒子】收看电影

启功暴风影音时，默认同时启动【暴风盒子】。它为用户提供了中国最大的在线视频库，能够为用户提供包括新闻、电影、电视剧、综艺、体育等几乎所有的 Internet 视频的点播和直播服务，而且为用户提供了最快最流畅的在线视频享受。

按快捷键 Ctrl+B 或者单击主界面右下角的【暴风盒子】按钮，可以关闭和启动【暴风盒子】。

1. 通过榜单收看电影

暴风影音的影视频道内置高清、电影、电视剧、综艺、动漫等子频道，提供了丰富的视频资源。

1) 文字列表形式

例如，在榜单中搜索并在线收看电影《赵氏孤儿》，具体操作步骤如下。

在【暴风盒子】首页中，单击【电影】按钮，如图 7-23 所示，可以看到文字列表形式的【热榜】和【新榜】(以文字列表的形式显示的优点是每页可以显示更多的资源)。

单击【暴风盒子】首页中显示的《赵氏孤儿》链接，即可将该视频文件添加到主界面中的播放列表中，同时开始缓冲文件，进行在线播放。

2) 图片列表形式

默认状态下所有的影视资源都是以图片形式显示的，以图片形式显示的优点是直观。如图 7-24 所示为图片列表形式显示的【暴风盒子】影视页，用户可以单击影视页中的海报图片链接收看自己喜欢的影视节目。

图 7-23 【暴风盒子】首页

图 7-24 影视频道

2. 视频搜索

由于【暴风盒子】页面大小的局限，在线视频资源页中能够直接显示的资源毕竟有限，用户可以利用【暴风盒子】提供的【在线视频搜索】功能，在【暴风盒子】搜索页中直接搜索自己想看的视频节目。

例如，想要在线收看电影《警察故事》，具体操作步骤如下。

单击【暴风盒子】的【搜索】按钮，即可打开【暴风盒子】搜索界面，如图 7-25 所示。

图 7-25 搜索页

在【视频搜索】文本框中输入“警察故事”，在可选项中勾选【警察故事】复选框，即可打开如图 7-25 所示的搜索页。

在《警察故事》专辑中单击【查看专辑内容】按钮，可以看到该专辑中的相应视频的详情。

单击专辑内容中的《警察故事_01》，即可在暴风影音主界面中在线欣赏该段视频了。

7.2.3 使用暴风影音欣赏影视剧

1. 使用播放列表

1) 添加列表文件

钱先生下载了《敢死队》连续剧，存放在自己的计算机中，要想使用暴风影音播放该连续剧，就要将这些电影文件添加到暴风影音的播放列表中，具体操作步骤如下。

单击暴风影音主界面右上角的【添加到播放列表】按钮，弹出【打开】对话框，从本地磁盘中搜索并选择媒体文件，单击【打开】按钮，即可将选中的文件添加到播放列表中。

在播放列表中双击想要观赏的电影文件，即可以开始播放。

2) 删除列表文件

时间久了，播放列表中的文件就会越来越多，需要及时清理不想保存的列表文件。删除列表文件的具体操作步骤如下，如图 7-26 所示。

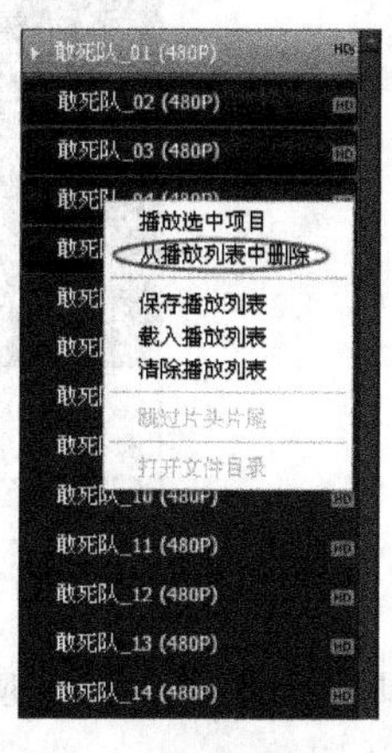

图 7-26 删除选中的列表文件

按住 Ctrl 键，图 7-26 依次单击播放列表中要清除的文件名(如果要删除的文件是连续的，可以单击第一个文件名，按住 Shift 键再单击最后一个文件名，将之间的文件一次性选中)。

单击【从播放列表中删除】按钮(或者右击选中的列表文件，在弹出的快捷菜单中执行【从播放列表中删除】命令，如图 7-26 所示)，即可将选中的文件清除出播放列表。

3) 清空播放列表

单击【清空播放列表】按钮(或者选中文件，执行快捷菜单中的相同命令)，即可清空当前的播放列表。

2. 精彩剧集一播到底

钱先生对热门的连续剧情有独钟，可是在一般情况下，他都是通过双击播放列表中的媒体文件一集一集的播放，这样的逐一手动播放未免显得效率低下。此时即可以利用暴风影音的【播放列表】列表功能，以实现多个媒体文件的连续播放。其具体操作步骤如下。

1) 设置播放模式

添加媒体文件。单击暴风影音主界面右上角的【添加到播放列表】按钮，弹出【打开】对话框，从中选择要播放的连续剧媒体文件，单击【打开】按钮，将它们添加至播放列表中。

顺序播放文件。在生成的播放列表中，拖动连续剧文件名称更改它们的播放顺序。待排定了文件的播放顺序后，单击播放列表上方的【模式】按钮(默认方式为【顺序播放】)，在弹出的列表中选择【顺序播放】，让暴风影音按照列表中文件的排列顺序进行播放，如图 7-27 所示。

2) 跳过片头片尾

连续剧的每一集的头和尾都有剧情介绍或者插曲，每次都要等待它们播放完成才能欣赏剧情实在是令人难以忍受。如果想在收看多集连续剧时，不受片头片尾的烦扰，可以如下设置。

在播放列表中选择要想收看的多集连续剧，右击选中的文件，在弹出的快捷菜单中执行【跳过片头和片尾】命令，弹出如图 7-28 所示的【设置片头片尾】对话框。

图 7-27　设置播放列表

图 7-28　设置片头和片尾

将事先测算好的片头时间和片尾时间分别输入在对应的文本框中，单击【确定】按钮，就可以在收看连续剧时，不再播放片头片尾。

7.2.4　丰富的暴风影音功能

1. 轻松截留经典剧照

在欣赏 DVD 电影时，可能会遇到非常好看的画面，利用暴风影音完全可以将它截取下来保存或者设置为壁纸。

1) 截屏

播放视频至需要截屏的画面，按快捷键 F5，弹出如图 7-29 所示的【截图另存为】对话框。

2) 保存截屏画面

选择保存路径和文件名称以及要保存的图片格式(BMP 或 JPG)，单击【保存到本地】按钮，即可轻松地将视频画面保存下来。

图 7-29　【截图另存为】对话框

2. 为媒体文件轻松扩音

钱先生下载的某些影音文件，可能因为制作方面的原因而致使源文件的音量过小，这样无法满足自己的欣赏需求。怎样才能增加文件的音量呢？

可以利用暴风影音的【音频设置】功能，让过小的音量再度放大。

单击主界面右上角的【播放设置】按钮，在弹出的菜单中执行【音频设置】命令，弹出如图 7-30 所示的【设置】对话框。拖动【音量放大】控制条上的滑块，即可提升源文件的音量大小。

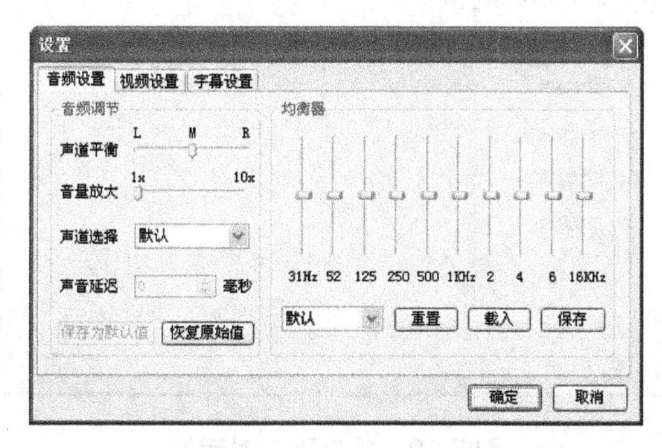

图 7-30　【设置】对话框

在默认情况下，【1x】表示默认音量；而【10x】表示为默认音量的 10 倍。

3. 让视频实现断点续播

虽然不希望在欣赏影片时被其他事情所打断，但这样的事情总会不期而至。有时候在看电影的中途需要关闭计算机，下次如何继续观看呢？难道还要重新打开文件去查找播放位置吗？

暴风影音它提供了一个类似于下载软件的【断点续传】的功能。利用程序的【收藏】功能，将可以让程序自动记忆播放位置，使中断的影片继续播放。其具体操作步骤如下。

在主界面中单击【主菜单】按钮，从弹出的菜单中执行【高级选项】命令，弹出【高级选项】对话框。

在【基本】选项区域中，勾选【记录退出时的播放进度】复选框，如图 7-31 所示。单击【确定】按钮完成设置。这样每次当退出程序或者关闭媒体文件后，都能在下次打开暴风影音播放器实现上次观看媒体文件的记录点。

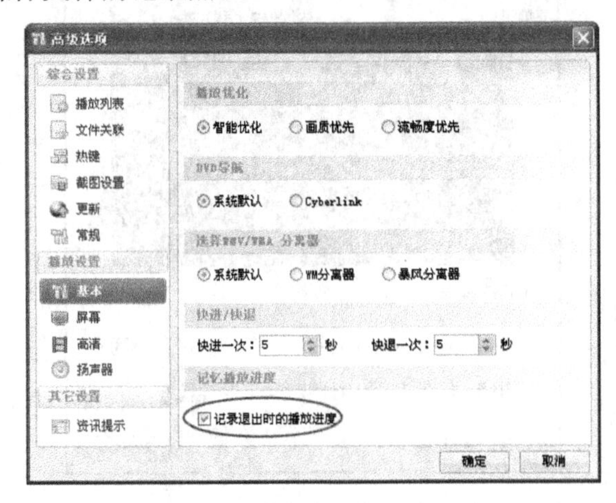

图 7-31　自动记录播放进度

4. 亮度调节

在钱先生下载的电影文件中，有一些色彩和亮度都比较昏暗的电影，可以利用暴风影音的【视频设置】功能对其进行加亮处理。其具体操作步骤如下。

打开目标影片，在影片播放到画面比较暗淡或比较模糊的区域时，单击【播放设置】按钮，弹出【设置】对话框，如图 7-32 所示，进行视频设置。

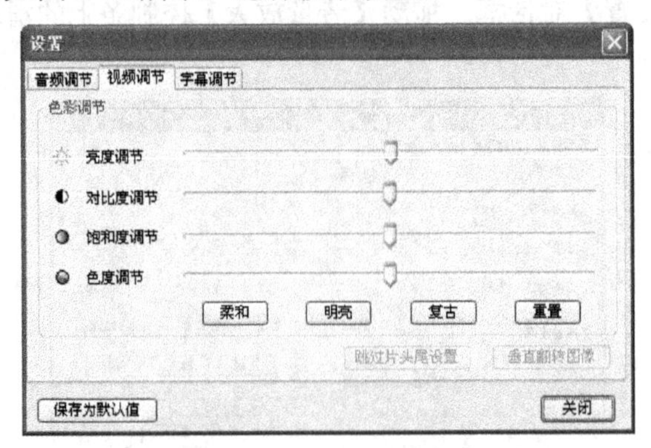

图 7-32　【设置】对话框

在【视频设置】选项区域中，拖动相关滑块调节所播放影片画面的亮度、对比度、饱和度和色度等，得到如图 7-33 所示的亮度调节对比效果。

图 7-33　亮度调节对比效果

整个手动调节的过程中，软件支持即时同步的效果预览。

课 后 练 习

一、单项选择题

1. 下列哪种不是千千静听支持的格式________。

   A. MP3　　B. WMA　　C. AU　　D. JPG

2. 下列________不是千千静听默认的界面。

   A. 【主控】窗口　　B. 【导航】窗口
   C. 【均衡器】窗口　　D. 【歌词秀】窗口

3. 下列________操作不能将音乐文件添加到播放列表中。

   A. 单击【播放列表】窗口中的【添加】按钮进行音乐文件或文件夹的添加
   B. 单击【播放列表】窗口中的【列表】之后，在列表中添加您要添加的音乐文件
   C. 在【播放列表】窗口中，右击列表栏的空白区域，之后添加您要添加的音乐文件
   D. 在【播放列表】窗口标题栏右击，进行添加

4. 千千静听可同时转换多个文件的音频格式，方法是在选中文件时，用________键进行多选，然后再转换。

   A. ALT　　B. TAB　　C. SHIFT　　D. CTRL

5. 千千静听提供了________种播放模式。

   A. 5　　B. 4　　C. 3　　D. 4

6. 下列________方法不能将正在播放的歌曲复制到 MP3 机里。

   A. 用右击【播放列表】窗口中的歌曲，在弹出的快捷菜单中执行【发送到】命令
   B. 在【播放列表】窗口中选中歌曲，直接拖拽到 MP3 文件夹里
   C. 在【播放列表】窗口中选中歌曲，执行【添加】|【文件夹】命令
   D. 在【播放列表】窗口中选中歌曲，执行【编辑】中的复制命令，然后打开 MP3 文件夹粘贴即可

7. 千千静听歌词下载失败的原因不是________。

   A. 文件信息不正确，以至于在搜索时无法正确匹配
   B. 千千静听没有下载功能
   C. 歌曲太新，以至于这些歌词网站都还没有收集歌词

D. 歌词服务器可能出现问题，或者正在维护

8. 使用暴风影音实现多个媒体文件的连续播放功能时，当排定了文件的播放顺序后，在播放列表中单击【模式】按钮，选择其中的________即可。

A. 【循环播放】　　B. 【随机播放】

C. 【顺序播放】　　D. 【单个播放】

9. 要想接着上次中断的电影播放进度继续收看电影，需要使用暴风影音的________菜单。

A. 【文件】　　B. 【播放】　　C. 【显示】　　D. 【收藏】

10. 在播放视频时，为了防范聊天对话框覆盖在播放程序的主界面上，可以执行主菜单【显示】的二级菜单________的下级菜单【始终】命令。

A. 【显示比例】　　B. 【最小界面】

C. 【前端显示】　　D. 【全屏】

11. 能否在使用暴风影音收看电视连续剧时跳过每集前面的片头片尾直接收看剧情部分________。

A. 没有好的方法，只能手动操作

B. 既可以手动操作，也可以通过设置一次性解决多集连放的问题

C. 不能，只能耐心等候

D. 暴风影音默认设置即可灵活解决此问题

12. 对于那些色彩和亮度都比较昏暗的电影，可以进行加亮处理，即调整【亮度】、【对比度】、【饱和度】、【视频设置】中的________。

A. 仅需要调整【亮度】即可

B. 仅需调整【对比度】即可

C. 仅需调整【色度】即可

D. 需要通过软件支持的即时同步效果浏览功能灵活调整上述参数。

13. 暴风影音的默认设置中，具有【全屏/退出全屏】功能的快捷键为________。

A. Ctrl+S　　B. Ctrl+O　　C. Ctrl+M　　D. Ctrl+Enter

14. 在暴风影音主界面的下方工具栏中，________不是其中的工具按钮。

A. 【暂停】　　B. 【截屏】　　C. 【全屏】　　D. 【删除】

二、填空题

1. 千千静听是一款完全免费的________软件。

2. 使用________窗口可以轻松管理音频、列表文件、查看和修改文件标签信息。

3. 【播放列表】窗口有【列表】和【________】两种模式，可以根据自己的需要切换。

4. 千千静听可以在______对话框中编辑自己的专辑封面。

5. 同时为很多歌曲添加专辑封面时，应在【播放列表】窗口中，全选属于同一专辑的所有歌曲，然后在右键快捷菜单中执行________命令。

6. 转换音频格式的方法是在需要转换格式的曲目上，右击执行________命令，弹出【转换格式】对话框，在此对话框中选择要输出的格式。

7. 使用千千静听的________功能可以将当前播放的歌曲快速复制到MP3播放器里。

8. 将歌词与音频文件“合一”的方法是在________的【歌词秀】选区中勾选【自动嵌入歌词到音频文件】复选框。

9. 直接将播放列表中要删除的文件拖拽________里就可以快速地删除重复的文件。

10. 启用媒体库后，添加到媒体库中的音乐文件会自动划分到【________】、【专辑】、【流派】和【年代】等分类中。

11. 用户在改变默认的快捷键设置时，需要执行【播放】|【高级选项】命令，在________选区中进行适合自己习惯的快捷按键。

12. 由 Winamp、Windows Media Player 等播放器创建的播放列表，可以利用暴风影音的________命令将其转移到暴风影音的播放列表中。

13. 暴风影音的【截屏】功能可以将视频画面作为________和________图片格式保留下来。

14. 暴风影音默认的保存截屏图片的文件夹为【我的文档/________】。

15. 在暴风影音的主界面中，执行【收藏】|【上次退出时播放进度】命令，勾选________复选框，即可在下一次打开暴风影音时从上次的中断点继续收看喜爱的电影。

16. 暴风影音提供了一种自动清除播放列表的功能，需要在【________】|【高级选项】命令中进行设置。

17. 使用暴风影音收看电视连续剧，如果需要收看的多部电视连续剧都有相似长度的片头、片尾，可以通过设置【________】即可在多集电视剧连播时，每一集在开始播放时就会自动跳过片头，快结束时自动跳过片尾时间。

18. 在收看国外大片时，可以从专业的字幕网站中下载中文的字幕文件，然后利用暴风影音提供的【导入字幕】功能，通过执行【文件】|【________】命令即可欣赏带有中文字幕的大片。

三、上机操作题

1. 创建新的播放列表【本机音乐】，添加本地磁盘中所有的音乐文件到该列表中。

2. 创建文件夹【D：\音乐\男歌手\大陆男歌手】，用播放列表搜寻本地磁盘中所有符合条件的歌曲添加到该文件夹中。

3. 选择同一专辑的歌曲，将它们的音频格式都转换为【MP3】，运用【批量修改文件属性】的方法为它们添加一张适宜的【专辑封面】。

4. 用千千静听将本地磁盘中自己喜爱的歌曲制作成高质量的MP3音乐文件，而且设置【自动嵌入歌词到音频文件】。

5. 将【山东广播电台】的【山东广播音乐频道】添加到千千静听的播放列表中。

6. 如何用千千静听删除 MP3 播放器中重复的文件？

7. 设置歌词秀为【全屏显示】，并且设置滚动模式为【垂直滚动】，对齐方式为【居中】。

8. 搜索歌词时，如果将搜索到的歌词设置为【保存成歌曲文件相同的文件名】就可以避免歌曲与歌词有时不同步的问题了。怎样进行上述的设置呢？

9. 将【主控】窗口之外的窗口隐藏(或显示)。

10. 设置欣赏效果中【频谱分析】的配色方案。

11. 设置当前播放列表中的多个音乐文件的播放模式为【循环播放】。

12. 怎样在【歌词秀】窗口中欣赏同步歌词？

13. 如何用千千静听定时关机？

14. 在安装暴风影音的过程中，如果想备份安装包，应该怎样操作？

15. 怎样隐藏暴风影音的菜单栏？

16. 在欣赏电影时突然有电话打进来，你需要立即“一键静音”。应该如何操作？

17. 如何用暴风影音连续播放喜欢的连续剧？

18. 如何用暴风影音截取精彩影视图片？

19. 如何用暴风影音使中断的影片继续播放？

20. 某部影片，已经将音箱、系统、暴风影音的音量都设置为最大了，但声音还是非常小。应该用什么方法来解决？

21. 有多少种方法可以清除播放列表？哪一种最方便？

22. 怎样在多集连播电视剧时，将每一集的片头序幕和片尾主题曲部分通通跳过不看？

23. 如何在收看国外电影时，添加中文字幕，并且适当调整字幕的位置？

项目8 图像浏览和处理工具

随着多媒体技术应用的普及，以及数码相机、数码摄像机等设备为更多的家庭所拥有，自己拍摄数码相片就成为许多朋友们日常生活中饶有兴趣的娱乐活动。许多人将拍摄的数码相片放在自己的电脑中欣赏和浏览，并且还将图片应用于自己的工作任务中，例如：制作图文并茂的 Word 文档、制作漂亮的公司宣传幻灯片、制作个人网页、开设微博等等。这样就对图形图像的处理技术提出了越来越高的要求，而一般用户面对像 PhotoShop 等专业图像处理软件可能会“望而却步”——毕竟，类似的专业软件其复杂的图像处理技术手段掌握起来实在是太难了！

这里，我们和大家一起认识两款流行的图文处理工具——截图利器 HyperSnap-DX 6.0 和相片处理小助手 ACDSee Pro 5.1，丰富的功能加上简单的操作，相信一定会让你迅速提高处理图形图像的方法和技巧，使生活丰富多彩，工作如虎添翼！

任务 8.1　图像软件管理 ACDSee Pro 5.1

任务导读

现在拥有数码照相机的朋友越来越多，热爱摄影的石先生利用长假外出旅游，途中拍摄了许多风景照片。回到家中后，他想把照片保存到计算机中，以便日后慢慢欣赏。那么如何把这些照片导入到计算机中，同时方便地对其进行管理、浏览及制作成数码相册呢？

任务分析

ACDSee Pro 5.1 是一款集图片管理、浏览、简单编辑于一身的强大图像管理软件，对于一般的个人用户来说，该软件完全能够胜任管理、浏览数码照片，同时还可以对拍摄效果不理想的数码照片进行简单的编辑。

学习目标

- 导入和浏览数码照片

- 管理数码照片
- 批量处理照片
- 数码照片的简单编辑

任务实施

8.1.1 导入和浏览照片

1. 导入数码照片

ACDSee Pro 5.1 提供了完善的导入照片服务，将数码照相机中的照片导入到计算机中，具体操作步骤如下。

1) 选择数码设备

将数码照相机的数据线连接到计算机，做好导入照片的准备，运行 ACDSee Pro 5.1，然后执行【文件】|【导入】|【从设备】命令，弹出如图 8-1 所示的照片导入窗口，即可看到存储卡中的所有照片。

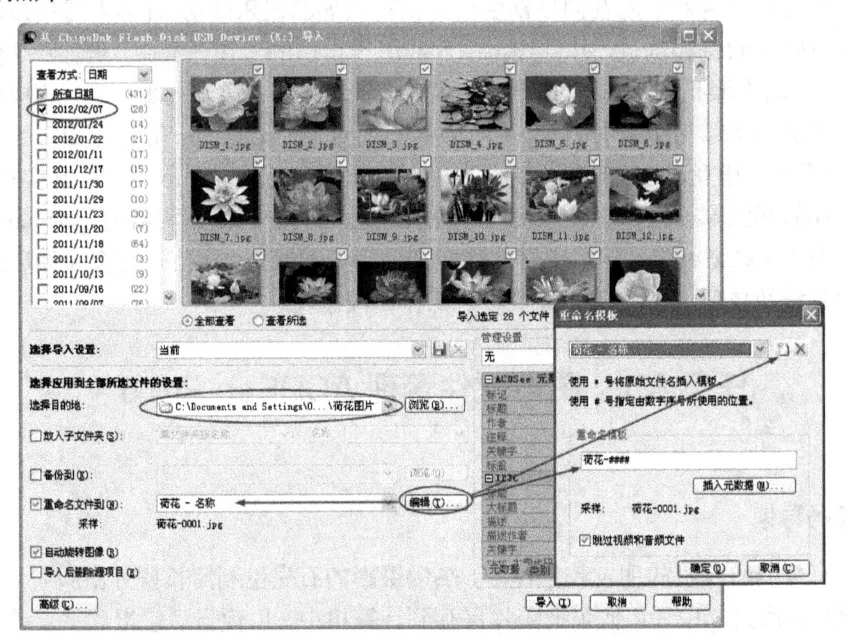

图 8-1 选择导入的照片

2) 选择照片

取消勾选左上角的【所有日期】复选框，勾选【2012/02/07】复选框，或者依次勾选右侧窗格中的照片右上角的复选框选择需要的照片。

3) 选择目标位置

如图 8-1 所示，通过单击【选择目的地】右侧的【浏览】按钮选择照片要存放在本地磁盘中的文件夹位置。

4) 重命名照片

由于数码照相机拍摄的相片采用默认的命名方式，为了便于识别管理，在此，可以利用模板功能将选择的照片重命名为【荷花-0001】、【荷花-0002】……样式。

勾选【重命名文件到】复选框，单击右侧的【编辑】按钮，弹出【重命名模板】对话框。单击右上角的【新建重命名模板】按钮，将其修改为【荷花-名称】形式，激活【重命名模板】功能，在下方的文本框中输入“荷花-###”，即可看到【采样】示例显示【荷花-0001.jpg】。单击【确定】按钮，返回如图 8-1 所示的照片导入窗口，可以看到重命名后的示例效果。

5) 导入照片

单击如图 8-1 所示的照片导入窗口的【导入】按钮，在 ACDSee Pro 5.1 主界面的右下角可以看到导入照片的进程提示框，当完成导入过程后，在 ACDSee Pro 5.1 主界面的相应文件夹中即可看到结果，如图 8-2 所示。

这样导入的文件就按模板的方式来进行重命名，为以后管理数码照片提供了方便。

2. 认识 ACDSee Pro 5.1

运行 ACDSee Pro 5.1 程序，打开的是以【浏览】模式显示的主界面，其由 5 个区域组成，如图 8-2 所示。

图 8-2　ACDSee Pro 5.1 主界面

(1) 文件夹：此窗格中显示计算机的目录结构，类似于 Windows 的资源管理器中的树形目录。

(2) 地址栏：在【文件夹】窗格中选择【荷花】文件夹，此处即可显示所选目录文件夹的地址。

(3) 文件列表：此窗格中显示所选【荷花】文件夹中的所有图像的缩略图(或者最近搜索的结果或符合选择性浏览准则的文件与文件夹)。

(4) 预览：在【文件列表】窗格中选择任意图像，在此窗格中即可显示所选图像的缩略图预览和直方图。

(5) 整理：在此窗格中可以为图像进行分类、评级等操作，以帮助排序并管理文件。

3. 浏览图像

从外部设备导入照片到指定文件夹后，ACDSee Pro 5.1 可以缩略图的方式显示照片，也可以调整照片的大小、重新排序或者查看大图。

1) 预览照片

在如图 8-2 所示的【文件列表】窗格中，选中其中一幅照片(如【荷花-0001】)，【预览】窗格中即显示其放大的效果。

2) 单图像查看照片

如果觉得【浏览】模式下显示的图片太小，也可以放大图片。

方法一：在如图 8-2 所示的【文件列表】窗格中双击任意照片(如【荷花-013】)。

方法二：在如图 8-2 所示的【文件列表】窗格中右单击任意照片(如【荷花-013】)，在弹出的快捷菜单中执行【视图】命令。

方法三：在如图 8-2 所示的【文件列表】窗格中单击选中任意照片(如【荷花-013】)，然后单击主界面右上角的【查看】按钮。

上述 3 种方法都可以切换到【单图像视图】模式查看整张图片，如图 8-3 所示。

图 8-3　在【单图像视图】窗口中浏览图片

使用“↑、↓、←、→”4 个方向键(或者单击窗口上方的【上一幅】、【下一幅】按钮)可以切换查看其他照片。

3) 全屏看图

如果觉得图片显示还不够大，想仔细查看图片的细节，还可以【全屏】模式仔细查看。

右击图片，在弹出的快捷菜单中执行【全屏幕】命令，即可进入【全屏】模式，可以清晰地查看图片细节，如图 8-4 所示。

图 8-4　全屏模式查看图片

知识链接：快速查找图片文件

相隔很长时间以后，当再次启动计算机，寻找曾经存放过的图片时，怎样才能快速查找到需要的图片文件？

在 ACDSee Pro 5.1 中，提供了一个【快速搜索】功能。只要输入一个搜索关键词，ACDSee 就会自动在图片的标题、作者、注释中寻找匹配记录，最后将图片的名称、类型、所在目录等信息反馈出来。例如，利用 ACDSee 在【我的电脑】中查找所有文件名中带有【荷花】的图片。

在 ACDSee 主界面的【快速搜索】文本框中输入"荷花"，按 Enter 键，即可在【文件列表】窗口中显示搜索出来的所有含有【荷花】字符的图片结果，如图 8-5 所示。

图 8-5　利用【快速搜索】功能查找图片

4. 利用 ACDSee 创建图片文件夹

利用 ACDSee 可以很方便地在本地磁盘中创建一个新的文件夹，以便存放所需要的图片。具体操作步骤如下。

在主界面的【文件列表】窗口中全选所有荷花图片，然后右击图片对象，在弹出的快捷菜单中执行【复制到文件夹】命令，弹出如图 8-6 所示的【复制到文件夹】对话框。

在【文件夹】选项区域中选择【E】磁盘，然后单击【创建文件夹】按钮，即可在 E:磁盘下创建【新建文件夹】，将其重命名为【荷花图片】。单击【确定】按钮，结果如图 8-7 所示，表明所有选定的荷花图片已经复制到了【E:/荷花图片】文件夹中了。

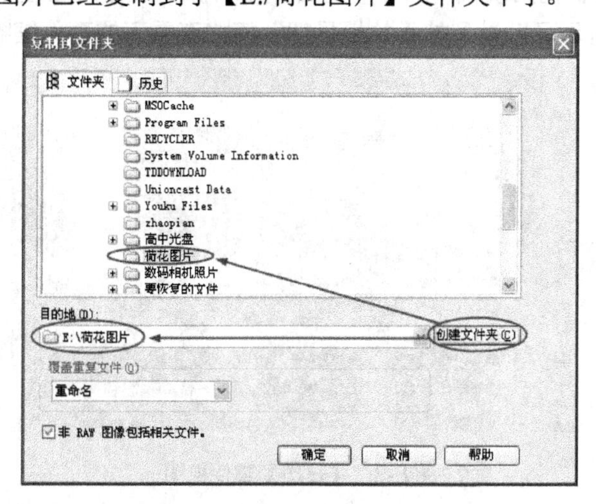

图 8-6　【复制到文件夹】对话框

图 8-7　整理图片效果

8.1.2　管理数码照片

在长假之中，石先生拍摄了大量的数码照片，全部将其导入到了计算机中。如果以后只想浏览其中的一部分而非全部数码照片，怎么样才能够快速定位到自己需要的数码照片呢？

ACDSee 提供了强大的数码照片管理功能，可以很方便、快速地找到所需要的数码照片。

1. 按时间浏览

ACDSee 中提供了【日历】功能，日历事件提供了多种视图查看模式，可以按事件、年份、月份及日期查看。

(1) 切换至【日历】视图模式。执行【视图】|【日历】命令，在程序主界面左侧打开【日历】窗格，如图 8-8 所示可以看到按【拍摄日期】模式查看下的事件缩略图。

图 8-8　【日历】事件视图

(2) 选择日期类型。单击【日历】窗格右上角的【按所选类型日期查看】按钮，弹出如图 8-8 所示的菜单，可以从中执行【数据库日期】、【拍摄日期】、【文件修改日期】和【文件创建日期】等命令，则从【文件列表】选项区域即可查看不同类型日期的图片。

(3) 添加事件描述。单击事件缩略图，激活【在此处输入事件描述】文本框，输入描述性文本(如白洋淀旅游留念)，如图 8-9 所示。

图 8-9　输入事件描述

另外还可以切换至年份、月份或日期事件以及照片日历，快速定位到某个时间导入的照片，这样就可以通过时间来快速定位所需要查看的照片。

2. 按照片属性准确定位照片

在石先生拍摄的荷花照片中，有些他感到并不满意，希望能为照片分出级别，同时还要为上面的几张数码照片做一下特殊标注。

可以利用 ACDSee 的【评级】功能为图片划分等级，还可以为其添加【属性】，如设置标题、日期、作者关键词及类别等，帮助用户管理自己的图片。其具体操作步骤如下。

(1) 设置图片级别。选择需要的图片，执行【编辑】|【设置评级】|【5 级】命令，将选中的图片设置为 5 级，可以看到文件列表中图片右上角显示【5】，如图 8-10 所示。

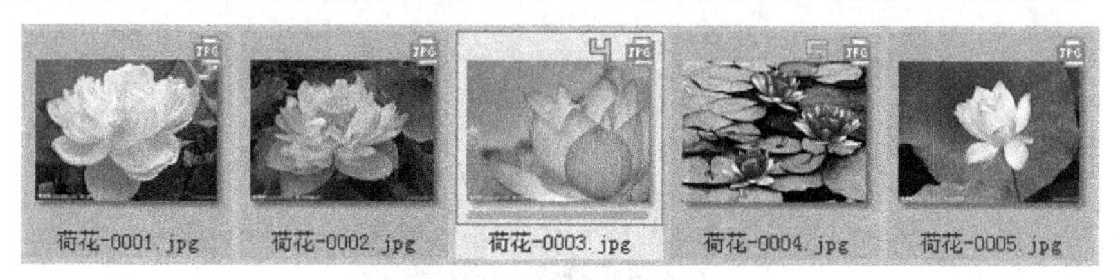

图 8-10　设置图片评级

(2) 按照评级观看图片。单击【文件列表】选区上方的【筛选】按钮，从下拉列表框中选择等级，则在文件列表中只显示该级别的图片，如图 8-11 所示。

(3) 设置图片属性。选择【评级】为 5 的图片，执行【视图】|【属性】命令，弹出【属性—元数据】窗口，如图 8-12 所示，然后按照图示依次在【标题】等文本框添加说明标注。

通过上述设置选项，就可以通过单击【文件列表】选区顶部的【筛选】、【组合方式】或者【排序】按钮，从下拉列表框中选择某种属性，就可以按照图片属性进行排列，快速准确地定位到所需要的数码照片上。

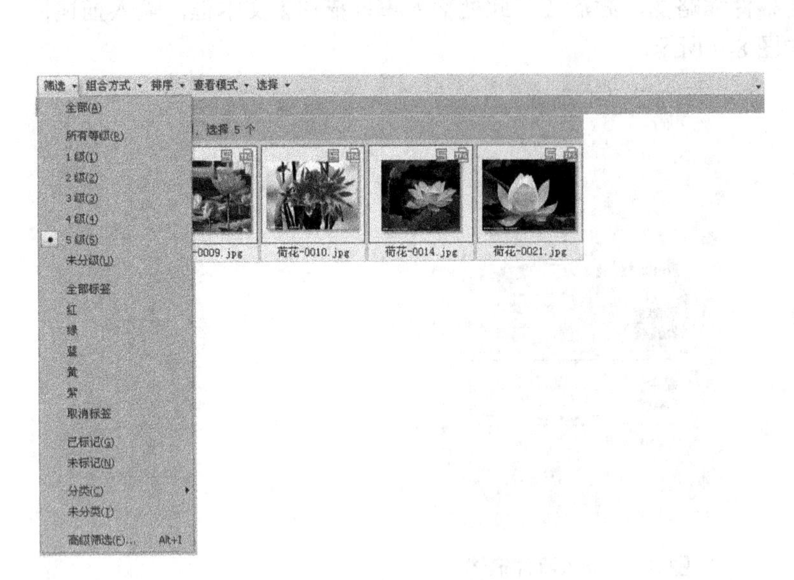

图 8-11　按照等级查看图片

图 8-12　设置图片属性

8.1.3　批量处理照片

1. 批量重命名

从数码相机导入图片时，将荷花图片进行了重命名，依次为【荷花-0001】、【荷花-0002】等。然而，如果在一个文件夹中存放大量同类型的图片，可能会因为数量太多而需要重新为它们命名。ACDSee 中就有【批量重命名】功能，将【荷花图片】文件夹中的荷花图片按照【荷花 0001】样式进行批量重命名。其具体操作步骤如下。

打开【荷花图片】文件夹，全选其中的图片，执行【修改】|【重命名】命令，如图 8-13 所示。

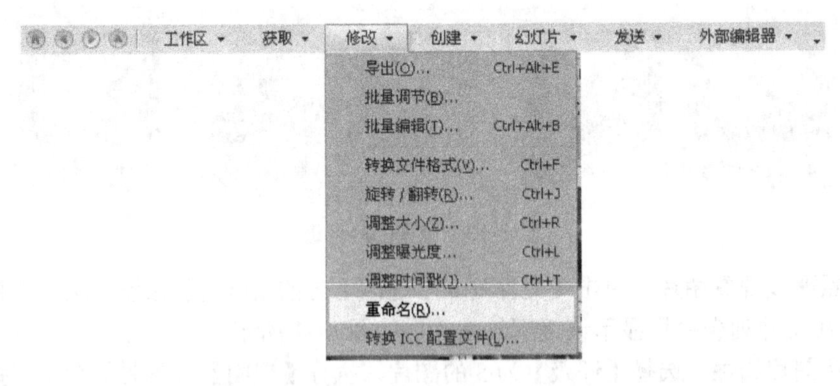

图 8-13　批处理工具/批量重命名

在弹出的如图 8-14 所示【批量重命名】对话框中，在【模板】文本框中输入模板文件名称【荷花-##】，在【预览】列表框中即可显示重新命名后的文件名(如【荷花-01】)。单击【开始重命名】按钮，开始批量重命名文件。

当重命名过程结束后，即可看到如图 8-15 所示的重命名的浏览结果。

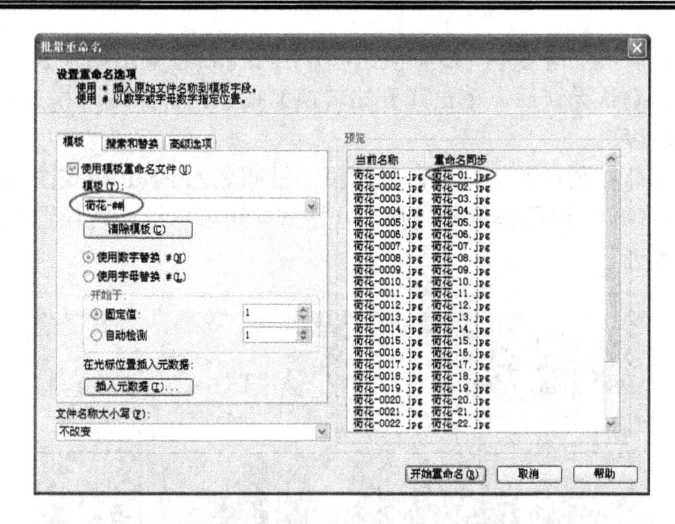

图 8-14　【批量重命名】对话框

图 8-15　批量重命名结果

2. 批量转换图片格式

由于某种特殊需要，石先生要将荷花图片转换为 BMP 格式，而导入的数码照片格式为 JPG。ACDSee 软件具有【批量转换图片格式】功能，利用它可将不同渠道获取的多种格式的数码照片转换为 BMP(或者其他图片)格式，以便不同用途应用。其具体操作步骤如下。

在【荷花图片】文件列表窗格中全选所有荷花图片，执行【修改】|【转换文件格式】命令，弹出【转换文件格式】对话框，从中选择 BMP 格式，如图 8-16 所示。

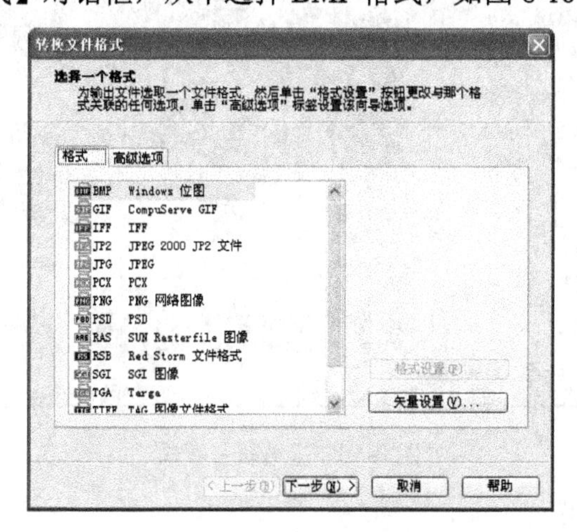

图 8-16　选择图片格式

按照向导提示，依次单击【下一步】按钮，分别在【设置输出选项】、【设置多页选项】窗口中使用默认设置。确认无误后，单击【开始转换】按钮，开始图片格式的转换(可以看到图片文件格式的转换进度)。

最后，返回到【荷花图片】文件夹，显示了一批同名的BMP格式图片，如图8-17所示。

其实，ACDSee不仅可以用作批量转换图片格式，还可以批量转换图片大小、图片曝光度等，这里就不一一验证了。

图8-17　转换格式后的结果

8.1.4　数码照片的简单编辑

1. 添加【晕影】效果

在拍摄数码照片的时候，总会有一些照片拍摄的不尽如人意，这时就需要使用计算机对其进行处理，但是使用PhotoShop图形图像处理软件操作复杂，一般用户不易掌握。其实ACDSee本身就带有简单的图像编辑功能(如曝光、阴影/高光、色彩、经眼消除、相片修复和清晰度等)，可以对图片进行简单的处理，用来弥补人们在拍摄时的一些缺憾。

石先生准备将几幅荷花图片加上【晕影】效果，然后将其作为背景图片使用在【荷塘月色】语文课件中。利用ACDSee实现这一要求，具体操作步骤如下。

1) 进入ACDSee编辑模式

选中文件列表中的【荷花-08】图片，单击主界面右上角的【编辑】按钮，由【浏览】模式切换至【编辑】模式，如图8-18所示。

图8-18　【编辑】模式

2) 设置【晕影】效果

选择左侧【编辑工具】中的【晕影】，切换至如图8-19所示的【晕影】编辑模式界面。根据需要分别拖动【水平】、【垂直】等滑块(也可以使用鼠标直接在照片上单击)来完成操作，在右侧的【预览】窗口即可看到对应的晕影设置效果。如果对当前编辑的效果不满意，单击【重置】按钮，即可自动恢复到照片没有编辑前的状态。

3) 保存更改效果

单击【完成】按钮，在弹出的列表框中选择【保存】或者【另存为】，完成晕影效果的设置，如图 8-20 所示。

图 8-19　设置晕影效果

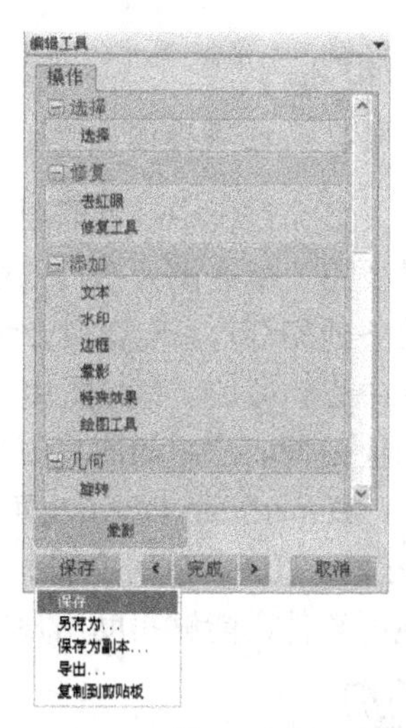

图 8-20　保存修改结果

使用同样简单的其他操作选项，通过鼠标拖动滑块，即可把不满意的照片调整好，使拍摄的照片效果看起来更加漂亮。

2. 为图片添加文本

给所喜欢的图片加上修饰性的文字，在很多场合显得非常必要。利用 ACDSee 的添加文本功能，为【荷花-01】图片添加文本【美丽的荷花】，具体操作步骤如下。

选择【荷花-01】图片，切换至【编辑】模式界面，在左侧【编辑工具】中选择【添加文本】。弹出如图 8-21 所示的【添加文本】编辑模式界面。

在【添加文本】编辑模式界面中，首先在文本框中输入文本【美丽荷花 魅力四射】，然后对字体格式进行个性化设置，直至达到自己满意的效果。最后将修改的结果进行保存。得到如图 8-22 所示的效果。

图 8-21　在编辑面板中添加文本

图 8-22　添加文本效果

除此之外，用户还可以利用 ACDSee 把自己的数码照片打印出来，或者将其制作成 VCD 或 DVD、幻灯片、网页相册等，再配上优美的音乐，成为形式多样、丰富多彩的相册或视频文件，与其他人一起来分享自己的喜悦。

任务 8.2　屏幕截图软件 HyperSnap-DX 6.0

任务导读

办公过程中经常需要将计算机中桌面的部分或者 HTML 等内容以图片的形式截取，这就需要用户掌握图像捕捉的能力。小张是公司的一名业务员，最近单位要求他制作一个反映公司业务的幻灯片，向客户介绍部分计算机软件的功能。他的手头有一些图片素材，打算用到幻灯片中去。可是，有些图片需要进行截取、剪裁、添加文字水印的等处理，有没有合适的软件帮助他去截取想用的图片呢？

HyperSnap-DX 6.0 可以很方便地将屏幕上的任何部分截取下来，并能够以 BMP、GIF、JPEG、TIFF、PCX 等 20 多种图形格式保存图片，供用户使用。通过学习 HyperSnap-DX 这款截图软件，能够帮助用户解决工作中遇到的问题，高质量地完成公司交给的任务。

任务分析

在对图形图像的处理过程中，有时候需要捕获一些非常有用的图形界面或者其他一些画面。用户在使用键盘上的 Print Screen 键截图时有很多局限性，为了满足用户的需要，需要使用具有截图功能的软件，HyperSnap-DX 6.0 就是其中比较优秀的一款。HyperSnap-DX 6.0 根据用户的不同需要将截图分为多个模式，并可以为各个模式设置快捷键，同时 HyperSnap-DX 6.0 还支持对图片的简单编辑。

本任务中，将利用 HyperSnap-DX 6.0 对手头的图片素材进行截取、剪裁以及添加文字水印等一系列操作。

学习目标

- 了解 HyperSnap-DX 6.0 的工作界面
- 精心设置 Hypersnap-DX 6.0
- 利用 HyperSnap-DX 6.0 截取图像
- 利用 HyperSnap-DX 6.0 编辑图像

任务实施

8.2.1　了解 HyperSnap-DX 6.0

1. 认识 HyperSnap-DX 6.0 界面

安装 HyperSnap-DX 6.0 软件之后，默认情况下在桌面上会产生一个快捷方式图标，双击该图标即可打开如图 8-23 所示的 HyperSnap-DX 6.0 主界面。

2. 设置属性

1) 激活快捷键

在 HyperSnap-DX 中一定要先激活快捷键，才能在捕捉图像或者其他对象时使用快捷键，程序默认为激活快捷键。

激活快捷键的操作步骤如下。

(1) 激活快捷键。执行【选项】|【激活快捷键】命令激活快捷键。

(2) 查看快捷键。执行【捕捉】|【配置热键】命令，弹出【屏幕捕捉热键】对话框，默认情况下的快捷键定义如图 8-24 所示。

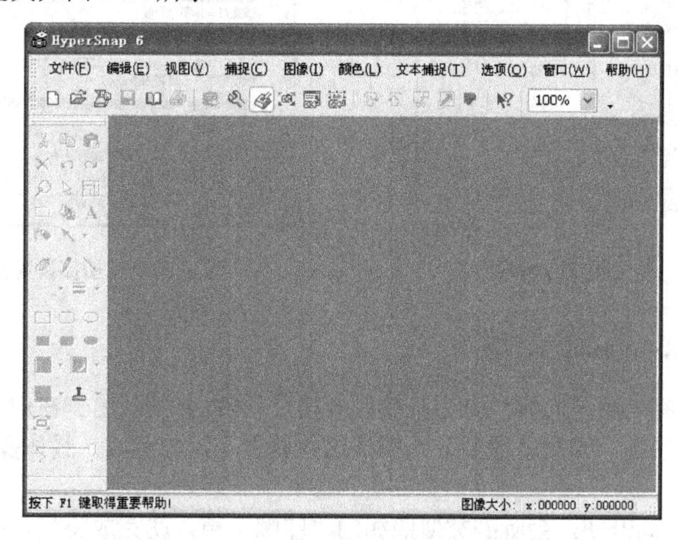

图 8-23 HyperSnap-DX 6.0 主界面

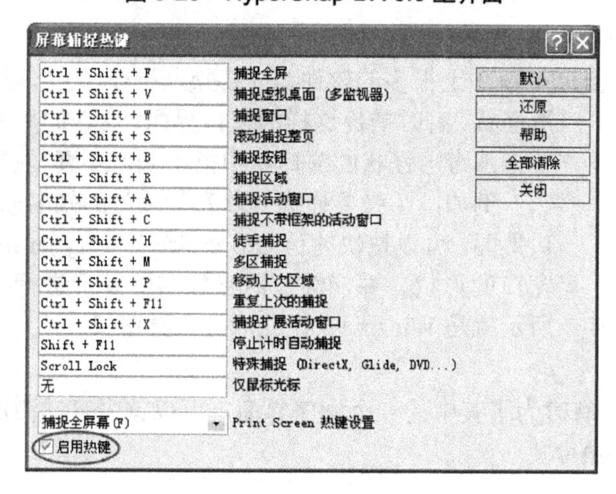

图 8-24 【屏幕捕捉热键】对话框

2) 设置捕捉屏幕分辨率

执行【选项】|【默认图像分辨率】命令，可以设置捕捉屏幕的分辨率，如图 8-25 所示。HyperSnap-DX 支持的默认分辨率为 96×96dpi，最大分辨率为 10 000×10 000dpi，想得到更好的捕捉屏幕效果，应该尽量设置大一些的分辨率(在一般的出版物中，图片分辨率设置为 300×300dpi)。

3) 捕捉光标指针

执行【捕捉】|【捕捉设置】命令，弹出【捕捉设置】对话框，如图 8-26 所示，从中设置捕捉选项。例如，勾选【包括光标指针】复选框，单击【确定】按钮退出，以后捕捉后的图像上就会有可爱逼真的小光标图像。

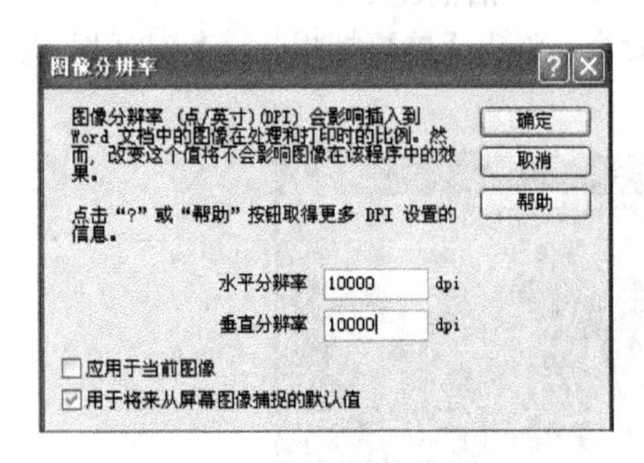

图 8-25　设置图像分辨率

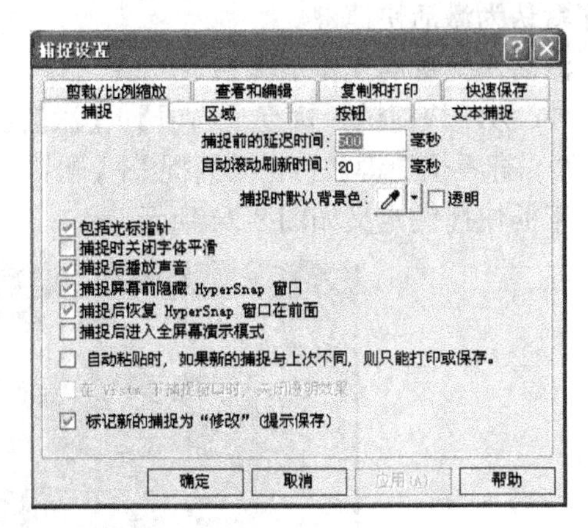

图 8-26　【捕捉设置】对话框

8.2.2　利用 HyperSanp-DX 捕捉图像

公司的产品中有一项是向客户介绍几款影音播放软件的功能，由于在幻灯片中要详细介绍软件的界面、菜单项等，因此就需要分别捕捉这些软件不同的区域，具体操作步骤如下。

1) 捕捉全屏

按快捷键 Ctrl+Shift+F，会听到类似照相的“咔嚓”声，就完成将当前的屏幕界面全部捕捉下来。

2) 异形窗口的捕捉

如今软件界面越做漂亮，再加上很多的软件都支持换肤操作，这样就会使窗口界面显得奇形怪状。有时捕捉这样的窗口界面，会连同周围的部分也捕捉下来，要把那奇形怪状的窗口从中抠出来，还真是费力不少。

图 8-27　异形窗口的捕捉

例如，小张要捕捉一款音频播放的知名软件 Winamp 的异性窗口界面，可以按快捷键 Ctrl+Shift+W，HyperSnap-DX 即可自动探测窗口的形状，并能够按照它的实际外形进行捕捉，效果如图 8-27 所示就是 Winamp 3 换肤后的奇异窗口。

3) 捕捉活动窗口

启动多款软件后，有时为了其中的一个程序界面，可以首先将其激活成为当前活动窗口，然后按快捷键 Ctrl+ Shift+A。

4) 捕捉下拉菜单

小张在介绍软件的功能时，经常需要在幻灯片中插入某个窗口中的下拉菜单的图片，使用 HyperSnap-DX 可以有多种方法实现。

(1) 捕捉区域法。例如，要介绍腾讯 QQ 的在线状态设置方法，需要介绍 QQ 开机时的【状态】菜单，具体操作步骤如下。

运行腾讯 QQ，在开机界面中打开要捕捉的【状态】菜单，按快捷键 Ctrl+Shist+R，屏幕上将显示一个十字形光标，移动此光标到菜单左上角的起始位置单击，再移动到菜单右下角结束位置再次单击，如图 8-28 所示(在单击之前可以在屏幕的一角看到光标位置参数以及下一步动作方案。因为版面所限，在图 8-28 中剪裁掉了无关区域面积)。

(2) 捕捉窗口(或控件)法。同样，在捕捉如上相同的 QQ 菜单时，可以直接按窗口捕捉快捷键 Ctrl+Shift+W，即显示一个闪动的矩形框，将此闪烁的矩形框移到菜单处，如图 8-29 所示，单击即可捕捉该菜单。

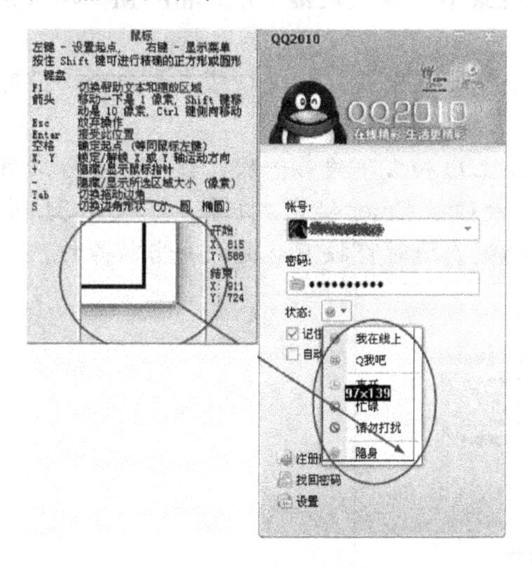

图 8-28　捕捉区域

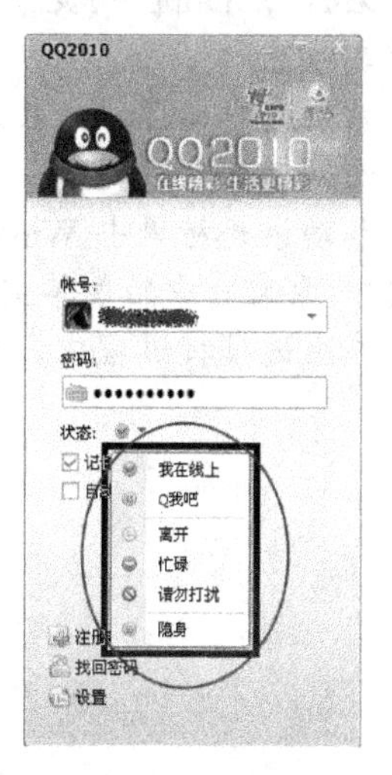

图 8-29　捕捉窗口或控件

(3) 多区域捕捉法。如果要捕捉的是级联菜单全部，则要使用【多区域捕捉】功能。例如，要捕捉【超星阅览器】主界面中的【网页】|【导出】级联菜单(包含软件的【标题栏】和【菜单栏】)，捕捉操作步骤如下。

在【超星阅览器】主界面中打开相应的级联菜单，按快捷键 Ctrl+Shift+M，当屏幕上显示闪动矩形框时，单击标题栏，接着单击菜单栏，然后再单击第一级菜单，最后单击下一级菜单，以便让各级菜单都被选中(选中的区域会用黑色覆盖，如图 8-30 所示)。按 Enter 键完成捕捉。

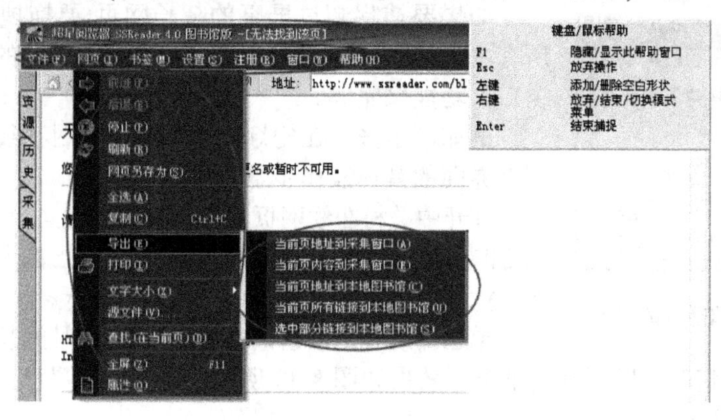

图 8-30　多区域捕捉

5) 捕捉对话框中的按钮

有时，需要在文字讲解中插入对应的按钮图标，那么怎样捕捉按钮图片呢？

例如，想捕捉【腾讯 QQ】主界面中的【通讯录】按钮图标，具体操作步骤如下。

在 QQ 主界面中，把光标移到要捕捉的【通讯录】按钮上，然后按快捷键 Ctrl+Shift+B，便会看到该按钮被自动“按”了一下，捕捉完成。

小提示

(1) 如果希望捕捉多级子菜单中的某一级，应依次打开该级联菜单，按快捷键 Ctrl+Shift+M，当矩形框闪动时移动到希望捕捉的子菜单上单击，然后按 Enter 键完成捕捉。

(2) 要同时捕捉 Winamp 快捷方式图标和其快捷菜单，其具体操作步骤如下。

右击 Winamp 快捷方式图标弹出其快捷菜单，按快捷键 Ctrl+Shift+M，单击菜单区域使其被选中。

右击选中的区域，在弹出的快捷菜单中执行【重新启动区域模式】命令，此时显示十字形光标。

移动该光标单击 Winamp 文件图标的左上角和右下角各一次，使 Winamp 文件图标被选中(原来选中的菜单仍处于选中状态)，最后按 Enter 键完成捕捉，如图 8-31 所示。

在上述捕捉过程中，只要还没有完成捕捉，随时可按 Esc 键放弃当前操作。

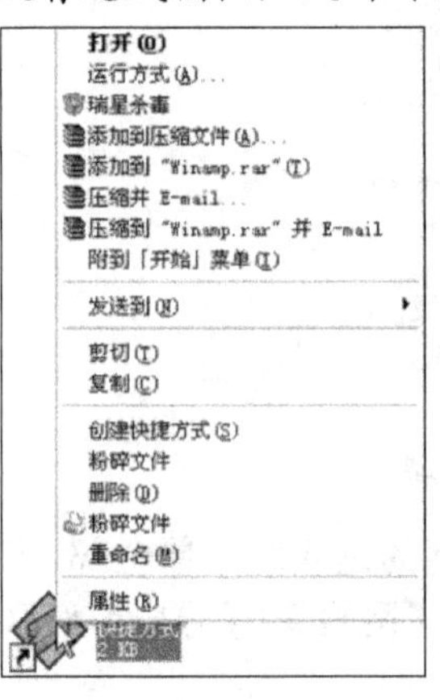

图 8-31　捕捉右键快捷菜单

6) 捕捉超长网页窗口

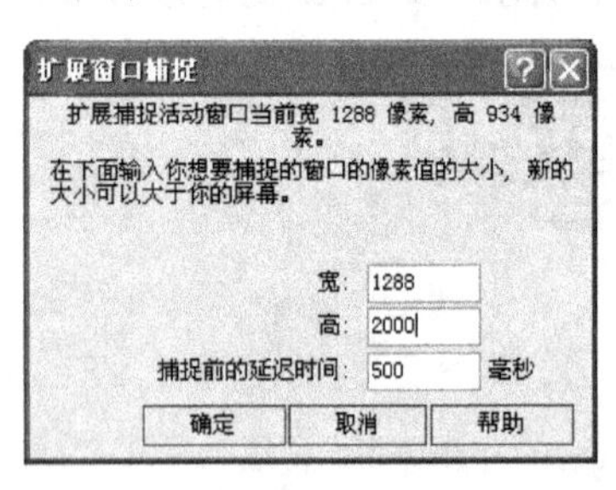

图 8-32　超长窗口抓取的设置

如果要捕捉超过屏幕的超长网页(要拖拽滚动条才能查看所有内容的网页)，可以使用 HyperSnap-DX 的捕捉【扩展活动窗口】功能来完成。

例如，小张想在幻灯片中介绍中关村在线网页首页，捕捉网页界面的具体操作步骤如下。

打开中关村在线网页界面，按快捷键 Ctrl+Shift+X，在弹出的【扩展窗口捕捉】对话框中，输入要扩展的高度和宽度(单位为像素)，其高度和宽度可以大于整个屏幕尺寸，如图 8-32 所示。

单击【确定】按钮，稍等片刻(等待时间长短取决于输入的高度和宽度)就会将超长网页捕捉下来，效果如图 8-33 所示(已经经过剪裁处理)。

7) (自由)徒手捕捉

大多数截图软件只能捕捉矩形、圆形、多边形窗口，但这还不够自由。例如，小张想将网上的一幅精美的汽车图片选取其中主体部分，这时 HyperSnap-DX 的自由捕捉功能就派上用场了，具体操作步骤如下。

打开该网页界面，按快捷键 Ctrl+Shift+H，然后就可以像使用 Photoshop 中的套索选择工具一样，将所需要捕捉的部分一点点圈出来。

当套取了全部轮廓后右击，在弹出的快捷菜单中执行【结束捕捉】命令，即可捕捉到如图 8-34

所示的效果。

图 8-33 捕捉超长网页效果

图 8-34 徒手捕捉效果

小 提 示

使用快捷键 Print Screen 能够将现在正在活动的窗口捕捉下来，这也包括 HyperSnap-DX 自身，这或许是捕捉它自身的唯一办法，但这个快捷键有很多的好处，任何活动的画面它都可以及时地捕捉下来，很方便。

8.2.3 利用 HyperSanp-DX 编辑图像

1. 在捕捉的图像上添加文字

有些时候需要在捕捉的图像上添加说明文字，HyperSnap-DX 中也提供了这一功能。

例如，小张的演示文稿中介绍到了飞信软件，他想在捕捉的图片上添加一些功能介绍的文字，以便方便客户了解该功能。可以利用 HyperSnap-DX 的【添加文本】功能来实现，具体操作步骤如下。

单击【添加文本】工具按钮。捕捉图像后，单击 HyperSnap-DX 界面中【绘图】工具栏上的大写字母【A】，指针变成十字形。

编辑文本。在图像上拖动鼠标，选择合适的矩形区域，然后释放鼠标，弹出【编辑文本】对话框，如图 8-35 所示向其中输入文字。

设置文本格式。选择【字体】选项卡，设置字体格式和段落对齐方式，其操作跟在 Word 中的操作相同。单击【确定】按钮，得到如图 8-36 所示的效果。

添加边框。单击【绘图】工具栏中的【圆角矩形】按钮，如图 8-36 所示，在刚刚添加的文本周围绘制一个圆角矩形边框，效果如图 8-36 所示。

添加箭头指示。单击【绘图】工具栏中的【箭头】按钮，如图 8-37 所示，绘制由圆角矩形边框指向要演示说明的功能按钮，效果如图 8-38 所示。

小提示

(1) 执行【绘图】|【绘图工具】命令，可以在 HyperSnap-DX 窗口中显示/隐藏【绘图】工具栏。

(2) 在【编辑文本】对话框中输入文字后，不关闭该对话框，将指针指向已输入文字的图片上，利用鼠标移动文字框，可以将其调整到一个最恰当的位置。

给图片添加阴影和边框。HyperSnap-DX 不仅仅是一个截图软件，同时它也是一个非常好的图像处理软件，在【图像】菜单下提供了剪裁、更改分辨率、比例缩放、自动修剪、镜像、旋转、修剪、马赛克、浮雕和尖锐等功能。

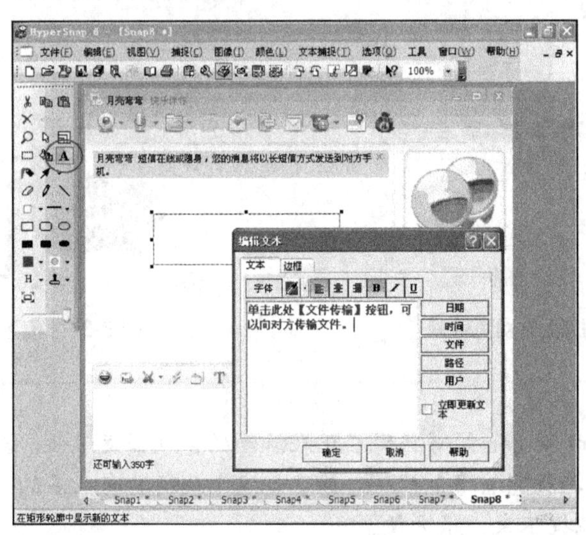

图 8-35　编辑文本

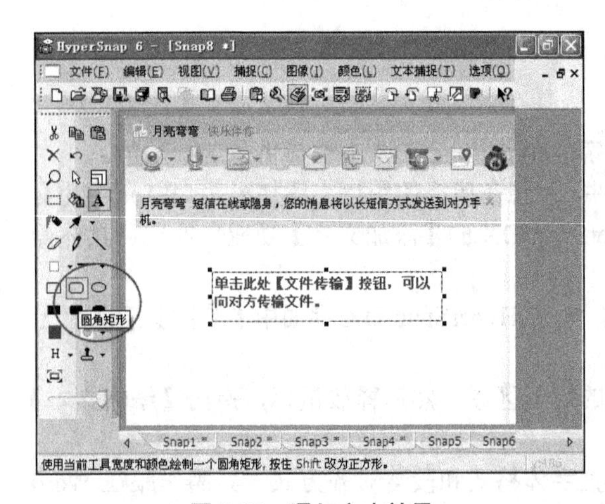

图 8-36　添加文本效果

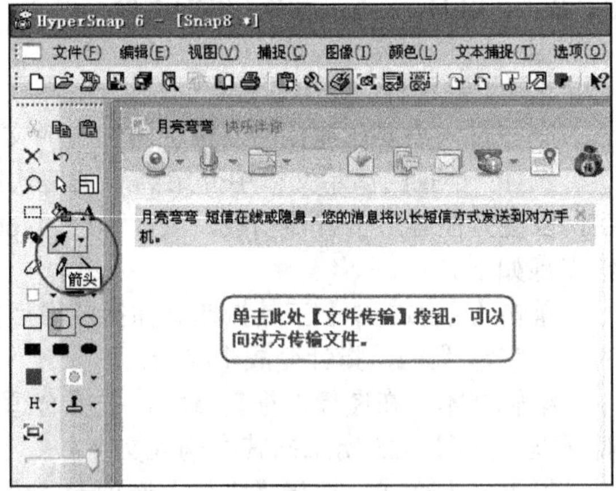

图 8-37　添加圆角矩形边框

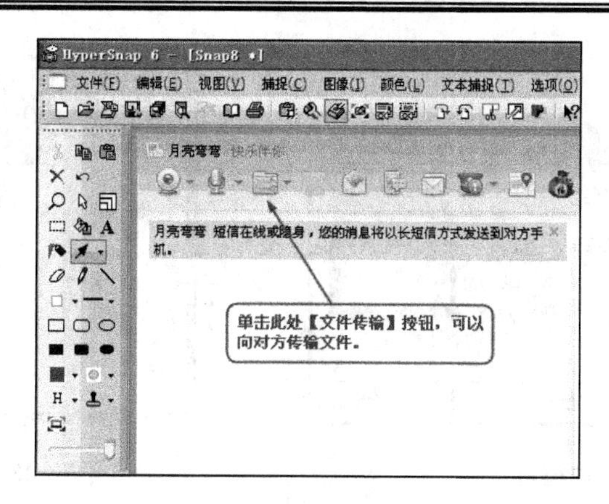

图 8-38　添加箭头指示

2. 添加阴影效果

例如，小张想为捕捉的360杀毒软件工作界面(原始图片如图8-39所示)图片添加阴影边框，具体操作步骤如下。

执行【图像】|【阴影】命令，弹出【阴影】窗口，在其中调整阴影大小与深度，如图 8-40 所示。

单击【确定】按钮，效果如图 8-41 所示。

图 8-39　原始图片

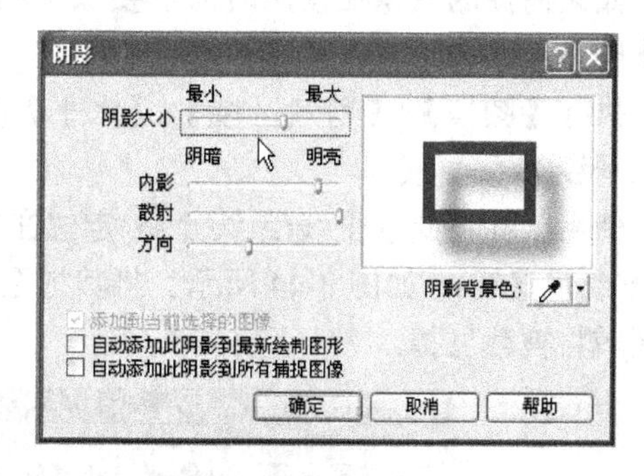

图 8-40　阴影设置

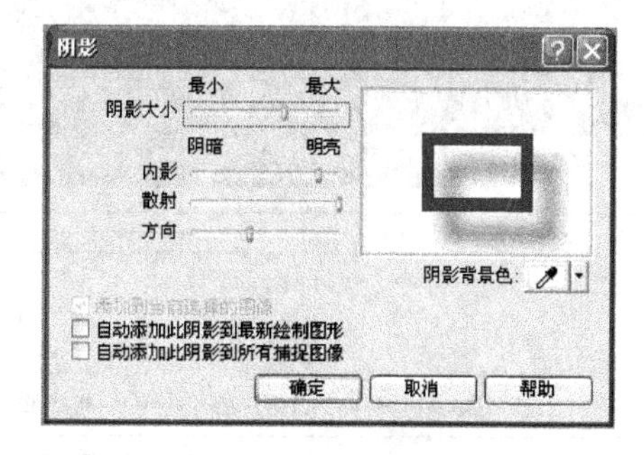

图 8-41　添加阴影效果

3. 添加边框

为如图 8-39 所示的原始图片添加一种 3D 效果的边框效果，具体操作步骤如下。

执行【图像】|【边框】命令，弹出如图 8-42 所示的【边框】对话框，进行相应的设置，单击【确定】按钮，得到如图 8-43 所示的图像边框效果。

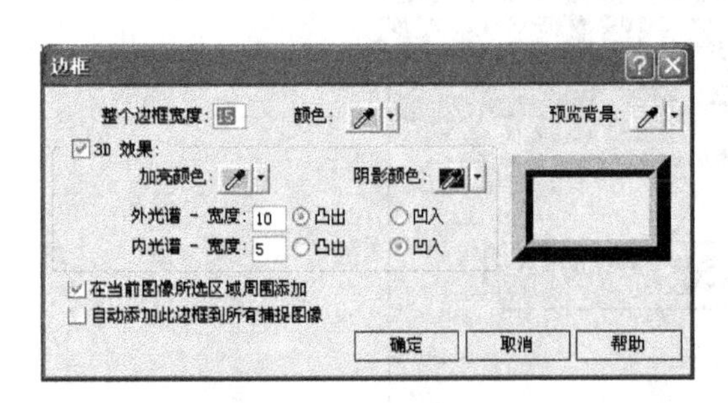

图 8-42　边框设置

图 8-43　添加边框效果

小提示

要注意的是，添加阴影、边框不仅仅只是对图像有效，图像内选定的区域也可以加上阴影和边框。如果希望以后每幅图像都自动添加这些效果，则可以在【阴影】对话框中勾选【自动添加此阴影到所有捕捉图像】复选框。以后不需要时，再取消勾选此项设置。

4. 剪裁图像

如果捕捉的图像在使用时只需要保留局部，可以利用 HyperSnap-DX 的【剪裁区域】功能，具体操作步骤如下。

执行【图像】|【剪裁区域】|【水平】(或【垂直】)命令，即可在工作区域中显示一条起始水平线(或垂直线)。

使用鼠标将此水平线(或终止线)定位在要裁剪的起始位置，移动鼠标可显示另一条终止水平线(或垂直线)，如图 8-44 所示。将其拖至终止位置并单击，两条水平线(或垂直线)之间的部分区域将被裁剪掉。

图 8-44　水平裁剪

知识链接：HyperSnap-DX 的其他功能

1. 使用颜色菜单

在 HyperSnap-DX 的【颜色】菜单下提供了许多比较实用的功能，如灰度、唯一颜色、反转彩色和颜色修正等，其中【灰度】命令可以把彩色图像转为灰度图像。通过执行【颜色修正】|【饱和度】命令可以调整图像的饱和度，从而得到一个比较清晰的图像。

2. 转换文件格式

先打开一个图像文件，再执行【文件】|【另存为】命令即可把打开的文件转换为另一种文件格式。

3. 将图片设置为墙纸

执行【文件】|【打开】命令打开一幅图片，再执行【文件】|【设置为墙纸】命令，弹出【设为墙纸】对话框，可以在其中选择图像在桌面上的显示方式。例如，要使图像在桌面上居中显示，则单击【居中】按钮即可。

如果对所设置的墙纸不满意，可以单击【去除墙纸】按钮，将所设置的墙纸去除掉。通过此法，还可以把游戏中比较酷的画面直接捕捉下来设为桌面的墙纸。

任务 8.3　用 PhotoFamily 制作电子相册

任务导读

过节了，陈先生的亲朋好友团聚一起，拍了好多照片。陈先生将其中一些精彩的照片挑选出来，想将它们制作成精美的家庭电子相册，留住这些永恒的回忆。

任务分析

本任务要用到一个专业的家庭电子相册制作软件——PhotoFamily。它是一款多功能的电子相册制作软件，集图片管理、编辑工具于一体。它不仅提供了常规的图像处理和管理功能，方便用户收藏、整理、润色照片，其图片编辑和趣味合成功能还给用户增加了我行我素的效果，独具匠心地制作出有声电子相册，为相册和图像添加播放 MP3 和 WAV 等格式的背景音乐，使照片“动”起来，给人们带来无限情趣。

学习目标

- 创建相册柜和相册
- 设置相册属性
- 导入原始照片素材
- 对相册进行细调处理
- 电子相册的共享

任务实施

8.3.1 认识 PhotoFamily 电子相册王

运行 PhotoFamily 程序，得到如图 8-45 所示的主界面。

主界面上方是相册的菜单栏，左侧上方是【相册管理】区，下方是【我的电脑】区；主界面的右侧是【缩略图】区，在【缩略图】区的上方是 PhotoFamily 的工具栏，下方是 PhotoFamily 的应用程序工具栏。在主界面的左下角是【储藏柜】和【回收站】。

PhotoFamily 采用了独特的相册柜/相册双层管理，用户可以将同一类型的图片储存在同一个相册(默认为 Love)里，再将储存了同一类型图片的多个相册放在同一个相册柜(默认为 Life)里。已经创建的所有相册柜和相册都会在【相册管理】区中列出，可以在【缩略图】区中预览相册里的图片。

图 8-45 PhotoFamily 主界面

8.3.2 制作家庭相册

1. 创建相册柜和相册

执行【文件】|【新相册柜】命令(或按快捷键 Ctrl+H)，在【相册管理】区中就会显示一个相册柜图标(默认名称为【相册柜】)。

单击【相册柜】图标，输入自定义名称【寒假】。

单击刚创建的相册柜【寒假】，可以看到【缩略图】区上方工具栏中的【新相册】和【获取】按钮被激活，如图 8-46 所示。

图 8-46　【新相册】和【获取】工具按钮

选中相册柜【寒假】，单击【新相册】按钮，在【寒假】相册柜中添加一个新相册，重命名为【亲人】，如图 8-47 所示。

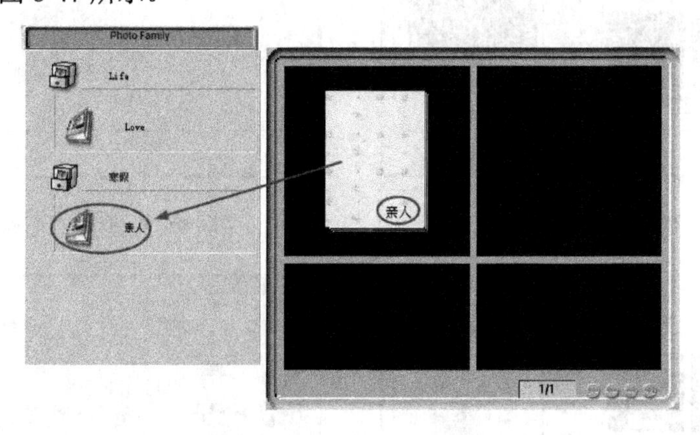

图 8-47　添加相册柜和相册

2. 设置相册属性

陈先生对上面默认创建的相册封面不满意，另外，他还想添加背景音乐、改变一下封面的字体格式等，创建风格独特的相册。所有这些要求可以通过修改相册属性来实现。其具体操作步骤如下。

右击【亲人】相册，在弹出的快捷菜单中执行【属性】命令(或选中该相册，单击【属性】按钮)，弹出如图 8-48 所示的【相册属性】对话框。

在【常规】选项卡中，勾选【音乐】复选框，单击右侧的【浏览】按钮，添加本计算机中的音乐文件【雪之梦.mp3】，选择排序方式为【日期】。

选择【封面】选项卡，如图 8-49 所示。单击【封面像框】图标，在【像框】选项卡中选择一种像框样式，如图 8-50 所示。选择【名称】选项卡，如图 8-51 所示，设置封面字体格式。

选择【封面底纹】选项卡，如图 8-52 所示，选择一种底纹样式；同样操作选择与之相同的封底底纹样式。单击【确定】按钮，返回如图 8-53 所示的【封面】选项卡界面，可以看到修改后的相册样式预览。

单击【确定】按钮，在 PhotoFamily 主界面即可看到相册效果。

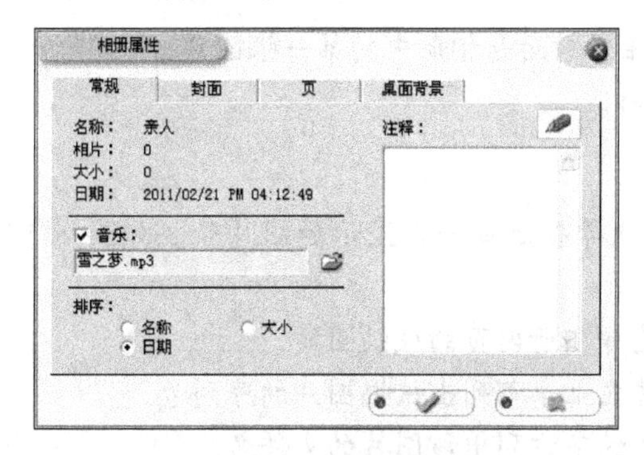

图 8-48　【相册属性】对话框

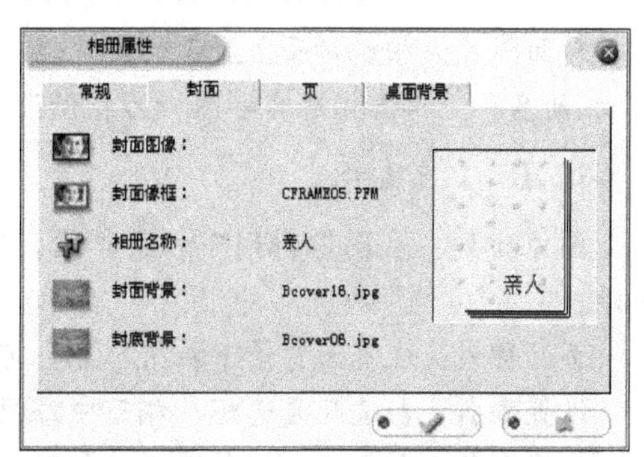

图 8-49　相册属性-封面

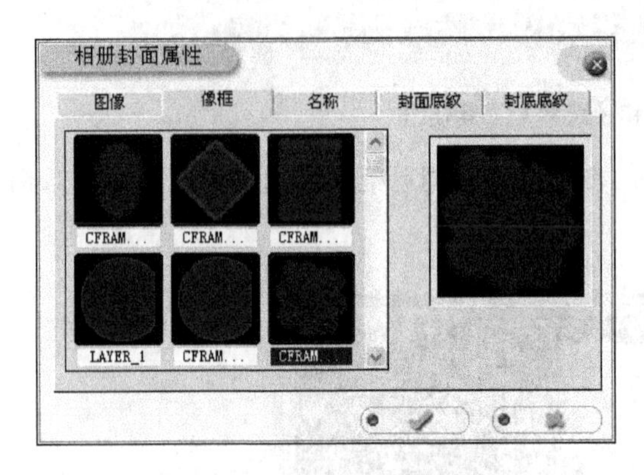

图 8-50　相册封面属性-相框

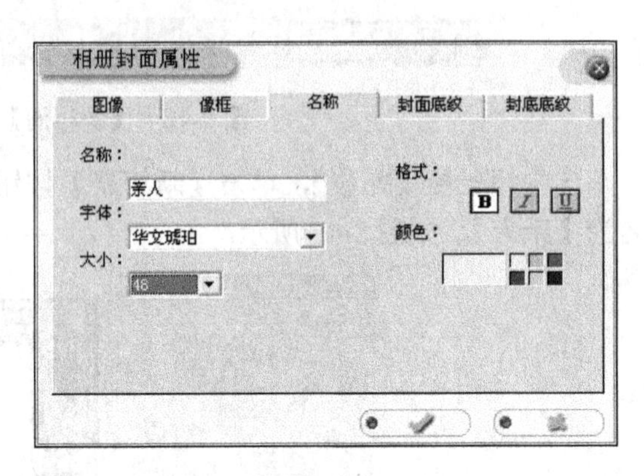

图 8-51　相册封面属性-名称

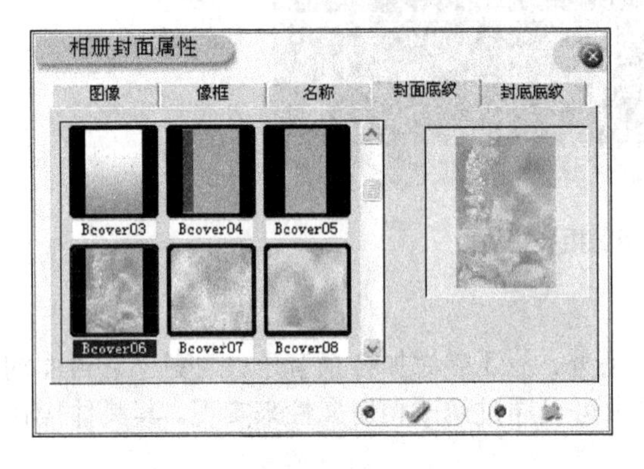

图 8-52　相册封面属性-封面底纹

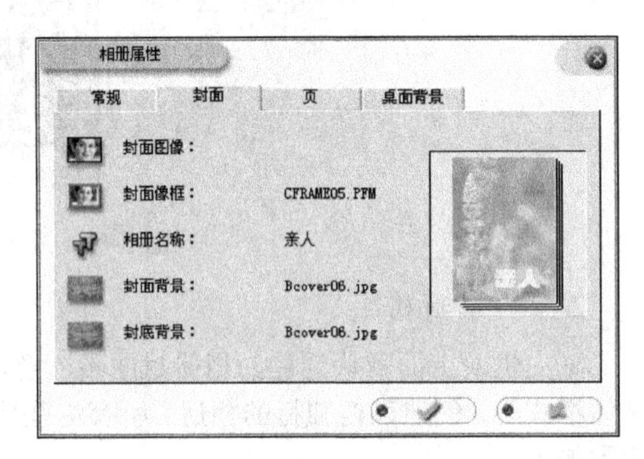

图 8-53　相册属性

知识链接：相册属性面板

1. 【常规】选项卡

相片：该相册里储存的图片数目。

大小：该相册里储存的所有图片所占空间总数。

注释：自定义的对该相册的描述。

排序：设定该相册图片的排序规则。

2. 【封面】选项卡

封面图片：相册封面上显示的图片(默认的相册封面是相册中的第一张图片)。

相册名称：单击相册名称图标为相册设置名称。

3. 【页】选项卡

图像排列：在图像排列下拉菜单中，可以选择相册每一页显示的图片数，如图 8-54 所示。

页面背景：在页面背景下拉菜单里，可以选择相册内页的底纹图案。

设置索引：勾选此复选框，相册中每幅图片左上角都列出该幅图片的序列号。

设置名称索引：勾选此复选框，相册中图片的下方列出该图片的文件名。

4. 【桌面背景】选项卡

颜色：选中此单选按钮可以设置桌面背景为纯色净面，如图 8-55 所示。双击下方色块，弹出调色板，可以从中选择喜欢的桌面背景颜色。

图像：选中此单选按钮，可以在右侧的【预览】区里选择图案(单击【添加】按钮➕，可以添加自己喜欢的图案)。

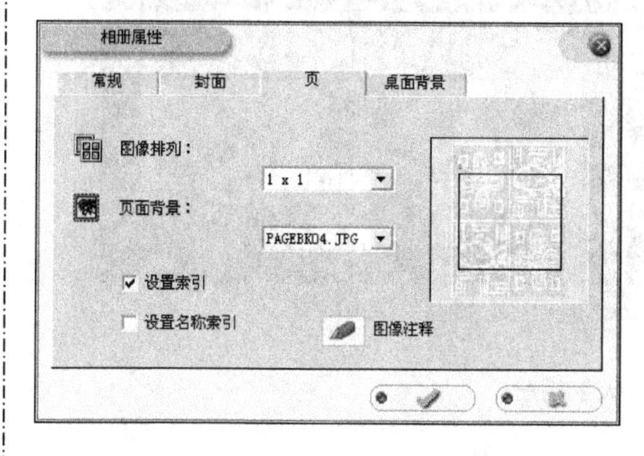

图 8-54 相册属性-页

图 8-55 相册属性-桌面背景

3. 制作家庭电子相册

接下来，在前面所创建的相册中开始制作家庭电子相册。

1) 原始照片的获取

可以用两种途径获取原始的照片，一是通过数码照相机直接拍摄后，把拍摄好的照片复制到计算机中，通过 ACDSee、PhotoShop 等图片处理软件简单处理；二是将普通相机拍摄的照片通过扫描仪将其复制到计算机中(注意扫描时图片的分辨率不要低于 300dpi)，然后再用图片处理软件进行一定的剪辑。这样，电子相册的原始素材就准备好了。

2) 导入原始照片素材

右击【亲人】相册图标，在弹出的快捷菜单中执行【导入图像】命令，然后选择所需的照片(也可以在【我的电脑】区中找到想要导入的照片，利用鼠标拖动把它们拖到目标相册中，PhotoFamily 会自动导入它们)，一个基本的电子相册就制作完成，如图 8-56 和图 8-57 所示。

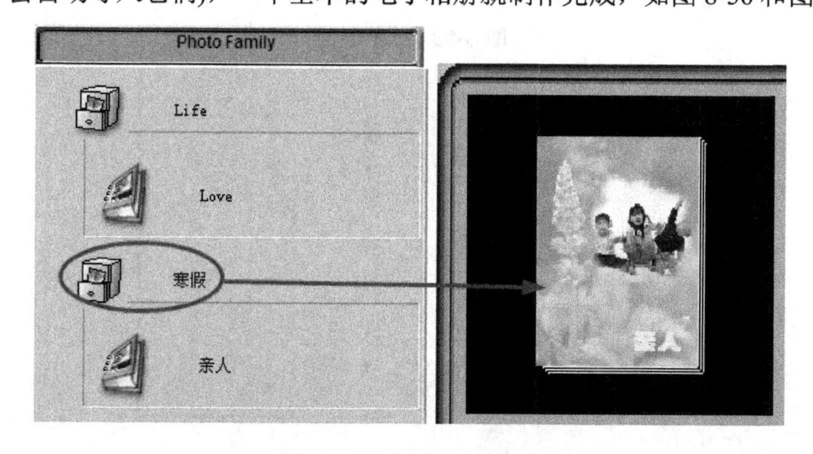

图 8-56 【寒假】相册柜

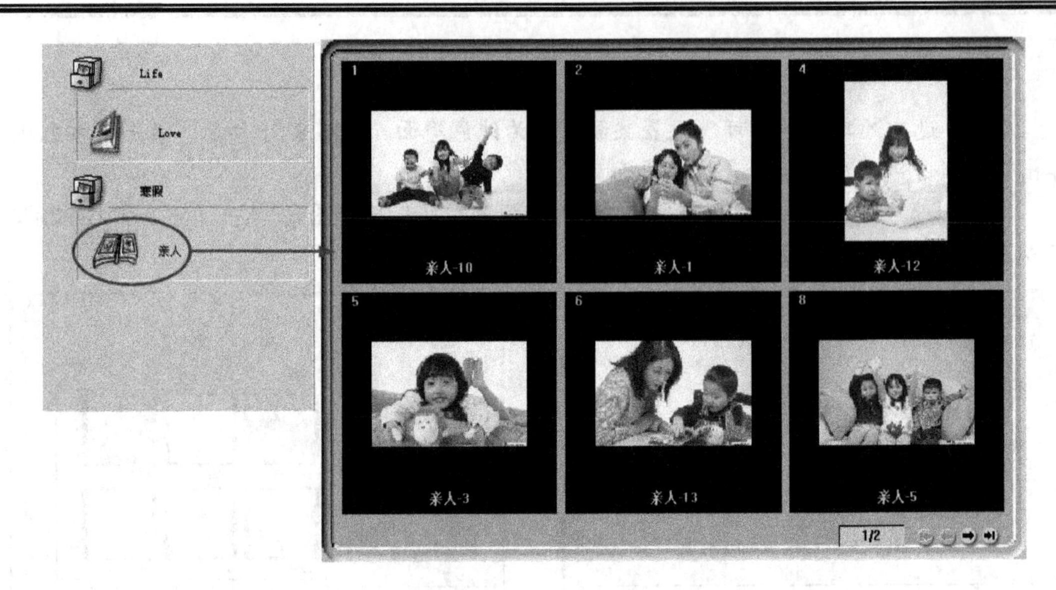

图 8-57　【亲人】相册

3) 浏览相册

双击【亲人】相册图标，即可浏览电子相册。在这里显示了一本跟实际相册差不多的电子相册，当指针移动到电子相册上后就变成一只手的形状，双击就可以翻页，翻开后电子相册呈双面显示，首先显示的是电子相册图片的目录，如图 8-58～图 8-60 所示。

图 8-58　相册封面

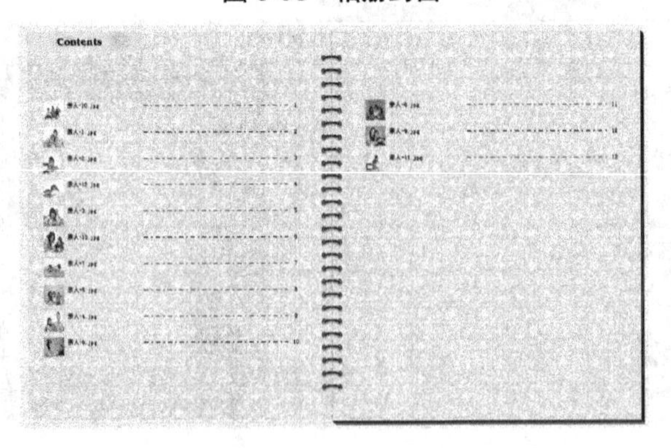

图 8-59　相册目录

图 8-60　相册页面

在电子相册的顶端为播放工具栏，如图 8-61 所示。可以单击其中的不同按钮，选择逐帧播放或者是自动播放。

图 8-61　播放工具栏

按 Esc 键，即可退出电子相册浏览返回 PhotoFamily 主界面。

4. 对相册进行细调处理

当然，还可以对制作完成的对相册中的相片进行修饰和编辑。

1) 旋转图片

右击第一幅图片，在弹出的快捷菜单中执行【编辑】命令，打开如图 8-62 所示的【Photo Edit】图片编辑界面。在这个图片编辑界面中可以完成很多图片编辑的功能，主要有 4 大调节部分。

图 8-62　调节-旋转

单击【调节】功能选项中的【旋转】按钮，在界面左侧【自定义】文本框中输入【45】，单击右侧的【顺时针旋转】按钮，得到如图 8-62 所示的效果。

单击界面下方工具栏中的【保存】按钮，弹出如图 8-63 所示的【保存：亲人-10.jpg】对话框，单击【确定】按钮即可将修饰过的图片替代原始图片。

图 8-63　保存修饰结果

注意：也可以单击【另存为】按钮，在弹出的对话框中指定位置和名称将其保存。

2) 趣味合成

在 PhotoFamily 主界面中单击【获取】按钮，重新导入第一幅原始图片。

右击该图片，在弹出的快捷菜单中执行【编辑】命令，打开如图 8-64 所示的【Photo Edit】图片编辑界面，在【趣味合成】功能选项中单击【毛边】按钮，在左侧的【毛边】样式中选择如图 8-64 所示的样式。

单击下方的【应用】按钮，得到如图 8-64 所示的预览结果(如果感到效果不满意，可以单击【重载原始数据】按钮，恢复原始图片样式，再行设置)。

单击【全屏】按钮，得到如图 8-65 所示的效果(按 Esc 键可以退出全屏浏览)。

图 8-64　趣味合成-毛边

图 8-65　全屏效果(毛边)

3) 其他效果

利用不同的功能选项，可以对图片进行旋转、明亮度调整，图片加入特效、变形以及相框，还可以制作卡片、月历和信纸等，效果如图 8-66～图 8-69 所示。

图 8-66　相框效果

图 8-67　卡片效果

图 8-68　月历效果

图 8-69　信纸效果

在【Photo Edit】编辑界面中单击【打印】按钮就可以将设置好效果的相片打印在相纸上，保存在纸质相册中了。

知识链接：PhotoFamily 的图片编辑功能选项

调节：可以调节图片的旋转、大小、亮度、色彩平衡和饱和度，这是平时最常用的功能，如图 8-70 所示。

特效：可以设置焦距、马赛克和浮雕特效，如图 8-71 所示。

变形：有倾斜、球形、挤压、漩涡和波纹 5 大变形特效设置，如图 8-72 所示。

趣味合成：有毛边、相框、卡片、月历和信纸 5 大合成部分，这也是经常用的功能，如图 8-73 所示。

图 8-70　调节按钮

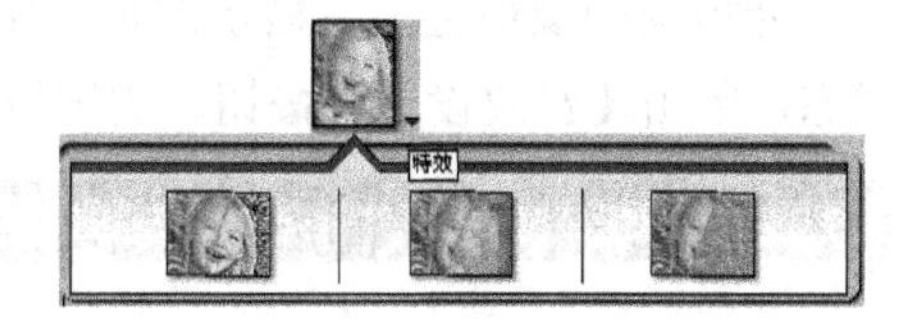

图 8-71　特效按钮

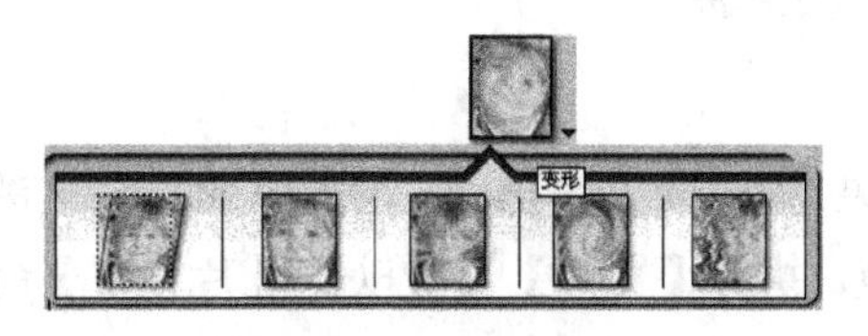

图 8-72　变形按钮

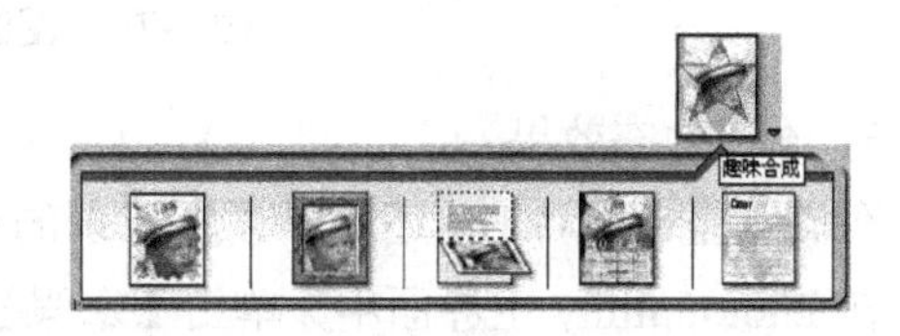

图 8-73　趣味合成按钮

4) 添加解说

图片的编辑完成了，但是图片只是提供给我们单一的信息，要是给图片加上解说，在浏览到该图片的时候让图片“说话”，告诉我们这张图片的出处，这样我们永远都不会忘记是什么时候、在哪里拍下这些美丽照片的。其具体操作步骤如下。

右击某张图片，在弹出的快捷菜单中执行【添加音乐】|【录制新文件】(如果有以前录好的声音，也可执行【打开旧文件】)命令，如图 8-74 所示。

弹出【录音】对话框，如图 8-75 所示。在【文件名】文本框中输入文件名称【三姐弟】，单击【缩图浏览】按钮，在弹出的对话框中选择保存录音文件的文件夹，返回【录音】对话框。

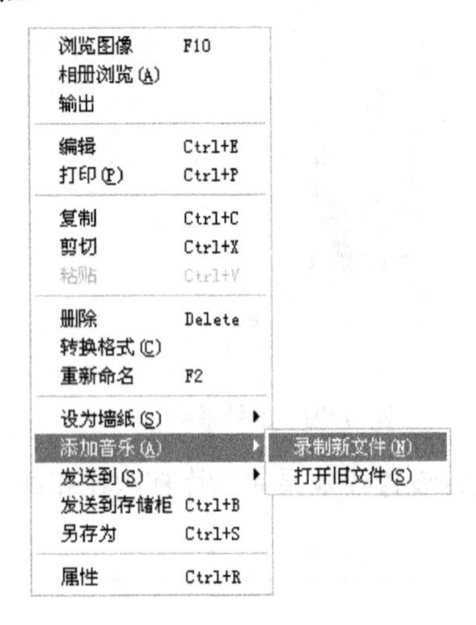

图 8-74　录制新文件

图 8-75　录音对话框

选择【mp3 file(*.mp3)】文件格式，单击【录音】按钮，开始录制声音(录音文件会自动保存在选定的路径中)。

录制完成后单击【停止】按钮，再单击【确定】按钮，声音文件就被保存起来。

右击已经添加声音的图片，在弹出的快捷菜单中执行【浏览图像】命令(或者按 F10 键)就可以浏览该图像。

将指针指向图像最上面，显示图片控制按钮，默认的【音效设置】按钮(小喇叭图标)是不发声状态，单击【音效设置】按钮，实现发声状态，就可以听到背景音乐了，如图 8-76 所示。

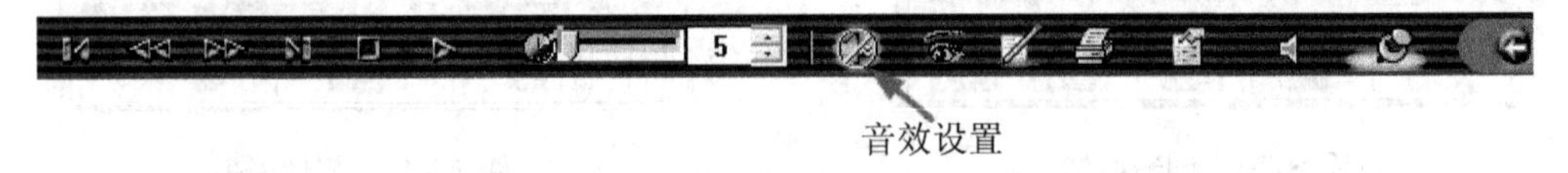

图 8-76　图像浏览控制工具按钮

5) 添加动态效果

在浏览全部图片时，还可以设置特别的动态效果，如，淡入淡出、从左推进或从右推进等。

在 PhotoFamily 主界面中，单击【寒假】相册柜，执行【文件】|【放映幻灯片设置】命令，弹出【自动播放设置】对话框，如图 8-77 所示。

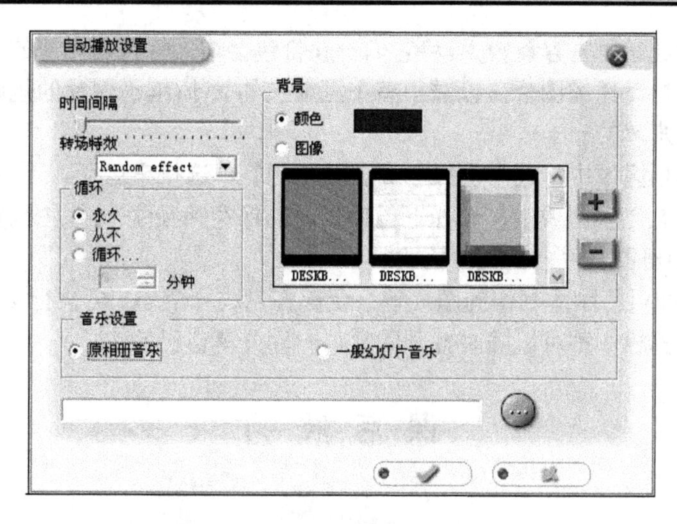

图 8-77　【自动播放设置】对话框

设置两张图片之间的时间间隔、转场特效、音乐和背景等，设置完毕确定保存即可。

5. 共享电子相册

一个精美的电子相册制作完成即可以在自己的计算机中观看相册。但是要让其他亲朋好友也能一起分享，那该怎么办呢？

PhotoFamily 允许把制作好的相册打包，这样在没有安装 PhotoFamily 软件的计算机中也可以随意观看了。其具体操作步骤如下。

在 PhotoFamily 主界面中执行【工具】|【打包相册】命令，弹出【打包相册】对话框，如图 8-78 所示。

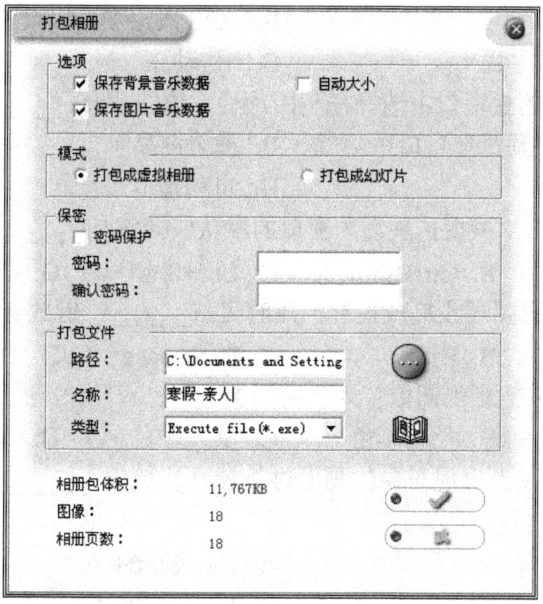

图 8-78　【打包相册】对话框

在【选项】选项区域中，勾选【保存背景音乐数据】和【保存图片音乐数据】复选框，把相册背景音乐、图片音乐和相册一起打包。

这些音乐文件通常所占容量较大，将它们一起打包会增加打包后相册的容量。可以勾选【自动大小】复选框，自动压缩图片，以减小整个压缩包的大小(缩小图片的规则是图片的最大宽度不能超过屏幕分辨率的一半)。

在【模式】选项区域中，选中【打包成虚拟相册】单选按钮运行。

在【打包文件】选项区域中，选择打包后相册的保存路径(按【缩图浏览】按钮可浏览文件夹)，设置打包相册的文件名和文件格式。

确定保存后，即可将刚才制作的图片效果全部打包成一个.exe 可执行文件，将其发送给朋友，在任何一台计算机中都可以随时打开欣赏，一同分享自己的快乐。

课 后 练 习

一、单项选择题

1. 以下________不是 ACDSee 具有的功能。

A. 反向图片　　B. 可以上下倒置
C. 调节图片的色彩　　D. 调节图片的曝光度

2. ACDSee 的幻灯片演示的播放序列有________。

A. 向前　　B. 向后　　C. 跳跃　　D. 随机

3. 利用 ACDSee 不能完成的操作________。

A. 浏览图片　　B. 制作幻灯片
C. 制作桌面背景　　D. 到方件列表中

4. 精确查找某张图片的方式是________。

A. 利用滚轮寻找　　B. 利用 Page Down 或 Page Up 键寻找
C. 利用查找工具寻找　　D.制作动画

5. 寻找在 ACDSee 的主窗口中选择任一图片后，该图片会________。

A. 出现在左侧“预览”窗口中　　B. 被全屏显示
C. 反白显示　　D. 自动播放

6. 使用 HyperSnap-DX 捕捉扩展活动窗口的默认快捷键是________。

A. Ctrl+Shift+R　　B. Ctrl+Shift+X　　C. Ctrl+Shift+W　　D. Ctrl+Shift+A

7. 在捕捉过程中，只要还没完成捕捉，随时可按________键放弃当前操作。

A. Enter　　B. Esc　　C. Backspace　　D. Delete

8. ________命令可以把彩色图像转为灰度图像。

A. 灰度　　B. 反转彩色　　C. 唯一颜色　　D. 颜色修正

9. 进入全屏游戏后，当出现需要的画面时按捕捉快捷键________，图像会自动被捕捉并依次保存下来。

A. Ctrl+Shift+R　　B. Ctrl+Shift+F
C. Scroll Lock　　D. Ctrl+Shift+A

10. 在 HyperSnap-DX 中一定要先________快捷键，才能在捕捉图像或者其他对象时使用快捷键。

A. 激活　　B. 设置　　C. 编辑　　D. 使用

11. HyperSnap-DX 允许批量捕捉图像，并自动将其命名为 Snap01、Snap02……，如果在未经编辑的情况下便全部关闭，那这些文件会被________。

A. 保存　　B. 删除　　C. 自动清除　　D. 消失

12. 想得到更好的捕捉屏幕效果，应该尽量设置________一些的分辨率。

A. 更大　　B. 更小　　C. 更密　　D. 更疏

二、填空题

1. ACDSee 是目前最流行的________处理软件。

2. ACDSee 能广泛应用于图片的获取、管理、浏览、________。

3. ACDSee 可以从数码照相机和扫描仪高效获取________，并进行便捷的查找、组织和预览。

4. ACDSee 是最得心应手的________编辑工具，轻松处理数码影像。其拥有的功能如去除红眼、剪截图像、锐化、浮雕特效、曝光调整、旋转和镜像等

5. ACDSee 能进行批量处理、创建 HTML 相册、提供屏保和幻灯片的________。

6. ACDSee 能快速、高质量地显示图片，再配以内置的________，即可得到精彩的幻灯片。

7. ACDSee 新增的________功能就可以轻易解决查找一张未知路径的图片。

8. ACDSee 不仅可以用作批量转换图片________，还可以批量转换图片大小、图片曝光度。

9. 执行________命令，给所喜欢的图片加上修饰性的文字。

10. 利用 ACDSee 同样可以将所喜爱的图片保存为一张壁纸，设为________。

11. HyperSnap-DX 中捕捉按钮的快捷键是________。

12. 如果要捕捉超过屏幕的超长网页，可以利用 HyperSnap-DX 的捕捉________功能来完成。

13. 通过________中的【饱和度】命令可以调整图像的饱和度，从而得到一个比较清晰的图像。

14. 利用 HyperSnap-DX 特殊捕捉的快捷键是________。

15. 使用快捷键________能够将现在正在活动的窗口截取下来，这也包括 HyperSnap-DX 自身，这或许是截取它自己的唯一办法。

16. 要注意的是，添加阴影、边框不仅仅只是对________有效，图像内选定的区域也可以添加上阴影和边框。

17. 用户在使用键盘上的 Print Screen 键截图时有很多________，为了满足用户的需要，需要使用具有截图功能的软件，HyperSnap-DX 6 就是其中比较优秀的一款。

18. HyperSnap-DX 6 根据用户的不同需要将截图分为多个________，同时 HyperSnap-DX 6 还支持对图片的简单编辑。

19. HyperSnap-DX 6 支持对图片的简单编辑，兼容________多种图形格式(包括 BMP、GIF、JPEG、TIFF、PCX 等)。

三、上机操作题

1. 从网页中下载多幅风景图片，运行 ACDSee，进行浏览和查看。将所有的图片批量转换为 BMP 格式。

2. 运用【批量重命名】功能为所有图片重命名，设置【开始于】数字为【1】，【模板名称】输入【我的图片----风景####】。

3. 给一幅自己喜爱的图片加注文字，并进行文字修饰。

4. 选择多幅图片创建 HTML 相册，选择【图库样式 1】；相册标题为【我喜爱的风景】。

5. 选择多幅图片制作幻灯片(【独立的幻灯放映】)，图像转场设置为【淡出淡入】，标题设置为【美丽的风景】。

6. 如果想捕捉某个软件的整个安装过程的图像，并且全部保存到已经创建的相关文档中，那么如何设置自动抓取图像到 Word 文件？

7. 用【捕捉窗口】、【捕捉活动窗口】、【捕捉不带框架的窗口】的方法分别捕捉【我的电脑】窗口，比较三者的区别与联系。

8. 捕捉滚动窗口。创建一篇超长文档，将编辑区的滚动窗口捕捉下来。

9. 搜寻一幅漂亮的汽车(或动、植物)图片，将其外部轮廓捕捉下来。

10. 利用【多区域捕捉法】捕捉 Windows 操作系统的【开始】|【程序】|【附件】|【系统工具】|【磁盘清理程序】多级菜单。

11. 利用【捕捉按钮】法捕捉【回收站】邮件菜单【属性】对话框中的【确定】按钮。

12. 捕捉灰度图，任意捕捉图片作灰度处理。

13. 批量捕捉图像。登录百度图片网站，选择部分相关联的图片，用【批量捕捉】的方法捕捉它们。

14. 给图片盖上自己的印章。浏览网站，捕捉【海尔兄弟】图片，将其设置成为水印；将上述制作好的水印，设置为自动印制在捕捉的图片上。

15. 设置剪裁图像和比例的大小。将其中一幅图片按照实际需要适当裁剪图像大小。

项目 9 动画制作工具

Flash 特效文字动画非常受网民的喜爱，本项目将介绍两款专门用于制作 Flash 特效字的工具软件。如果对于 Flash 动画不太熟悉，不妨选择其一，可以利用这些工具软件轻易制作出风格各异的 Flash 动画特效文字。

任务 9.1 利用 SWiSH Max 4.0 制作文字动画

任务导读

华先生接到公司领导的任务，要为公司设计一个网站来宣传公司的产品。华先生觉得网站首页应该为一些重要的文字信息增加动态文字效果，以达到吸引网民注意的目的。制作动画效果的软件种类比较多，如 Flash、GIF、PS 等，大多专业性很强，操作起来比较复杂。有没有一款操作较为简单，效果又比较好的动画制作软件呢？

任务分析

在浏览网页时，有时会在网页中看到精致的动态文字效果，它们很容易吸引网民的眼球，快速地记住文字内容。通常，网页中的动画文字效果大都使用专业的动画制作软件 Flash 来制作。其实，借助于一个非常简便实用的软件——SWiSH Max 4.0，网页制作爱好者完全可以自己制作一些简单的动画文字效果。

SWiSH Max 4.0 是一款使用简单的动画制作软件，利用它可以轻易地在短时间内制作出复杂的形状、文字、按钮以及移动路径，并且为其添加超过 150 种如爆炸、漩涡、3D 旋转以及波浪等预设效果，快速、简单地制作出炫酷的动画效果。SWiSH Max 4.0 导出的为 SWF 格式文件，可以与任何网页结合，也可以导入 Macromedia Flash 并为其所使用，可以在任何一台安装有 Flash Player 的计算机中显示动画效果。同时，这些动画效果也可以通过 E-mail 发送、嵌入 PowerPoint 演示文稿或 Word 文档中。

接下来，我们就和华先生一起，利用 SWiSH Max 4.0 版本来制作网页文字动画。

学习目标

- 认识 SWiSH Max 界面
- 利用 SWiSH Max 制作文字的动画效果
- 动画效果的保存和输出
- 文字动画的播放与欣赏

任务实施

9.1.1 认识 SWiSH Max 程序界面

启动并打开 SWiSH Max 主界面，弹出如图 9-1 所示的【新建影片或工程】对话框，询问要创建的文件种类。

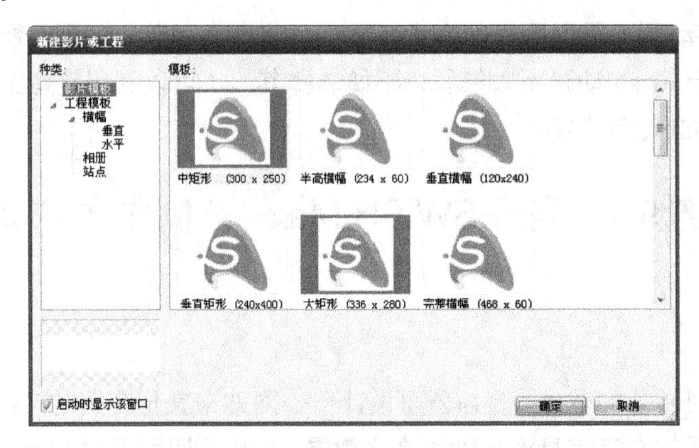

图 9-1 【新建影片或工程】对话框

此外单击【取消】按钮，打开如图 9-2 所示的界面，单击【空白影片】链接。

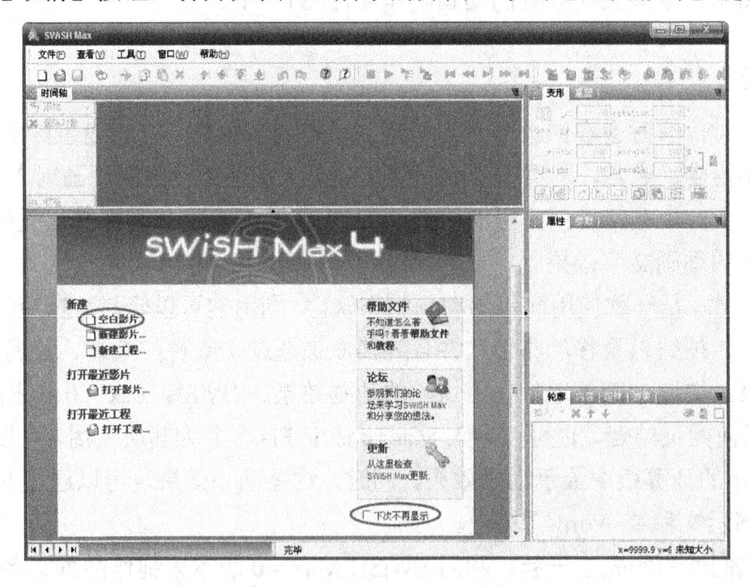

图 9-2 新建空白影片文件

此时，在 SWiSH Max 主界面的左上角可以看到创建的【影片 1*】文件名，如图 9-3 所示。

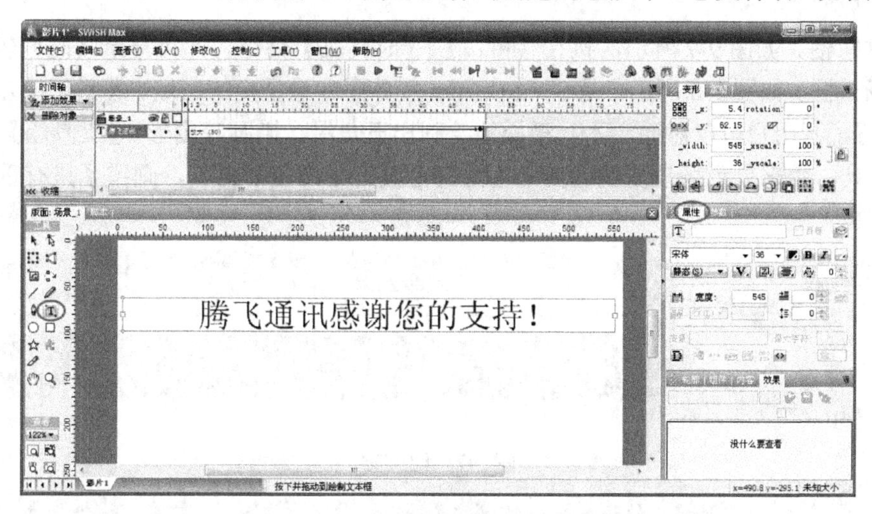

图 9-3　SWiSH Max 主界面

> **小提示**
>
> 如何取消提示框显示？
>
> 在如图 9-1 所示的【新建影片或工程】对话框中勾选【启动时显示该窗口】复选框，然后单击【取消】按钮，下一次启动该软件时就不会弹出该对话框了。
>
> 在如图 9-2 所示的界面中勾选【下次不再显示】复选框，也可以在下一次启动软件程序的时候不再显示该界面。

SWiSH Max 的主界面主要用来创作和编辑 SWiSH Max 电影。它包括主菜单、工具栏、工作区窗格及【属性】窗格 4 部分。

1. 工具栏

(1) 标准工具栏。如图 9-4 所示，在标准工具栏中含有【新建】、【打开】、【保存】、【查找】等标准的工具按钮，还包括【向前放】、【向后放】、【置为前景】、【置为背景】等功能按钮。

图 9-4　标准工具栏

(2) 控制工具栏。如图 9-5 所示，在控制工具栏中从左向右依次为【停止】、【播放影片】、【播放时间轴】、【播放效果】、【返回】、【向后一步】、【预览帧】、【向前一步】、【转到结束】功能按钮。其中的 3 个播放按钮分别播放场景中、时间线上及各个特效的动画效果。

(3) 插入工具栏。如图 9-6 所示，从左向右依次为【插入场景】、【插入按钮】、【插入影片剪辑】、【插入外部媒体】、【插入库符号】、【导入声音】、【导入视频】、【导入图像】、【导入动画】、【导入矢量】、【导入文本】功能按钮。

图 9-5　控制工具栏

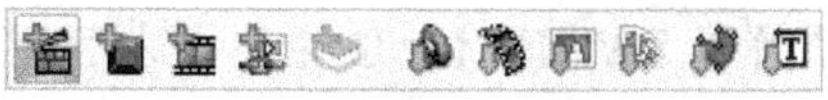

图 9-6　插入工具栏

2. 工作区

(1) 时间轴。如图 9-7 所示，执行【窗口】|【时间轴】命令，即可显示【时间轴】窗格。

(2) 场景区。如图 9-8 所示，是 SWiSH Max 主界面中最重要的区域。场景区的左侧为【工具箱】按钮，利用它可以添加文本，轻松地绘制出五角星、椭圆等图形。【工具箱】的下部为【查看】工具，用来显示场景比例。美中不足的是没有【橡皮】工具，画错了只有重画或用修改工具修改。

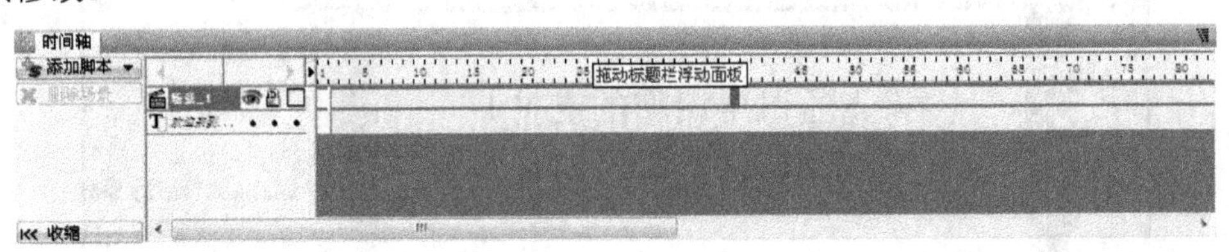

图 9-7　时间轴

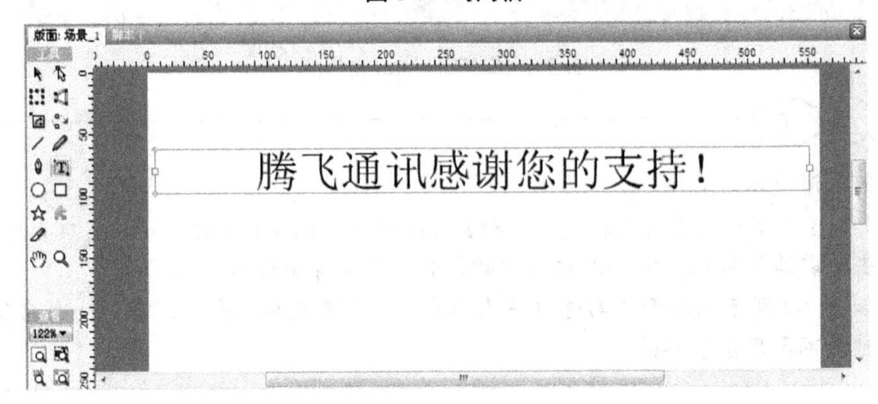

图 9-8　场景区

3. 【属性】窗格

如图 9-9 所示，为 SWiSH Max 的【属性】窗格，在此可以为输入的文本设置格式。

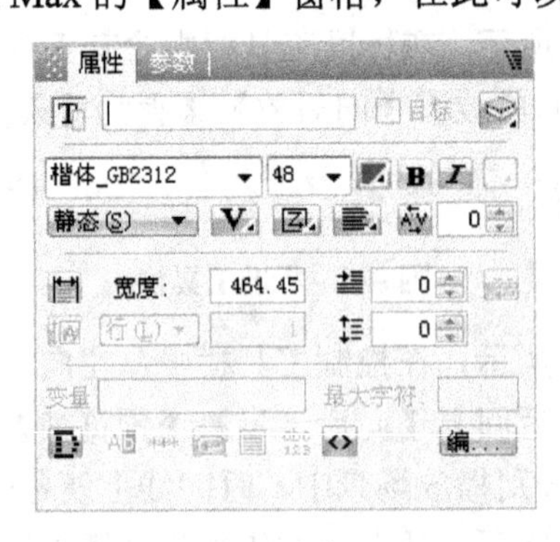

图 9-9　属性面板区

9.1.2　添加文字动画效果

在了解了 SWiSH Max 的主界面之后，下面我们就和华先生一道制作一个较为简单的文字动画效果。

1. 设置文本格式

1) 输入文本

首先，在如图 9-3 所示的场景区左侧的工具箱中单击【文本】按钮，按住左键在工作区中间拖画出一个四周带有控制柄的矩形(这就是动画场景，通过调整控制柄可以设置动画幅面，也可以通过执行【修改】|【影片】|【属性】命令进行设置)，在矩形文本框中输入【腾飞通讯感谢您的支持！】。

2) 设置文本格式

此时的【属性】窗格中显示的是【文字】选项卡，将输入的文本字体格式进行如下设置。

(1) 字体格式。选择【腾飞通讯】，在【属性】窗格中设置字体为隶书、大小为 72 磅，字体宽度为 545 磅。其他文本字体格式按照默认即可。

(2) 字体类型。选择所有文本，利用【字体类型】下拉列表框将文本设置字体类型为【矢量字体(像素排列)】，如图 9-10 所示。

(3) 文本调整。选择所有文本，利用【文本调整】下拉列表框将文本设置为【中央调整】样式，如图 9-11 所示。

图 9-10　字体类型　　　　图 9-11　文本调整

(4) 文本颜色。选择【腾飞通讯】，利用【文本颜色】下拉列表框为所选文本设置颜色为【FF6600】(十六进制颜色值)的样式，透明度设置为【100%】，如图 9-12 所示。

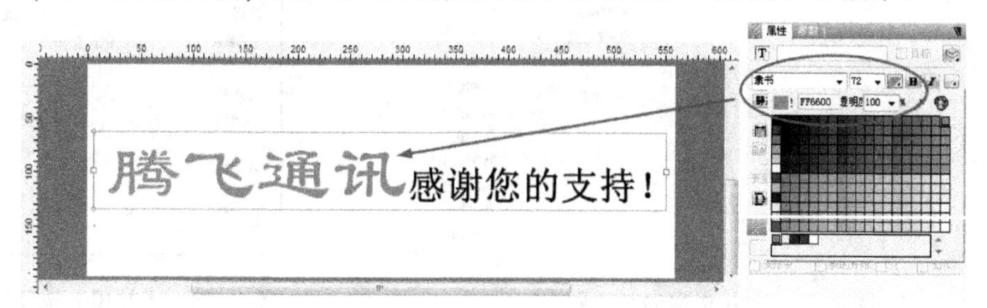

图 9-12　调整文本颜色

2. 添加文本动画效果

1) 添加文本流动方向

利用【文本流动的方向】下拉列表框，选择【文本流动穿过直线从左到右，直线流动从上到下】样式，如图 9-13 所示。

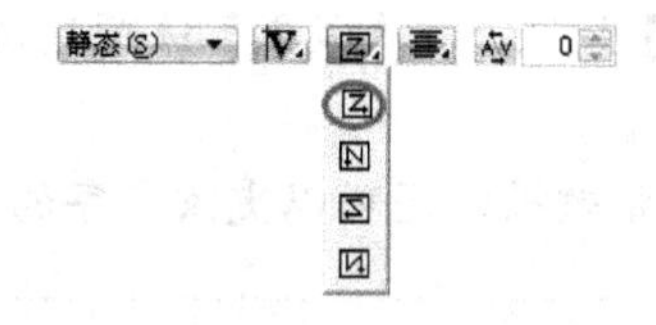

图 9-13　文本流动方向

2) 添加文本滑动效果

单击选中工作区中的文本框文字，执行【插入】|【效果】|【滑动】|【从左进入】命令，如图 9-14 所示。

此时，在【效果】选项区域中中可以看到当前的文本动画效果(【滑动 进入从左】)参数值(其中，【帧效果的持续】默认值为【10】)，如图 9-15 所示。

单击【效果】选项区域中的【播放效果】按钮，可以在工作区内预览所添加的文本动态效果。由于默认的帧效果的持续时间值(【10】)太小，使得动画的切换频率太快，给人以眼花缭乱的感觉，播放的效果不能令人满意。因此需将该值修改为【100】，如图 9-15 所示。

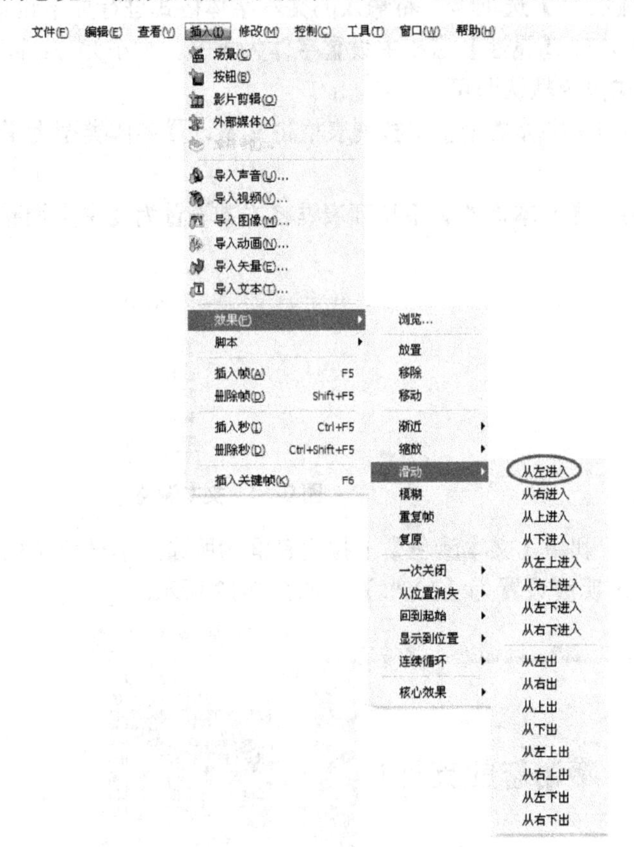

图 9-14 插入文本动态效果

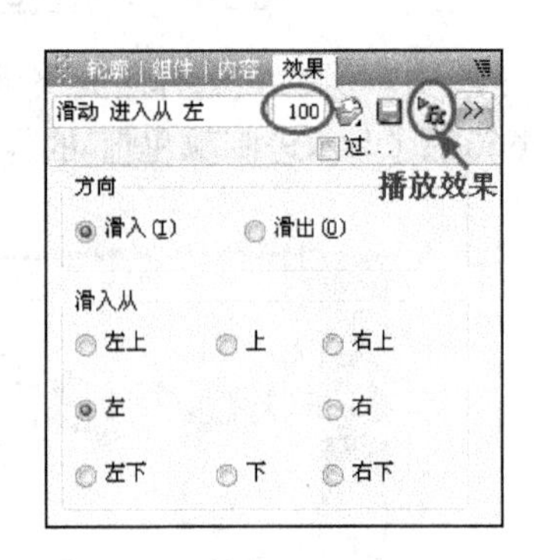

图 9-15 【效果】选项区域

小提示

修改当前的文本动画效果。

如果想将当前编辑的【滑动】动画效果修改为其他的效果，可以利用【效果】选项区域中的【从文件载入效果设置】按钮实现。单击该按钮，从下拉菜单中执行【渐进】|【淡出】命令，替换当前的【滑动】效果，在【效果】选项区域中可以看到所替换的【淡出】效果的参数值，如图 9-16 所示。

使用上面的方法，通过预览效果，还可以更改文字的其他多种动态效果。

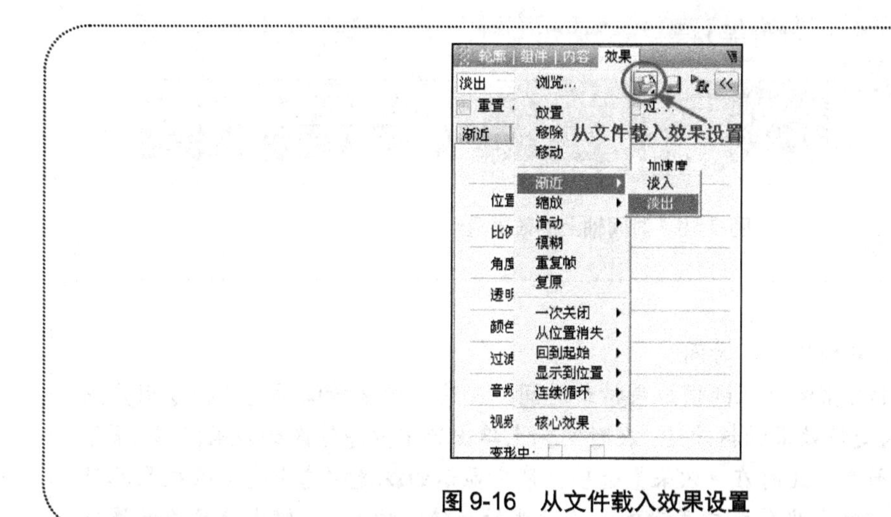

图 9-16　从文件载入效果设置

3) 添加文本回到起始效果

通常仅仅添加一种文字动画不会产生较好的网页效果，往往需要将几种动画结合在一起，才会产生炫酷的效果。例如，在【滑动】效果的后面，为当前的文字继续添加动画效果。

在如图 9-17 所示的【时间轴】窗格中，单击【添加效果】按钮，执行【回到起始】|【子弹-涟漪】命令。

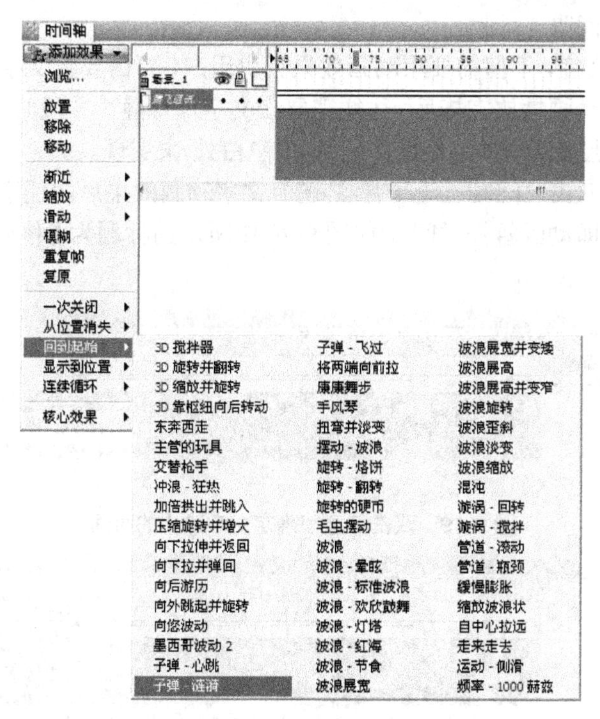

图 9-17　继续添加文字动画效果

添加后的动画效果即刻在【时间轴】窗格中显示出来，如图 9-18 所示(此时，在【效果】选项区域中同时显示出该动画效果的参数值，将【帧效果的持续】时间值由默认的【10】修改为【50】)。

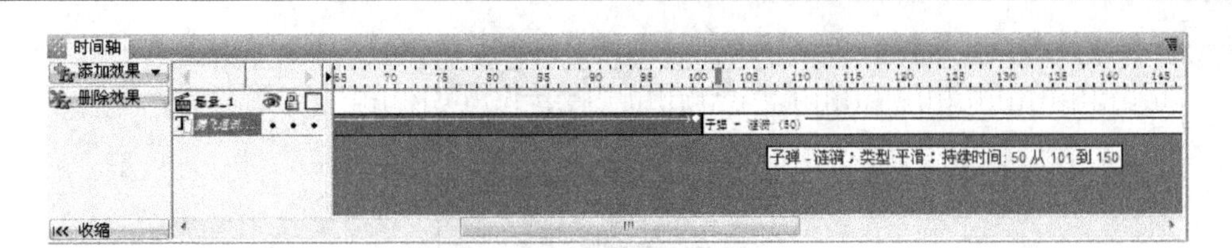

图 9-18　时间轴上的效果显示

小 提 示

如何调整“帧效果的持续”时间?

由于各种动画都有系统默认的帧效果持续时间，而这种效果持续时间未必令用户满意，因此有时需要改变帧效果的持续值。在时间轴上单击选中要想修改的效果(例如,【子弹-涟漪】文字动画效果，此时在【效果】选项区域中显示的就是被选中的动画效果参数值)，在【帧效果的持续】数值框中手动输入要改变的数值，按 Enter 键查看预览结果直到满意为止。

注意：帧效果的持续数值越大，动画持续时间越长；相反，数值越小，动画持续时间越短。

3. 调整当前的文字动画效果

1) 调整动画播放间隔

在网页中插播的文字，不但需要用动画效果吸引用户，更需要将文字内容留在用户的记忆中。因此，在一次文字动画播放完毕后，往往需要让文字保持静止一段时间后再继续播放动画，可以通过双击时间轴上该动画效果后面的任意帧(空白处)来实现。

如图 9-19 所示，双击时间轴上【子弹-涟漪】文字动画效果后面任意帧处，即可将其作为延长文字静止的时间(即动画暂停时间)。如图 9-20 中所示的标题为【移动】的时间段即为文字静止效果持续时间。

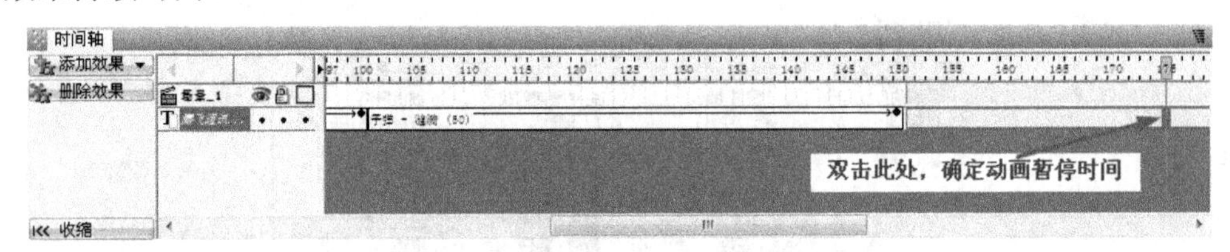

图 9-19　双击任意帧确定文字静止的时间

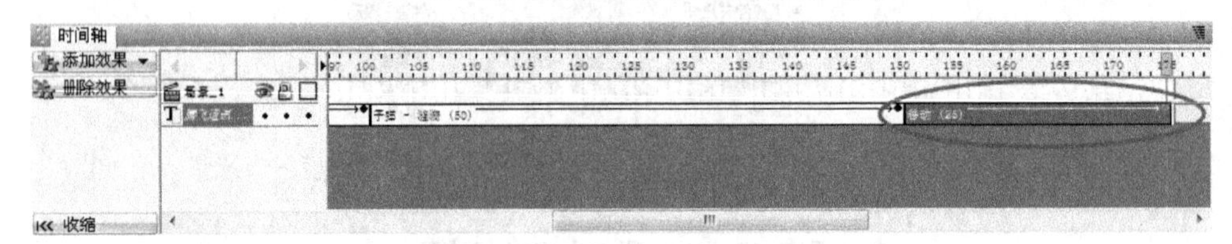

图 9-20　添加文字静止效果

2) 在文字静止后添加动画效果

根据网页要求，还需要在文字静止一段时间后继续添加其他动画效果。其具体操作步骤如下。

首先，在【移动】效果的后面单击选择一个空白帧(确定添加效果的时间位置)。

然后，执行【添加效果】|【显示到位置】|【卷曲-卷入】命令，如图 9-21 所示，此时预览动画，就会看到在【子弹-涟漪】动画效果后文字保持静止，随后显示从左向右文字【卷曲-卷入】的动画效果。

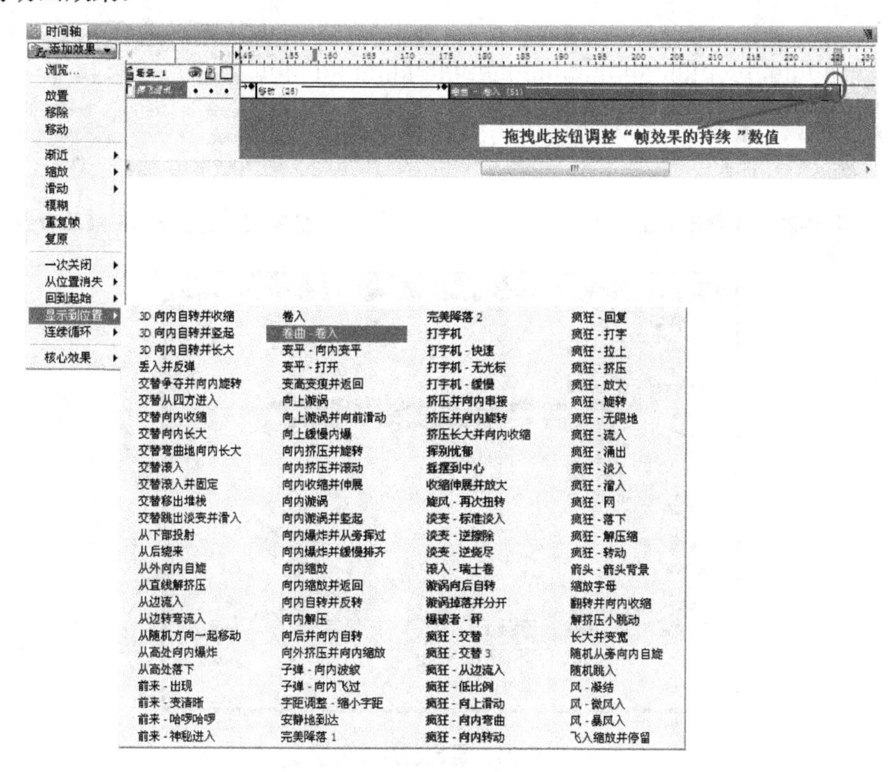

图 9-21　在文字静止后添加动画效果

小提示

在时间轴上修改帧效果的持续数值。

前面介绍使用【效果】选项区域中的【帧效果的持续】数值框来修改动画效果的持续时间，实际上，更简便的操作可以通过拖曳时间轴上该动画效果右端的红色圆点来实现，如图 9-21 所示，通过拖曳该圆点将【卷曲-卷入】动画效果的持续时间调整为【51】。

4. 预览文字动画

文本的动画效果添加操作完成后，单击控制工具栏中的【播放】按钮，可以预览文字动画的播放效果，单击控制工具栏中的【停止】按钮，停止动画播放。

5. 保存和输出动画效果

1) 保存动画文件

执行【文件】|【保存】命令或者单击工具栏中的【保存】按钮，将当前编辑的动画影片文件进行保存，文件名为【腾飞通讯.swi】。

2) 导出为.swf 文件

文字动画效果设置好了，下面的工作就是导出 Flash 动画，可以利用【文件】菜单命令和【导出】工具栏两种方法来操作实现。

单击【导出】工具栏中的【导出为 SWF】按钮(见图 9-22)或执行【文件】|【导出】|【SWF】命令(见图 9-23)，弹出【导出为 SWF 文件】对话框(见图 9-24)，在这里把该影片文件保存为 Flash 文件，文件名为【导出为 SWF】。

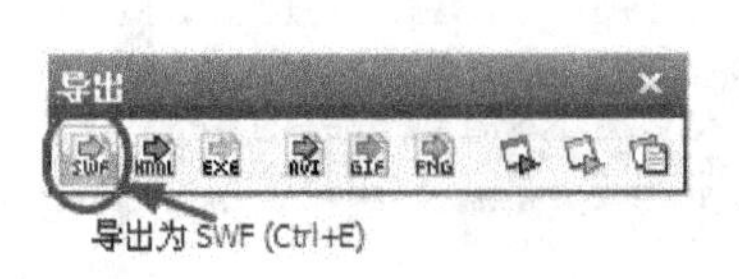

图 9-22 【导出】工具栏

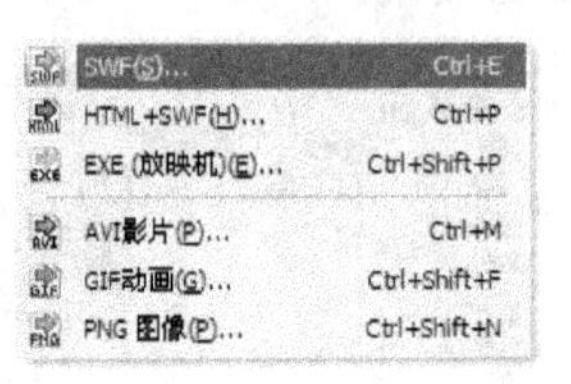

图 9-23 导出 SWF 菜单命令

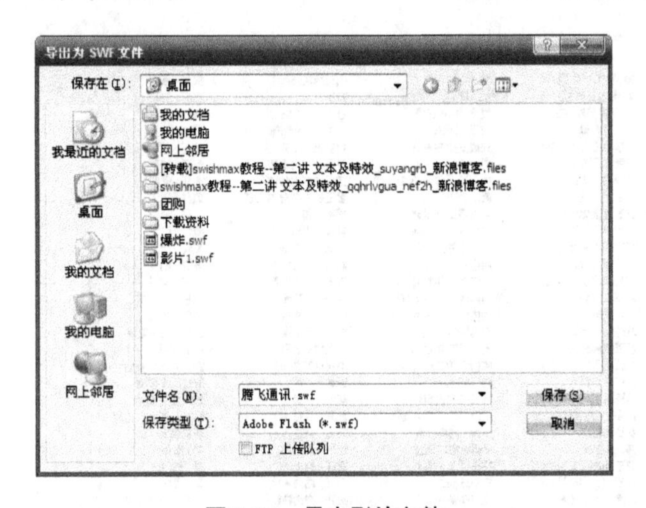

图 9-24 导出影片文件

导出的各种格式的影片文件，就可以在网页制作软件(如 Macromedia Dreamweaver)插入并使用了。

知识链接：可以导出的文件格式

在【导出】工具栏中，除了【导出为 SWF】按钮之外，还可以使用其他工具按钮将当前编辑的影片导出为其他格式的文件。

【导出到 HTML+SWF】：就是在导出 SWF 文件的同时导出网页文件。

【导出到 EXE(放映机)】：就是导出不用 Flash 播放器就可以播放的可执行文件。

【导出为 AVI】：就是导出能用视频播放软件播放的视频文件。

【在浏览器中测试】：就是打开默认的浏览器进行影片的播放。

【在播放器中测试】：就是打开 Macromedia Flash Player 播放器进行影片的播放。

9.1.3 欣赏文字动画

精心设计的文字动画效果，在网页中的播放效果如何呢？可以通过多种方法进行播放预览。

1. 使用 Macromedia Flash Player 播放影片

前面导出的【腾飞通讯.swf】文件和 Flash 导出文件格式一样，通过 Flash 播放器就可以播放。直接双击该文件，即可播放制作的影片动画效果，如图 9-25 所示。

图 9-25　使用 Flash Player 播放影片

2. 使用 IE 浏览器播放影片

右击导出的【腾飞通讯.SWF】文件，在弹出的快捷菜单中执行【打开方式】|【IE 浏览器】命令，启动 IE 浏览器，根据 IE 浏览器有关信息栏的提示文字，在信息栏中单击【允许阻止的内容】链接点，即可在 IE 浏览器中欣赏到自己设计的文本动画效果，如图 9-26 所示。

图 9-26　使用 IE 浏览器查看文字动画

当然，也可以通过右键快捷菜单命令，选择本地计算机中安装的其他视频播放软件来欣赏文字动画。

知识链接：如何修改影片属性

有的时候，想对制作好的影片效果再做一些修饰，例如，给文字动画添加背景颜色、改变影片高度和宽度、调整动画播放速率等。

要实现上述操作目的，操作起来很简单，只要按照图 9-27 所示执行【修改】|【影片】|【属性】命令，在弹出的如图 9-28 所示的【影片属性】对话框中，修改其中的参数即可。

注意：在【影片属性】对话框中也可以控制动画是否循环播放，即取消勾选【影片结束时停止播放】复选框即可实现动画的循环播放。

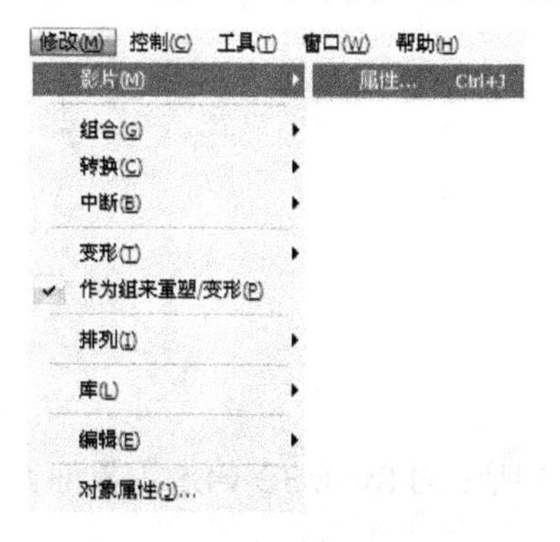

图 9-27　修改/影片/属性

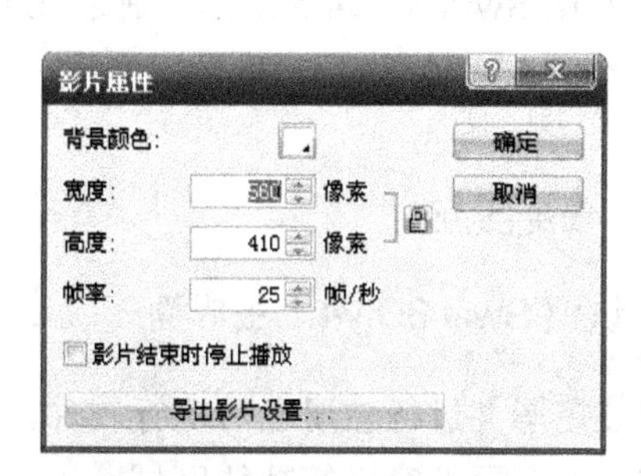

图 9-28　【影片属性】对话框

SWiSH Max 目前的功能主要突出在文字效果的制作上，如常用的淡入、淡出、波浪甚至3D 旋转等效果。这些如果要在 Flash 中实现是很繁琐的，而在 SWiSH Max 中只需简单的设置就可以实现。SWiSH Max 这个小软件还有很多的功能，这就需要用户在实践中摸索了。

任务 9.2　用 Swift 3D 制作立体旋转文字

任务导读

董先生想在个人网页中添加一个动感的 LOGO 标志，他打算制作一个具有三维效果的旋转文字放在网页醒目的地方。可是他对 Flash 动画软件不太熟悉，听说网上有很多专门制作动画文字的软件，究竟哪一款软件制作的效果漂亮，操作起来又比较容易呢？

任务分析

众所周知，Flash 和 3D Max 等软件都是可以制作动画文字，然而，Flash 动画一般都是二维的，要想做出 3D 动画，使用 Flash 操作是相当困难的，需要借助外部的其他软件，然后将做好的 3D 动画导入到 Flash 中进行修改。而 3D Max 等大型 3D 软件功能虽然强大，但操作复杂。如果用户仅仅是想做一段简单的 3D 文字特效，那么使用 Swift 3D 软件就能够做出精美的 3D 效果。

Swift 3D 是一款非常优秀的矢量 3D 制作软件，能够构建模型、渲染 SWF 文件，弥补了 Flash 在三维动画效果制作上的不足。它不仅仅局限于制作简单的三维动画，更在文字、材质、建模、渲染等方面有着丰富的功能。它简单易用，适合对 Flash 和 3D MAX 比较生疏的用户，可以直接导出 SWF 文件，方便在 Flash 中作进一步处理。它能够轻易地构建 3D 模型并渲染生成 SWF 文件。

下面，以 Swift 3D v4.5 473 版为例，介绍具有立体旋转效果的动画文字的制作过程。

学习目标

- 认识 Swift 3D v4.5 主界面
- 利用 Swift 3D v4.5 制作具有立体效果的文本
- 利用 Swift 3D v4.5 制作动感的 3D 文本
- 动画文本的输出与渲染

任务实施

9.2.1　认识 Swift 3D v4.5 主界面

安装完毕并进行注册之后运行软件，打开如图 9-29 所示的 Swift 3D v4.5 主界面。其分为编辑工具栏、属性窗格等功能区域。

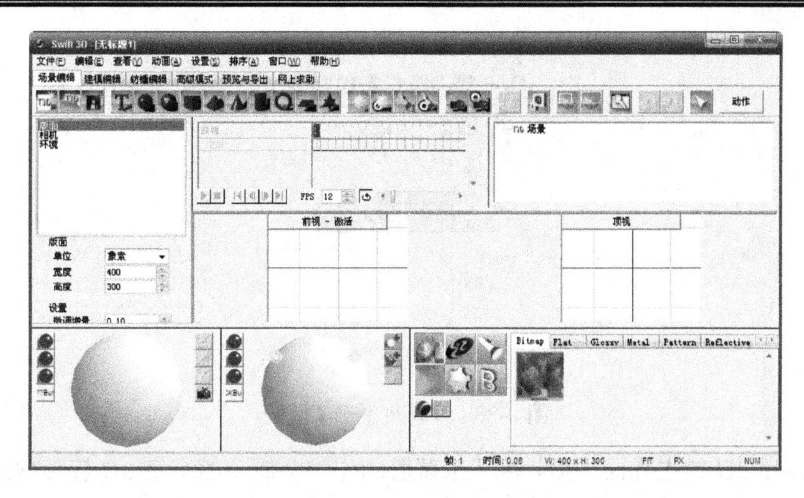

图 9-29　Swift 3D v4.5 主界面

1. 编辑工具栏

如图 9-30 所示，为 Swift 3D v4.5 主界面中【场景编辑】选项卡中的编辑工具栏，从左向右包括常用的【新建】、【打开】和【保存】按钮，【创建文字】、【创建球体】、【创建石材】、【创建正方体】等 10 种创建 3D 对象的红色按钮，【创建自由点光源】、【创建目标点光源】、【创建自由聚光灯】等 6 种光源工具按钮以及【文本变路径】、【缩放模式】、【渲染框选】、【渲染窗口】、【所有对象帧】、【撤销】、【重做】、【动作路径模式】和【动作模式】按钮。

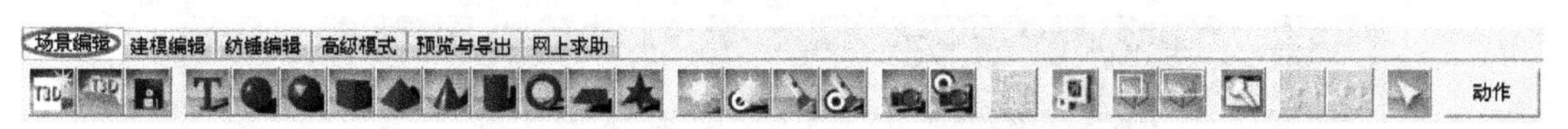

图 9-30　编辑工具栏

2. 属性窗格

Swift 3D v4.5 主界面的左侧为属性窗格，用于设置图像或者动画的各项参数。在还没有任何图像可进行编辑时，可以利用属性窗格进行版面规划和环境设置。

(1) 版面。如图 9-31 所示为 Swift 3D v4.5 软件属性窗格中的【版面】选项区域，在这里可以设置场景的高度和宽度(单位可以是像素或者英寸、厘米，默认的是 400×300 像素)。

(2) 相机。如图 9-32 所示为【相机】选项区域，可设置镜头的焦距，默认值是 50mm。其中的【镜头焦距】数字输入框可以设置照相机镜头距离远近，也就是人们看到的物体的大小。

(3) 环境。如图 9-33 所示为【环境】选项区域，可以改变场景的背景色和照射在物体上的灯光的颜色。

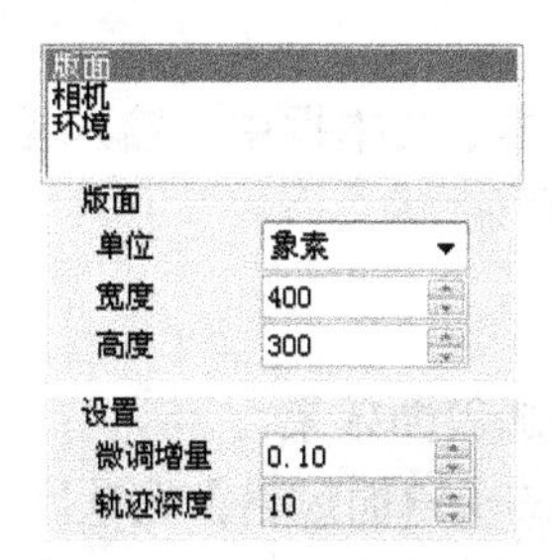

图 9-31　【版面】选项区域

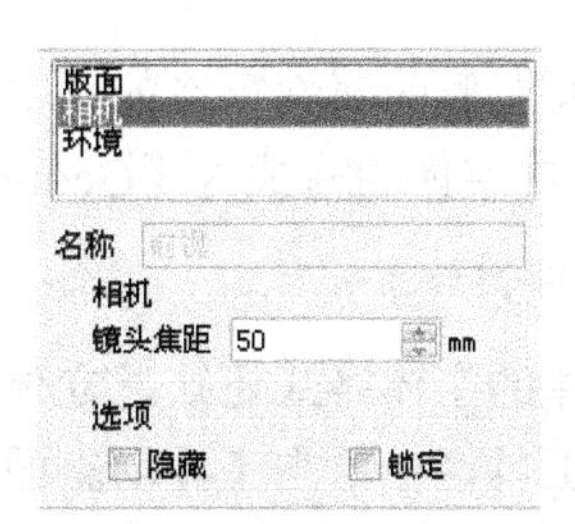

图 9-32　【相机】选项区域

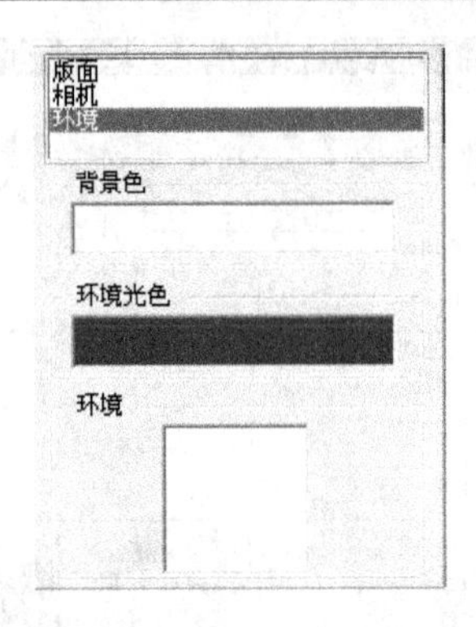

图 9-33 【环境】选项区域

了解了 Swift 3D 的主界面之后，接下来试着制作一个简单的文字 3D 旋转效果，帮助大家更快速地了解 Swift 3D 的功能。

9.2.2 制作立体效果的文本

1. 创建动画文字

要做 3D 文字动画，首先要新建一个文本文件。

单击【场景编辑】选项卡编辑工具栏中的【创建文字】按钮，Swift 3D 主界面将变成文本编辑状态，如图 9-34 所示。

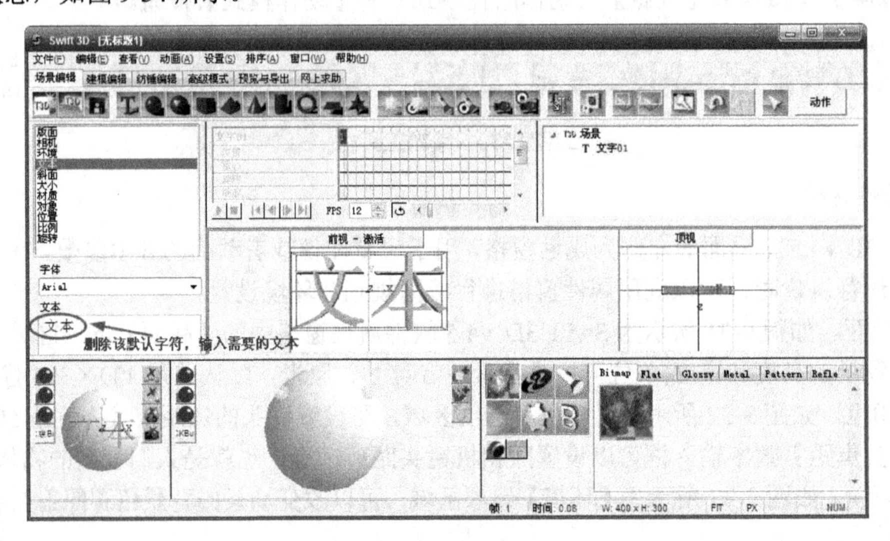

图 9-34 创建文字

在主界面左侧的属性窗格的【文本】选项区域的【文本】文本框中，输入【STONE 工作室】，然后设置字体的格式为【Georgia Bold】，如图 9-35 所示。

2. 添加斜面效果

当前创建的字体格式还缺乏立体感，首先需要给它添加斜面效果。

在画廊工具栏中单击【显示斜面】按钮，在其右侧的【斜面风格】选项区域中显示出 5 种斜面风格效果。单击选中其中的“外圆”效果并将它拖动到文字上方，释放鼠标即显示文字已经自动变成带导角的 3D 模型，如图 9-36 所示。

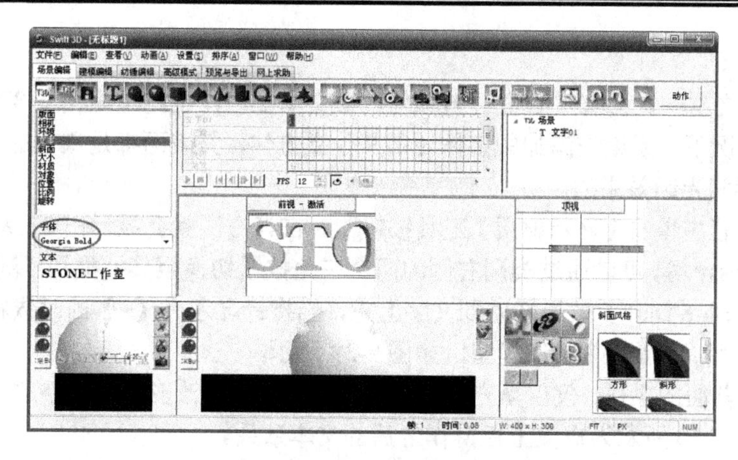

图 9-35　输入文本设置格式

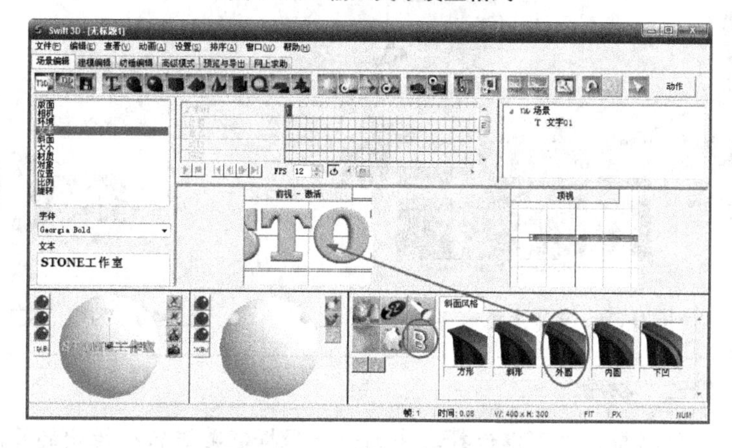

图 9-36　设置文本斜面效果

知识链接：更换视图方式从不同角度观看动画文本

作为 3D 图形软件，Swift 3D 也提供了从不同的视角观看和编辑图像。如果想换一种视角来观看动画文本，可以通过更换视图来选择不同的角度。单击视图窗口中的默认的【前视】按钮，在弹出的下拉列表框中选择所需的视图方式即可，如图 9-37 和图 9-38 所示。

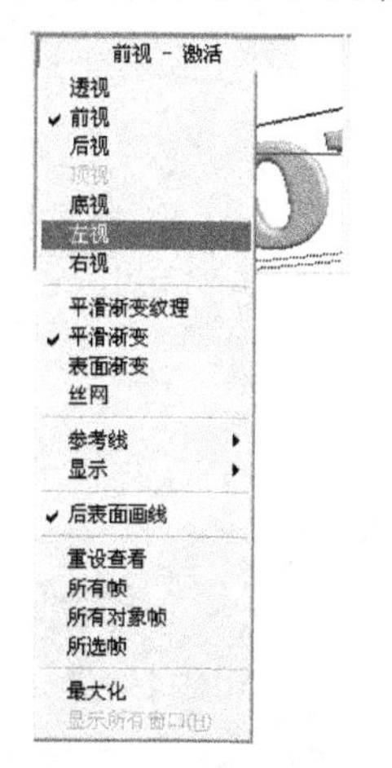

图 9-37　更改视图方式

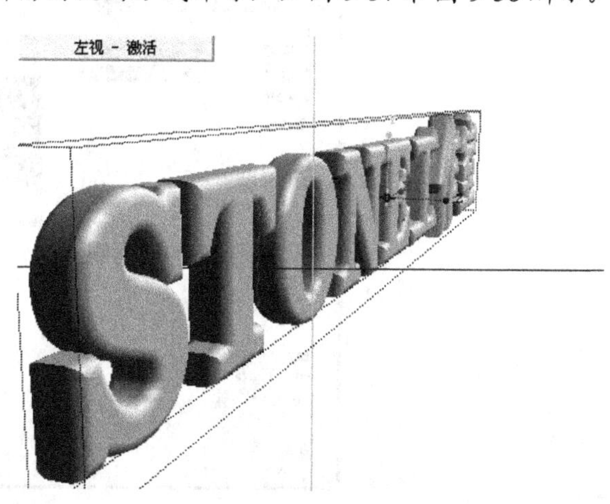

图 9-38　【左视】视图效果

3. 上色

漂亮的3D文本一定会有赏心悦目的颜色，给文本上色，也就是相当于3D里面的添加材质。在默认的情况下，无论是添加的字体还是其他立方体，其表面都是灰色的，而“材质”即为它们添加色彩和光影效果的。

在画廊工具栏中单击【显示材质】工具按钮，在其右侧就会显示出21大类材质效果(如Bitmap、Flat、Glossy等，可以通过类别右侧的两个三角按钮切换至其他类别)。例如，将【Glossy】选项区域中的【Blue-Dark】效果拖动到文字上方，当指针显示为【+】的时候释放鼠标，即显示文字已经自动变成带颜色的3D模型，如图9-39所示。

注意：经过前面的操作，仅仅填充了文本的一个面，要想改变整个文字的颜色必须再一次执行操作。如图9-40所示为重复上色操作之后的文本效果。

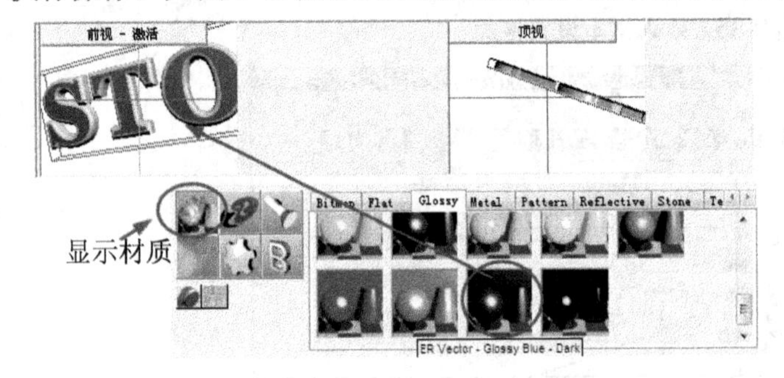

图9-39　文本上色

图9-40　为整个文本上色(重复操作)

知识链接：修改“材质”

对于软件给定的材质，也可以选择其中的一种根据需要进行个性化的修改。

在如图9-39所示的材质效果选项区域中双击要修改的一种材质类型，弹出如图9-41所示的【编辑材质】对话框。

在对话框中可以对环境色、反射色等参数值进行修改，通过单击【生成预览】按钮预览修改后的效果，如果感到满意则单击【确定】按钮即可。

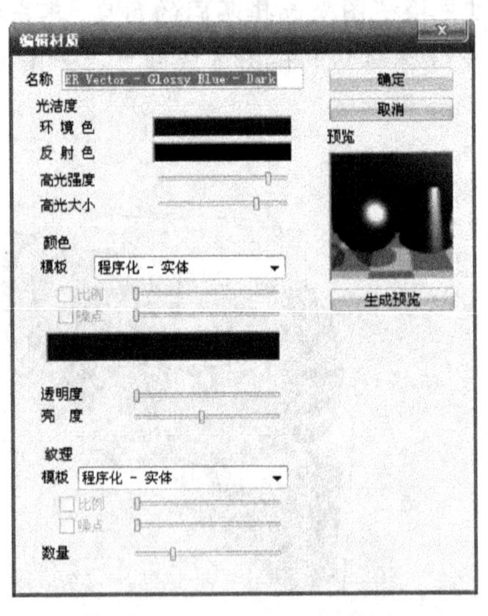

图9-41　【编辑材质】对话框

4. 添加光照效果

一般来说，物体总是要受到来自一方的光源的照射，旋转中的动画文本应该如何添加光照效果呢？

在画廊工具栏中单击【显示光源】按钮，即可在其右侧显示相应的列表，如图 9-42 所示，Swift 3D 提供了 8 类光源效果。

例如，我们将【色彩】选项区域中的【橙】光源效果拖动至工作区中的文本上方即可得到变换的色彩效果。

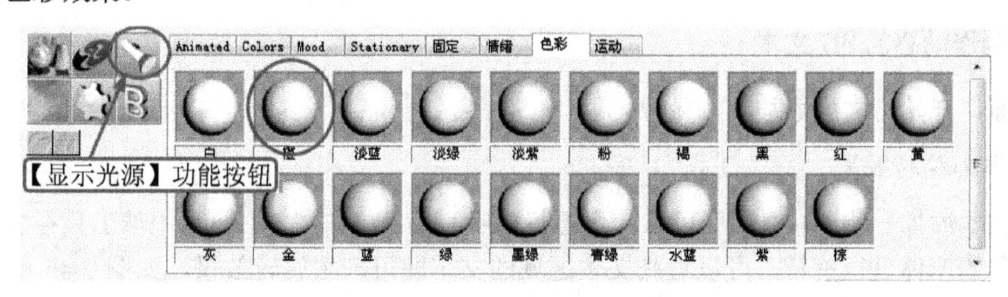

图 9-42　光源效果列表

5. 修改动画文本大小

通过预览效果，如果感到动画文本的大小不合适，还可对其进行调整。其操作步骤如下。

单击动画文本，在属性窗格中，显示当前设置的文本的各种参数值。在【大小】选项区域中可以设置字体的宽度、高度和深度，其参数值可精确到小数点后三位数。此处，在【深度】数字输入框中输入【0.200】(如果设置为【0】，则动画文本显得平板不好看，如果字体不是很大，一般将深度设置为【0.2】或者【0.25】为最好)，按 Enter 键即可看到改变后的效果，其他参数值的改变方法相同，如图 9-43 所示。

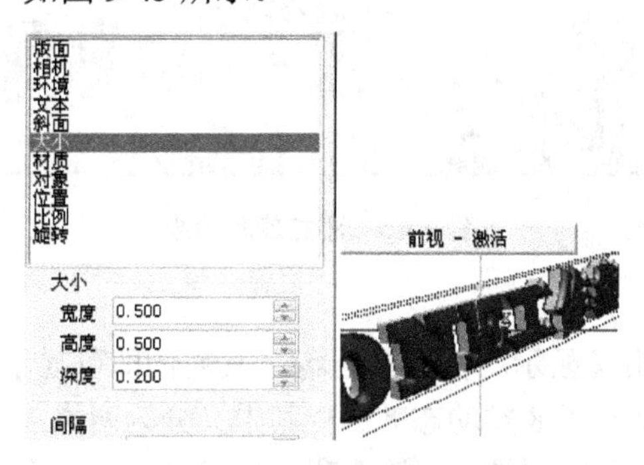

图 9-43　改变文本的大小

当然，如果通过预览效果，还想做其他修改的话，同样可以在属性窗格中选择相应的选项区域(如【材质】、【旋转】等)做参数值的修改。

6. 添加聚光灯效果

聚光灯效果可以为动画文本增加旋转时光线流转的色彩效果，在 Swift 3D 主界面中是通过光源工具栏添加的。

如图 9-44 所示为 Swift 3D 的光源工具栏，只需要单击右侧的【创建聚光灯轨迹球】按钮，然后按住左键鼠标在灰色的球体上旋转移动即可为动画文本添加上聚光灯效果，通过单击【播放动画】按钮进行预览可以即时调整旋转移动的方向来达到预期的效果。

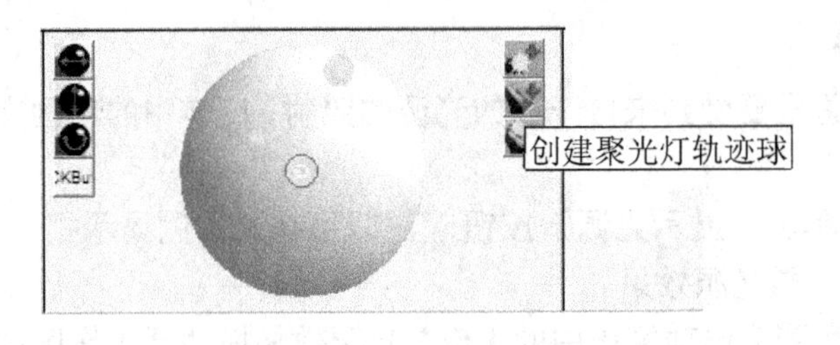

图 9-44　创建聚光灯轨迹

9.2.3　制作动感的 3D 文本

下面，开始给文本添加动画效果。

1. 添加旋转效果

为文本添加一些旋转效果，可以产生更好的吸引力。单击文本，在轨迹球工具栏中用鼠标按住灰色的球体进行旋转，可以看到文本区域的文本即可产生旋转效果，如图 9-45 所示。

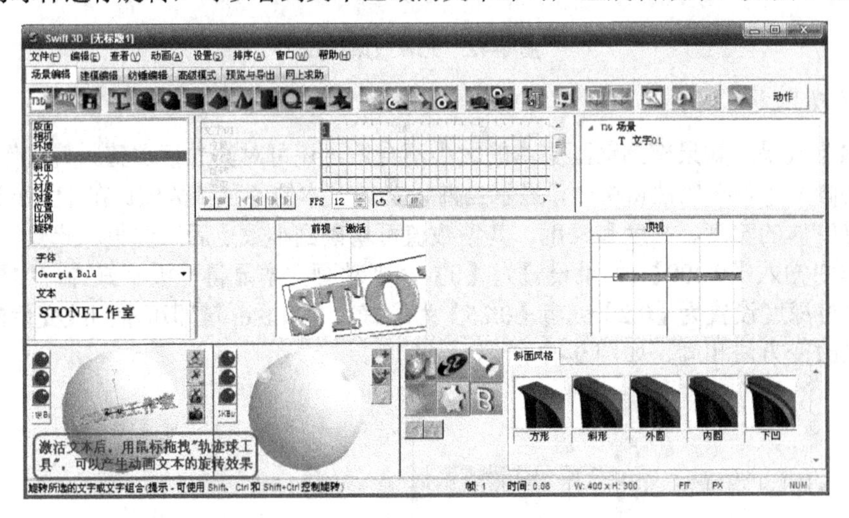

图 9-45　添加旋转效果

2. 添加文本动画

在画廊工具栏中，单击【显示动作】按钮，其右侧即可显示如图 9-46 所示的动作效果列表。Swift 3D 软件本身预设了 8 类动态效果，其中又分为两类，一类是跟路径有关的，一类是规则旋转。单击其中的一种效果选项，该选项按钮即可显示相应的动画效果。将所需的动作效果拖拽至工作区中的文本上方，即可为文本添加相应的动画效果，单击【播放动画】按钮可以预览动画效果。

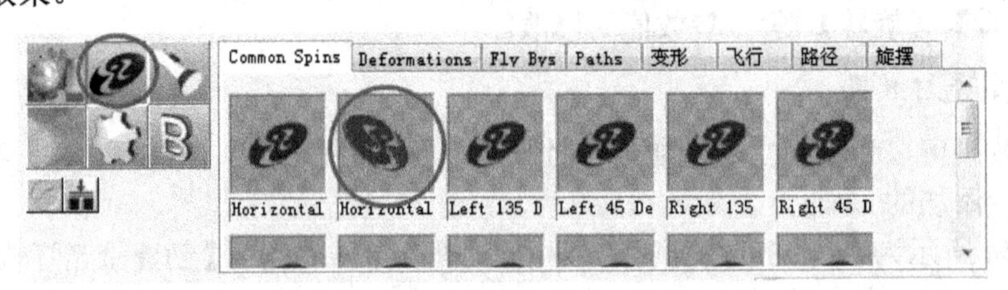

图 9-46　动作效果列表

3. 锁定对象

在工作区中单击(选中操作对象)3D 文字，这时文字会显示在左下角的灰色“轨迹球”上，单击左侧的【水平锁定】按钮，如图 9-47 所示。

图 9-47　将对象“水平锁定”

4. 添加动画

单击场景编辑工具栏右端的【动作模式】按钮，如图 9-48 所示，时间线由虚变实，即可开始制作动画。

将时间线上的红色标签移动至 10 帧或 20 帧，如设定为 20 帧，如图 9-49 所示。

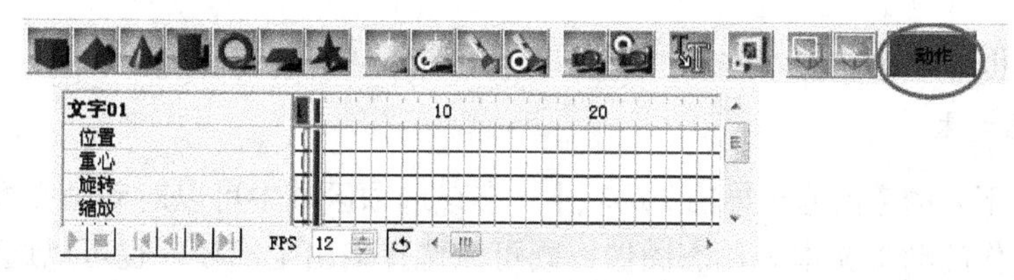

图 9-48　单击【动作模式】按钮

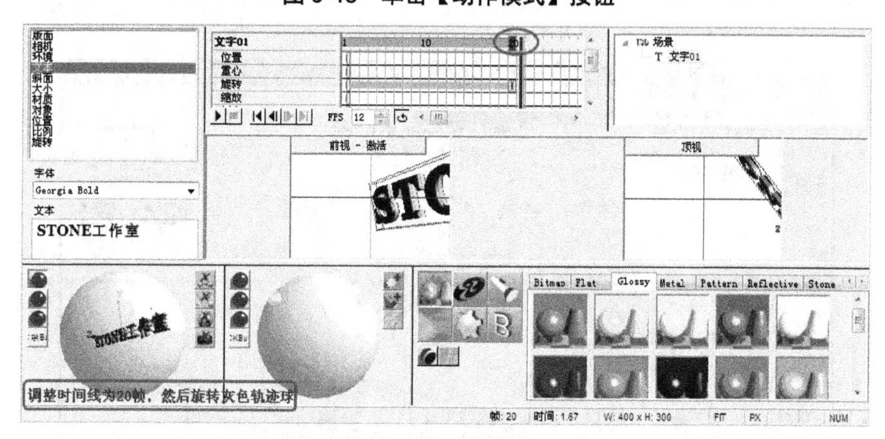

图 9-49　设定时间线为 20 帧

按住左键旋转左下角的灰色轨迹球，可以看到时间线和工作区中都发生了相应的变化，如图 9-49 所示。

经过一番设置，应该怎样预览动画效果，以便对文本动画做进一步的修改呢？

在如图 9-49 所示的时间线下面，有一排小按钮，包括【播放动画】、【停止播放动画】、【第一帧】和【上一帧】等按钮，只需要单击【播放动画】按钮就可以预览效果了。如果觉得效果不满意的话，还可以继续做移动帧和旋转文字的操作，直到预览效果满意为止。

知识链接：动作时间线

为文本添加动画效果以后，在 Swift 3D 主界面的【动作时间线】选项区域中显示了红色和绿色的线，即帧，如图 9-50 所示。其中红色的帧表示的是静止的帧，绿色部分的帧表示的是动态的帧。每一条红色或绿色线右端的灰色短线表示关键帧，时间轴上的数值表示帧数，最下方的【PPS】表示每秒播放的帧数。

通过拖动关键帧，可以改变动态帧和静止帧的长短。与 Flash 不同的是，关键帧的加入是自动的，只要对对象进行了动态的修改，如放大或者旋转，Swift 3D 软件就会自动加入关键帧。

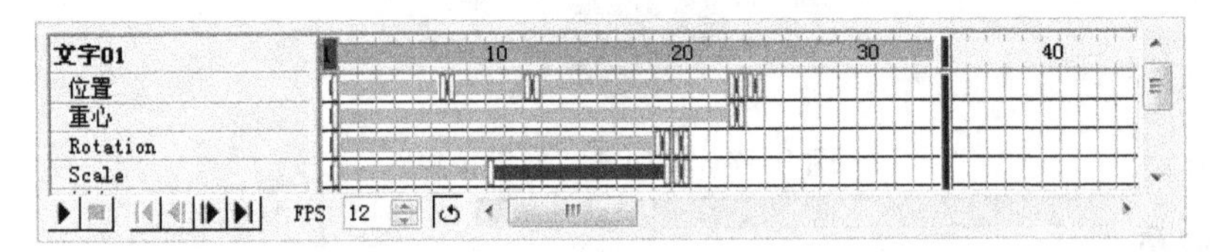

图 9-50 【动作时间线】选项区域

9.2.4 动画文本的输出与渲染

如果对设置的文本动画效果感到满意，就应该将其保存和输出。

1. 输出动画文本

选择菜单栏下方的【预览与导出】选项卡，在该选项区域中可以对动画文本进行渲染和输出工作。因为制作的动画文本是动态图像，既可以选择输出全部帧，也可以选择输出当前帧，或者只输出动画中的某一段帧。例如，单击【生成所有帧】按钮来渲染整个动画，如图 9-51 所示。

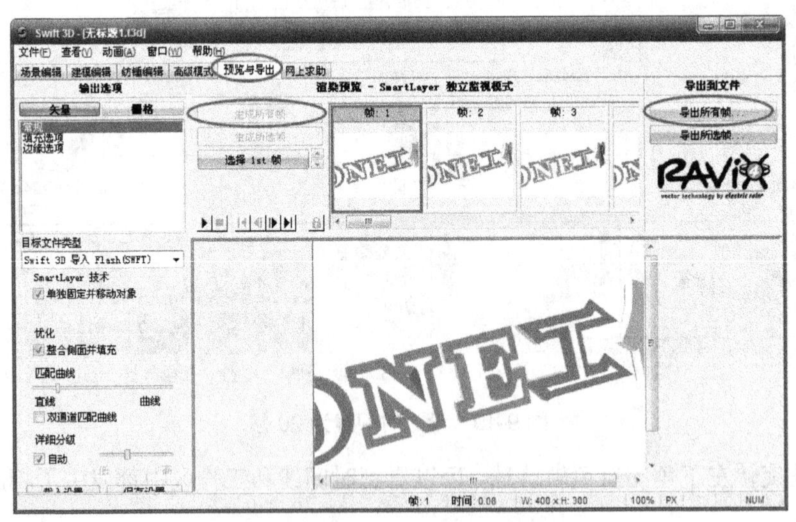

图 9-51 【预览与导出】选项区域

生成完毕，单击【播放动画】按钮进入预览。确认无误后就可以输出，在输出之前要选择目标文件的类型，选择【目标文件类型】下拉列表框中的“Flash Player(SWF)”类型，如图 9-52 所示。

选择了上述目标文件类型以后，还需要再次单击【生成所有帧】按钮(因为刚才前面生成的帧不是这种类型的，所以必须要重新生成一次)。生成好以后，单击主界面右侧的【导出所有帧】按钮，在弹出的【代出矢量图文件】对话框中输出为 SWF 格式的文件，如图 9-53 所示。

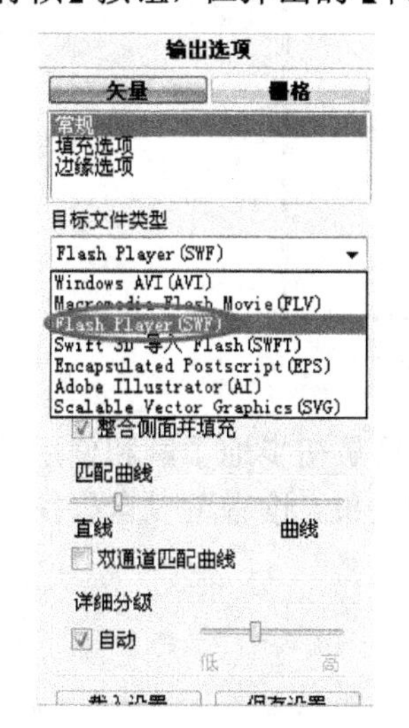

图 9-52　选择目标文件类型

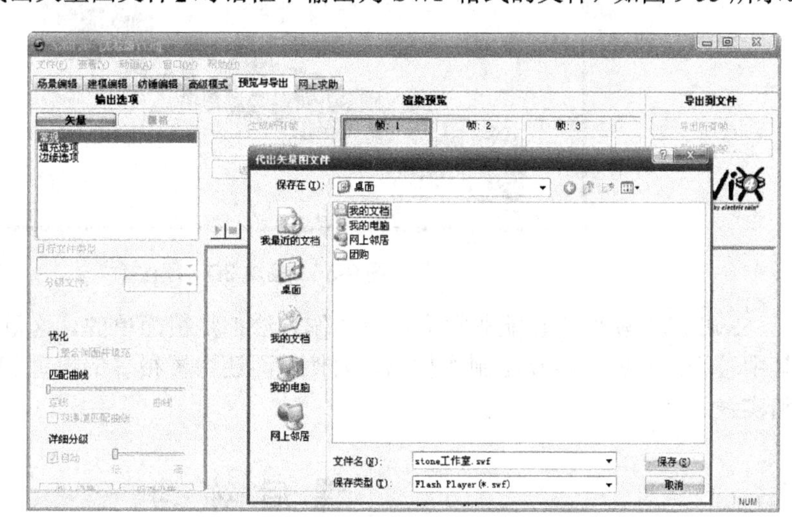

图 9-53　【代出矢量图文件】对话框

2. 保存 3D 文件

为了便于将来再次打开 3D 动画文件进行修改，还需要将其保存。执行【文件】|【保存】命令，在弹出的如图 9-54 所示的【另存为】对话框中选择文件类型和输入文件名，单击【保存】按钮，即可将当前文件保存为 T3D 格式文件。

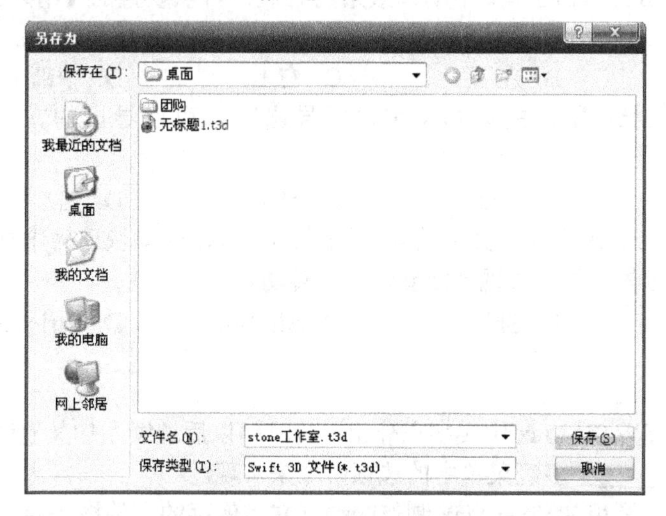

图 9-54　保存为 Swift 3D 文件

3. 播放动画

下面，就可以使用 Flash 播放器欣赏一下自己的杰作，如图 9-55 所示。

当然，如果在播放过程中觉得效果不满意，还可以重新打开保存过的文件进行相应的更改。不过更改写成最终必须重新执行一遍【生成所有帧】和【导出所有帧】的操作来替换原来导出的 SWF 文件。

图 9-55 播放 3D 动画文件

Swift 3D 软件的功能非常多，而操作方法都是很简单的。这里只是初步地了解和使用了其中较为简单的文本动画制作技巧，软件里面还内置很多的模型和效果，读者可以自行探索和实践。

课 后 练 习

一、单项选择题

1. 在 SWiSH Max 的工具栏中不具备下面的________按钮。

   A. 【导入声音】　　B. 【导入视频】

   C. 【导入图像】　　D. 【导入图表】

2. 在利用 SWiSH Max 制作文字动画效果的时候，可以设置的【滑入】方向不包括下面的________。

   A. 左上　　B. 左下　　C. 右上　　D. 中部

3. 将 SWiSH Max 制作的动画文字进行导出时，可以导出的文件格式不包括下面的________。

   A. SWF　　B. EXE　　C. AVI　　D. RM

4. 在利用 Swift 3D 制作动态文字效果，进行【轨迹球】转动快速操作时，按住________键不放移动灰色轨迹球体，可以实现锁定旋转方向转动。

   A. Ctrl　　B. Shift　　C. Alt+Shift　　D. Ctrl+Shift

二、填空题

1. 要想实现在 SWiSH Max 中文字在静止一段时间以后继续添加其他动画效果，需要执行【添加效果】|【________】多级菜单中的选项命令来实现。

2. 通常情况下，利用 SWiSH Max 制作的动画文字保存的文件格式为________，在导出为动画时，默认导出的文件格式为________。

3. 在使用 Swift 3D 完成 3D 文字制作之后，要想将其输出为 SWF 格式文件，最后要进行的一步操作为________。

4. 当为文本添加动画效果以后，会看到 Swift 3D 主界面中的【动作时间线】选项区域中显示了红色和绿色的线，即帧。其中________色的帧表示的是静止的帧，________色部分的帧表示的是动态的帧。

5. 轨迹球工具栏是主界面左下角的一个控制面板区域，通过拖动灰色轨迹球体表面将其转向任意的方向，可以很方便地对物体和目标的位置进行设置，其中包括【水平锁定】、【垂直锁定】和________。

三、判断题

1. (　　)在 SWiSH Max 启动之后，会打开提示界面，在此可以选择新建的工程模板有【中矩形】、【半高横幅】、【垂直横幅】和【垂直矩形】等。

2. (　　)SWiSH Max 的主界面主要用来创作和编辑 SWiSH Max 电影，包括主菜单、工具栏、工作区及属性窗格等 4 部分。

3. (　　)在 SWiSH Max 的工作区中的工具箱按钮中，有便于进行修改的橡皮工具，可以对画错了的地方进行擦除。

4. (　　)在利用 SWiSH Max 制作的动画文字效果调试中，【帧效果的持续】数值越大，动画持续时间越长；相反，数值越小，动画持续时间越短。

5. (　　)Swift 3D 制作的三维动画可以直接导出的文件格式为 SWF。

6. (　　)在一次文字动画播放完毕后，往往需要让文字保持静止一段时间后再继续播放动画，可以通过双击【时间轴】上该动画效果后面的任意帧(空白处)来实现。

7. (　　)利用 Swift 3D 制作的动态文字，可以最终将其导出为默认 SWF 格式的文件。

四、上机操作

1. 利用文字动画制作工具 SWiSH Max，制作一幅具有 3D 旋转效果的文字动画，根据内容的需要设置字体格式、添加文本的流动方向、【滑动】效果、【回到起始】等效果。

2. 利用 Swift 3D 制作一个具有三维立体效果的动态文字，为其添加【方形】斜面风格、选择一种【Metal】材质风格，并根据文字内容和需要添加一种光源照射效果以及旋转效果。

项目10 系统性能测试与优化工具

在日常生活中，应用计算机越来越普遍，人们对于计算机的依赖性也越来越大。为了让计算机实现各种功能、满足用户的需求，用户会在计算机中安装各种各样的应用软件。然而，在实际使用时，人们会因各种误操作、病毒等因素造成磁盘损伤；同时由于频繁的使用而产生大量的磁盘碎片，轻则导致计算机软件不能正常运行、运行速度下降或有用的数据丢失，重则使计算机无法启动，甚至影响磁盘的使用寿命，严重影响计算机系统。因此，许多优秀的系统维护软件应运而生，为系统提供全面的维护。本项目所介绍的两个优秀的系统维护工具，使用它们可以清理、维护、优化、管理 Windows 操作系统，是保持系统稳定、高效运行的得力助手。

任务 10.1　系统优化工具 Windows 优化大师

任务导读

褚先生家里的计算机购买得比较早，配置太低了，最近想学习网页制作的课程，可是安装了相关软件以后，运行速度非常慢。本想到电脑城去购买一台新的计算机，可是自己对计算机的硬件知识一无所知，担心被商家欺骗。另外，即使买了计算机，在使用过程中由于不断地安装、卸载软件，浏览网页，下载各种资源，也会造成系统的运行越来越慢，而自己又不知道如何优化自己的计算机。有没有什么好的方法来帮助自己解决这些麻烦？

任务分析

现在台式计算机及笔记本式计算机价格越来越低廉，普及率也越来越高，许多人都在考虑选购或更新计算机。而现在各种市场宣传在配置介绍方面十分粗略，甚至不乏欺骗行为，给用户选择计算机带来了一定的障碍。

其实，只要用户安装了 Windows 优化大师，只需单击几下，上面所谈到的种种问题就可以解决。Windows 优化大师增强了对计算机硬件的检测及评测功能，可以让人们更直观地了解计算机在处理器、内存、硬盘、显示等功能性能及整体性能，为广大消费者理性消费购机提供了一个可靠参考。

下面，以 Windows 优化大师 7.99 版本为例，通过使用 Windows 优化大师，对自己的计算机进行优化。

学习目标

- 检测计算机系统信息
- 优化计算机性能
- 清理系统垃圾
- 系统维护

任务实施

10.1.1　初识优化大师

运行 Windows 优化大师 7.99，其主界面如图 10-1 所示。

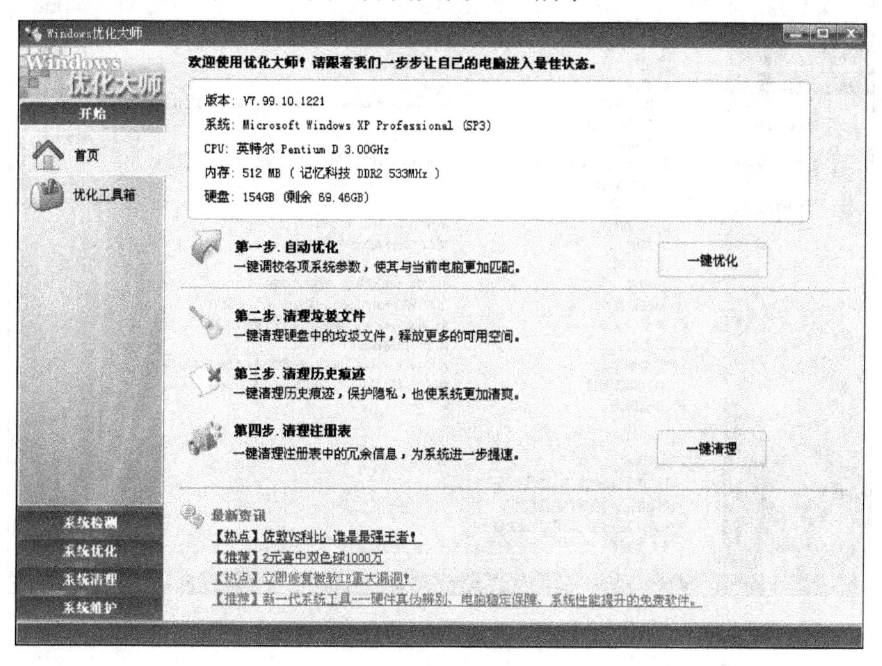

图 10-1　Windows 优化大师 7.99 主界面

Windows 优化大师的界面简洁，没有其他软件中常见的菜单栏与工具栏，主要分为左、中、右 3 个区域，分别是系统功能选项卡、工作区与功能按钮区。在此可以看到计算机的系统信息的大体情况，如 CPU 的型号、频率，内存容量，安装的何种操作系统等。

1) 系统功能选项卡

在左侧的系统功能选项卡区，有【系统检测】、【系统优化】、【系统清理】、【系统维护】4 大功能集合。选择功能选项卡可使用 Windows 优化大师提供的相应功能。

2) 工作区

中间为 Windows 优化大师各项功能与用户之间的交互场所，一般用来显示信息，在部分功能中允许用户再次进行系统参数的设置。

3) 功能按钮区

右侧为功能按钮区。功能按钮区提供了各种功能模块中的具体操作按钮(如图 10-1 中的【一键清理】按钮等)。通过这些按钮，Windows 优化大师将完成用户的各种操作要求。

10.1.2 检测计算机的信息

1. 总览系统信息

选择【系统检测】选项卡中的【系统总览】，显示工作区如图 10-2 所示。

1) 查询处理器与主板型号

在该工作区中应该关注的就是关于 CPU 的重要信息。

(1) 处理器型号：应与商家所提供的配置单一致，以防部分奸商偷梁换柱。

(2) BIOS、芯片组：直接决定计算机 CPU 性能的高低。对于一般消费者来说，通过直观了解这两项参数值大小来分辨 CPU 性能的高低极为方便。

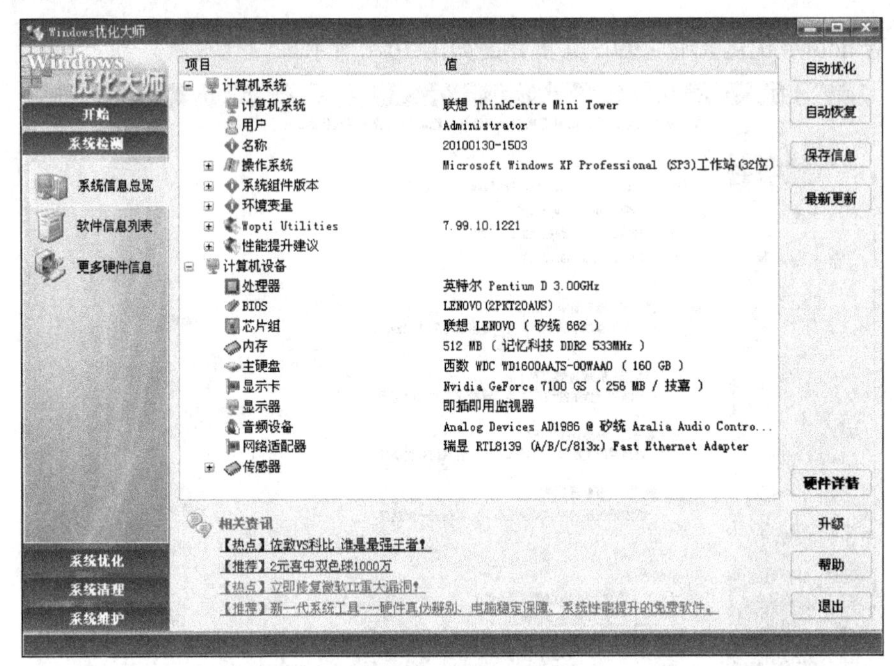

图 10-2 系统检测-系统信息总揽

2) 查询显卡性能

在如图 10-2 所示的工作区中需要注意的是显示卡芯片(当前显示为 Nvidia GeForce 7100 GS)及显存(当前显示为 256MB)是否与计算机配置单上的所提供的信息一致，在同等芯片型号下显存越大的显示卡性能相对越高。

3) 关注内存

在内存方面需要重点关注的内存信息有如下几项，如图 10-2 所示。

(1) 内存容量(当前显示为 512MB)：该项数值应与商家所提供配置一致。

(2) 内存类型(当前显示为 DDR2)：该项信息体现内存型号，多用于不同配置的计算机性能比较。

(3) 内存速度(当前显示为 533MHz)：该项数值体现该内存的工作频率，同类型内存的不同工作频率决定了内存性能的高低，也存在一定的价格差异。

(4) 硬盘容量(当前显示为 160GB)：直接关系到计算机所能存储数据量的多少，应与商家所提供的配置单容量一致。

2. 选购计算机前的准备

为了买到性价比更高的计算机，首先不妨做些准备工作，自制一个带绿色版本优化大师的 U 盘，这样可以方便快捷地检测商家所销售的计算机。制作方式非常简单，Windows 优化大师自身便是一款绿色软件，只要在任意一台计算机中预先下载安装一次 Windows 优化大师标准版，再将优化大师的安装目录直接复制到 U 盘，运行 Wopti Utilities.exe 这个文件即可使用。

为了方便起见，可以创建一个快捷方式直接放在 U 盘根目录下(即最外层的文件目录中)，便于检测时能更快地运行 Windows 优化大师。

10.1.3　优化计算机的性能

1. 自动优化

在 Windows 优化大师的【系统检测】功能选项区域中，单击【自动优化】功能按钮，弹出【自动优化向导】窗口，按照提示选择优化方案后，单击【下一步】按钮，即可开始系统优化。自动优化完成操作后，单击【退出】按钮重启计算机，优化设置即可生效。

2. 磁盘缓存优化

选择【系统优化】功能选项卡中的【磁盘缓存优化】，显示工作区如图 10-3 所示。

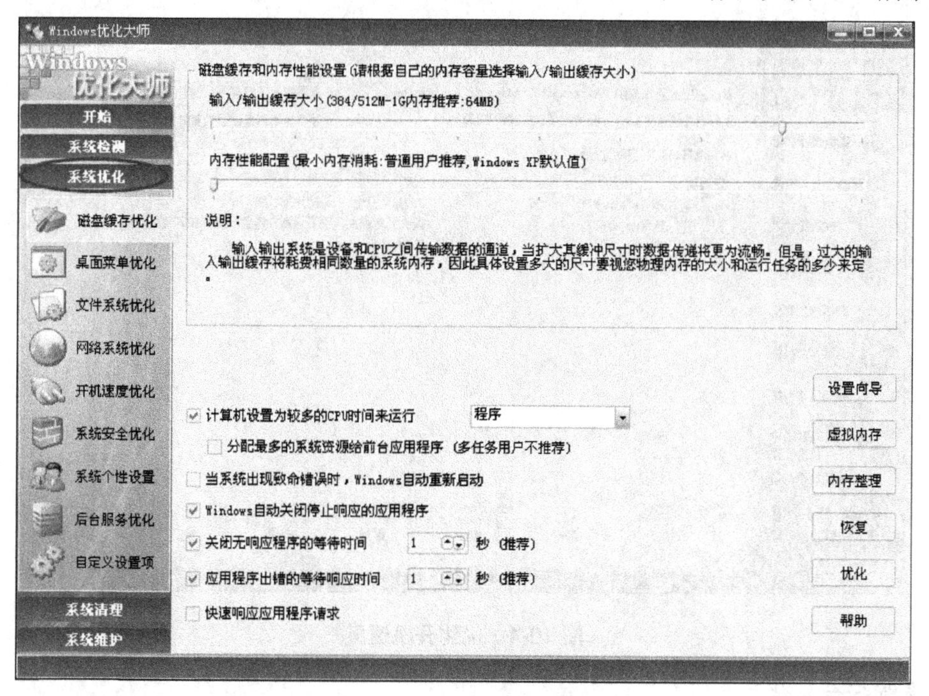

图 10-3　系统优化-磁盘缓存优化

(1) 设置磁盘缓存大小。在【输入/输出缓存大小】滑块中，可以拖动滑块调整其大小(优化大师会根据内存大小提供一个推荐使用值，当前显示为 64MB)。

(2) 对于个人计算机而非网络中的服务器，那么需要将【计算机设置为较多的 CPU 时间来运行】设置为【程序】。

(3) 勾选【Windows 自动关闭停止响应的应用程序】复选框。

(4) 将【关闭无响应程序的等待时间】设置为【1 秒】(可以强制 Windows 立即关闭无响应的应用程序)。

单击【优化】按钮，即刻开始系统优化，重新启动机器后就可以体验其效果了。

3. 加快开机速度

选择【开机速度优化】，显示工作区如图 10-4 所示。Windows 优化大师对于开机速度的优化主要通过减少引导信息停留时间和取消不必要的开机自运行程序来提高电脑的启动速度。

(1) 设置【启动信息停留时间】为【5 秒】。

(2) 将【系统启动预读方式】设置为【应用程序加载预读】。系统启动时不进行文件和索引的预读，可能会减少系统启动滚动条滚动的次数或时间。

(3) 设置【等待启动磁盘错误检查时间】为【2 秒】。当 Windows 非正常关闭后，下次启动会自动运行磁盘错误检查工具，在自动运行前，Windows 会等待一段时间便于用户确认是否要运行，默认为 10 秒。

(4) 保留现有开机时自动运行的项目(当前显示为 3 项)。单击【优化】按钮，即刻快速地完成开机速度的优化。

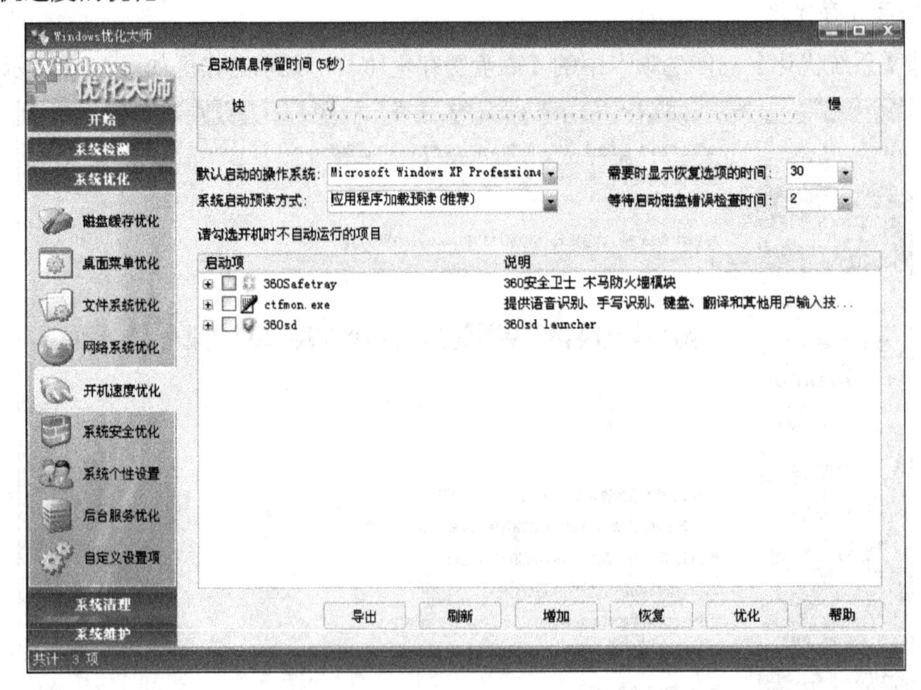

图 10-4　优化开机速度

4. 系统安全优化

选择【系统安全优化】，显示工作区如图 10-5 所示。

(1) 取消勾选【禁止自动登录】复选项。该项是将 Windows 设置为登录时不需输入用户名和密码即可自动进入系统。为了节约时间，可选择自动登录。

(2) 勾选【禁止系统自动启用服务器共享】复选项。为保证安全，选择该项可以使得所有驱动器都使用形如驱动器字母加$的名称(如“C$:”)自动共享。这些驱动器不会显示表示共享的手形图标，当用户远程连接到我们的计算机时它们也会隐藏。

(3) 勾选【禁止系统自动启用管理共享】复选项。该项可以禁止默认共享。

(4) 勾选【禁止光盘、U 盘等所有磁盘自动运行】复选项。这样可以防止外来磁盘中可能带有的病毒侵害。

单击【优化】按钮，即刻开始自动优化过程。

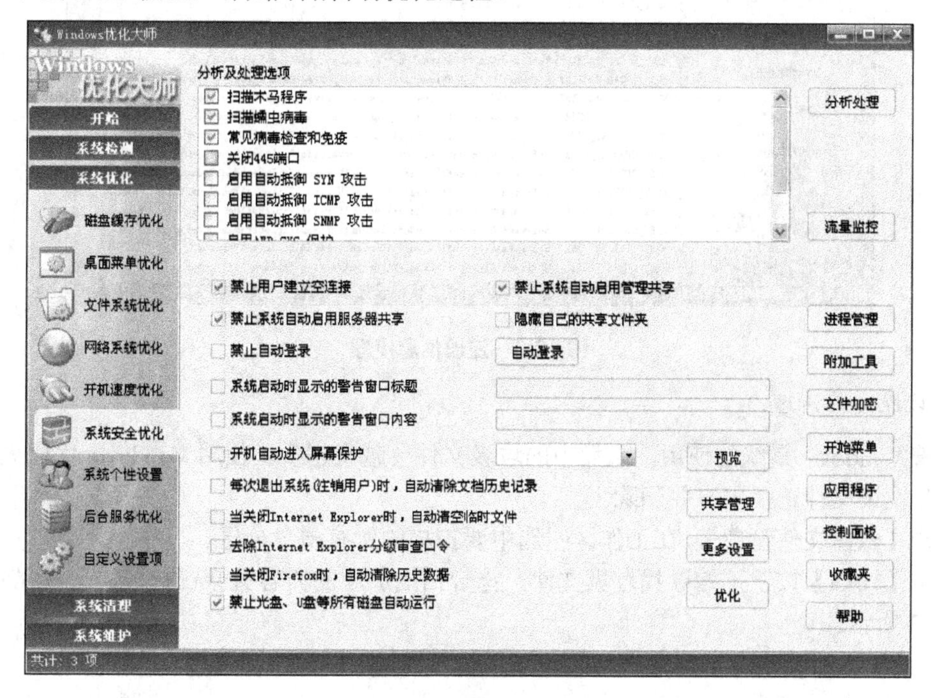

图 10-5　系统安全优化

另外，按照前面介绍的方法，还可以进行系统个性设置优化(例如，增加右键快捷菜单中的命令选项，方便今后操作；将输入法顺序来进行更具有个性化的设置等)、网络系统的优化等。

10.1.4　清理系统垃圾

如果经常安装、卸载软件，会在注册表里留下很多冗余信息，通过注册信息清理就可以将这些删除掉。以免注册表过于臃肿，影响系统速度。另外还可以扫描多余的 DLL 文件以及程序的卸载信息等垃圾。

1. 注册信息清理

选择【系统清理】功能选项卡中的【注册信息清理】，显示工作区，如图 10-6 所示。按照图示选中要扫描的项目，单击【扫描】按钮，很快就会在下面显示出错误信息。

选中检查出来的错误信息，单击【全部删除】按钮，就可以将错误信息全部清除(当然，也可以勾选需删除的注册信息，进行删除)。

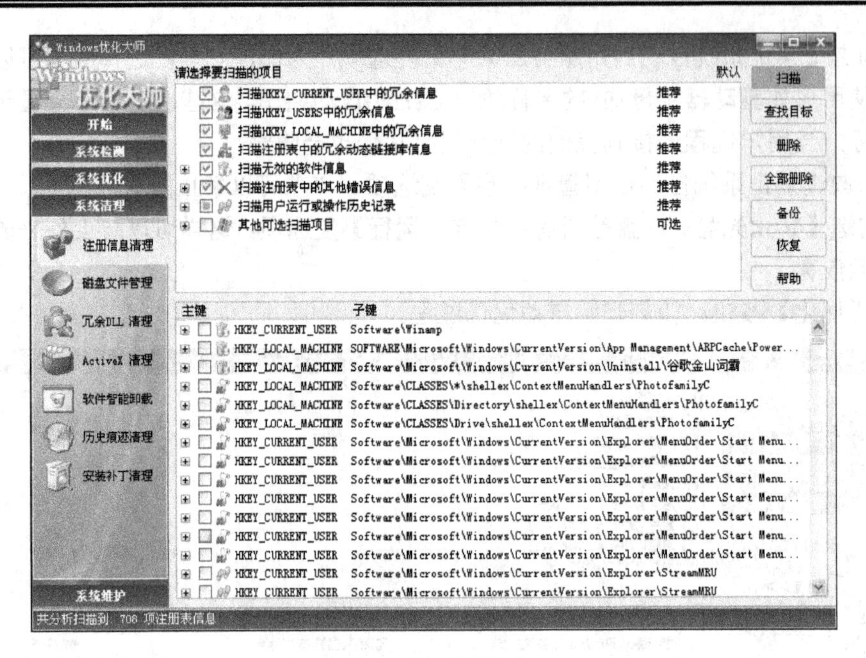

图 10-6 注册信息清理

2. 垃圾文件清理

随着 Windows 系统的使用，磁盘中的垃圾文件会越来越多。使用 Windows 优化大师可以轻松地将垃圾文件查找出来并删除。

选择【磁盘文件管理】，在工作区中选中要扫描的所有磁盘分区。

单击【扫描】按钮开始寻找垃圾文件，符合扫描选项的内容就会在扫描结果中显示出来，如图 10-7 所示。

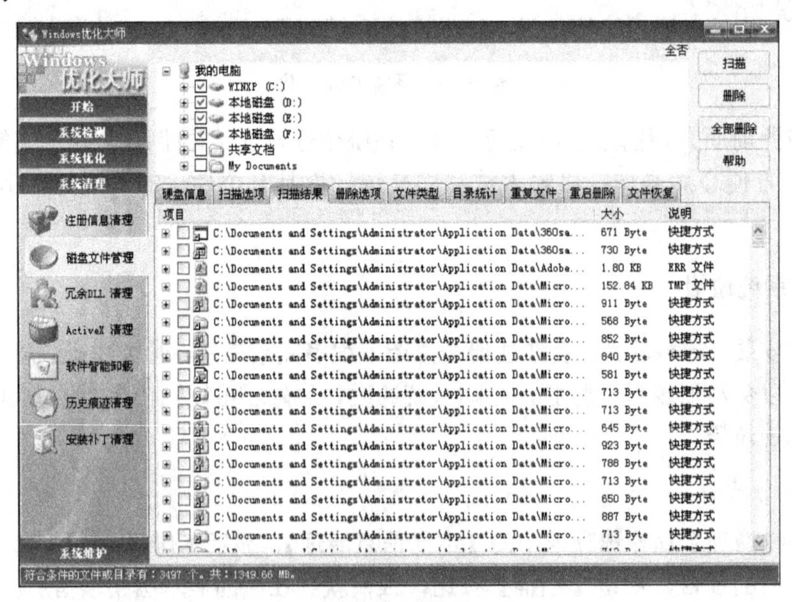

图 10-7 磁盘文件管理扫描结果

选择【删除选项】选项卡，打开如图 10-8 所示的界面，选中【将文件删除后备分到指定目录】单选按钮，并且按照默认的存放目录保存，这样在误删除了重要的文件时还可以恢复。

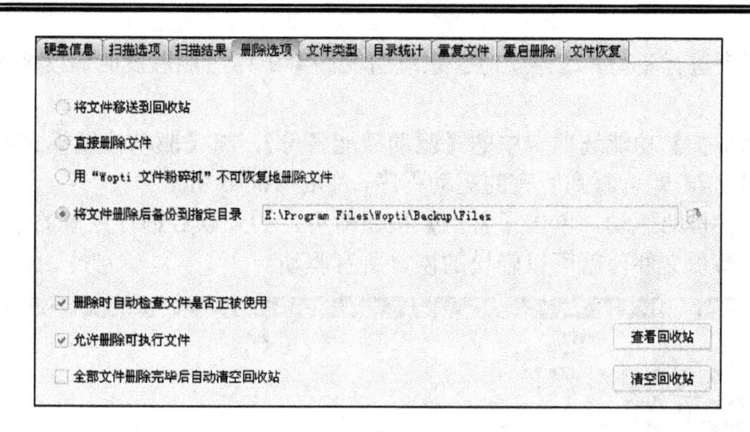

图 10-8　【删除选项】选项卡

单击【全部删除】按钮，开始进行文件的备份和删除。

按照前面介绍的方法，还可以对系统的冗余 DLL、ActiveX、历史痕迹和安装补丁等进行清理和删除。

10.1.5　系统维护

1. 系统磁盘医生

选择【系统维护】功能选项卡中的【系统磁盘医生】，单击【选项】按钮，打开如图 10-9 所示的工作区。

勾选如图 10-9 所示的两项复选框，选中要检查的分区，单击【扫描】按钮，系统即可开始对选中的分区进行磁盘系统文件扫描，并且在检查到错误时自动修复错误。

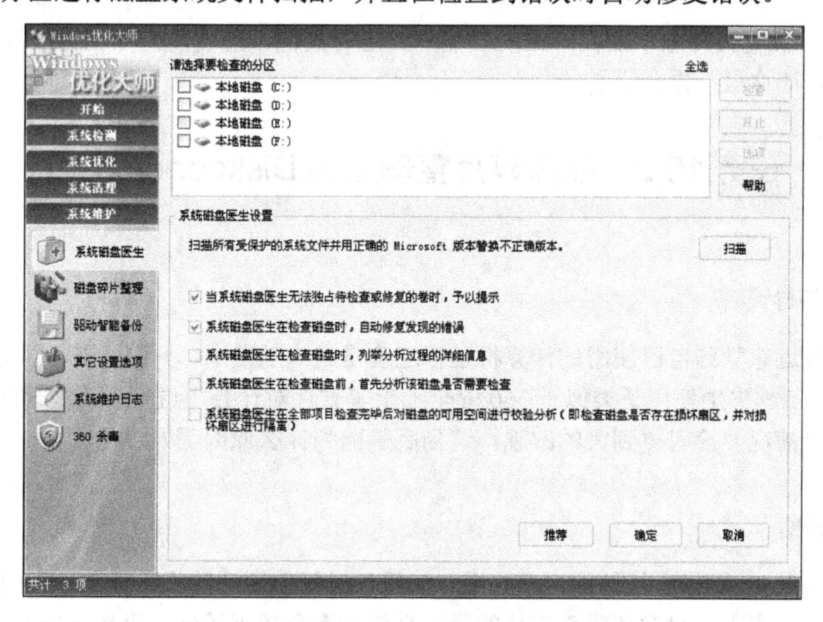

图 10-9　系统磁盘医生设置

2. 驱动智能备份

对普通用户来说，重装系统后，安装驱动程序是一件十分困难的事情，如果驱动光盘找不到了，更是一件非常麻烦的事，所以有必要在安装完驱动程序后对其进行备份。另外也需要对系统文件与收藏夹进行备份，这样就能够系统遭受病毒破坏后能够及时修复系统，同时使损失降到最低。

选择【系统维护】功能选项卡中的【驱动智能备份】，将【驱动搜索模式】设置为【搜索全部可备份的驱动】，即可看到所有的驱动程序，如图 10-10 所示。

选择需进行备份的驱动，单击【备份】按钮即可。如果以后进行恢复的话，单击【恢复】按钮，然后选择备份文件，就可以轻松的恢复所有驱动。

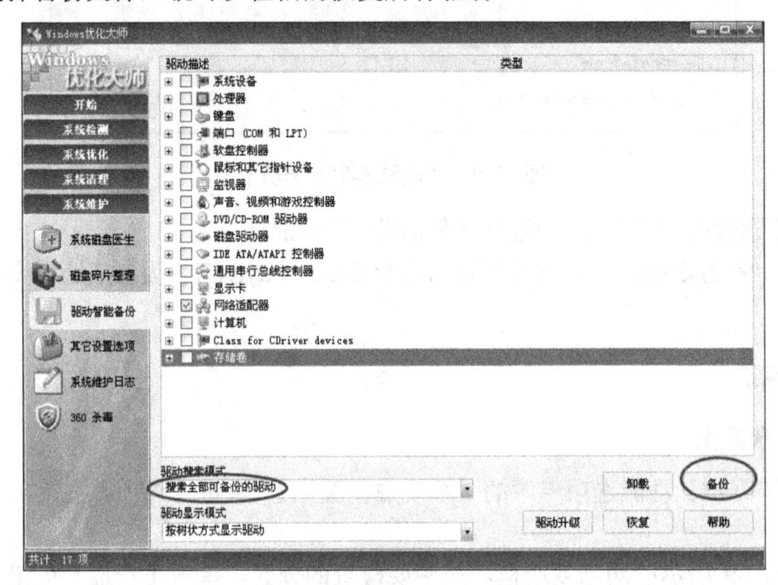

图 10-10　设置驱动智能备份

Windows 优化大师除了前面介绍的功能外，还有其他一些功能，如磁盘碎片整理、系统维护日志等，在这里不再介绍了。

任务 10.2　磁盘碎片整理工具 Diskeeper 2011

任务导读

季先生最近感觉到自己使用的计算机运行速度是越来越慢了，不管是浏览网页，还是运行程序都是这样。季先生使用了类似于 360 安全卫士等软件对计算机进行多次清理和维护，然而计算机的运行情况并没有得到大的改观。这到底是因为什么原因呢？

任务分析

使用 Windows 操作系统的用户都知道，如果长时间使用计算机，计算机中的磁盘碎片就会越来越多。如果不定时整理磁盘碎片的话，系统速度会越来越慢。虽然 Windows 操作系统自带了磁盘碎片整理工具，不过在效率和速度上都非常的慢。

磁盘碎片加速了系统的不稳定性，使得文件访问异常缓慢，蓝屏现象增加，甚至导致系统崩溃，而将这些现象消灭在萌芽状态的最好方式就是及时进行磁盘碎片整理。

Diskeeper 2011 是一款优秀的磁盘碎片整理软件，跟 Windows 操作系统自带磁盘碎片整理工具相比，功能要强大很多。它具有整理 Windows 加密文件和压缩文件，自动分析磁盘文件系统(无论是 FAT 或 NTFS 格式都可以安全、快速和最佳效能地整理碎片)的功能。在 Diskeeper 2011 版本中，用户可以选择“完整整理”或“仅整理可用空间”来保持磁盘文件的连续、加快文件存取效率；可以设定在指定的日期时间内自动执行磁盘维护工作等。

下面介绍如何用 Diskeeper 2011 快速整理磁盘碎片。

学习目标

- 认识 Diskeeper 2011 主界面
- 手动整理磁盘碎片
- 自动碎片整理
- 固定文件夹的屏蔽
- 防止碎片产生
- 查看性能报告

任务实施

10.2.1　Diskeeper 2011 主界面

启动 Diskeeper 2011 软件，其主界面如图 10-11 所示。

Diskeeper 2011 的整个界面被明显地分为上下两大部分，上部分主要包括了菜单栏、工具栏及磁盘分区列表信息；下部分则是相应磁盘分区的各类信息显示，主要包括仪表盘、日志及历史选项卡。其中仪表盘选项卡主要显示防止碎片化、自动碎片整理、性能提升及卷健康程度的实时统计信息；日志选项卡主要显示之前运行的碎片整理的状态；历史选项卡主要显示消除的碎片总数，执行碎片整理前后的统计信息及整个过程中的文件性能统计信息。

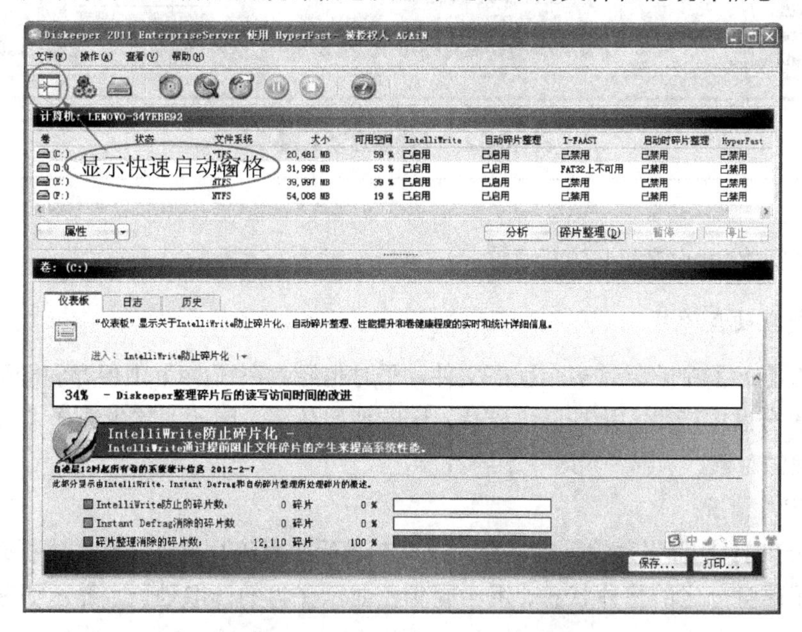

图 10-11　Diskeeper 2011 主界面

小提示

利用“快速向导”轻松访问 Diskeeper 常用功能。

单击工具栏的第一个图标按钮(【显示快速启动窗格】按钮)，在主界面左侧显示【快速启动】窗格，如图 10-12 所示。其中包括了入门、卷属性、现在进行分析和碎片整理、配置 Diskeeper 4 大部分。可以利用【快速启动】窗格中的多种快捷方式，轻松执行 Diskeeper 的常用功能。例如，可以在【快速启动】窗格中的【卷属性】中进行一些使用 Diskeeper 进行碎片整理的相关设置。

另外，也可以单击工具栏中的第二到第五个图标分别对 IntelliWrite、自动碎片整理、启动时碎片整理等选项进行相关设置。

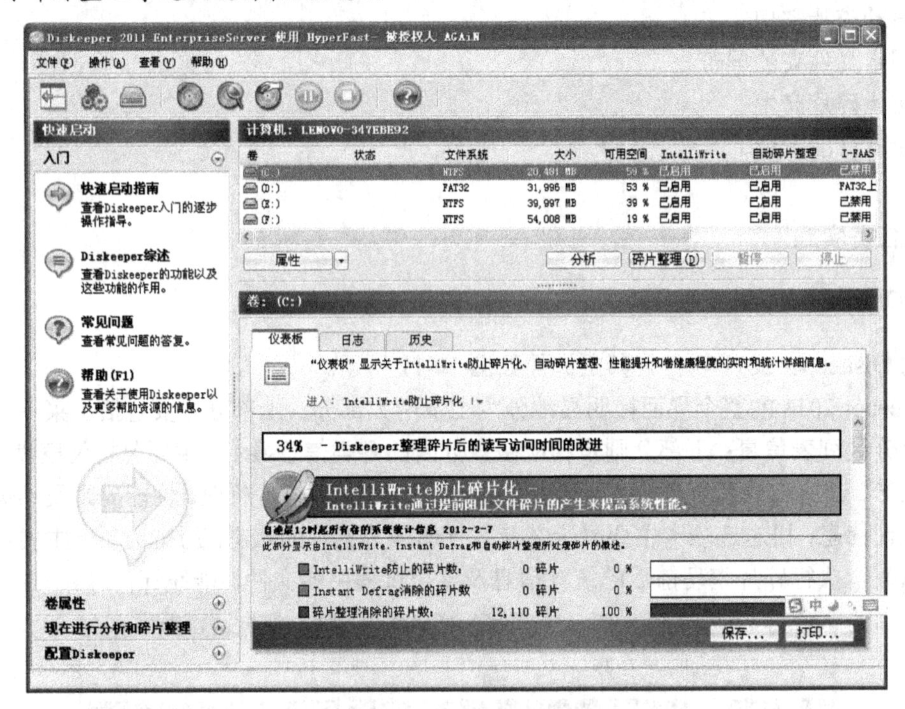

图 10-12 【快速启动】窗格

10.2.2 体验 Diskeeper 2011 功能特性

1. 手动整理硬盘碎片

季先生在【D:\】中安装过多个程序文件，平时也经常在【D:\】中保存和删除文件，这必然会在【D:\】分区中产生大量的磁盘碎片，影响使用效率。因此，首先选择【D:\】分区作为磁盘碎片整理的对象。

1) 分析碎片情况

Diskeeper 2011 具备强大的分析功能，可以在进行磁盘碎片整理之前先进行碎片分析。通过分析来显示磁盘分区的整体状态、用不同颜色显示磁盘的读取性能、显示哪些文件的碎片最多。

单击【分析】按钮，即可开始对磁盘分区进行分析，如图 10-13 所示即为【文件结构】卷视图情况，其中不同的颜色显示该卷上的碎片化程度及所有文件和文件夹的相对位置；如图 10-14 所示，为【文件性能】卷视图情况，其中不同的颜色显示卷上的文件性能及可用空间(例如，红色表示高性能的文件和文件夹所在位置，也表示此区域为连续存储，没有碎片)。

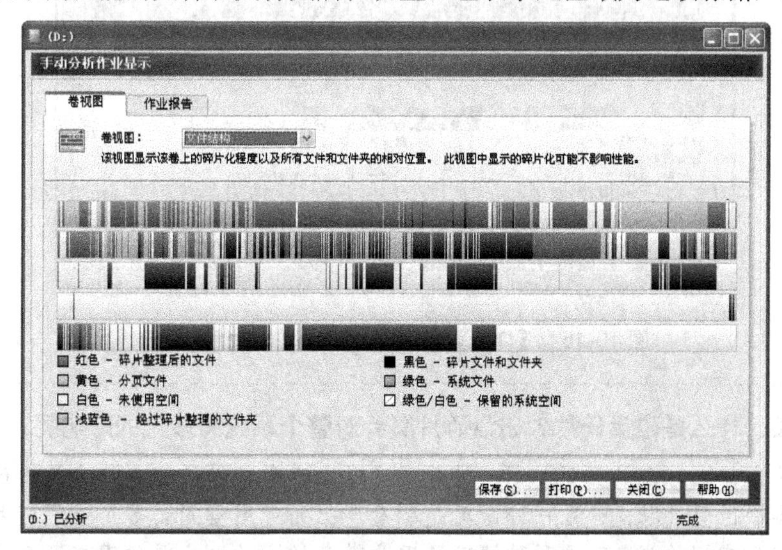

图 10-13　手动碎片整理作业显示：文件结构卷视图

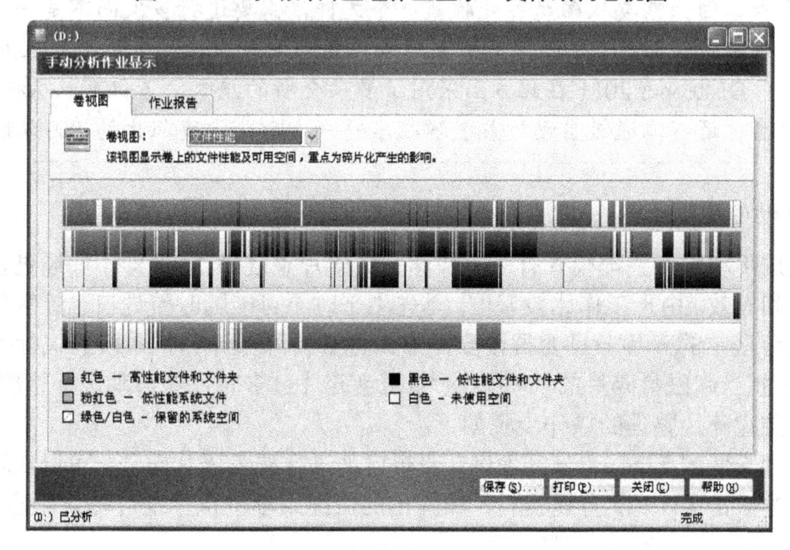

图 10-14　手动碎片整理作业显示：文件性能卷视图

磁盘分析之后，在【作业报告】选项卡中可以查看系统的建议、卷的健康状况、文件性能(访问时间)及碎片整理统计信息——由分析结果来决定是否对磁盘碎片进行整理。

2) 手动碎片整理

当分析完毕，接下来才执行真正的磁盘整理动作(如果仅仅是单击【分析】按钮，那么便只会对磁盘分区进行分析而不进行磁盘整理)。在主界面中单击【碎片整理】按钮，即可开始对所选【D:\】盘分区进行碎片整理，如图 10-15 所示。

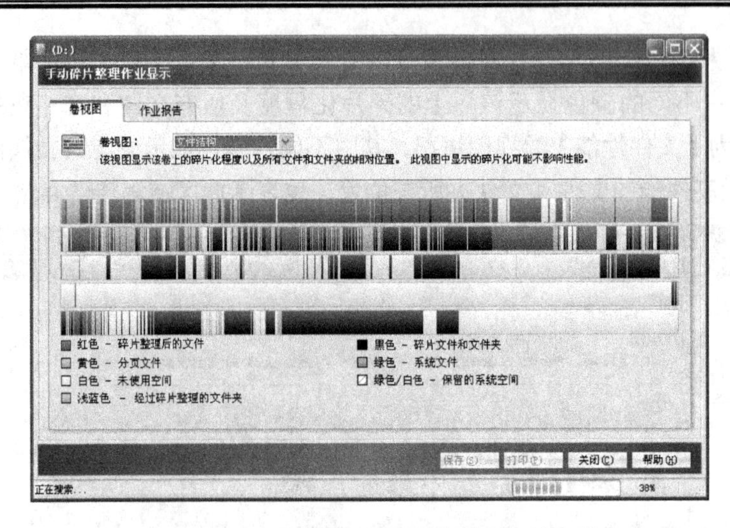

图 10-15　【D：\】分区碎片整理仪表盘信息显示

知识链接：什么是磁盘碎片？磁盘碎片又会对整个系统有多大的影响呢？

磁盘碎片大体上可以分为两类，一种是磁盘卷上单个文件的组成部分呈不连续分布，分散在磁盘上各个位置的状态；另一种情况是磁盘卷上的可用空间由多个空间碎片构成，而不是由较大的可用空间构成。而这两种情况给用户带来的影响也主要体现在两个方面，一是文件访问耗时更长，因为需要从磁盘各处收集一个文件，需要进行多次而不是一次磁盘访问；另外一种是创建文件耗时更长，因为用来创建文件的空间分布在各个不同的位置，而不是在连续的位置上。Diskeeper 2011 在此方面采用了多项全新的技术，不仅可以从根本上防止大部分碎片的产生，还可以通过自动碎片整理技术将一小部分没有阻止的碎片消除掉。

2. 实现自动碎片整理

虽然说通过手动碎片整理模式有助于快速完成碎片整理操作，但却不如通过自动碎片整理模式更加彻底和有效。由于工作比较繁忙，季先生平时不可能随时整理自己计算机中的磁盘碎片，这样磁盘分区中的碎片一旦变得很多，那么势必会降低计算机系统的执行效率。可以让 Diskeeper 2011 担当起磁盘碎片的“哨兵”，当磁盘碎片过多时，便自动进行整理操作。

实现自动磁盘碎片整理的操作步骤如下。

以经常保存文件的【D：\】分区为例，要想自动进行磁盘碎片整理，可以在程序主界面的磁盘分区窗格中右击【D：\】分区盘符，在弹出的快捷菜单中执行【自动碎片整理】命令，如图 10-16 所示。

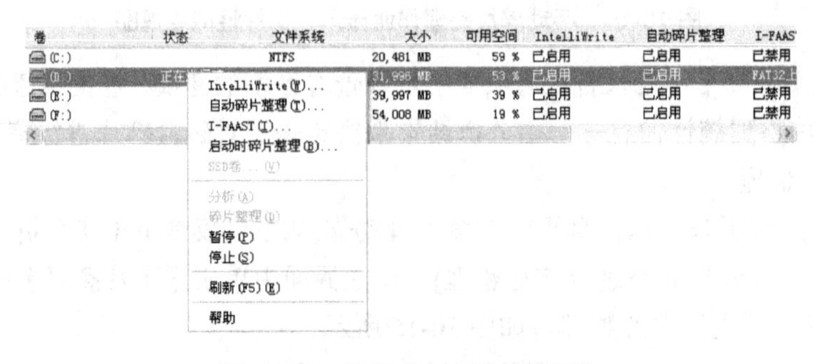

图 10-16　执行【自动碎片整理】

在【自动碎片整理】选区中勾选【在选定的卷上启用“自动碎片整理”】复选框，其他默认，然后单击【确定】按钮应用该设置，如图 10-17 所示。这样所选分区一旦产生碎片，并且系统资源占用的不是很多，Diskeeper 2011 就进行整理，最大程度地保证系统稳定性和速度。

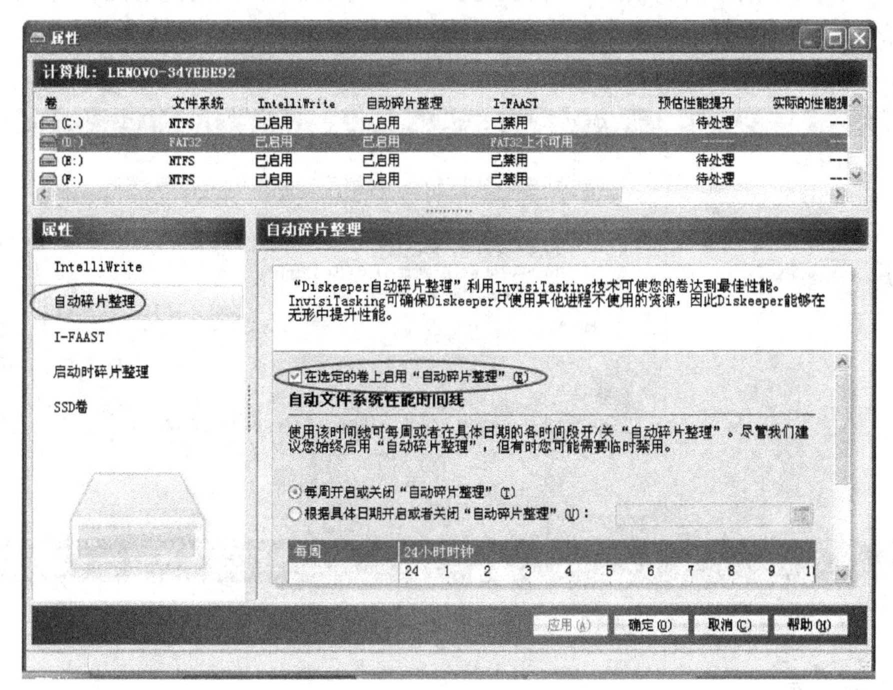

图 10-17　设置自动碎片整理

小提示

自动碎片整理功能一旦开启后，则每天都会执行自动碎片整理操作，这样肯定会影响系统资源的占用。为此，可以对自动碎片整理进行一些规划，在不同的时间段开启碎片整理以避开使用计算机的高峰时间，使系统资源得到合理利用。

例如，选中默认的【每周开启或关闭“自动碎片整理”】单选按钮，在下方显示的时间列表内，通过单击相应的时间段，便会显示不同的色块。当色块为红色时，表示该时间段的自动碎片整理功能将关闭；反之，色块为蓝色时，则代表自动碎片整理功能将在该时段内开启。

3. 开机自动磁盘整理

一般来说，用户并不希望在启动操作系统时，其他程序软件也随之自动运行，因为这会延缓开机速度。可是如果进入操作系统后再对磁盘整理，便无法对 Windows 启动时产生的某些系统文件进行整理了，同时对于一些特殊的系统文件也无法执行整理操作，如操作系统中所存在的虚拟内存文件。另外，平时在整理磁盘碎片的时候，经常会遇到某些分区无法进行碎片整理，这是因为该分区中的一些文件正在运行，所以无法正常进行整理。

在此，可以利用 Diskeeper 支持开机整理和预设计划的功能，在启动 Windows 之后即刻对磁盘碎片进行整理，避免因为某些系统文件运行而不能整理的情况。

例如，季先生准备对【D:\】分区进行开机自动碎片整理，具体操作步骤如下。

在程序主界面的磁盘分区窗格中右击【D:\】分区盘符，在弹出的快捷菜单中执行【启动时碎片整理】命令，如图 10-16 所示。

打开如图 10-18 所示的【启动时碎片整理】界面，勾选【启用对选定卷的启动时碎片整理】复选框，然后选中【计算机在下次手动重新启动时运行启动时碎片整理】单选按钮，单击【确定】按钮，即可让系统启动时自动对所选分区进行磁盘整理操作。

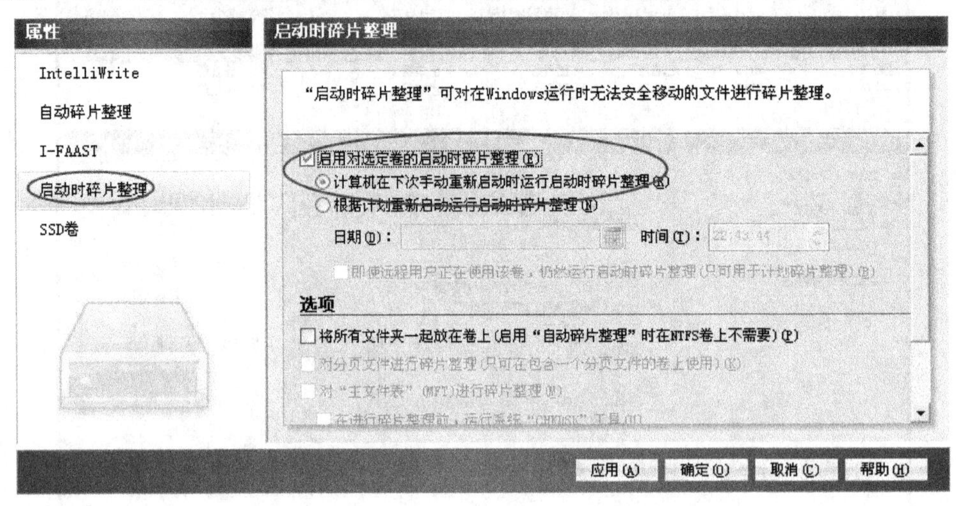

图 10-18　【启动时碎片整理】界面

小提示

如果选中【根据计划重新启动运行时碎片整理】单选按钮，则能够自由设定随机启动自动进行碎片整理的日期，以避免每次开机启动时都去执行碎片整理。

由于启动时碎片整理非常耗费时间，延误开机时间，因此建议仅对系统分区启用该功能，或者在不用计算机的情况下(如中午休息或者周末时间)对分区执行碎片整理操作，以避免影响到正常的工作。

4. 屏蔽固定文件(夹)，加速磁盘整理

季先生觉得有时磁盘碎片整理的速度太慢了，而计算机中的某些文件(夹)是固定不动的，是不需要经常进行碎片整理的(如 E 磁盘中的某些数码照片、视频文件；虚拟内存文件等)。对这部分文件(夹)进行碎片扫描，会浪费很多时间。

使用 Diskeeper 就可以在整理之前将这部分固定文件(夹)进行屏蔽，让碎片整理程序不扫描该部分文件，从而大大加快了碎片整理时间，提高分区的碎片整理效率，加快整理速度。其具体操作步骤如下。

执行【操作】|【配置 Diskeeper】|【Diskeeper 配置属性】命令，在弹出的如图 10-19 所示【Diskeeper 配置属性】窗口中选择【文件排除】选项卡。

在【卷】下拉列表框中选择【E:\】，在【路径】列表框中选择不需要移动的文件夹【数码相机相片】，单击【添加文件夹】按钮，将该文件夹送到【排除列表】列表框中，这样以后再进行磁盘碎片扫描的时候，就会跳过这些文件(夹)，而不对其进行扫描。

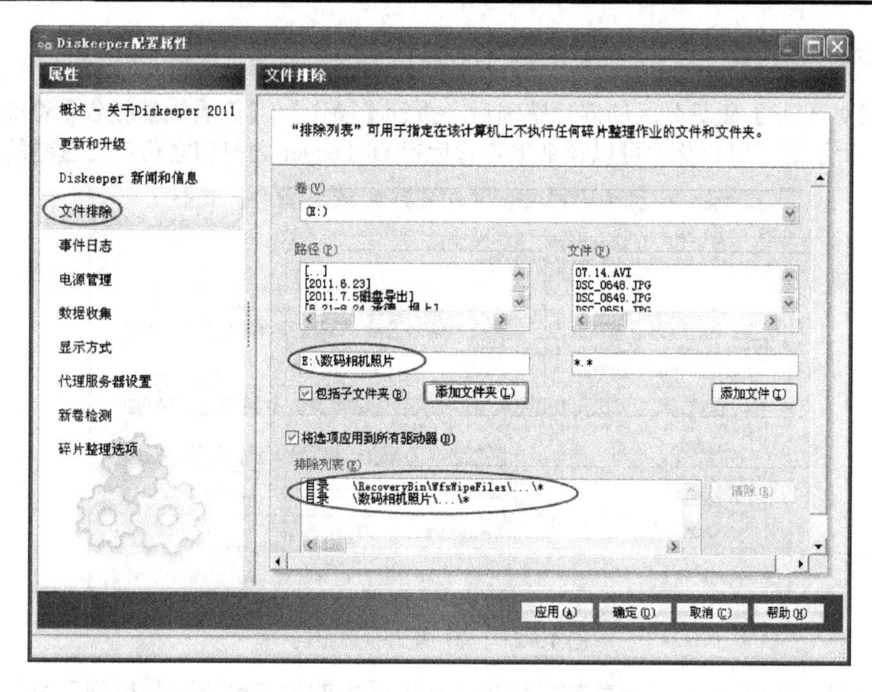

图 10-19　文件排除

5. IntelliWrite 选项

在使用 Diskeeper 整理磁盘碎片的过程中，季先生有一个疑问，即能不能像杀毒软件的防火墙能阻止病毒侵入一样，能够防止计算机中大量碎片的产生呢？

Diskeeper 的【IntelliWrite】功能就是实现这样设想的颠覆性的革新技术，可从根本上防止大部分碎片的产生，显著改善 Windows 的系统性能。在主界面中单击【属性】按钮，弹出如图 10-20 所示的【属性】窗口，在【IntelliWrite】选项卡中勾选【在此卷上防止碎片化】复选框，这样与【自动碎片整理】功能结合使用，将以可能的最高效的方式，让自己的系统保持运转在最佳性能水平——建议在所有的分区卷上启动此选项。

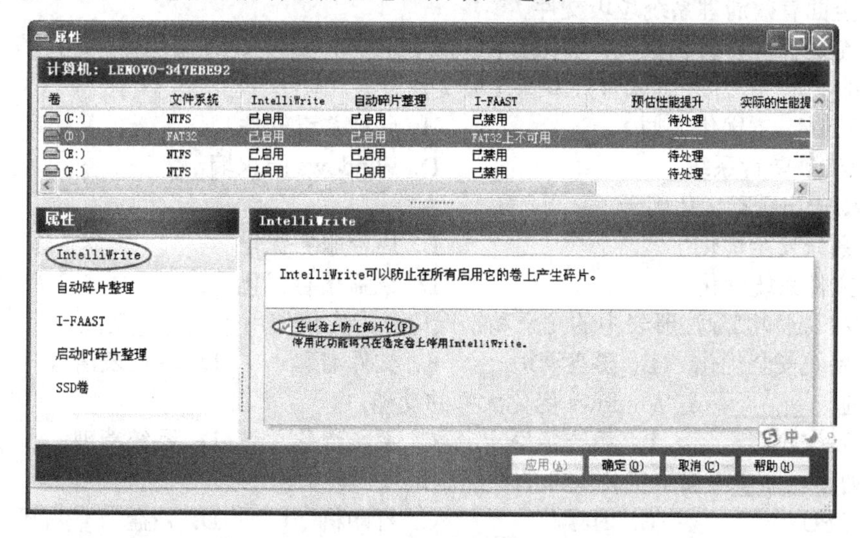

图 10-20　IntelliWrite 选项

10.2.3 查看性能报告

当完成对【D:\】磁盘分区的碎片整理后，执行【操作】|【查看性能报告】命令即可打开如图 10-21 所示的窗口，从中可以详细地查看运行 Diskeeper 之前和之后该磁盘卷的情况。

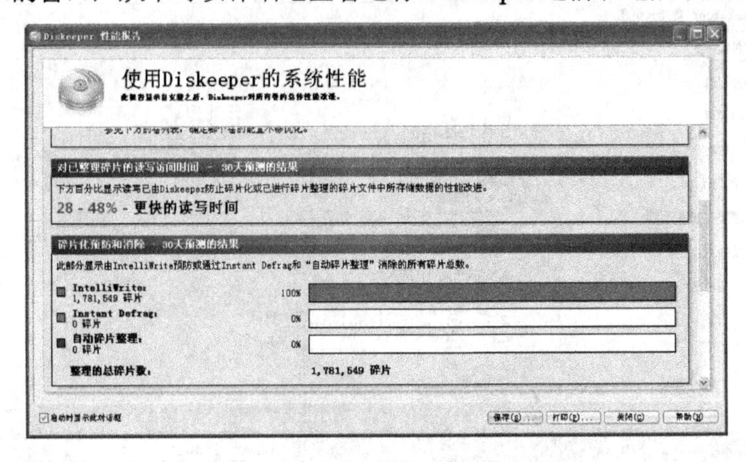

图 10-21 碎片整理性能报告

总的说来，Diskeeper 是一款技术领先、功能强大的尖端磁盘碎片整理工具，可以使用 Diskeeper 来一边工作，一边对磁盘碎片进行整理，在不知不觉中让系统提高运行速度。

课 后 练 习

一、单项选择题

1. 下列________项不是 Windows 优化大师的功能。
   A. 为系统提供全面、有效、简便的优化手段，使计算机系统保持最佳状态
   B. 维护计算机系统软、硬件，使其保持最佳状态
   C. 全面有效清理系统垃圾文件
   D. 全面保护计算机系统，有效预防病毒的侵入
2. 下列________软件可以有效清除垃圾文件。
   A. Windows 优化大师　　B. 瑞星杀毒软件
   C. NOD 防毒系统　　D. Windows 防火墙
3. 输入/输出缓存优化属于________。
   A. 系统安全优化　　B. 后台服务优化
   C. 文件系统优化　　D. 磁盘缓存优化
4. 若要扫描和删除注册表中的冗余和错误信息，应该使用________功能。
   A. 系统安全优化　　B. 磁盘清理　　C. 文件清理　　D. 注册表清理
5. 下列________不是 Windows 优化大师的功能。
   A. 系统检测　　B. 系统备份　　C. 系统优化　　D. 系统清理
6. 下列________不属于优化大师的性能测试项目。
   A. CPU　　B. 内存　　C. 打印机　　D. 磁盘
7. 利用 Windows 优化大师可以备份的选项不包括下列________。
   A. 驱动程序　　B. 系统文件

C. 本地磁盘中所有文件 D. 收藏夹

8. 磁盘碎片整理属于下列________功能。

A. 系统检测 B. 系统维护 C. 系统优化 D. 系统清理

二、填空题

1. 加快菜单速度、Windows 动画效果开关以及 Windows 自动刷新这些方面的优化属于________优化。

2. 了解计算机软硬件的具体信息，可以使用【系统检测】中的________功能集合。

3. 系统清理包括________、磁盘文件管理、软件智能卸载、历史痕迹清理。

4. 为保证安全，________ (填写应该或不应该)勾选【禁止系统自动启用服务器共享】复选框。

5. 选择【系统维护】功能的________子功能，就可以对驱动程序进行备份了。

6. 利用 Windows 优化大师系统维护中的________，可以检查磁盘是否存在损坏扇区，并对损坏扇区进行隔离。

三、判断题

1. (　　)系统长时间使用之后，会留下一堆堆垃圾文件，使系统变得相当臃肿，运行速度大为下降，但是系统不会频繁出错甚至死机。

2. (　　)在 Windows 优化大师中，开机速度优化的主要功能是优化开机速度和管理开机自启动程序。

3. (　　)【系统检测】中的【系统信息总览】只提供浏览功能不提供优化功能。

4. (　　)在进行系统性能测试时，不需要关闭一些不必要正在运行的程序。

5. (　　)在系统信息检测首页查看计算机设备时，可以通过双击直接进入该设备所在页面查看详细信息。

6. (　　)为了节省资源，“ctfmon.exe”不必在开机自启动项中保留。

四、上机操作题

1. 使用优化大师查看计算机的系统信息(内存容量、数量及其型号，硬盘容量、当前采用的接口类型)

2. 按照下列方案，优化电脑。

- 系统清理维护(垃圾文件清理，清理注册信息并保存原来的注册表，使用系统医生删除错误链接)。
- 系统性能优化(按照 Windows 优化大师推荐值设定【输入/输出缓存大小】)。
- 文件系统优化(将 CD-DVD 优化选择为 Windows 优化大师推荐值)。
- 网络系统优化(根据上网条件选择 ADSL 用户，或拨号，或其他)。
- 系统安全优化。
- 优化项选【禁止用户建立空连接】、【禁止系统自动启用服务器共享】、【禁止自动登录】和【禁止系统自动启用管理共享】。
- 在【更多设置】中选中 E 磁盘作为隐藏的驱动器，单击【优化】按钮。
- 系统个性化设置(勾选【桌面设置】里的【消除快捷方式图标上的小箭头】复选框)。

项目 11 使用磁盘工具整理系统

磁盘是计算机的数据存储中心，几乎所有系统、程序、用户等数据都保存在磁盘中。在计算机使用过程中，如果磁盘出现问题，轻则影响系统速度，重则出现丢失数据等情况，甚至引起系统崩溃。使用磁盘工具对磁盘进行备份、维护，可以有效的避免出现磁盘问题，从而保持系统的稳定性。

本项目介绍两个优秀的磁盘工具，使用它们可以对磁盘进行重新分区、重装系统、优化备份等等，是维护磁盘的得力助手。

任务 11.1　魔术分区大师 PartitionMagic

任务导读

沈先生家里的计算机原来的磁盘分区不合理，经过长时间使用，现在磁盘空间已经被占用过半，再加上平时自己不注意妥善管理文件，现在想保存一些容量比较大的文件，就显得“捉襟见肘”了。如果在不添置新计算机的情况下，继续使用原计算机有什么好办法吗？

任务分析

魔法分区大师 PartitionMagic 是比较著名的磁盘分区管理工具，该工具可以在不损失磁盘中已有数据的前提下对磁盘进行重新分区、格式化分区、复制分区、移动分区和隐藏/重现分区、转换分区结构属性等操作。因此，可以使用魔法分区大师 PartitionMagic 8.0 来帮助沈先生进行整理磁盘分区等操作，让沈先生的旧电脑“焕发青春”。

学习目标

- 创建新分区
- 调整分区大小
- 合并磁盘分区
- 调整/移动分区

任务实施

11.1.1 认识 PartitionMagic 8.0

启动 PartitionMagic 8.0 后的主界面如图 11-1 所示。

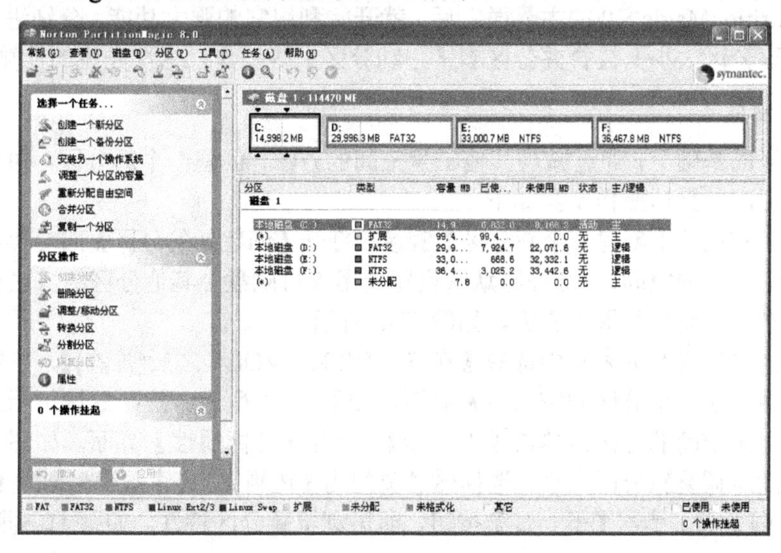

图 11-1 PartitionMagic 8.0 主界面

1. 分区颜色

右侧上方非常醒目的一排方框(磁盘镜像)以及右侧下方的磁盘信息标明了硬盘的各个分区的名称、格式、大小和状态。

不同分区颜色的含义：绿色为 FAT 格式，蓝色为 HPFS 格式(OS/2 使用)，墨绿色为 FAT32 格式，粉红色为 NTFS 格式(NT 使用)，紫色为 EXT2 格式(Linux 用)，灰褐色为未使用的自由空间。

2. 工具按钮

方框左侧的几个漫画图案是常用功能的向导链接，其中【选择一个任务...】选项区域即【任务】菜单中的各个选项，依次是【创建一个新分区】、【创建一个备份分区】、【安装另一个操作系统】等。【分区操作】选项区域则是【分区】菜单中的各个选项，依次为【删除分区】、【调整/移动分区】、【转换分区】和【分割分区】等。

此处各命令既可以直接单击选定后按照向导指示进行，也可以在选定分区后，右击弹出快捷菜单来实现。各工具按钮的使用意义如下。

(1) 【复制一个分区】。复制分区(支持从一个分区复制到自由空间，包括对分区系统作备份)。

(2) 【创建分区】。从自由空间中创建主分区或逻辑分区磁盘，可以选择要创建分区的文件分配表的类型、设置卷标、建立逻辑盘还是建立主分区磁盘。

(3) 【删除分区】。删除不想要的分区，包括主分区和逻辑分区(执行前，一定要三思而行，并且将数据备份)。

(4) 【调整容量/移动】。选中一个分区后，既可以用鼠标左右拖动滑块来调整分区的大小，也可以输入数字来改变分区的大小。

(5) 【转换分区】。对磁盘分区的文件分区表模式进行转换。其提供了以下模式供选择，分别是 FAT to FAT32、FAT to NTFS 和 FAT32 to FAT(只有磁盘分区中使用了相应的文件分区表或在 FAT 格式下安装了相应的操作系统，才会显示相关的选项，否则该命令将变成灰色不可用)。

11.1.2 PartitionMagic 8.0 的基本功能

了解了 PartitionMagic 8.0 的主界面之后，就开始利用它的强大功能，分别进行【创建一个新分区】、【调整分区大小】、【合并分区】、【移动分区】等操作，为沈先生的计算机进行整理。

1. 创建新分区

要在原分区的基础上，通过减少其他磁盘空间的方法，创建一个新分区，并且为该分区选择一个存放位置。其具体操作步骤如下。

单击主界面左侧的【创建一个新分区】链接，打开【创建新的分区】向导界面。在此界面中提示要获得新分区的空间，在此按照默认设置使用来自磁盘中其他分区的自由空间。单击【下一步】按钮，打开【创建位置】界面，如图 11-2 所示。

在【新分区的位置】列表框中选择【在 F：DISK1_VOL4 之后(推荐)】，单击【下一步】按钮，打开【减少哪一个分区的空间？】界面，如图 11-3 所示。按照默认指示，选中已有的所有分区作为提供空间的分区，单击【下一步】，打开【分区属性】界面，如图 11-4 所示。

在此按照图示调整新分区大小，选择磁盘类型为【逻辑】、文件系统类型为【NTFS】以及驱动器盘符为【I】等。单击【下一步】按钮，即可浏览新分区特性，如图 11-5 所示(新分区的大小为 6330.3MB)。

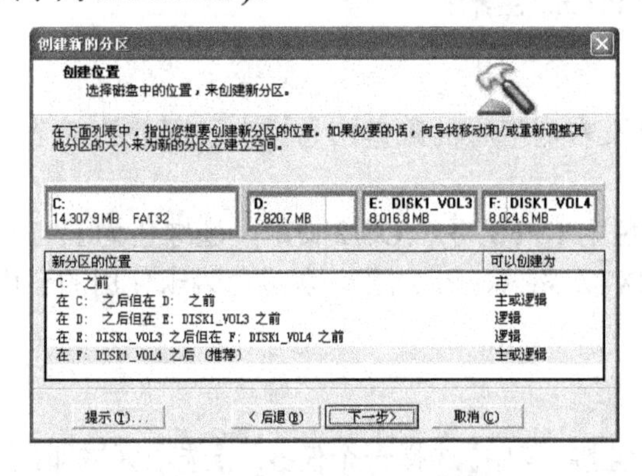

图 11-2 【创建位置】界面

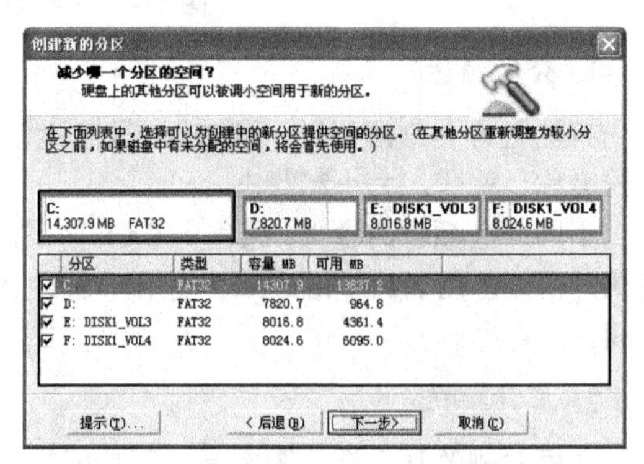

图 11-3 【减少哪一个分区的空间?】界面

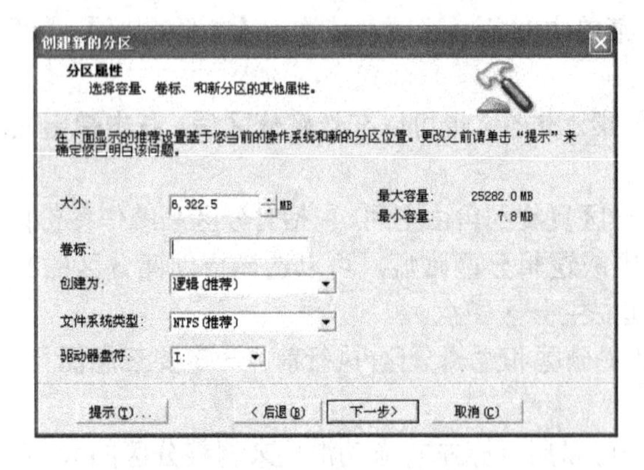

图 11-4 【分区属性】界面

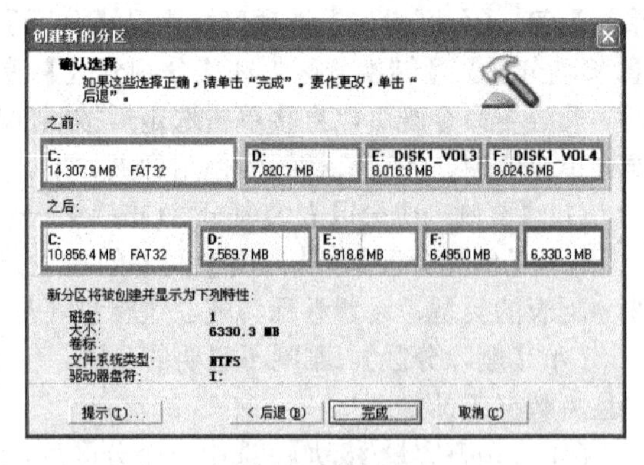

图 11-5 新分区属性

小 提 示

选择新分区的大小，一般选最大值。不过这里 PartitionMagic 设计得不好，明知道用户一般都要最大值，默认状态却经常是一个莫名其妙的数值，又不提供便捷的选项，用户必须小心输入数值，否则，不是超出范围显示错误，就是有的空间浪费了，很不方便。

单击【完成】按钮，即成功地创建了一个新的分区【I:】磁盘，如图 11-6 所示。

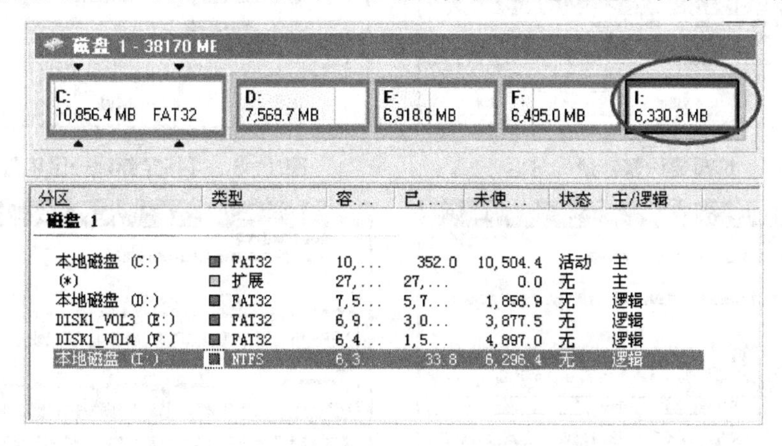

图 11-6　创建新【I】分区

2. 调整分区大小

由于原来分区时考虑欠周，C 磁盘常常会被提示剩余空间不足的消息所困扰，如果在应用中有新的需要或要安装新的操作系统，就会显示该分区容量不够的情况。用户可以将 E 磁盘中不用的磁盘空间调整给 C 磁盘。其具体操作步骤如下。

在【选择一个任务...】选项区域中单击【调整一个分区的容量】链接，打开【调整分区的容量】向导界面。

在该向导界面中，可以调整分区的容量。如果调整过大，向导会自动减少磁盘上其他分区的自由空间；如果将分区调小，向导会自动将自由空间给予磁盘上的其他分区。

单击【下一步】按钮，打开【选择分区】界面，如图 11-7 所示，在此选择要调整的【E:】磁盘的空间。

单击【下一步】按钮，打开【指定新建分区的容量】界面，如图 11-8 所示，显示出当前磁盘容量的大小(29996.3MB——约为 29.3GB)以及允许的最小和最大容量。

在【分区的新容量】数值输入框中按照图示输入在调整后分区大小的值(【20012.3MB】——约 20GB)。

注意：最大值不能超过前面提示中所允许的最大容量。

单击【下一步】按钮，打开【提供给哪一个分区空间？】界面，如图 11-9 所示。该界面询问减少哪一个分区的容量来补充给所调整的分区。勾选【C:】磁盘复选框，将调整出来的富余空间调整给该分区。

单击【下一步】按钮，打开【确认分区调整容量】界面，如图 11-10 所示。该对话框显示调整前后分区容量对比情况。

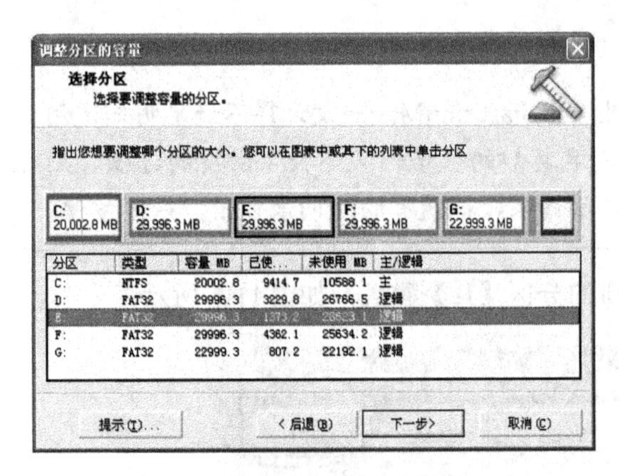

图 11-7　选择要调整容量的分区

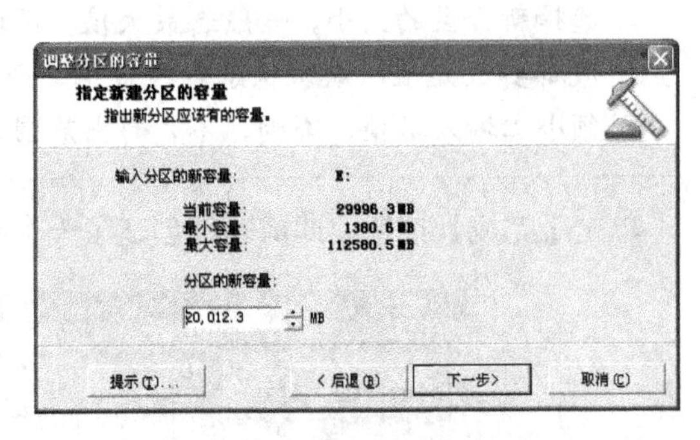

图 11-8　【指定新建分区容量】界面

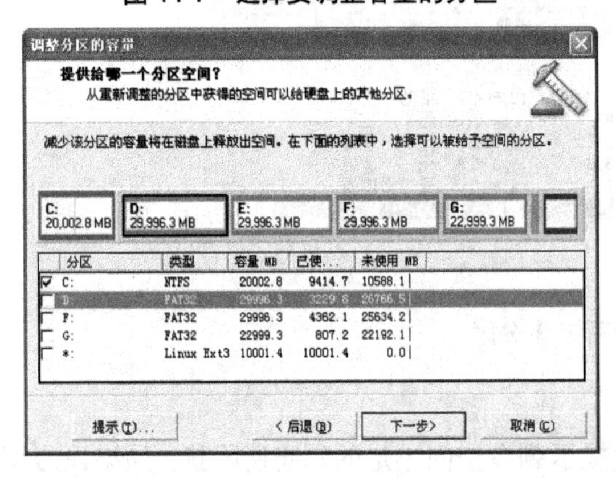

图 11-9　【提供给哪一个分区空间?】界面

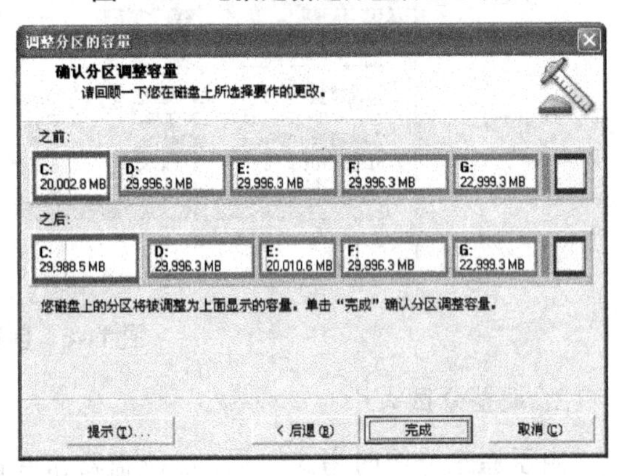

图 11-10　【确认分区调整容量】界面

单击【完成】按钮，完成对分区容量的调整。在打开的【确认】对话框中单击【是】按钮，随即计算机会将该操作加入到动作队列中暂时挂起。

3. 合并分区

早期的磁盘分区都比较小，已经不能适应现在的应用需求了，用户可以使用 PartitionMagic 将两个较小的分区(F 磁盘和 G 磁盘)合并成一个大的分区(G 磁盘)，被合并的新分区 G 盘可以作为一个目录存在于合并后的分区。如果 G 分区过大，还可以将其分割成几个较小的分区。

注意：合并分区前首先要备份相应分区上的数据(例如，要把 F 磁盘、G 磁盘合并为 G 磁盘，则要备份 F 磁盘中的数据，合并完成后不会影响 G 磁盘中的数据)。

在主界面左侧的【选择一个任务...】选项区域中单击【合并分区】链接，打开【合并分区】向导界面。按照默认方式进行设置(向导会指示用户如何合并邻近的分区，即可以合并两个邻近的 NTFS、FAT 或 FAT32 格式分区，第一个分区将被扩大从而包括第二个分区；第二分区的内容将被添加为第一个分区内的一个文件夹)。

单击【下一步】按钮，打开如图 11-11 所示的【选择第一分区】界面，在此选择【G:】磁盘作为要合并的第一分区。

单击【下一步】按钮，打开如图 11-12 所示的【选择第二分区】界面。在该界面中显示，由于与 G 磁盘相邻的只有 F 磁盘，因此只能选择与 F 磁盘合并。

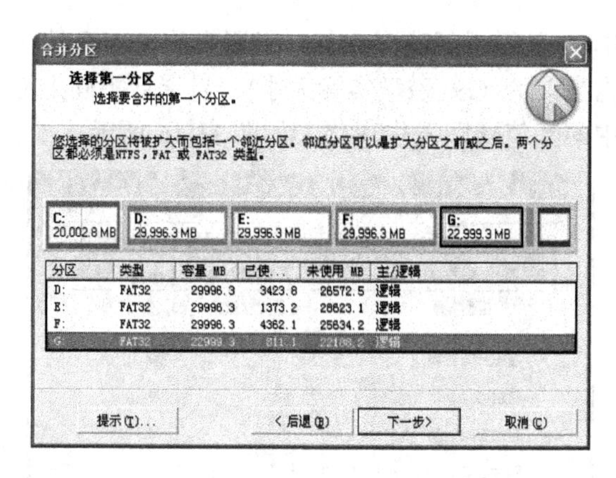

图 11-11　【选择第一分区】界面

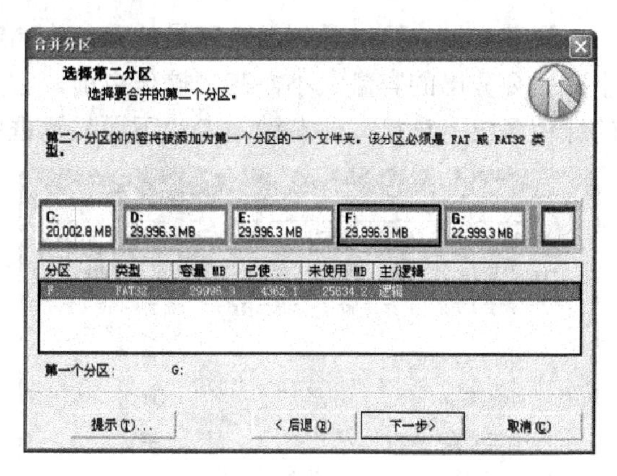

图 11-12　【选择第二分区】界面

单击【下一步】按钮，打开【选择文件夹名称】界面，如图 11-13 所示。将成为 G 磁盘新分区一部分的原 F 磁盘空间命名为【原 F 盘】。这样，在完成合并分区后，新扩充后的磁盘中就多了名为【原 F 盘】的文件夹。

单击【下一步】按钮，打开【驱动器盘符更改】界面。在此，系统提示【合并分区可能导致驱动器盘符的改变】的信息。

单击【下一步】按钮，打开【确认分区合并】界面，如图 11-14 所示。可以看到，系统显示了合并分区后的磁盘分区状况，即分区盘符已经更改为 G 磁盘。单击【完成】按钮，完成分区合并操作。

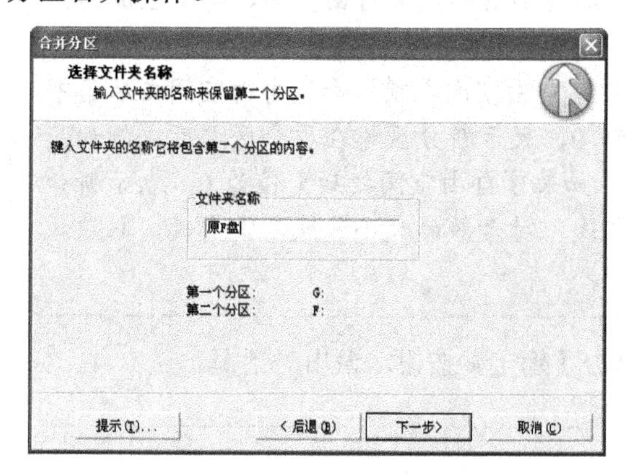

图 11-13　【选择文件夹名称】界面

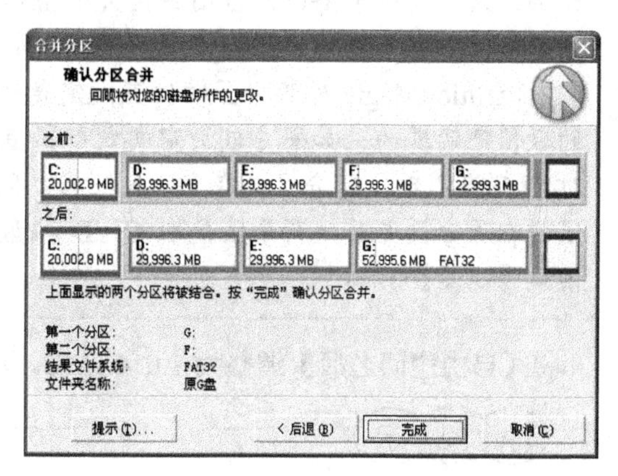

图 11-14　【确认分区合并】界面

4. 调整/移动分区

计算机使用一段时间后，沈先生发现当初建立的磁盘分区已经不能适应当前应用程序的要求了，即 C 磁盘分区容量太小，G 磁盘又太空闲。如果重新设置分区就要备份磁盘所有分区的数据，实在是太麻烦了。可以利用 PartitionMagic 的【调整容量/移动分区】功能帮他解决这个问题。

选择要操作的盘符。首先在主界面的磁盘列表中选中需要更改的硬盘分区【G】，单击左侧【分区操作】选区中的【调整/移动分区】链接点(或者右击 G：盘符，在弹出的快捷菜单中执行【调整容量/移动】命令；也可以单击工具栏中的第一个按钮)，弹出如图 11-15 所示的【调整容量/移动分区】对话框。

调整容量。可以看到新建容量的单位为 MB(这里的【新建容量】是指原来的 G：分区大小减去要分出的容量大小，在未操作之前，它为当前的 G：磁盘实际大小)。将指针指向上面的绿色条纹上直接按住左键拖曳，下面显示框中的数值随即发生变化，如图 11-16 所示。

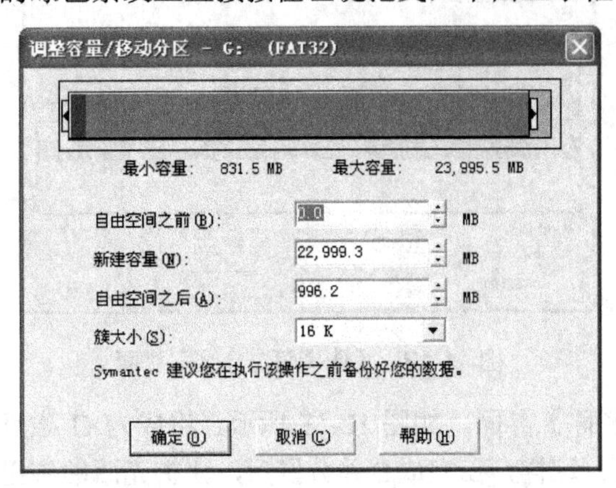

图 11-15 【调整容量/移动分区】对话框

图 11-16 调整容量

在条纹框中，绿色表示没有使用的剩余空间，黑色表示已经使用的磁盘空间，灰色表示腾出的自由分区的大小。另外，也可以在下面的数值输入框中直接填写需要的分区大小。只不过对于腾出的自由分区大小值不能超过磁盘的最大自由空间，而新生成的分区容量大小也不能小于已经使用的磁盘容量。

PartitionMagic 对新分区的位置设定是通过【自由空间之前】和【自由空间之后】中的数值来实现的。如果【自由空间之前】值为 0，表示新分区排在原分区之后，例如，对 D 磁盘更改，新分区就在 D、E 磁盘之间；如果【自由空间之后】值为 0，表示新分区排在原分区之前，新分区就在 C、D 磁盘之间。对于簇的大小一般不做更改，取默认值就可以了。

将【自由空间之后】调整为 1 074.7MB，单击【确定】按钮，退出对话框。

小提示

当完成下面的【确认调整】操作之后，在磁盘分区列表中的 G：盘符之后，多了一个名为 FreeSpace 的分区(空间容量为 1 074.7MB)，该分区即是新的自由空间。

如果调整的两个分区有重要数据，记住要备份。调整过程中，不要对正在执行操作的分区进行读写操作。另外操作过程耗时较长，在这个过程中一定不要断开电源。

5. 确认调整

以上的操作还只是对分区调整做了一个规划，在主界面的左下角有两个被激活的按钮，分别是【撤销】和【应用】按钮。要想让上述的操作起作用，需要单击【应用】按钮，弹出【应用更改】对话框，如图 11-17 所示。单击【是】按钮，激活警告窗口，单击其中的【确定】按钮即可开始调整。在随即弹出的【过程】对话框中分别显示三个操作进度条，完成后重新启动计算机。

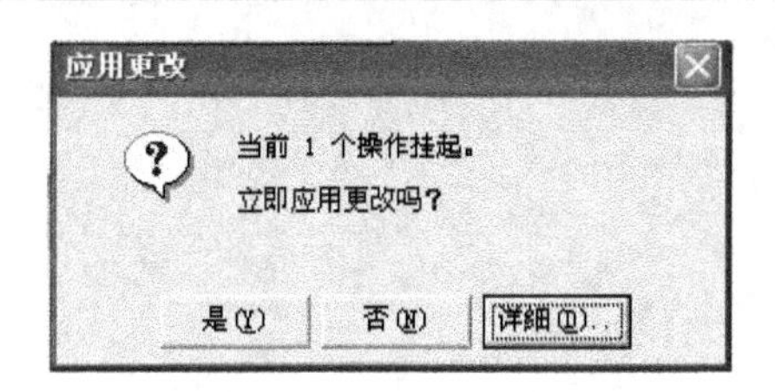

图 11-17　【应用更改】对话框

PartitionMagic 除了具有以上常用功能之外，还可以利用它进行复制磁盘分区、转换分区格式、删除分区、自动调整分配磁盘空间等操作，可以给用户提供相应的服务。

任务 11.2　磁盘克隆工具 Norton Ghost 11.0

任务导读

杨先生家里的计算机死机了！不知道究竟是由于病毒还是操作失误造成的。他十分担心是否会导致磁盘中的数据丢失，自己也没有实时做好备份，万一出现系统崩溃的情况，那该怎么办?

任务分析

常与计算机打交道的用户大都重装过许多次系统。Windows 操作系统自身的不稳定、各种软件硬件的故障、一些莫名其妙的问题，使得 DIY 者不但浪费了大量的时间，而且寻找各种驱动程序和应用软件就不是一件容易事,况且经常性的重装系统对计算机的影响是具有破坏性的。

Norton Ghost 是一个极为出色的磁盘克隆(Clone)工具，它可以将磁盘的一个分区或整个磁盘作为一个对象来操作，可以完整复制对象(包括对象的磁盘分区信息、操作系统的引导区信息等)，并打包压缩成为一个镜像文件(Image)，在需要的时候，又可以把该镜像文件恢复到对应的分区或对应的磁盘中，这样以后就能用镜像文件还原系统或数据，最大限度地减少安装操作系统和恢复数据的时间。当整个系统瘫痪时，使用 Norton Ghost 将备份的镜像文件重新恢复到原来的磁盘中，几分钟就可以让系统恢复到正常运行状态，可以在不重装系统的情况下使系统恢复正常，在最短的时间内给磁盘数据以最强大的保护。

Norton Ghost 的功能包括两个磁盘(Disk)之间的复制、两个磁盘分区(Partition)之间的复制、两台计算机之间的磁盘复制、制作磁盘的镜像文件等。用得比较多的是分区备份功能，其能够将磁盘的一个分区压缩备份成镜像文件，然后存储在另一个分区磁盘或移动磁盘中，万一原来的分区发生问题，就可以将所备份的镜像文件复制回原磁盘中，让该分区恢复正常。

基于此，即可以利用 Norton Ghost 来备份系统和完全恢复系统。对于学校和网吧，使用 Norton Ghost 软件进行磁盘复制可迅速方便的实现系统的快速安装和恢复，而且维护起来也比较容易。

在这里，以 Norton Ghost 11.0 版为例，介绍其主要功能。

学习目标

- 磁盘复制
- 磁盘备份
- 备份还原
- 复制分区
- 制作分区镜像文件
- 从镜像文件中恢复分区

任务实施

11.2.1 Norton Ghost 主界面

Ghost 属于免费软件，杨先生购买计算机时，随机带有赠送光盘，将有关文件复制到磁盘(**注意**：*不要将其复制到 C 磁盘，应该将之复制到非系统盘，如 D 磁盘或 E 磁盘*)或 U 盘中即可。

1. Norton Ghost *启动方法*

Ghost 安装非常简单，在 D 磁盘等非系统盘中解压缩后，直接双击其中的 Ghost32.exe 安装文件，即可启动 Norton Ghost 11.0 的主界面，如图 11-18 所示(通常，把 Ghost 文件复制到启动 U 盘里，或者将其刻录为启动光盘。用启动盘进入 DOS 环境后，在提示符下输入“Ghost”，按 Enter 键即可运行 Norton Ghost)。

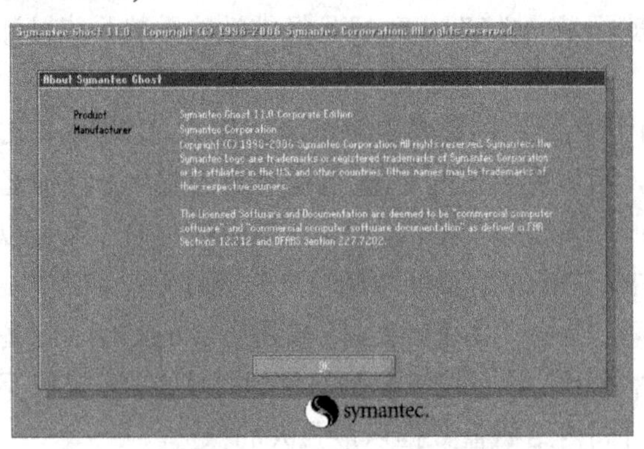

图 11-18　Norton Ghost 11.0 主界面

2. Norton Ghost *菜单命令*

单击【OK】按钮打开 Norton Ghost 的操作界面，显示 Norton Ghost 菜单界面，如图 11-19 所示。主菜单共有 6 项，从下至上分别为 Quit(退出)、Help(帮助)、Options(选项)、GhostCast(传送)、Peer to Peer(点对点，主要用于网络中)、Local(本地)。

一般情况下只用到 Local 菜单项，其包含 3 个子项，分别是 Disk(磁盘备份与还原)、Partition(磁盘分区备份与还原)、Check(检测磁盘或备份的文件，查看是否可能因分区、磁盘被破坏等造成备份或还原失败)，如图 11-20 所示。其中前两项功能是使用得最多的。下面的操作讲解就围绕这两项展开。

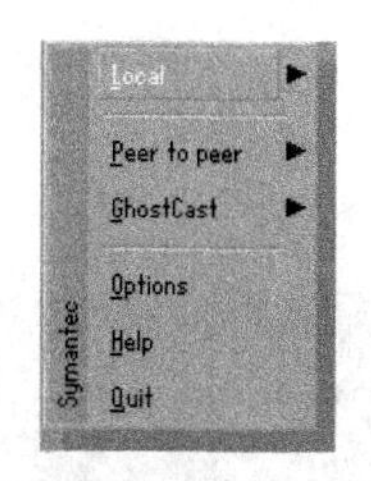

图 11-19　主菜单

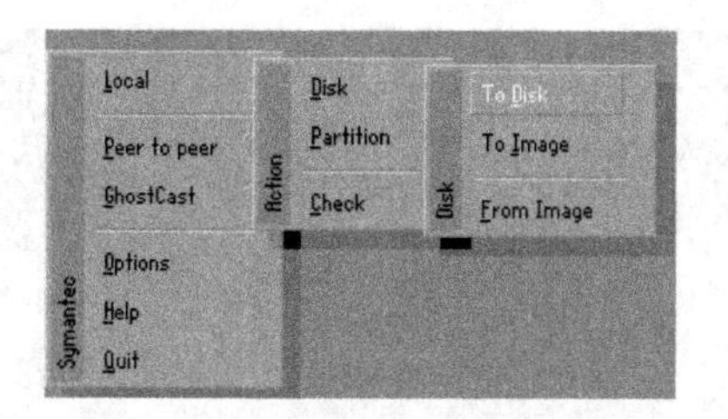

图 11-20　Local/Disk 菜单命令

知识链接：英文单词的意义

Disk(磁盘)、Partition(分区)、Image(镜像。是 Ghost 的一种存放磁盘或分区内容的文件格式，扩展名为 GHO)、To(到。即“备份到”的意思)、From(从。即“从……还原”的意思)。

Ghost 的主要功能分为 3 种。

(1) Disk(硬盘备份与还原)。其主要包括 disk to disk(硬盘复制)、disk to image(硬盘备份)、disk from image(备份还原)等 3 种硬盘功能。

(2) Partition(分区备份与还原)。其主要包括 Partition to Partitiont(复制分区)、Partition to image(备份分区)、Partition from image(还原分区)等 3 种分区功能。

(3) Check(备份的检验与排错)。此功能主要检查因不同的分区格式(FAT)、硬盘磁道损坏等而造成备份与还原的失败。

11.2.2　磁盘复制

沈先生的家中还有一台配置完全相同的计算机，可以先在此计算机中安装好操作系统及软件，然后利用 Norton Ghost 的磁盘复制功能将系统完整地“复制”一份到出故障的计算机中。其具体操作步骤如下。

执行【Local】|【Disk】|【To Disk】命令，打开【选择来源磁盘】界面，如图 11-21 所示。选择来源磁盘(Source drive)的位置，即第一个磁盘。

单击【OK】按钮，打开【选择目的磁盘】界面，如图 11-22 所示。选择要复制到的目的磁盘(Destination drive)的位置，即第二个磁盘(这是磁盘的分区显示，必须具有两个以上磁盘才能进行复制)。

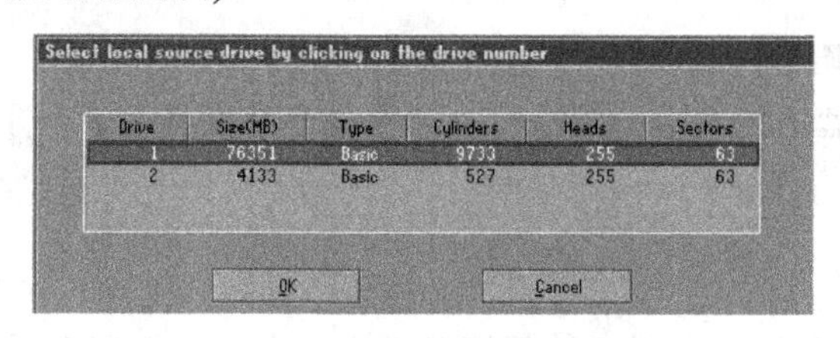

图 11-21　【选择来源磁盘】界面

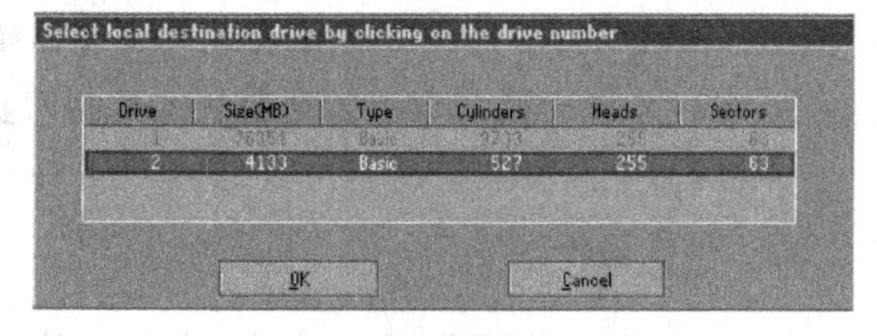

图 11-22　【选择目的磁盘】界面

单击【OK】按钮打开【目的磁盘数据信息】界面。在磁盘复制或备份前，需要设置目标磁盘各个分区的大小，在此，Norton Ghost 可以自动对目标磁盘按设定的分区数值进行分区和格式化，如图 11-23 所示，目的磁盘将会分成一个系统盘和三个逻辑盘。

单击【OK】按钮，打开【是否转换分区】界面，如图 11-24 所示。单击【Yes】按钮即可开始执行复制，如图 11-25 所示。

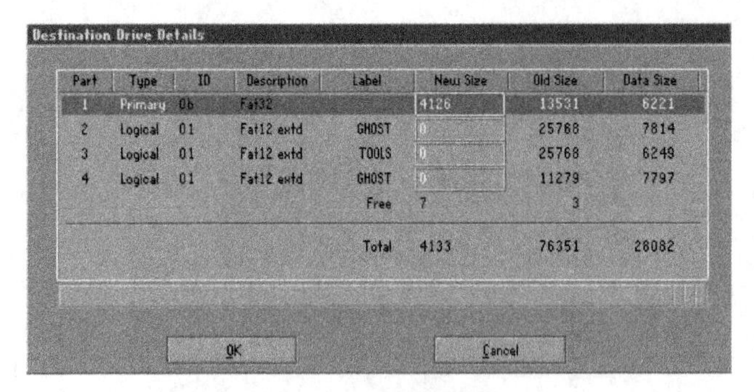

图 11-23　目的磁盘数据

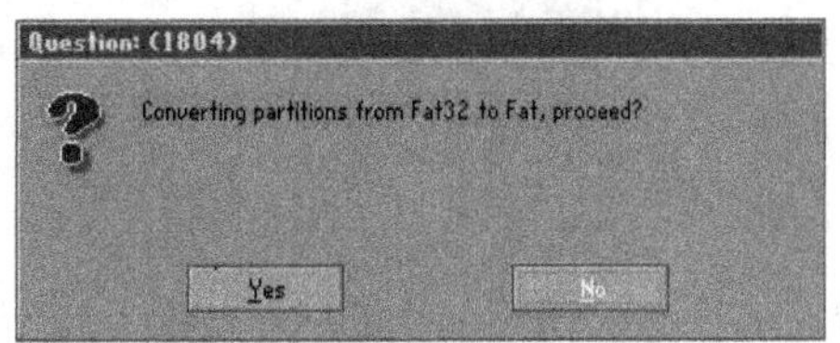

图 11-24　是否转换分区

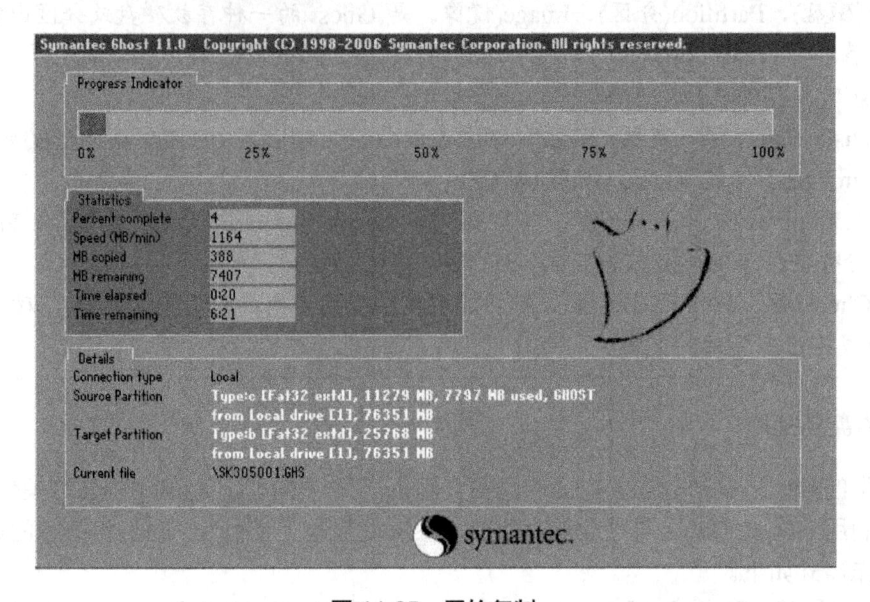

图 11-25　开始复制

复制过程结束后，系统会提示是否【继续(其他操作)】或者【重启计算机】，单击【Reset Computer】按钮，完成整个复制任务。

小提示

Norton Ghost 能将目标磁盘复制得与源磁盘几乎完全一样，并实现分区、格式化、复制系统和文件一步完成。只是要注意目标磁盘不能太小，必须能存放源磁盘的数据内容。

11.2.3　硬盘备份

Norton Ghost 还提供了一项磁盘备份功能，即将整个磁盘的数据备份成一个文件保存在磁盘中，然后就可以随时还原到其他磁盘或源磁盘中，这对安装多个系统非常方便。操作步骤与分区备份相似。其具体操作步骤如下。

执行【Local】|【Disk】|【To image】命令，打开【选择源磁盘】界面，例如，选择来源磁盘(SourceDrive)的位置，如图 11-26 所示。

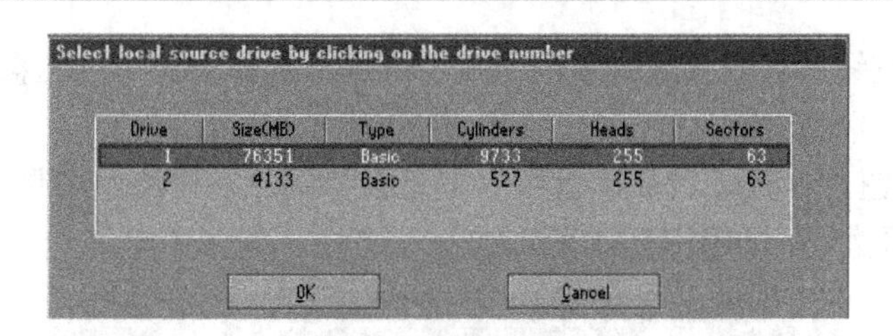

图 11-26　选择源硬盘

单击【OK】按钮，打开如图 11-27 所示的界面，选择备份文件储存的位置并且命名。

单击【Save】按钮打开【选择是否压缩】界面，单击【Fast】按钮选择 Fast 压缩方式，如图 11-28 所示，开始执行备份，如图 11-25 所示。

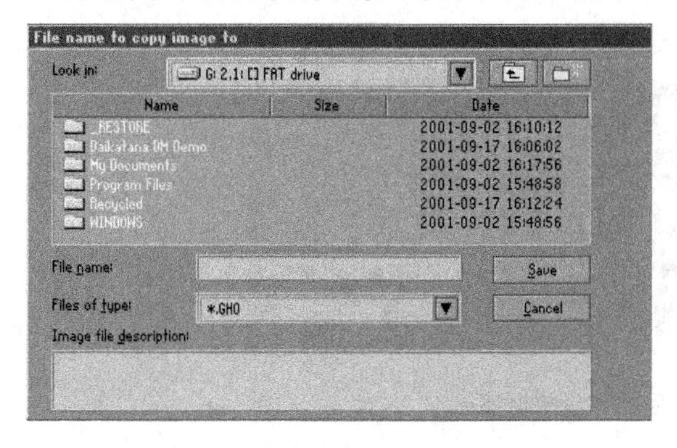

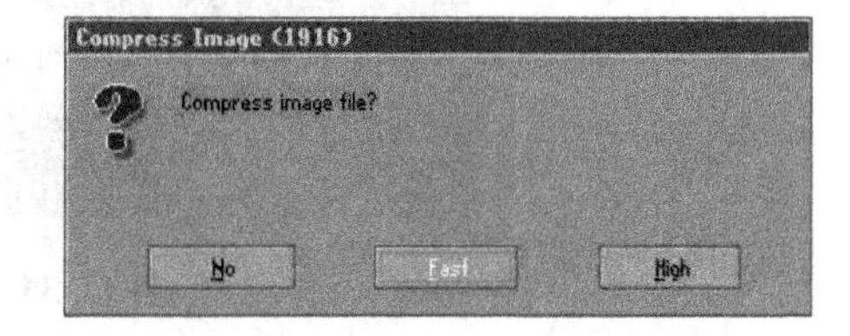

图 11-27　选择备份文件位置、命名文件　　图 11-28　选择压缩方式

备份结束之后，系统会询问是选择 Continue(继续)其他操作还是 Resert Computer(重启计算机)。单击【Resert Computer】按钮完成整个备份过程。

11.2.4　备份还原

接下来，利用前面的备份文件对分区进行还原。其具体操作步骤如下。

执行【Disk】|【from Image】命令，打开【选择还原文件】界面，选择备份文件所在位置和名称，如图 11-29 所示。

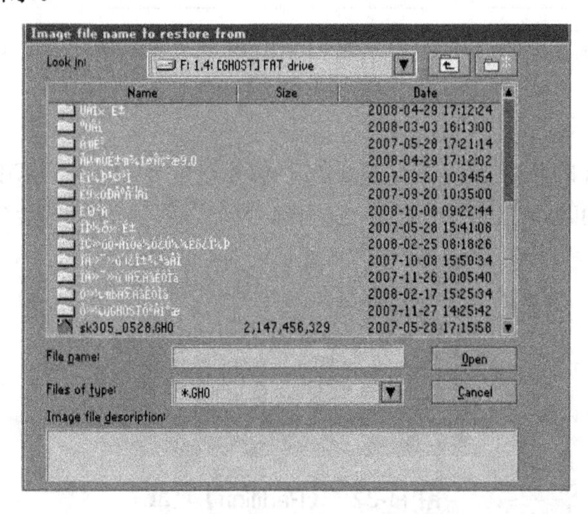

图 11-29　选择要还原的文件

单击【Open】按钮，打开【选择目的磁盘】界面，选择要还原的磁盘(Destination Drive)，如图 11-30 所示。

单击【OK】按钮，打开【目的磁盘数据信息】界面。在做磁盘还原(复制)之前，可依据使用的要求设定分区大小，如图 11-31 所示。

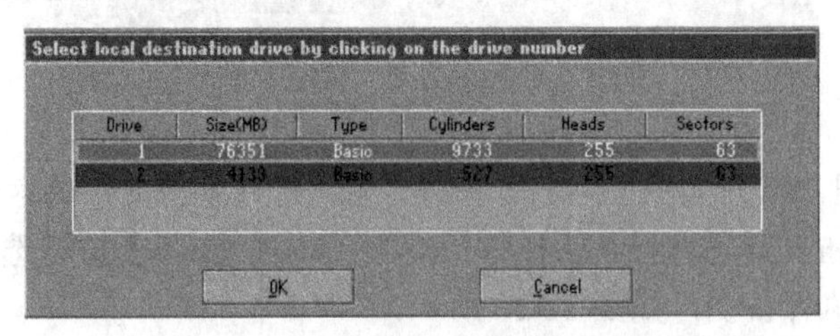

图 11-30　选择要还原的硬盘

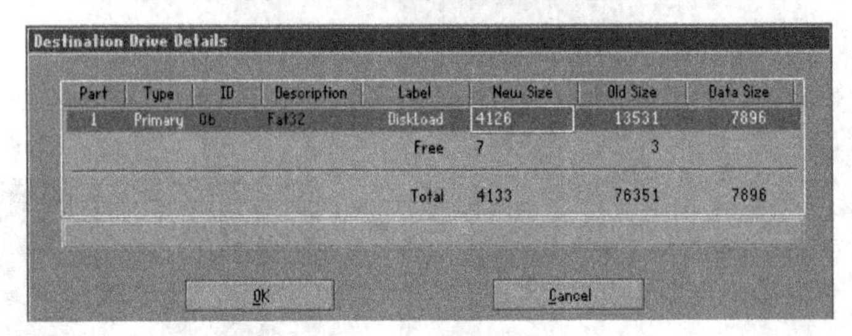

图 11-31　目的磁盘数据信息

单击【OK】按钮，打开【确认】界面，单击【Yes】按钮即开始执行还原。

还原结束后，系统会询问是否重启计算机，单击【Reset Computer】按钮，完成整个还原过程。

小提示

若要使用磁盘复制功能，用户必须有两个磁盘以上，才能实现磁盘复制功能。

所有被还原的磁盘或磁碟，原有资料将完全丢失。(请慎重使用，把重要的文件或资料提前备份以防不测。)

11.2.5　恢复分区文件

1. 复制分区

磁盘分区 Partition 的功能也有备份与还原的功能，可分为 3 种，如图 11-32 所示。复制分区(Partition to Partition)的作用是将一个分区(称源分区)直接复制到另一个分区(目标分区)。

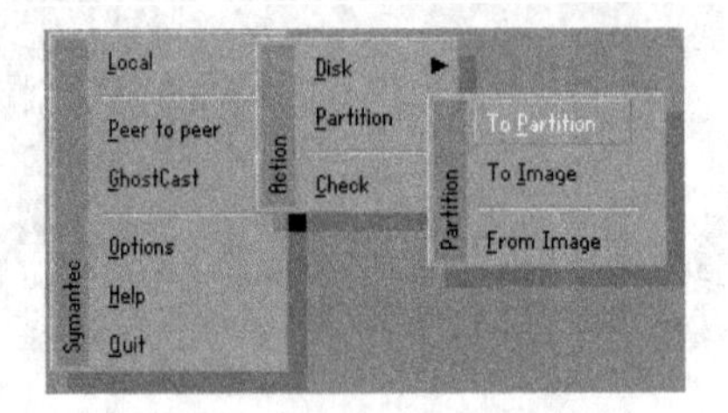

图 11-32　【Partition】菜单

复制分区方法：首先选择来源区，再选择目的区，确定即可，与磁盘之间的复制方法基本一样，不再赘述。

注意：操作时，目标分区空间不能小于源分区。

2. 制作分区镜像文件

备份分区(Partition to Image)的作用是将一个分区备份为一个镜像文件。

执行【Local】|【Disk】|【Partition】|【To Image】命令，打开如图 11-33 所示的【选择本地磁盘】界面。这里只有一个硬盘【1】，因此采取默认方式。

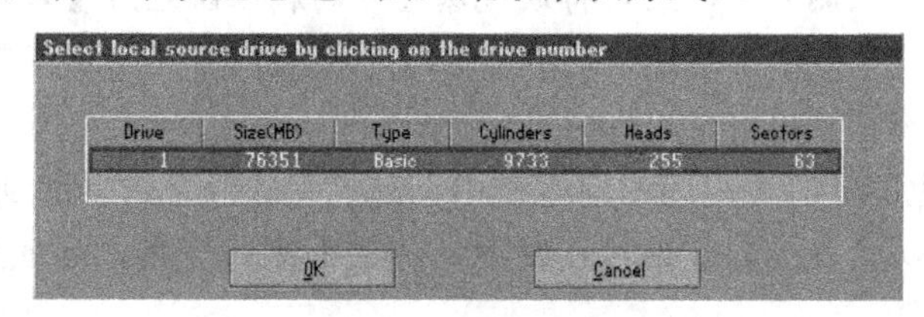

图 11-33 正确选择源硬盘

单击【OK】按钮，打开【选择源分区】界面，源分区就是要把它制作成镜像文件的分区。在此，选择要制作镜像文件的分区(即源分区)为 Part 1(即 C：分区)，如图 11-34 所示。

单击【OK】按钮，打开【选择存放路径和创建文件名】界面，如图 11-35 所示。在【File name】文本框中输入镜像文件的文件名(如 C_BAK 或 C_BAK.gho)，也可输入带有路径的文件名(如 E:\sysbak\C_BAK，表示将镜像文件 C_BAK.gho 保存到 E：\sysbak 目录下。要保证输入的路径是存在的，否则会提示非法路径)。默认镜像文件存储目录是为 Ghost 文件所在的目录，默认扩展名为.gho，而且属性为隐含。

Select source partition(s) from Basic drive: 1

Part	Type	ID	Description	Volume Label	Size in MB	Data Size in MB
1	Primary	0c	Fat32		13531	6214
2	Logical	0b	Fat32 extd	GHOST	25768	7814
3	Logical	0c	Fat32 extd	TOOLS	25768	6247
4	Logical	0c	Fat32 extd	GHOST	11279	7797
				Free	3	
				Total	76351	28074

Cancel

图 11-34 正确选择源分区

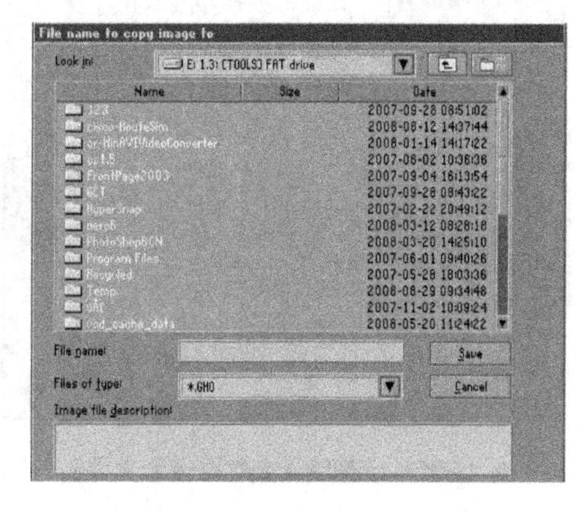

图 11-35 选择存放路径和创建文件名

注意：不能存放在选择备份的 C 分区！

单击【Save】按钮确定后，打开【是否要压缩镜像文件】界面。在此有 3 种选择，分别是 No(不压缩资料，速度快，但占用空间较大)、Fast(少量压缩，速度一般，建议使用)、High(最高比例压缩，备份/还原时间较长)。压缩比越低，保存速度越快(一般选 Fast)。

单击【Fast】按钮确认，在打开的界面中单击【Yes】按钮后，即可开始生成镜像文件。

镜像文件制作完成之后，系统会询问是否重启计算机。单击【Reset Computer】按钮使镜像文件完成真正的实现(单击【Continue】按钮可以回到 Norton Ghost 主界面)，再单击【Quit】按钮退出 Norton Ghost，完成分区镜像文件的制作。

小提示

若要使用备份分区功能(如备份 C 磁盘)必须有两个分区以上，而且 C 磁盘容量必须小于 D 磁盘的容量，并保证 D 磁盘中有足够的空间储存档案备份。而如何限制镜像文件的大小呢？一般来说，制作的镜像文件都比较大，因此无论是更新还是恢复需要的时间都较长。其实，只需要尽量做到少往主分区上安装软件，这样制作的镜像文件就不会太大了。

另外，为了避免误删文件，最好将该镜像文件的属性设置为【只读】。

3. 从镜像文件中恢复分区

经过检测，沈先生的计算机出现的问题是由于磁盘中的分区数据受到损坏，系统被破坏后不能启动。这样就可以用备份的数据进行复原，并且不需要重装程序或系统。其具体操作步骤如下。

在 DOS 状态下，打开 Ghost 所在目录，输入“Ghost”后按 Enter 键，运行 Ghost。

执行【Local】|【Partition】|【From Image】命令，打开如图 11-36 所示的【镜像文件还原位置】界面。在【File name】文本框中处输入镜像文件的完整路径及文件名，单击【Open】按钮。

在打开的【选择源分区】界面中，选择要使用镜像文件恢复的源分区或磁盘 C(这里只有一个 C 分区镜像)，如图 11-37 所示，单击【OK】按钮。

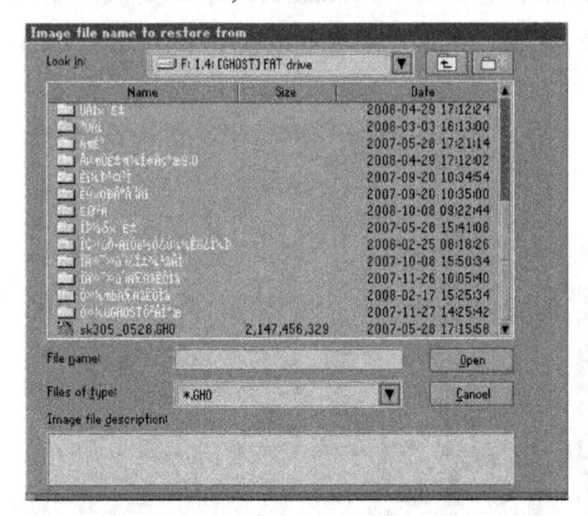

图 11-36　选择镜像文件路径和文件名

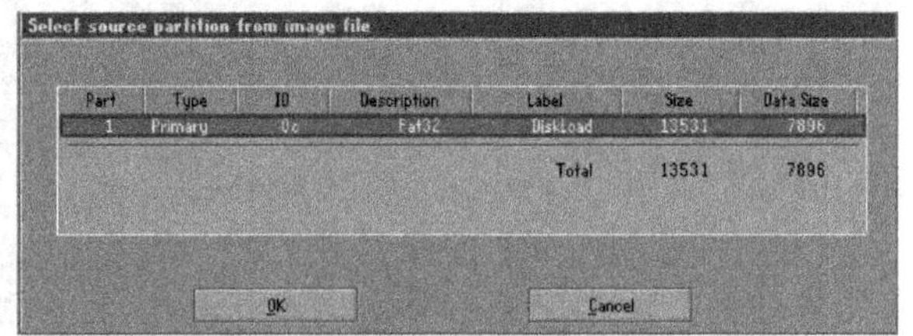

图 11-37　选择源分区

打开【选择目的磁盘】界面(要恢复镜像的磁盘)，在此，只有一个要恢复的磁盘，如图 11-38 所示。

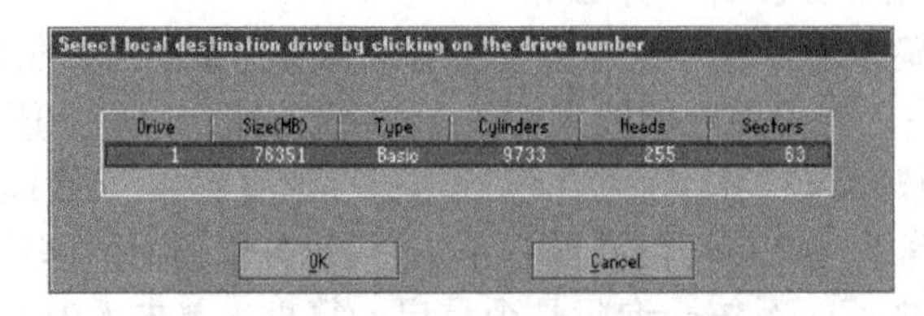

图 11-38　选择目的硬盘

单击【OK】按钮打开【从磁盘选择目标分区】界面，如图 11-39 所示。选择要恢复镜像的目标磁盘中的目标分区 C(**注意：目标分区千万不能选错，否则后果不堪设想。**)

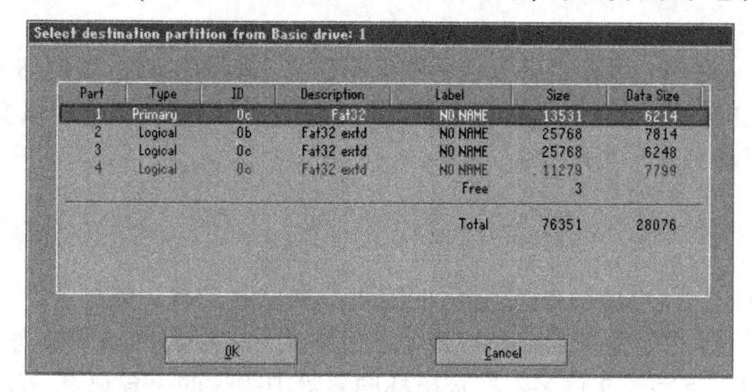

图 11-39　从磁盘选择目标分区

单击【OK】按钮，弹出消息提示对话框(询问是否确定要进行恢复，并且警告如果继续，目标分区上的所有资料将会全部消失)，单击【Yes】按钮确定，Ghost 程序开始将镜像文件恢复到指定分区或磁盘中，还原的时间与制作镜像的时间大致相等。

恢复工作结束后，Norton Ghost 会建议重新启动系统，单击【Reset Computer】按钮重启计算机。分区的恢复即可完成。

小提示

Ghost 备份数据前的准备事项。

使用 Norton Ghost 进行数据的备份之前，必须对磁盘或分区进行彻底的清理和优化，最好用一些工具软件好好清理系统中的垃圾文件和垃圾信息(通常无用的文件有 Windows 的临时文件夹、IE 临时文件夹、Windows 的内存交换文件)，再对磁盘进行一番整理，这样克隆的系统才是最好的。另外要注意下面几点。

1) 单个的备份文件最好不要超过 2GB。

2) 在恢复系统时，最好先检查一下要恢复的目标磁盘是否有重要的文件还未转移，防止磁盘信息被覆盖。

3) 在选择压缩率时，建议不要选择最高压缩率，因为最高压缩率非常耗时，而压缩率又没有明显的提高。

4) 在新安装了软件和硬件后，最好重新制作镜像文件，否则很可能在恢复后系统提示一些莫名其妙的错误。

任务 11.3　磁盘数据恢复工具 EasyRecovery

任务导读

蒋先生的计算机中无端地丢失了他近来工作成果中大部分的数据资料。其实，好多人在使用计算机的过程中可能有过这样的经历，即刚刚对磁盘格式化(Fomat)、分区(如用 Fdisk)、删除了一个文件而又清空了回收站，或者由于病毒而使得整个分区的数据完全消失了，特别是当这些数据非常重要、而又没有作相应的备份的时候，自己辛辛苦苦的劳动成果就这么一下子泡汤了。

当然，天无绝人之路，可能会有人告诉我们把磁盘拿到电脑城的数据修复公司，让专业人员帮忙恢复磁盘上的数据，不过价格可就不菲了。现在已经有不少软件可以实现修复磁盘数据的功能，何不自己动手来丰衣足食？

任务分析

EasyRecovery 就是一款威力非常强大的磁盘数据恢复工具。能够帮助用户恢复丢失的数据以及重建文件系统，可以从被病毒破坏或是已经格式化的磁盘中恢复数据。该软件可以恢复大于 8.4GB 的磁盘、支持长文件名。在被破坏的磁盘中丢失的引导记录、BIOS 参数数据块、分区表、FAT 表、引导区等都可以由它来进行恢复。

EasyRecovery 可运行于 Windows 98/ME/NT/2000/XP 操作系统下，并且还包含了一个实用程序用来创建应急启动软盘，以便在不能进入 Windows 系统的时候在 DOS 系统下修复数据。

学习目标

- 认识 EasyRecovery Professional 6.22 主界面
- 利用 EasyRecovery Professional 6.22 进行磁盘诊断、数据恢复等操作

任务实施

本任务以 EasyRecovery Professional 6.22 版本进行讲解。

11.3.1 界面简介

1. 主界面

EasyRecovery Professional 6.22 的界面非常简单，如图 11-40 所示，右边是功能列表栏，共分为 6 大功能。

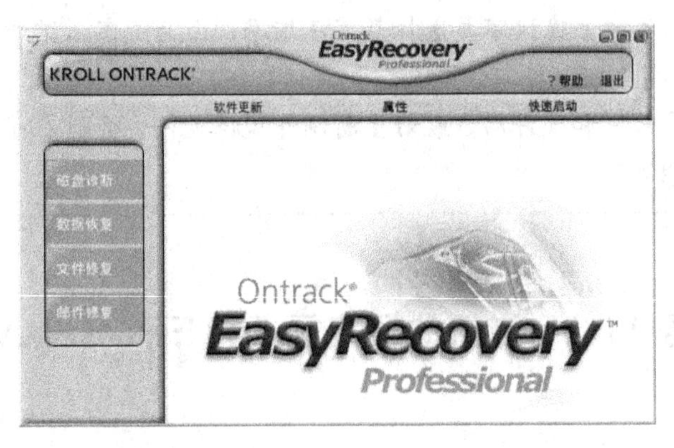

图 11-40　EasyRecovery Professional 6.22 主界面

(1) 磁盘诊断：用于检测磁盘的硬件故障和显示基本使用信息。

(2) 数据修复：用于恢复被删除或者格式化的磁盘数据，或者制作应急软盘。

(3) 文件修复：用于修复已经损坏的 Office 文档或者 Zip 压缩文件。

(4) 邮件修复：用于修复已经损坏的 Outlook 邮件。

知识链接：数据修复的基础知识

当从计算机中删除文件时，该文件并未真正删除，文件的结构信息仍然保留在磁盘上，除非新的数据将之覆盖。EasyRecovery Professional 6.22 使用 Ontrack 公司复杂的模式识别技术找回分布在磁盘中不同地方的文件碎片，并根据统计信息对这些文件碎块进行重整。接着 EasyRecovery Professional 6.22 在内存中建立一个虚拟的文件系统并列出所有的文件和目录。哪怕整个分区都不可见或者磁盘中只有非常少的分区维护信息，EasyRecovery Professional 6.22 仍然可以高质量地找回文件。

能用 EasyRecovery Professional 6.22 找回数据、文件的前提，就是磁盘中还保留着文件的信息和数据块。但在删除文件、格式化磁盘等操作后，如果在对应分区内写入大量新信息时，这些需要恢复的数据就很有可能被覆盖。这时，无论如何都是找不回想要的数据了。所以，为了提高数据的修复率，就不要再对修复的分区或磁盘进行新的读写操作，如果要修复的分区恰恰是系统启动分区，那就马上退出系统，用另外一个磁盘启动系统(即采用双磁盘结构)。

2. 磁盘诊断

EasyRecovery Professional 6.22 首要的功能就是磁盘诊断。单击【磁盘诊断】按钮，打开如图 11-41 所示的【磁盘诊断】界面，在界面右侧列出了如下 5 种功能选项。

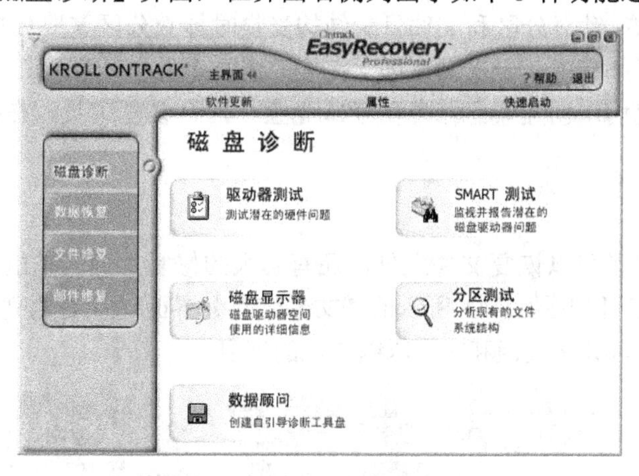

图 11-41　【磁盘诊断】界面

(1) 【驱动器测试】：用来检测潜在的硬件问题。

(2) 【SMART 测试】：用来检测、监视并且报告磁盘数据方面的问题。

(3) 【磁盘显示器】：使用它可以看见一个树形目录，显示出每个目录的使用空间。

(4) 【分区测试】：类似于 Windows 2000/XP 里的 chkdsk.exe，不过是图形化的界面，更强大，更直观。

(5) 【数据顾问】：用向导的方式来创建启动磁盘或光盘。

3. 数据恢复

EasyRecovery 最核心的功能就在这里，它提供使用向导功能，可以轻松地按照软件提供的向导菜单实现数据的恢复。单击 EasyRecovery Professional 6.22 主界面左侧的【数据修复】按钮，界面右侧将展开 6 种相关子功能选项，如图 11-42 所示。

(1) 【高级恢复】：是带有高级选项可以自定义的进行恢复。例如，设定恢复的起始和结束扇区，文件恢复的类型等。

(2) 【删除恢复】：针对被删除文件的恢复。

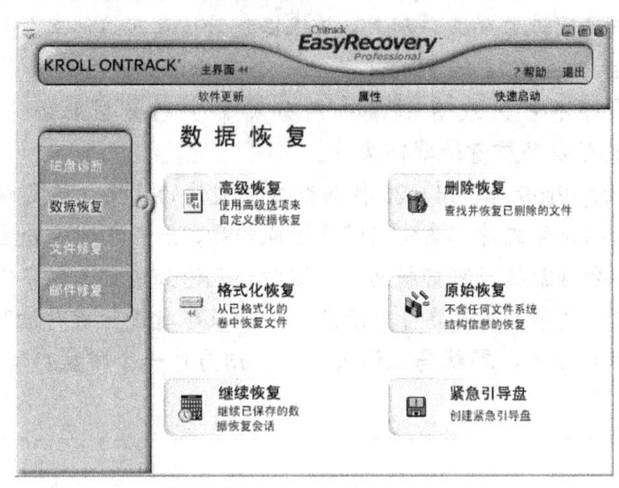

图 11-42 数据恢复选项

(3) 【格式化恢复】：对误操作格式化分区进行分区或卷的恢复。

(4) 【原始恢复】：针对分区和文件目录结构受损时拯救分区重要数据。

(5) 【继续恢复】：继续上一次没有进行完毕的恢复事件继续恢复。

(6) 【紧急引导盘】：创建紧急修复磁盘或光盘，内含恢复工具，在操作系统不能正常启动时候修复。

4. 文件恢复

EasyRecovery 除了可以恢复文件之外，还有强大的修复文件的功能。单击主界面左侧的【文件修复】按钮，打开如图 11-43 所示的【文件修复】界面。从右侧列表中可以看到，在这个版本中主要是针对 Office 文档和 Zip 压缩文件的恢复。

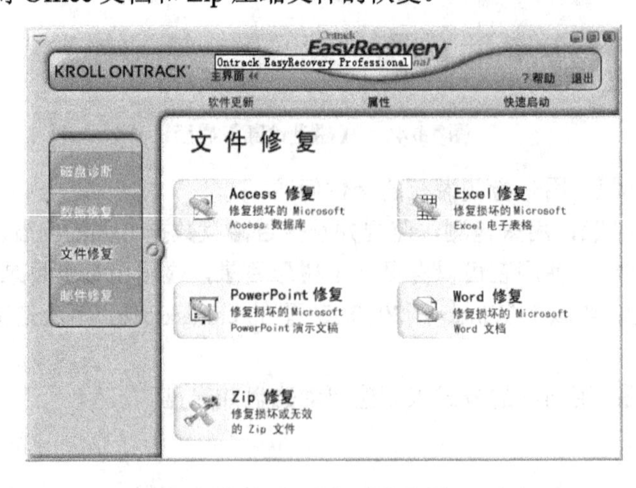

图 11-43 【文件修复】界面

知识链接：邮件修复

除此之外，EasyRecovery 还提供了对 Office 组件之一的 Microsoft Outlook 和 IE 组件的 Outlook Express 文件的修复功能。和修复 Office 其他文件一样，操作较为简单，在此不多做介绍了。

11.3.2　实战修复

1. 磁盘诊断——驱动器测试

首先对蒋先生的计算机作一番磁盘诊断，具体操作步骤如下。

在如图 11-41 所示的【磁盘诊断】界面中单击【驱动器测试】按钮，打开如图 11-44 所示的界面。

勾选左侧的复选框，单击【下一步】按钮，打开如图 11-45 所示的界面。

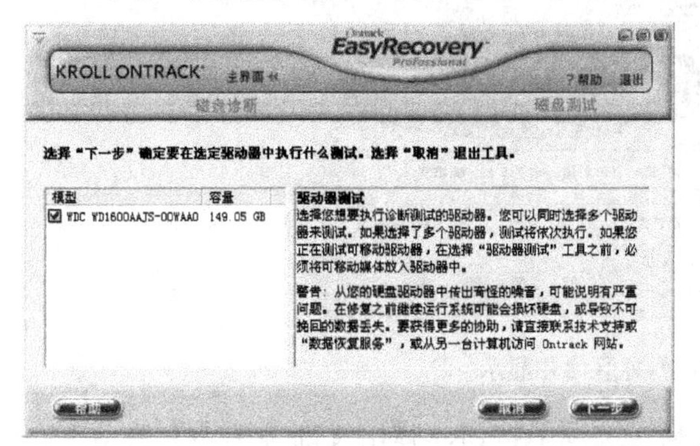

图 11-44　磁盘测试-选择驱动器

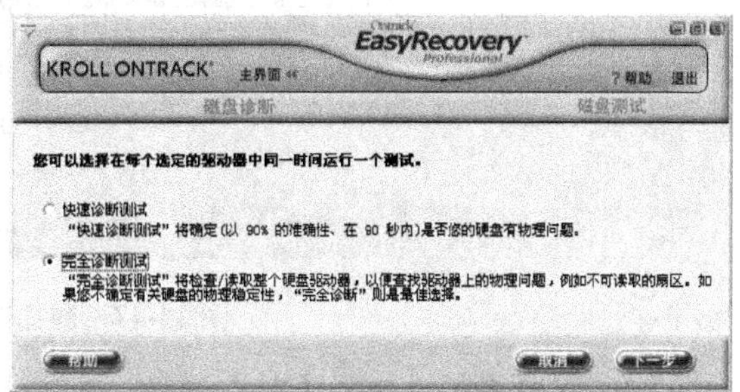

图 11-45　磁盘测试-选择诊断方式

选中【完全诊断测试】单选按钮，单击【下一步】按钮，打开如图 11-46 所示的界面，开始磁盘测试过程。

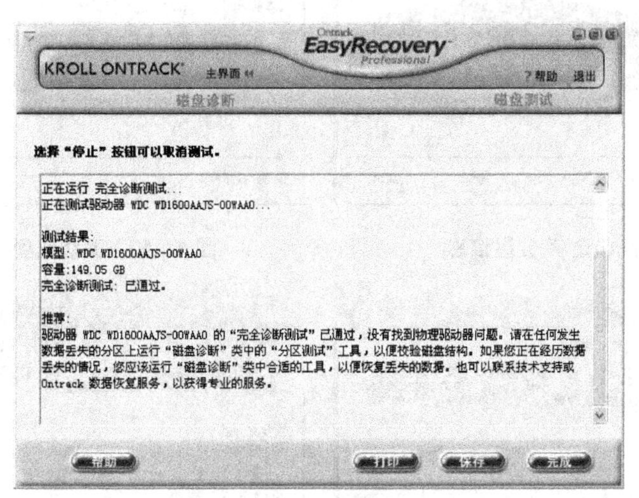

图 11-46　磁盘测试-完成测试

磁盘测试完成之后，单击【保存】按钮可以将本次测试结果保存在本地文件夹中；单击【完成】按钮，完成测试过程。

在如图 11-41 所示的【磁盘诊断】界面中，还可以通过单击其他按钮，分别进行其他测试。

2. 数据恢复——高级恢复

蒋先生家中的计算机中曾经保存了 U 盘中的文件，现在打开文件夹，却发现一些重要的文件丢失了。这时可利用 EasyRecovery 的【高级修复】功能进行恢复，具体操作步骤如下。

单击主界面左侧【数据恢复】的【高级恢复】按钮，EasyRecovery 将会对系统进行扫描，扫描完成后打开分区选择界面，如图 11-47 所示，界面中显示了当前磁盘的分区情况。

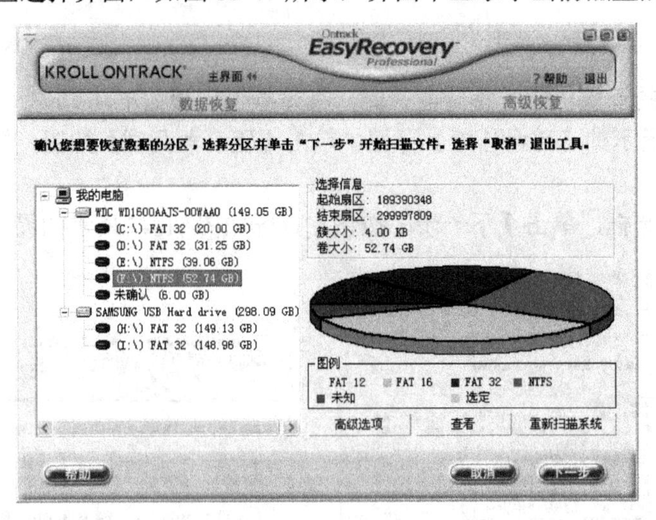

图 11-47　数据恢复-分区信息显示

选中需要修复的分区【F:】磁盘，单击【高级选项】按钮，弹出【高级选项】对话框，在此对话框中有 4 个选项卡，如图 11-48～图 11-51 所示。

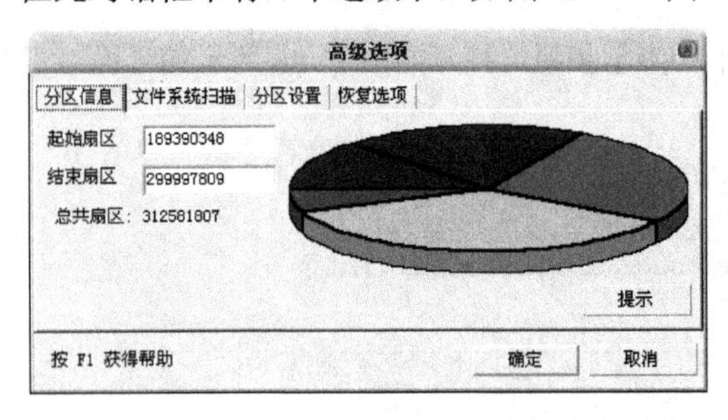

图 11-48　高级选项-分区信息

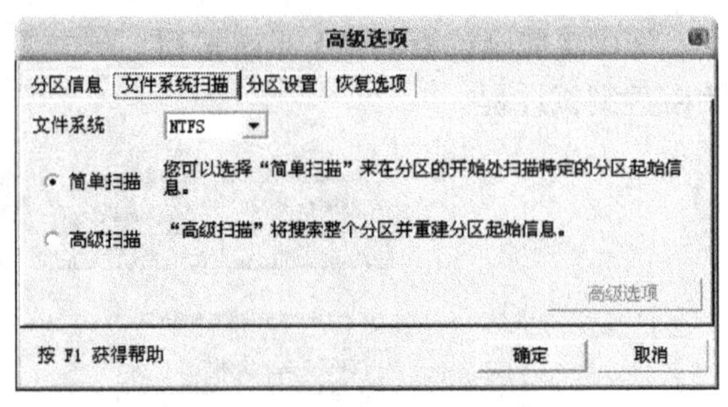

图 11-49　高级选项-文件系统扫描

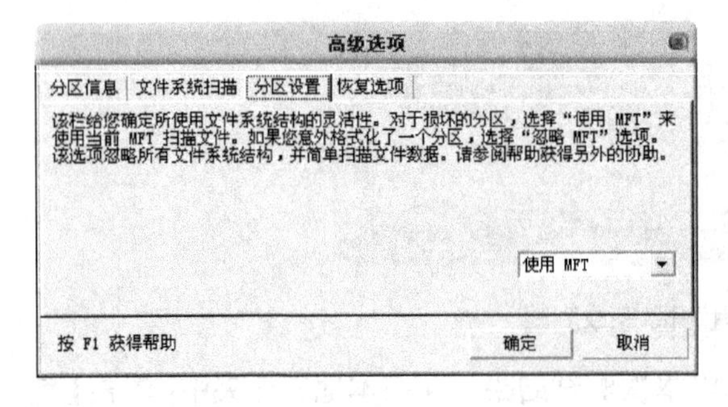

图 11-50　高级选项-分区设置

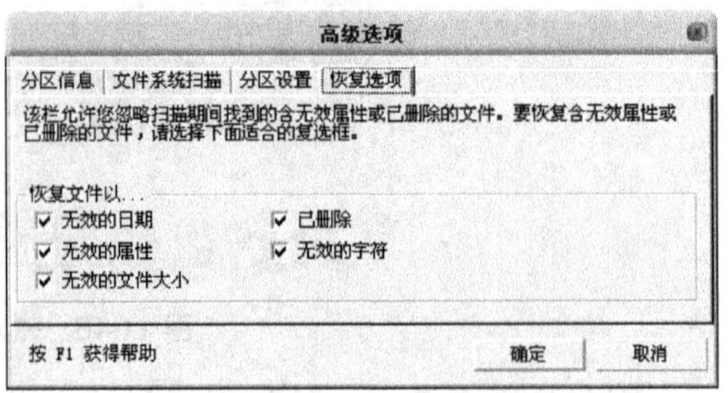

图 11-51　高级选项-恢复选项

知识链接：高级选项

1) 分区信息：可以自行设置分区的开始和结束扇区。

2) 文件系统扫描：用来选择文件系统和分区扫描模式。文件系统类型有 FAT12、FAT16、FAT32、NTFS 和 RAW。RAW 模式用于修复无文件系统结构信息的分区。RAW 模式将对整个分区的扇区一个个地进行扫描，该扫描模式可以恢复保存在一个簇中的小文件或连续存放的大文件。分区扫描模式有【简单扫描】和【高级扫描】两种，【简单扫描】模式只扫描指定分区结构信息，而【高级扫描】模式将扫描全部分区的所有结构信息，同时其扫描时间也要久些。

3) 分区设置：用于选择文件系统结构。

4) 恢复选项：用于设置恢复文件条件。

按照默认设置，单击【确定】按钮，返回上一层对话框，单击【下一步】按钮，弹出如图 11-52 所示的【正在扫描文件】对话框，显示扫描文件的时间进度和修复状态，该过程的速度与计算机配置和分区大小有关。完成后就进入到下一步。

扫描完成后，将打开扫描结果显示界面，如图 11-53 所示。界面左窗格中显示该分区的所有文件夹(包括已经删除的文件夹)，右窗格显示已经删除了的文件。在左窗格中勾选要恢复的被删除文件夹【家里的 F 盘文件/12.26u 盘】复选框，在右窗格的文件列表框中可以看到该文件夹下被删除了的文件列表，其中的所有文件已经被选定。

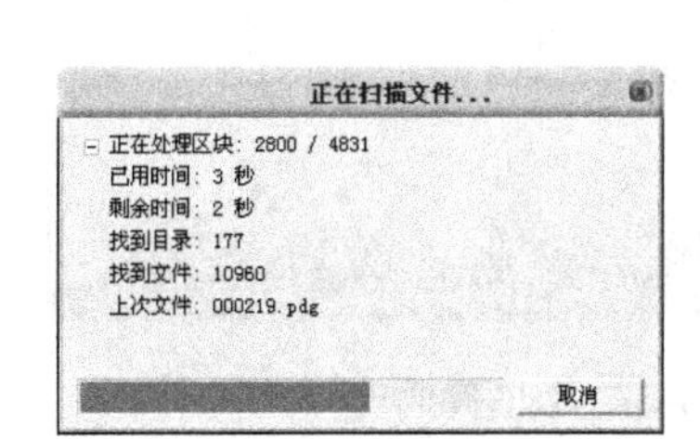

图 11-52　正在扫描

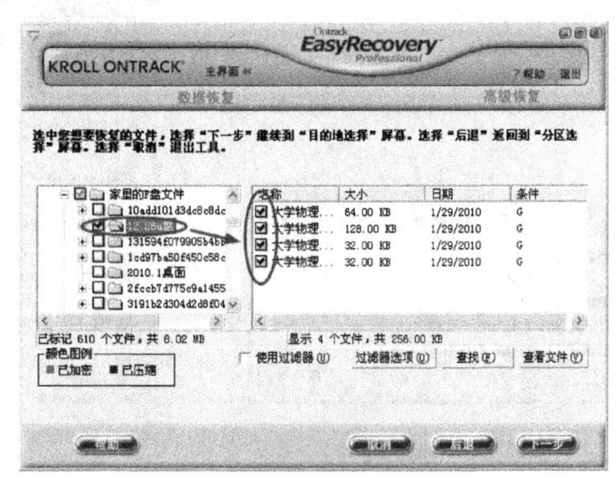

图 11-53　扫描结果显示窗口

还可以通过单击【过滤器选项】按钮，弹出【过滤器选项】对话框，通过设置文件后缀名、日期、大小等选项来进一步缩小想恢复的文件范围，如图 11-54 所示。

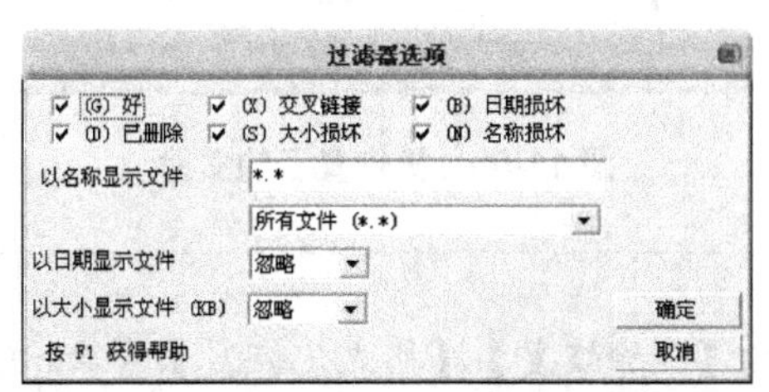

图 11-54　【过滤器选项】对话框

单击【下一步】按钮，在打开的界面中的【恢复目的地选项】文本框中，输入准备恢复到本地驱动器的路径，如图 11-55 所示。

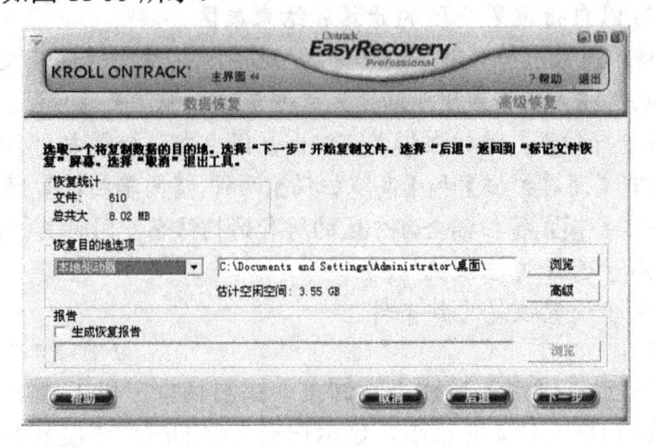

图 11-55　保存恢复文件

单击【下一步】按钮，弹出【正在复制数据】对话框，如图 11-56 所示，恢复完成后打开如图 11-57 所示的界面，单击【完成】按钮完成高级恢复，然后进入目标目录即可打开已经恢复的文件，如图 11-58 所示。

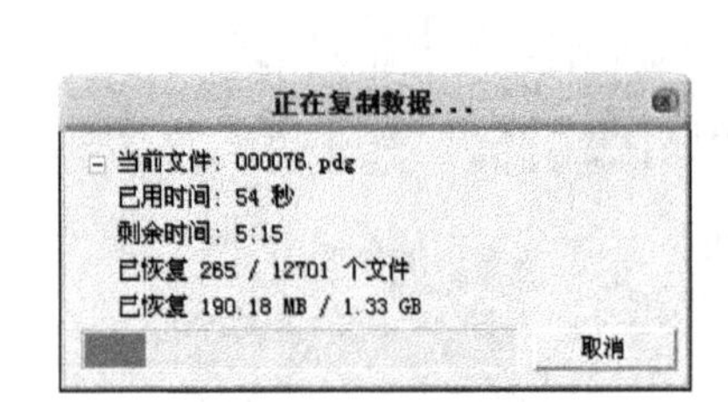

图 11-56　恢复进程

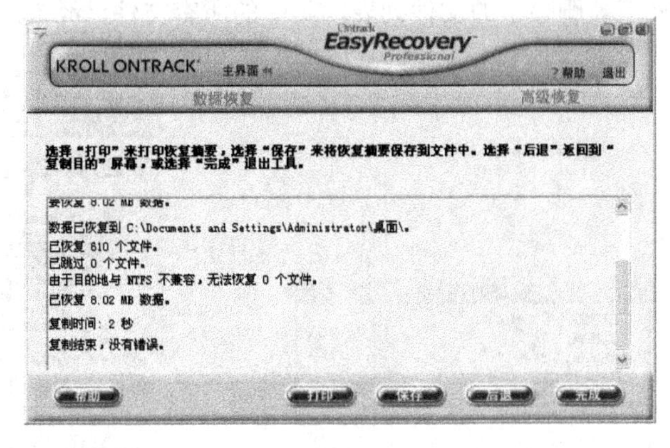

图 11-57　恢复完成

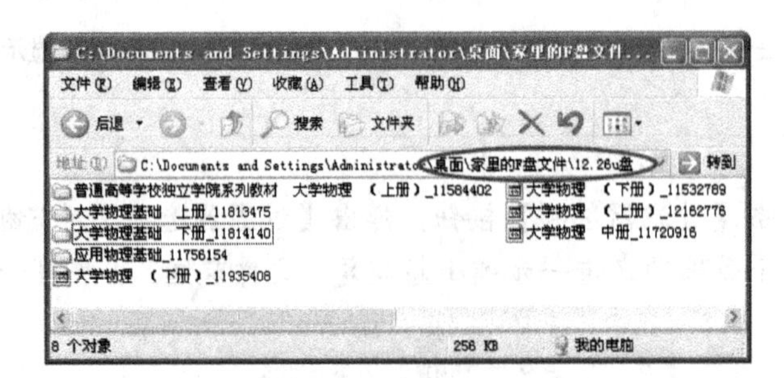

图 11-58　被恢复了的文件

【数据修复】项下面的【删除恢复】、【格式化恢复】、【原始恢复】等选项可以快捷地针对不同的情况进行文件恢复。

3. 数据恢复——删除恢复

蒋先生的几个重要数据文件被删除了，利用 EasyRecovery 的【删除恢复】功能帮助他恢复被删除的文件，具体操作步骤如下。

在如图 11-42 所示的主界面的【数据恢复】中单击【删除恢复】按钮，进入修复删除文件向导，如图 11-59 所示。首先选择被删除文件所在分区，单击【下一步】按钮，软件会对该分区进行扫描。

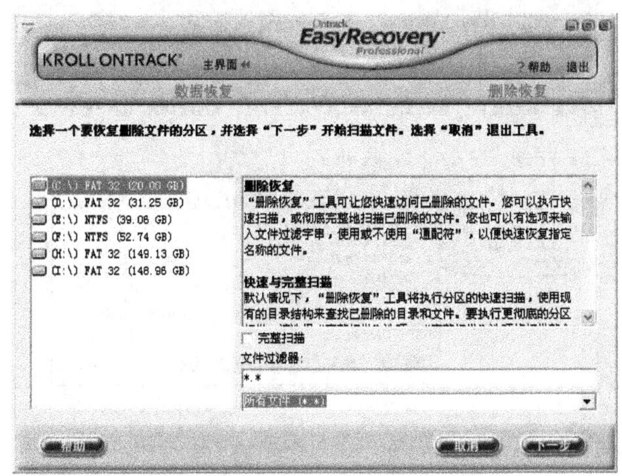

图 11-59　扫描分区

扫描完成后打开如图 11-60 所示的界面。在界面左窗格中显示该分区的所有文件夹(包括已删除的文件夹)，右窗格显示已经删除了的文件。选择左侧的被删除文件所在文件夹【RECYCLER】，在右侧的文件夹中可以看到该文件夹下同时被选中的已经删除的文件列表，单击【下一步】按钮。

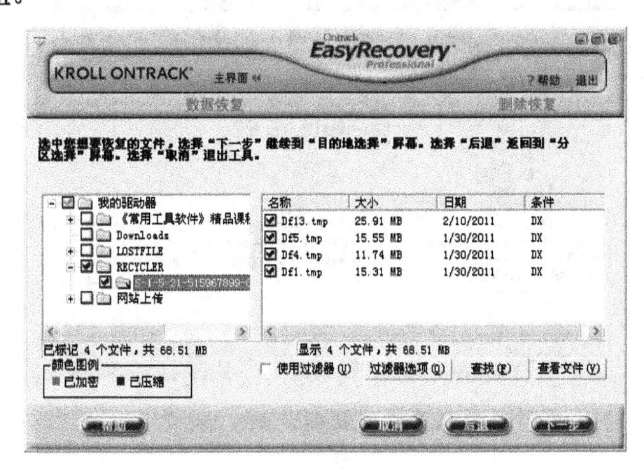

图 11-60　选择要恢复的文件

接下来，打开类似图 11-55 所示的选取复制数据的目的地界面。指定恢复的文件所保存的位置(必须是在另外一个分区中)，单击【下一步】按钮，即可开始恢复文件。最后会显示文件恢复的相关信息，单击【完成】按钮后，就可以在保存位置找到被恢复的文件。

文件夹的恢复和文件恢复类似，只需选定已被删除的文件夹，其下的文件也会被一并选定，其余步骤与文件恢复完全相同。

4. 数据恢复——格式化恢复

另外，蒋先生还曾经不小心对自己的U盘进行了格式化，其中近1GB的一些文件不曾做过备份，利用EasyRecovery的【格式化恢复】功能就可以恢复，具体操作步骤如下。

在如图11-42所示的主界面中的【数据恢复】中单击【格式化修复】按钮，打开如图11-61所示的界面，选中已格式化的分区【J:\】，单击【下一步】按钮开始扫描该分区。

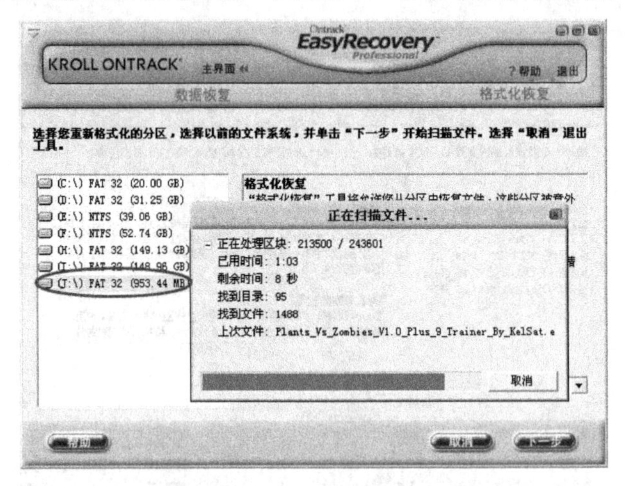

图 11-61　扫描格式化分区文件

扫描完成后，打开如图11-62所示的界面。可以看到扫描出来的文件夹都以DIRXX(X是数字)命名，打开其下的子文件夹，名称没有发生改变，文件名也都是完整的。

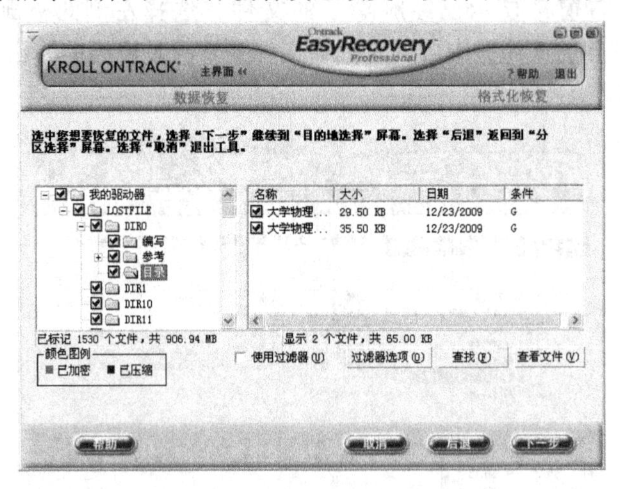

图 11-62　选择要恢复的文件夹

小提示

需要注意的是，在每一个已删除文件的后面都有一个【条件】标志，用字母来表示，它们的含义是不同的，G表示文件状况良好、完整无缺；D表示文件已经删除；B表示文件数据已损坏；S表示文件大小不符。总之，如果状况标记为G、D、X则表明该文件被恢复的可能性比较大，如果标记为B、A、N、S，则表明文件恢复成功的可能性会比较小。

勾选【我的驱动器】复选框，选定要恢复的文件夹或文件，单击【下一步】按钮，其后的步骤也和前面一样，指定恢复后的文件所保存的位置，最后将文件恢复在指定位置，如图 11-63 所示为恢复后的文件夹。

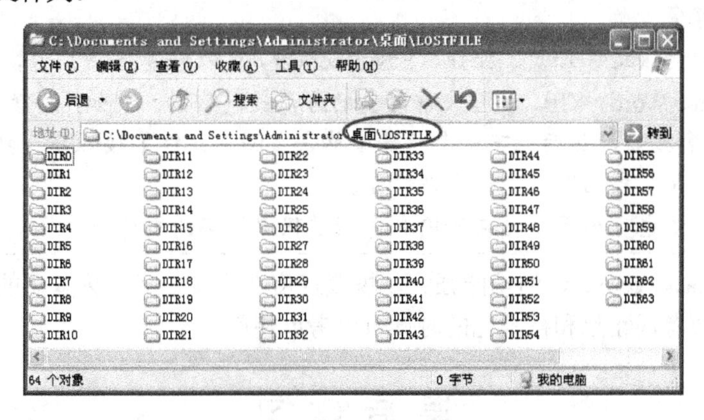

图 11-63　恢复后的文件

5. 数据恢复——原始恢复

【原始恢复】功能使用文件标志搜索算法从头搜索分区的每个簇，完全不依赖于分区的文件系统结构，也就是说只要是分区中的数据块都有可能被扫描出来，并判断出其文件类型，从而将文件恢复过来。

蒋先生的 F 磁盘分区和文件目录结构受损，可利用【原始恢复】功能从损坏分区中扫描并恢复重要文件。具体操作步骤如下。

在图 11-42 所示的主界面的【数据恢复】中单击【原始恢复】按钮，在打开的界面中选择损坏的分区【F:\】，然后单击【文件类型】按钮，在弹出的【原始恢复文件类型】对话框中，如图图 11-64 所示，单击【全部选择】按钮，添加各种文件类型标志，以确定在分区中寻找所有文件(例如，要查找 Word 文档，就需要将 DOC 文件标志出来)，单击【保存】按钮保存并退出对话框。

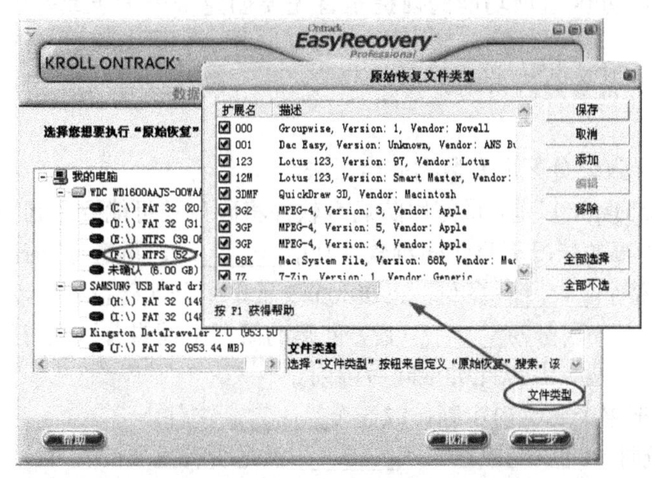

图 11-64　选择原始恢复文件类型

单击【下一步】按钮，开始扫描受损文件，恢复的后续步骤和前面完全一样。

知识链接：修复损坏的文件

用前面方法恢复过来的数据有些可能已经损坏了，不过只要损坏得不是太严重，就可以用EasyRecovery来修复。

单击主界面中的【文件修复】按钮，EasyRecovery可以修复5种文件，分别是Access、Excel、PowerPiont、Word、ZIP，这些文件修复的方法是一样的。例如，要修复ZIP格式文件，可单击【zip修复】按钮，然后在下一个步骤中单击【浏览文件】按钮导入要修复的ZIP格式文件，单击【下一步】按钮即可进行文件修复。

这样的修复方法也可用于修复在传输和存储过程中损坏的文件。

总体上看，EasyRecovery的功能强大，恢复速度非常快，而且恢复后的可用性非常高，用户在文件损坏或者误删除和格式化的时候可以考虑使用。

课 后 练 习

一、填空题

1. 通过PartitionMagic可以在不损失磁盘中已有数据的前提下对磁盘进行________分区、________分区、________分区、________分区以及________分区格式等操作。

2. PartitionMagic的主界面中在方框左侧上面的几个漫画图案是常用功能的向导按钮，即【任务】菜单中的各个选项，依次是________、创建一个备份新分区、________、调整一个分区的容量、重新分配自由空间、________、复制一个分区等。

3. 如果要把两个分区合并成为一个分区，参加合并的其中一个分区的全部内容会被存放到另一个分区的指定的________下面。

4. 腾出的自由分区大小值不能超过磁盘的________，而新生成的分区容量大小也不能小于已经使用的磁盘容量。

5. 使用复制磁盘分区这项功能的前提是首先要创建一个大于或等于需要备份分区容量的________。

6. 复制程序会为备份分区自动设置________，一般是现有的最后一个分区后面的一个字母。

7. ________将导致该分区所有数据完全丢失。

8. 使用PartitionMagic以前，最好用防病毒软件将磁盘及可能要用到的光盘彻底查杀病毒一遍，在确信没有病毒的情况下将防病毒软件功能________，再运行PartitionMagic。

9. Disk表示对整个________备份，Partition表示单个分区磁盘备份以及磁盘检查。

10. 通常创建的主分区符为________盘，创建的第一个逻辑分区盘符为________盘，第二个逻辑分区为________盘，并以此类推向后排列。

11. Ghost可以把整个磁盘内容制作成一个________文件。

12. 在恢复系统时一定要先检查一下________盘是否有重要的文件。

13. Norton Ghost 磁盘备份可以在各种不同的存储系统间进行，支持________、________、________、________等系统下的磁盘备份。

14. 在Norton Ghost 中还原分区时，单击主界面【________】窗格中的【________】按钮。

二、判断题

1. (　　)PartitionMagic 可在不删除原有文件的情况下调整分区容量。

2. (　　)PartitionMagic 可对分区进行合并。

3. (　　)PartitionMagic 对新分区的位置设定是通过【自由空间之前】中的数值来实现的。

4. (　　)【分区】菜单中的【复制】选项的功能包括复制分区，支持从一个分区拷贝到自由空间，包括对分区系统作备份。

5. (　　)【分区】菜单中的【删除】选项的功能是删除不想要的分区，包括主分区和逻辑分区。

6. (　　)如果要把两个分区合并成为一个分区，参加合并的其中一个分区的全部内容会被存放到另一个分区的指定的文件夹下面。

7. (　　)PartitionMagic 对新分区的位置设定是通过【自由空间之后】中的数值来实现的。

8. (　　)PartitionMagic 典型的优点是不损坏磁盘数据而对磁盘进行分区、合并分区、转换分区格式等操作。

9. (　　)PartitionMagic 只能运行于 Windows 操作系统下。

10. (　　)Norton Ghost 的主要功能是备份系统文件。

11. (　　)Ghost 软件不支持 UNIX 系统下的磁盘备份。

12. (　　)Ghost 软件支持 FAT16/32、NTFS、OS/2 等多种分区的磁盘备份

13. (　　)Ghost 可以把整个磁盘内容制作成一个镜像文件，这个文件可以用于作为备份，或作为模板制作原盘的还原。

三、上机操作题

1. 在计算机中最后一个盘符(如 F：)之后，创建一个新分区。要求：从 F：分区中减少空间(大小约为 10GB)，驱动器盘符定为【G】，卷标为【data】。

2. 在 C 磁和 D 磁盘之间创建一个备份分区。要求从最后一个盘符(如 F:)中减少大约 10GB 的空间，驱动器盘符为【G】，卷标为【BACKUP】。

3. 从其他所有逻辑分区中减少空间来调整 C 磁盘的空间容量(比当前增加 10GB)。

4. 重新分配自由空间，要求从最后一个盘符(如 F：)中减少自由空间给 C 磁盘。

5. 将 F 磁盘空间作为一个文件夹(名称为【原 F 盘】)合并到 E 磁盘中。

6. 将 F 磁盘的空间减少 5GB，调整移动为在其后增加一个新的自由空间(Freespace)。

7. 通过搜索引擎，登录相关网站，下载 Norton Ghost V11.0 并且安装在 D 磁盘中。

8. 进入 DOS 系统，运行 C 磁盘中的 Ghost 软件。

9. 进入 DOS 系统，用 DIR 命令查找 Ghost.Exe 文件并运行。

10. 利用 Ghost 的磁盘复制功能，将一块磁盘中的数据复制到另一块磁盘中。

11. 利用 Ghost 的磁盘备份功能，将整个磁盘中的数据备份到 G 磁盘中。

12. 利用 Ghost 的分区备份功能，将磁盘中的 C：分区进行备份，备份文件放在 D 磁盘，文件名为 C_Bak.gho。

13. 利用 Ghost 的分区还原功能，将备份的 C_Bak.gho 镜像文件还原到现在的 C 磁盘分区上。

项目 12 虚拟光驱与光盘刻录工具

现今，光盘驱动器(简称光驱)或者刻录机已经成为多媒体计算机的基本配置之一，光盘存储器以其大容量，高读取速度、低制作成本、数据交换便利等优点，成为发行软件、发布信息及承载多媒体节目的主要介质。由此而产生的光盘刻录技术、利用电脑模拟技术，在磁盘中产生同物理光驱功能一模一样的虚拟光驱技术，以及为了避免数据在通过物理驱动器传输时丢失文件所带来的损失而产生的文件修复技术，大大增加了数据传输的方便性和安全性。

要熟练的掌握光盘技术，必须借助于相应的管理软件。本项目要介绍的就是几个优秀的光盘工具。

任务 12.1 刻录软件 Nero 8.0

任务导读

朱先生的计算机中下载了很多歌曲和视频，它们占据的空间很大，他听同事说可以利用刻录技术将其制作成光盘，这样就不再占用磁盘空间。那么应该使用什么软件呢？

任务分析

虽然 Windows XP 操作系统内集成了基本的光盘刻录功能，使用它可以完成大部分日常的光盘刻录与数据备份工作，不过，无论操作的易用性还是功能、性能的综合性都还有很大的欠缺。Nero 是由德国公司出品的光盘刻录软件，不论所要刻录的是资料 CD、音乐 CD、Video CD、Super Video CD、DDCD 或 DVD，都可以轻松、快速制作完成——既能将自己收集的音乐、视频文件刻录成光盘，还能够自己设计、打印光盘贴，和从商店里购买的光盘一样。

下面，以 Nero 8.0 版本为例，学习光盘刻录的相关知识。

学习目标

- 制作视频光盘
- 制作音乐光盘
- 制作数据光盘

任务实施

Nero 8.0 的功能包括刻录、视频欣赏、音频播放、视频捕获、音轨截取等。双击桌面上的【Nero StartSmart】快捷方式图标，弹出如图 12-1 所示【Nero StartSmart】窗口。本任务正是要借助 Nero StartSmart 进行光盘的刻录。

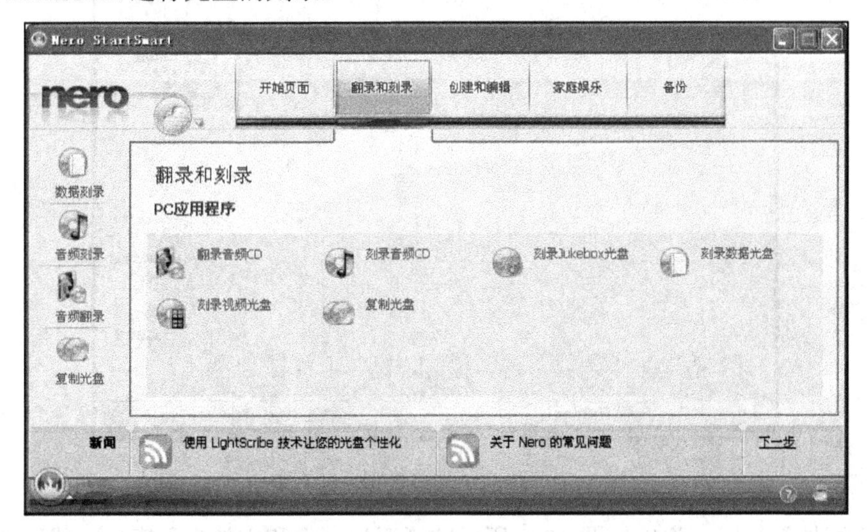

图 12-1　【Nero StartSmart】窗口

1. 刻录视频光盘

单击如图 12-1 所示的窗口中的【翻录和刻录】选项卡中的【刻录视频光盘】按钮，弹出【Nero Express】窗口，如图 12-2 所示。

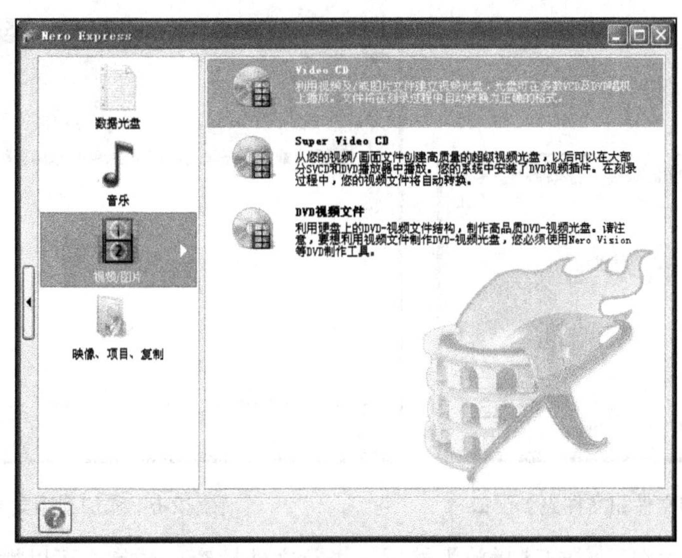

图 12-2　【Nero Express】窗口

这里提供了 3 种视频格式的刻录，分别是 Video CD、Super Video CD 和 DVD 视频文件，以【四只小天鹅.asf】视频文件为例，讲解如何刻录 Super Video CD 格式光盘的方法，具体操作步骤如下。

在如图 12-2 所示的【Nero Express】窗口中单击【Super Video CD】按钮，弹出如图 12-3 所示的【我的超级视频光盘】窗口。

图 12-3 【我的超级视频光盘】窗口

单击【添加】按钮，弹出如图 12-4 所示的【添加文件和文件夹】窗口，找到并选择【四只小天鹅.asf】文件，单击【添加】按钮，可以看到在【我的超级视频光盘】窗口中已经添加好要刻录的视频文件，如图 12-5 所示。(要想将几个视频文件同时刻录在一张光盘上，可以通过上述步骤继续进行添加；若想删除已添加的文件，则选中要删除的文件单击【删除】按钮，即可以删去不想要的文件。)

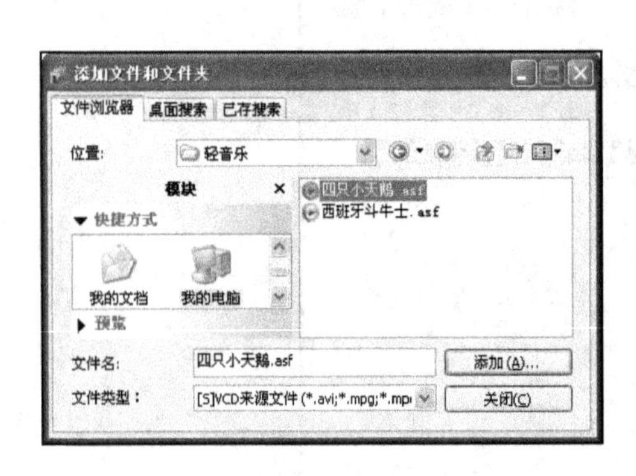

图 12-4 【添加文件和文件夹】窗口

图 12-5 添加视频文件

选中已添加的文件，单击【播放】按钮，进行文件检查，看是否可以播放。

单击【下一步】按钮，在如图 12-6 所示的【我的超级视频光盘菜单】窗口中。利用右侧的【布局】、【背景】及【文字】等按钮，进行相应的设置，更改菜单外观，使其更美观。

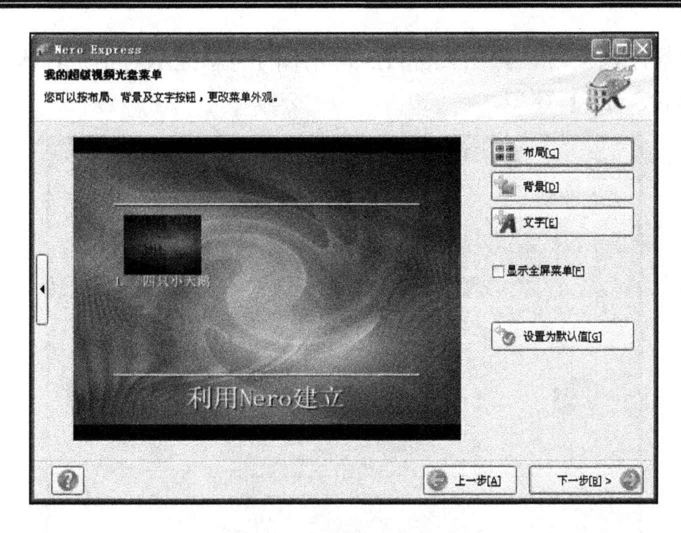

图 12-6　美化光盘菜单

设置好之后，单击【下一步】按钮，在如图 12-7 所示的【最终刻录】窗口中为光盘命名为【四只小天鹅】。单击【刻录】按钮，开始进行刻录，如图 12-8 所示。

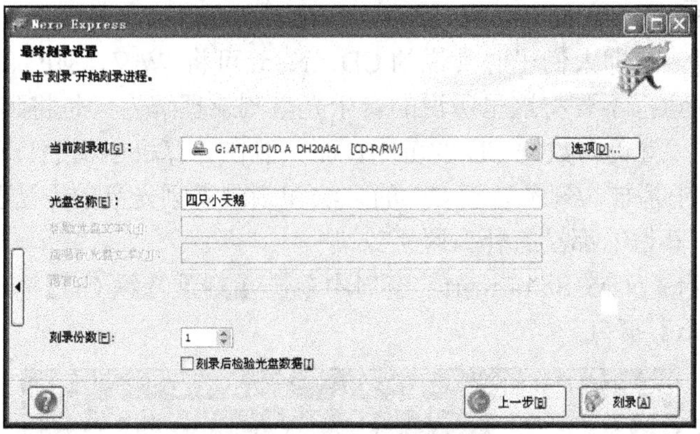

图 12-7　最终刻录设置

图 12-8　开始刻录

当绿色的进程条走到头时，弹出如图 12-9 所示的消息提示对话框，单击【确定】按钮，系统返回【Nero StartSmart】窗口。

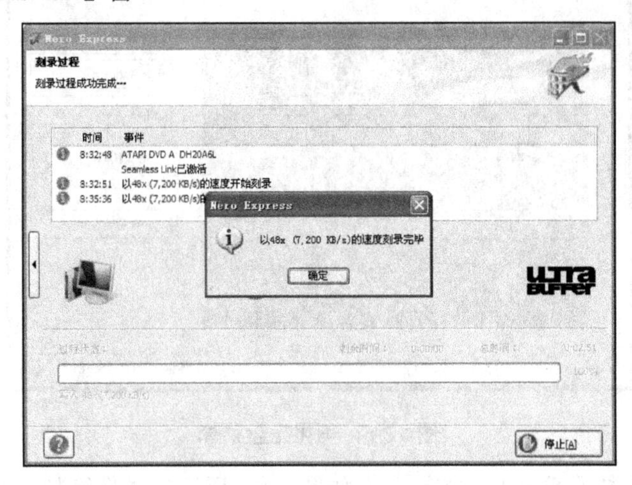

图 12-9 刻录完成

2. 刻录音乐光盘

所谓的音乐光盘，也即人们平时常说的 CD。Nero 可将 WAV、MP3、WPA 格式的音频文件刻录到光盘中。注意：不要将这里所说的音乐光盘刻录理解为只是将那些音频文件“复制”到光盘中，如果那样，就仍属数据 CD 的范畴，而只能在计算机中播放，不能用在常见的音响设备，如 CD 播放机中播放。刻录音频 CD 的方法和刻录视频光盘的方法类似，只是将视频文件换成了音频文件，其他的都没有什么区别。

在如图 12-1 所示【Nero StartSmart】窗口中单击【刻录音频 CD】按钮，弹出如图 12-10 所示的【Nero Express】窗口。

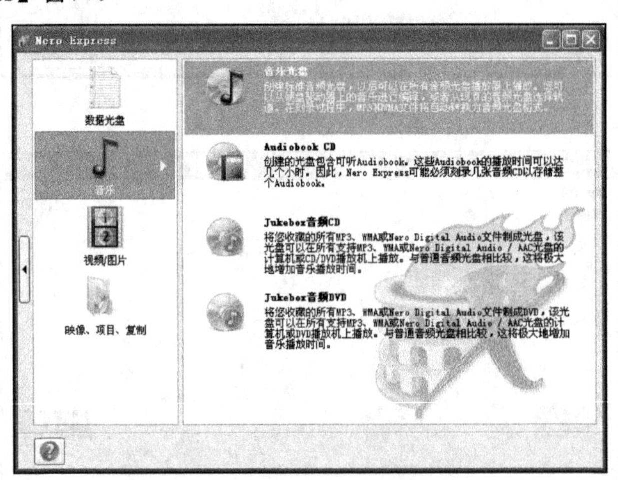

图 12-10 【Nero StartSmart】窗口

单击【音乐光盘】按钮，在如图 12-11 所示的【我的音乐 CD】窗口中单击【添加】按钮，即可像添加视频文件一样添加音频文件。

单击【下一步】按钮，在如图 12-12 所示的【最终刻录设置】窗口中设置光盘标题、演唱者等参数。

图 12-11　添加音频文件

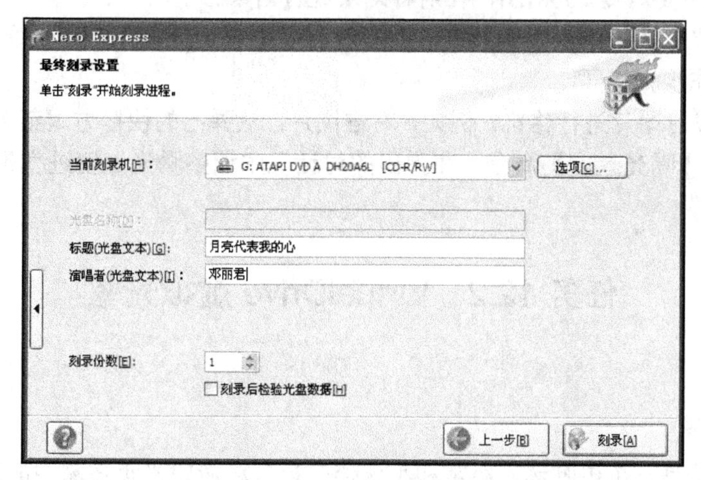

图 12-12　更改音频轨道属性

单击【刻录】按钮开始刻录(如同刻录视频文件一样)。当刻录过程结束后，在弹出的【刻录完毕】对话框中单击【确定】按钮，完成刻录任务。

3. 刻录数据光盘

接下来，将整理好的计算机数据文件刻录在光盘中。

在如图 12-1 所示的【Nero StartSmart】窗口中单击【刻录数据光盘】按钮，弹出的【Nero Express】窗口中单击【数据光盘】按钮，如图 12-13 所示。在【光盘内容】窗口中利用【添加】按钮添加要刻录的数据文件，如图 12-14 所示。

图 12-13　选择数据刻录种类

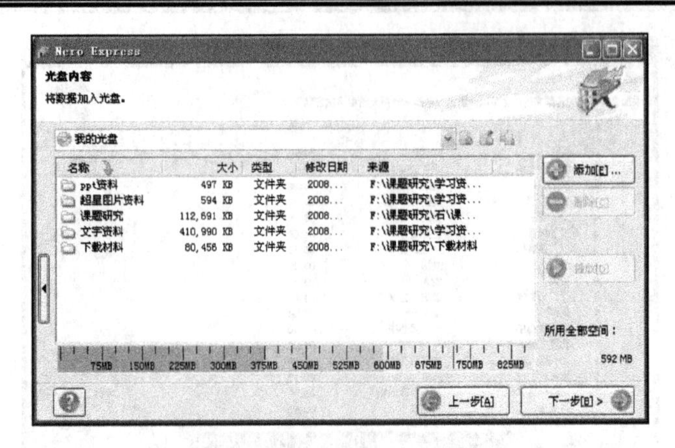

图 12-14　将数据加入光盘

注意：在窗口下方显示数据的整体容量(如图 12-14 中显示 592MB)，一定不要超过刻录盘的指定容量(一般不要超过 700MB)，否则将无法进行刻录。

单击【下一步】按钮，选择刻录机，然后就可以刻录了(和前面所介绍的刻录音频或者刻录视频光盘的操作步骤相同)。

另外，还可以对图片进行修饰。例如，右击图片，从弹出的快捷方式菜单中依次执行【效果】|【过滤器】|【曝光过度】命令，在弹出的对话框中调整曝光过度进度条，即可调整图片的曝光效果。

任务 12.2　VirtualDrive 虚拟光驱

任务导读

马先生的孩子是一个电脑迷，经常和小伙伴交换各种游戏光盘在家中的计算机中玩游戏。马先生的同事告诉他，经常使用光驱，其寿命会大大减少。马先生很困惑，不知道这种说法是否正确？有解决办法吗？

任务分析

其实，马先生的这种顾虑是正确的，过分使用光驱，确实会减少其使用寿命。不过，有一种软件——虚拟光驱可以解决上述问题。

虚拟光驱并不是一个真正的光驱设备，它是在 Windows 操作系统中虚拟出的一个与光驱功能相同的驱动器。虚拟光驱表面上看与真实的光驱没有什么区别，用户可以在资源管理器中正常地操作虚拟光驱中的文件，几乎察觉不到这是虚拟的，只是放入、退出光盘是通过软件来控制的。

虚拟光驱可以将光盘中的应用软件或者资料(如游戏软件程序)压缩存放在磁盘中，并产生一个虚拟光盘图标，然后告知 Windows 操作系统可以将此压缩文件作为光驱里的光盘来使用。通过虚拟光驱软件可以把“虚拟光盘”读入“虚拟光驱”，所以当日后要玩游戏时，就不必将光盘放入光驱中，只需单击光盘图标，即能立即载入虚拟光盘执行，与真实的光驱毫无二致，快速又方便。

VirtualDrive 是 Farstone 公司出品的虚拟光驱软件，其可以虚拟标准的光盘文件、CD 和游戏等。这样，不仅可以极大地提高数据的传输速度，而且可以起到保护光驱和光盘的作用，深受广大电脑爱好者，尤其是一些游戏玩家的青睐。

接下来，了解虚拟光驱软件 VirtualDrive 的有关性能。

学习目标

- 认识虚拟光碟界面
- 压制虚拟光碟
- 创建虚拟光驱
- 保存虚拟硬碟
- 删除虚拟硬碟

任务实施

12.2.1　认识 VirtualDrive

软件安装完成后，在任务栏系统托盘中会显示一个由 3 个光盘组成的品字型图标，如图 12-15 所示，同时在【我的电脑】中将显示一个新的光驱图标，即 VirtualDrive 在系统中产生的虚拟光驱。

图 12-15　虚拟光驱图标

单击任务栏系统托盘的虚拟光驱图标，或执行【开始】|【所有程序】|【虚拟光碟专业版】|【虚拟光碟专业版总管】命令，即可打开如图 12-16 所示的 VirtualDrive 主界面。

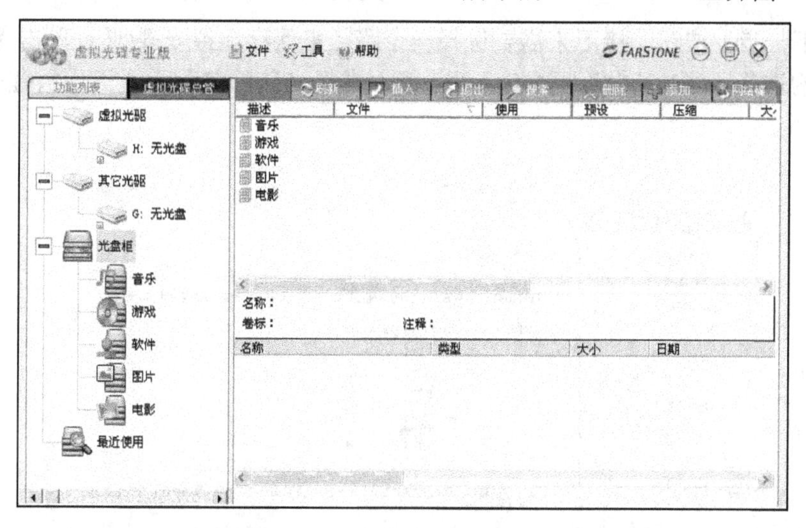

图 12-16　VirtualDrive 主界面

单击左侧工具栏中的【虚拟光碟总管】按钮，将启动虚拟光碟专业版主控台，如图 12-17 所示。通过主控台，可以实现制作虚拟光碟和创建虚拟硬碟等功能。

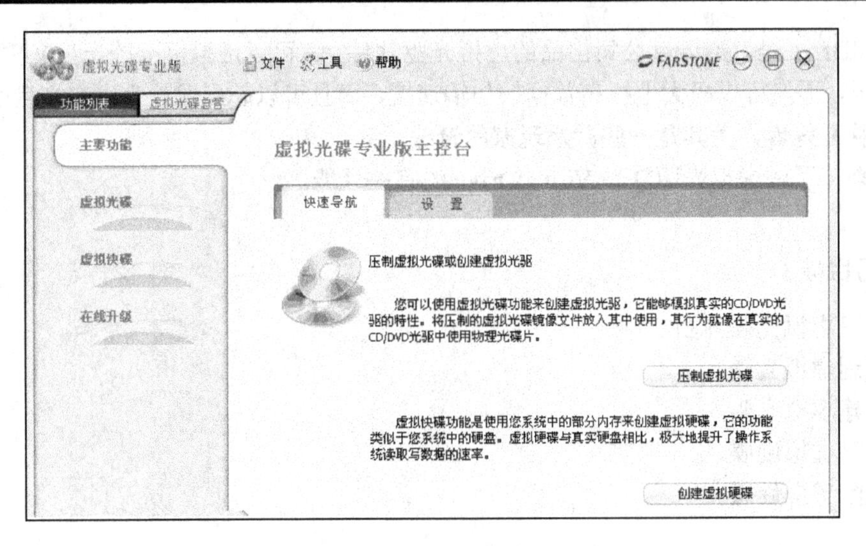

图 12-17 【虚拟光碟总管】界面

12.2.2 创建虚拟光碟

1. 压制虚拟光碟

虽然在【我的电脑】中产生了虚拟光驱图标，可是只有光驱还不够，还需要为其创建虚拟光盘才能使用。

虚拟光盘就是把真正光盘上的内容制作成一个镜像文件保存到磁盘中，然后再用虚拟光驱打开它，该虚拟光盘的镜像文件的扩展名为.VCD。VirtualDrive 支持许多(但不是所有)DVD 游戏、多媒体内容以及其他大型文件格式。下面，将 CD《天山雪莲—刀郎》压制为虚拟光碟。

在光驱中插入 CD 音乐光盘，在如图 12-17 所示的虚拟光碟专业版主控台界面中单击【压制虚拟光碟】按钮。在压制虚拟光碟界面中选择将要压制镜像的物理光驱(如 G: 盘)，如图 12-18 所示。

单击【下一步】按钮，接下来需要选择一个路径来保存虚拟光碟(通过单击【浏览】按钮浏览目录结构选择路径)，在此选择 E：盘，输入虚拟光碟的名称为【天山雪莲—刀郎】，如图 12-19 所示。

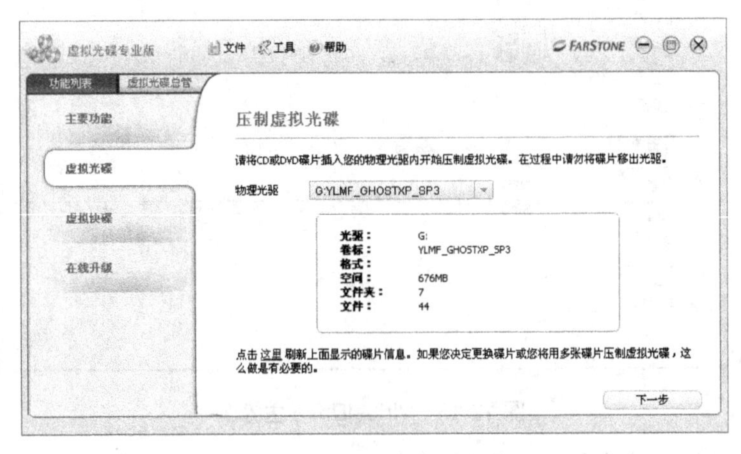

图 12-18 选择物理光驱

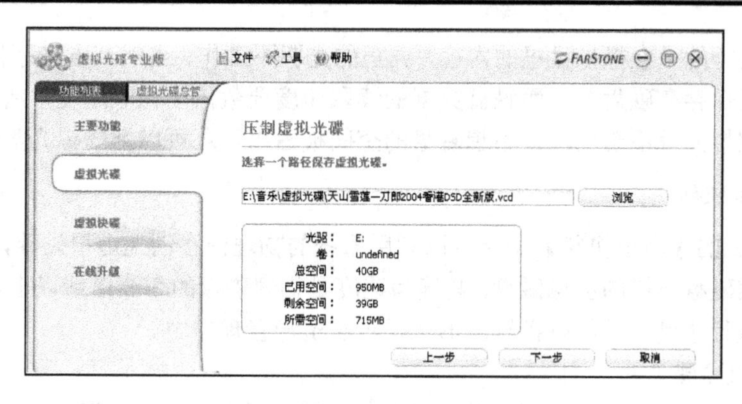

图 12-19　指定保存路径、名称

单击【下一步】按钮开始压制，如图 12-20 所示。

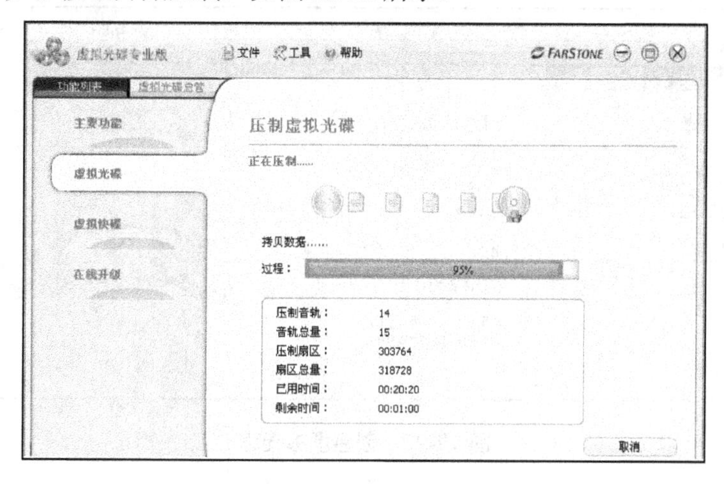

图 12-20　开始压制虚拟光碟

虚拟过程完成以后，返回虚拟光碟总管界面，在右侧的列表框中就可以看到刚刚创建的虚拟光盘文件，如图 12-21 所示。利用虚拟光驱创建的虚拟光驱盘符位于最后一个磁盘分区和真正的物理光驱之间。这时就可以单击【插入】按钮，把虚拟光盘放进虚拟光驱中，在【我的电脑】中双击该虚拟光碟图标，像访问真正的光盘那样访问它。

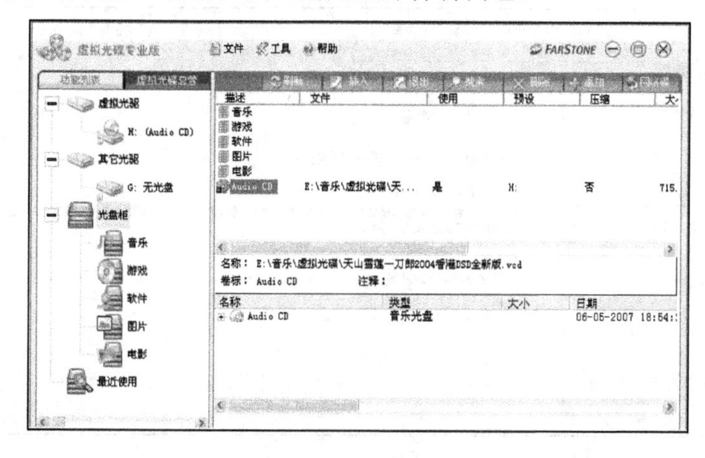

图 12-21　完成压制

由于现在运行的是虚拟光盘里的内容，真正的光驱不工作，当然节省光驱使用率。同时由于所读取的数据保存在磁盘上，而磁盘数据的读取速度要数倍于光驱速度，所以运行更流畅。

当创建的虚拟光盘不想用，又不想磁盘的空间被占用，还可以把虚拟光盘删除。

2. 创建虚拟硬碟

VirtualDrive 的【虚拟快碟】功能可以利用系统的物理内存创建虚拟硬碟，即在操作系统中仿真出和真实磁盘一样的虚拟磁盘，其读写速度是物理磁盘的 300 倍或以上，从而有效的提升应用程序的执行速度，并能以盘符的形式显示于资源管理器中。

1) 创建虚拟硬碟

在虚拟光碟专业版主控台界面中单击【创建虚拟硬碟】按钮，选择盘符为【I: 】、虚拟光驱大小为【60MB】作为虚拟硬碟属性，如图 12-22 所示。

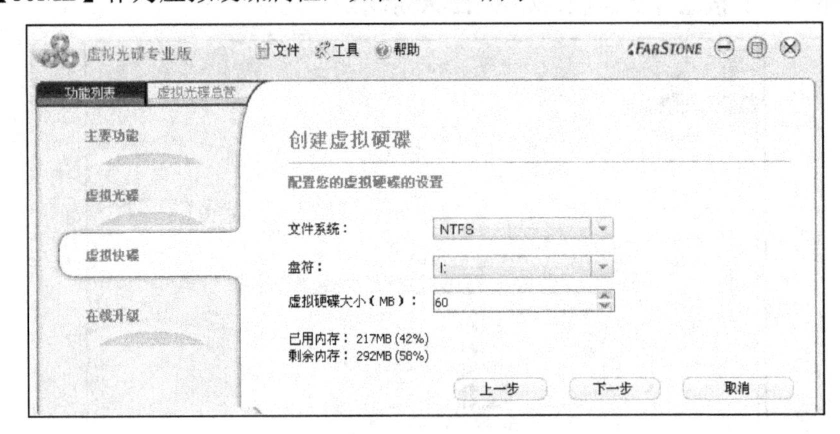

图 12-22　创建虚拟硬碟

单击【下一步】按钮，在如图 12-23 所示的创建虚拟硬碟界面中，选择保存虚拟硬碟为默认路径，勾选【将您的虚拟硬碟保存为一个镜像文件】复选框。

单击【下一步】按钮，在弹出的消息提示对话框中显示【您已经创建了虚拟硬碟】。打开【我的电脑】，可以看到在磁盘盘符中多了一个【FSRAMDISK(I:)】虚拟磁盘的盘符，如图 12-24 所示。

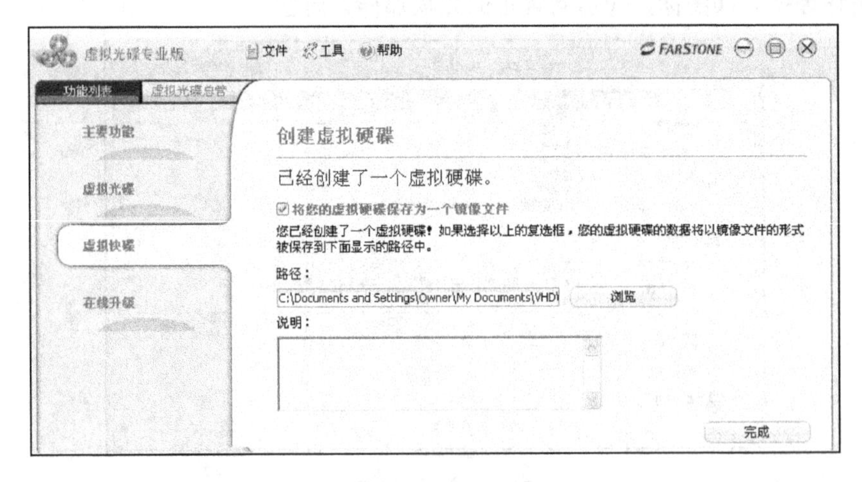

图 12-23　选择保存路径

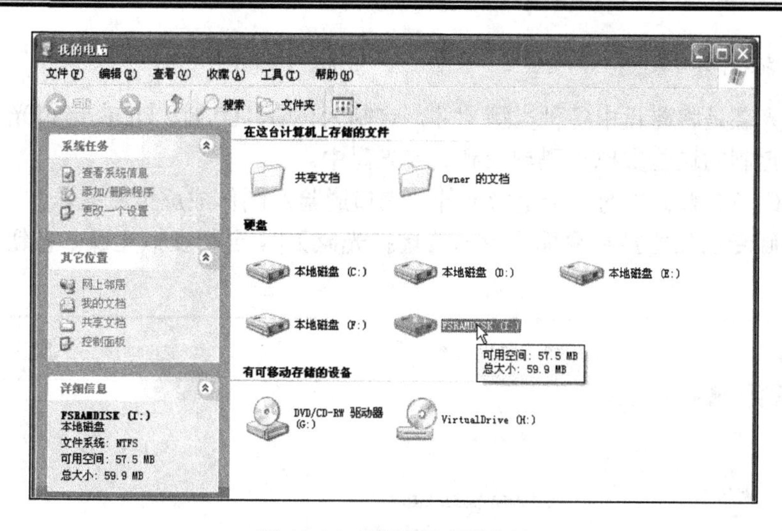

图 12-24　增加驱动器盘符

注意：只有未被其他盘，包括虚拟光驱使用的盘符才能被使用。例如，在 A:、B:、C:、D:、E:和 F:已经被使用的情况下，应该将虚拟硬碟设置为【G:】。如果计算机中没有足够的可用内存，某些程序将不能正常工作，因此建议分配给虚拟硬碟的内存不超过物理内存的 70%。

2) 保存虚拟硬碟

由于物理内存的性质，在关闭计算机时虚拟硬碟的数据也会丢失，因此需要将数据保存为一个镜像，具体操作步骤如下。

在虚拟快碟界面中单击【保存虚拟硬碟】按钮，如图 12-25 所示，然后在下一步操作中单击【立即保存】按钮。

3) 删除虚拟硬碟

要想释放被虚拟硬碟占用的内存或修改文件系统、盘符和大小等，就需要删除正在使用虚拟硬碟，具体操作步骤如下。

在虚拟快碟界面中单击【移除虚拟硬碟】按钮，如图 12-25 所示，在下一步操作中单击【立即移除】按钮。

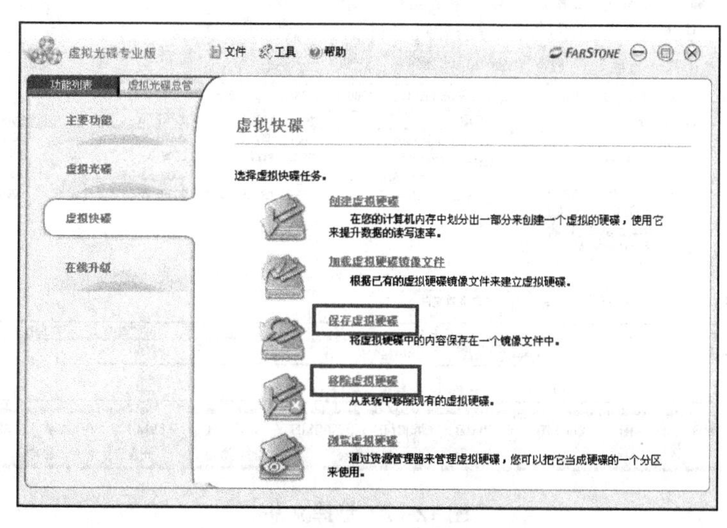

图 12-25　选择虚拟快碟任务

3. 定制虚拟光碟

定制虚拟光碟是将磁盘中各种类型文件，定制为 CD、DVD、UDF 虚拟光碟保存在磁盘中，也可以将定制的这些虚拟光碟刻录到真实光碟中。

下面将【E：\电影】中的一个电影文件《虎口脱险》制作成虚拟光盘。

在虚拟光碟专业版主控台界面中单击【虚拟光碟】|【定制虚拟光碟】按钮，如图 12-26 所示。

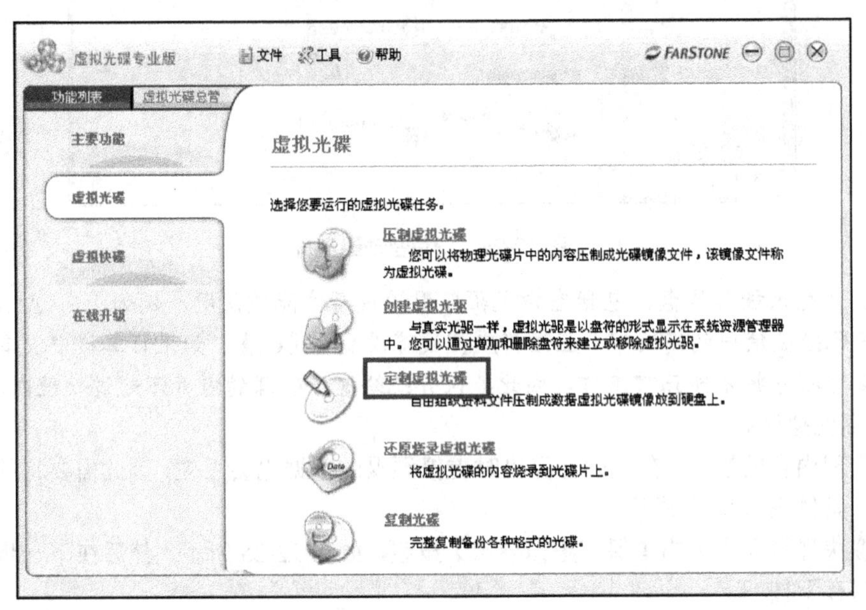

图 12-26　单击【定制虚拟光驱】按钮

在弹出的【CD/DVD 刻录】窗口中的左侧窗格中，选择要制作成虚拟光驱文件所在的路径，并将电影文件拖放到下方窗格中，如图 12-27 所示。

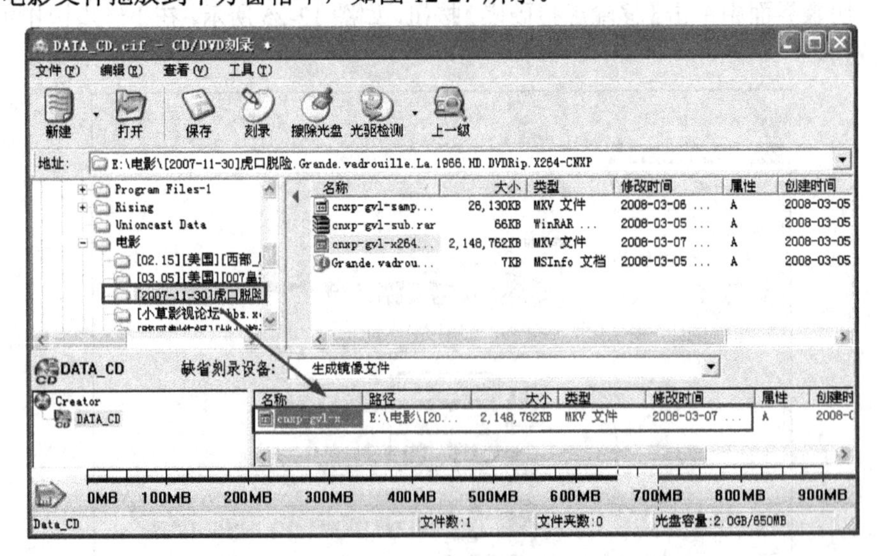

图 12-27　选择文件

单击工具栏中的【刻录】按钮，将要创建的虚拟光盘保存在默认路径下，在弹出如图 12-28

所示的【CD/DVD 刻录-选项设置】对话框中，输入光盘卷标和光盘描述说明，单击【刻录】按钮，开始刻录。刻录完毕，弹出【CD/DVD 刻录】消息提示对话框，如图 12-29 所示。

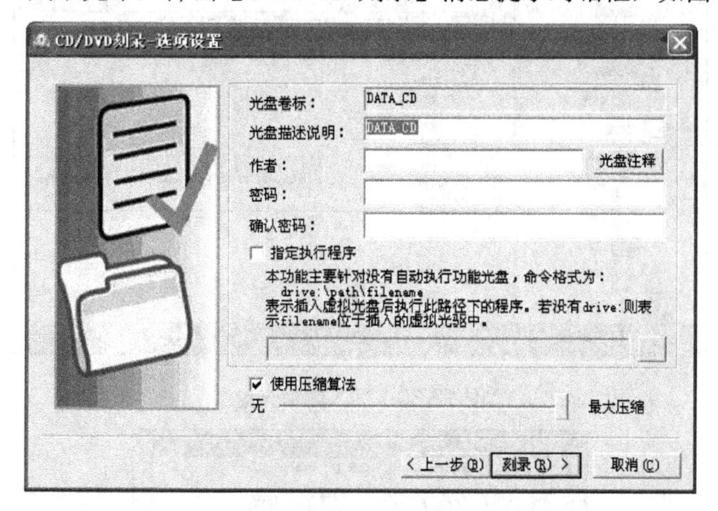

图 12-28　选择位置

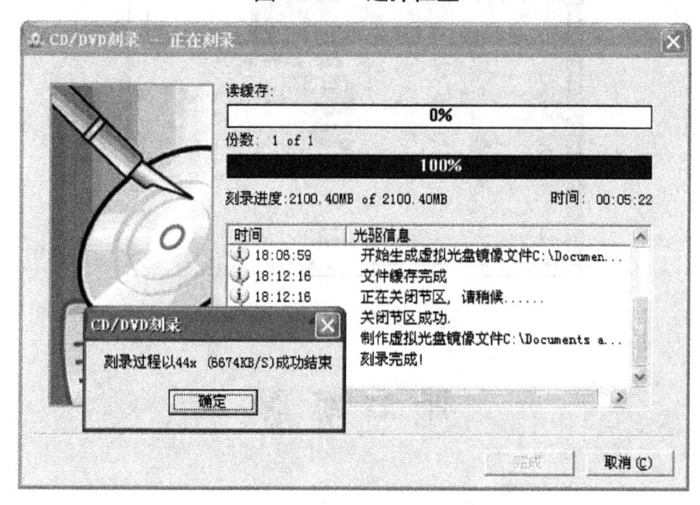

图 12-29　刻录完成

12.2.3　虚拟光碟的使用

前面的 3 个步骤，分别虚拟了不同的光盘。就像在光驱中使用光盘一样，用户必须把光盘放到光驱里才能使用，VirtualDrive 的使用也一样，用户必须将虚拟的 VCD 文档载入到 VirtualDrive 中才能使用。

运行 VirtualDrive，单击【虚拟光碟总管】按钮。在打开的界面中的右侧列表框中，显示出已经定制的虚拟光碟文件，如图 12-30 所示(并且已经被拖动到【光盘柜/电影】文件夹中)。

右击该文件，在弹出的快捷菜单中执行【插入光盘】|【H：(无光盘)】命令(或者先选中该文件，单击工具栏中的【插入】按钮)，会看到一个动画的光盘载入过程，然后弹出如图 12-31 所示的【DATA CD (H:)】窗口，即可看到生成的虚拟光碟文件，用适当的打开方式打开运行(例如，选择暴风影音软件打开方式)，就可以像使用光驱读光盘一样使用虚拟文档。

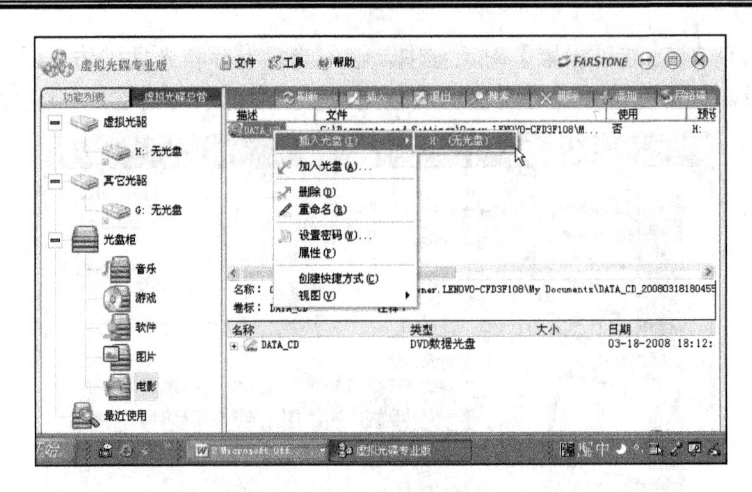

图 12-30　插入虚拟光盘

图 12-31　打开文件

课 后 练 习

一、单项选择题

1. 虚拟光碟的镜像文件的扩展名为________。

A. VCD　　B. DOC　　C. EXE　　D. XLS

2. 如果计算机中没有足够的可用内存，某些程序将不能正常工作。建议分配给虚拟硬碟的内存不超过物理内存的________。

A. 30%　　B. 40%　　C. 50%　　D. 70%

3. 虚拟光驱工作原理是先产生一部或多部，最多________虚拟光驱后，压缩光盘资源存放在磁盘上，产生虚拟光盘，然后通过虚拟光驱软件可以把“虚拟光盘”读入“虚拟光驱”。

A. 30　　B. 23　　C. 17　　D. 5

4. 虚拟光驱的特点和用途中不包括________。

A. 防病毒　　B. 高速　　C. 编辑音频　　D. 压缩文件

5. 虚拟光碟就是把真正光盘上的内容做成一个________保存到磁盘中，然后再用虚拟光驱打开它。

A. 镜像文件　　B. 文件　　C. 文件夹　　D. 压缩文件

6. 虚拟光驱可以模拟物理光驱的功能并能以________的形式显示于资源管理器中。

A. 文件夹　　B. 文件　　C. 盘符　　D. 镜像文件

7. 由于________，在用户关闭计算机时虚拟硬碟的数据将丢失，除非将数据保存为一个镜像。

A. 断电的原因　　B. 内存的性质　　C. 没有保存　　D. 磁盘容量小

8. 用户可以为虚拟光碟设置密码。当决定________虚拟光碟时，需输入密码。

A. 打开　　B. 新建　　C. 浏览　　D. 访问

9. 利用虚拟光驱创建的虚拟光驱盘符在________。

A. 在真正物理光驱之后

B. 最后一个磁盘分区之后，真正的物理光驱之前

C. 在第一个磁盘分区之前

D. 在真正的物理光驱之后，第一个磁盘分区之前

10. 假如计算机中 A:、B:、C:、D:、E:和 F:盘符已经被使用为磁盘盘符的情况下，那么应将虚拟硬碟设置为________。

A. A:　　B. C:　　C. E:　　D. G:

二、判断题

1. (　　)虚拟光碟专业版支持所有 DVD 游戏、多媒体内容以及其他大型文件格式。
2. (　　)使用 VirtualDrive 制作虚拟光碟时，可以为虚拟光碟设置密码。
3. (　　)利用虚拟光驱创建的虚拟光驱盘符在真正的物理光驱之后。
4. (　　)磁盘里数据的读取速度是现在最快的光驱的很多倍。
5. (　　)虚拟光驱可同时运行多个不同光盘应用软件。
6. (　　)创建虚拟磁盘时，只有未被其他盘包括虚拟光驱使用的盘符才能被使用。
7. (　　)虚拟光碟的镜像文件的扩展名为 VCD。
8. (　　)虚拟光驱的特点及用途有高速、笔记本最佳伴侣、MO 最佳选择、复制光盘、允许运行多个光盘、压缩文档和防病毒。
9. (　　)虚拟光盘里的 VCD 中的 V 是 Video 的缩写。

三、上机操作题

1. 收集自己所需要保存的数据和文件，使用 Nero 把这些数据刻成光盘。
2. 挑选自己喜欢的歌曲，刻录成 CD。
3. 挑选自己喜欢的 MV，刻录成 VCD。
4. 复制已有的数据盘，复制份数为 3 份。
5. 使用 Nero 将自己喜爱的视频文件刻成光盘。
6. 在 Nero 中刻录音乐光盘和刻录数据光盘的操作有何异同点？
7. 刻录一张音乐 CD，并在一般的 CD 播放机上播放，查看刻录效果。
8. 将一张 CD 压制成虚拟光碟 F，为压制的虚拟光碟 F 加密。
9. 创建虚拟硬碟 I，并设置【保存虚拟硬碟】、【每隔 10 分钟保存镜像】。
10. 将虚拟硬碟 I 的大小由 60MB 改为 80MB。
11. 将 D 磁盘下的电影文件《卧虎藏龙》制作成虚拟光盘，将虚拟光盘载入到 VirtualDrive 中使用。

项目 13 病毒和木马防护工具

据 2010 年中国互联网网络安全报告抽样监测结果显示，2010 年我国木马受控主机 IP 总数为 10317169 个，较 2009 年增幅达 274.9%，2010 年新增下载者木马、窃密木马、盗号木马和流量劫持木马等多种木马。

木马病毒依赖于计算机而存在，危害、破坏计算机安全。因此，需要给计算机设置防火墙、安装杀毒软件以及防御木马攻击类软件，定期进行扫描安检，及时更新杀毒软件、修补操作系统漏洞，做好日常安全维护，强化计算机的初始防范能力。

任务 13.1　网络安全助手 360 安全卫士 8.6

任务导读

任先生的计算机由于木马入侵，刚刚重装了系统，他对木马和病毒造成的资料损失和系统崩溃记忆犹新。那么，究竟安装什么杀毒软件才能更让自己放心呢？

任务分析

目前木马威胁之大已远超病毒，给电脑用户带来的损失更是苦不堪言。选择一款功能强大、杀毒效果好的安全软件，进行木马查杀、恶意软件清理、漏洞补丁修复等贴心服务，成为每一位电脑用户重装系统后首先要考虑的问题。

360 安全卫士自身非常轻巧，具备木马查杀、木马防护墙、网盾、漏洞修复和系统修复等诸多功能模块，还有很多实用型新功能，如硬件检测、网速保护、网速测试器、C 盘搬家和桌面管理等。下面，介绍最新版的 360 安全卫士 8.6，看看它带给电脑用户哪些新鲜体验。

学习目标

- 利用 360 杀毒软件扫描木马和杀毒
- 利用 360 安全卫士 8.6 进行电脑体检、清理插件、修补漏洞、清理垃圾和清理痕迹等操作
- 认识并使用【360 功能大全】、【360 网盾】和【360 软件管家】的功能

任务实施

13.1.1 扫描木马和病毒

登录 360 安全中心网站，即可看到醒目的 360 安全卫士 8.6 和 360 杀毒 3.0 软件的【免费下载】按钮，直接单击该按钮，就可以自动进行下载过程，当下载结束后，按照系统提示，一步步地操作即可安装。

1. 360 杀毒软件界面

安装完成之后，会在【开始】|【程序】中添加【360 安全卫士】、【360 木马防火墙】和【360 软件管家】3 个菜单项。同时在任务栏中添加两个系统托盘图标，分别是【360 杀毒】和【360 安全卫士】。

单击系统托盘中的【360 杀毒】图标，即可打开 360 杀毒 3.0 主界面，如图 13-1 所示。

图 13-1 360 杀毒 3.0 主界面

2. 扫描木马和杀毒设置

在如图 13-1 所示的 360 杀毒主界面中有 3 种木马查杀方式，分别是【快速扫描】、【全盘扫描】和【指定位置扫描】。应当尽可能地每天运行一次快速扫描，查看是否有病毒跟随计算机一同启动。

单击【快速扫描】或者【全盘扫描】按钮，开始病毒查杀，系统将自动处理扫描出来的病毒威胁。

如果仅需要对计算机中的某一磁盘或插入的 U 盘等进行木马扫描，可以单击【指定位置扫描】按钮，弹出如图 13-2 所示的【选择扫描目录】对话框，有选择地进行查杀。

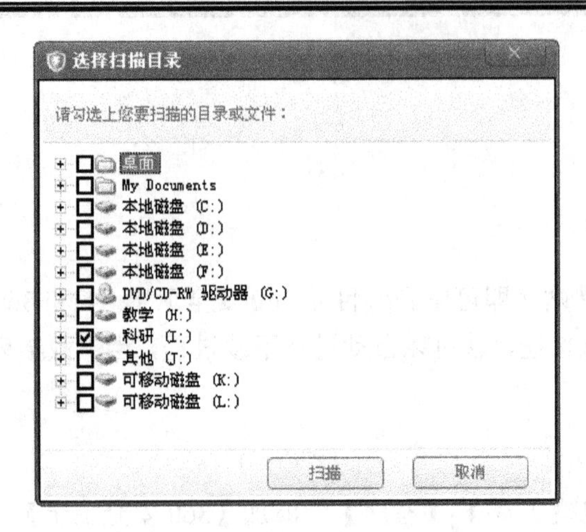

图 13-2 【选择扫描目录】对话框

1) 自动更新病毒库

由于病毒和木马的种类层出不穷，为了使得杀毒软件能够检测到最新的病毒威胁，需要设置 360 杀毒软件为【自动实时升级】，这样，才能做好病毒的预防。

在 360 杀毒的主界面中单击右上角的【设置】按钮，弹出如图 13-3 所示的【设置】对话框，在【升级设置】选区中选中【自动升级病毒特征库及程序】单选按钮，确定即可。

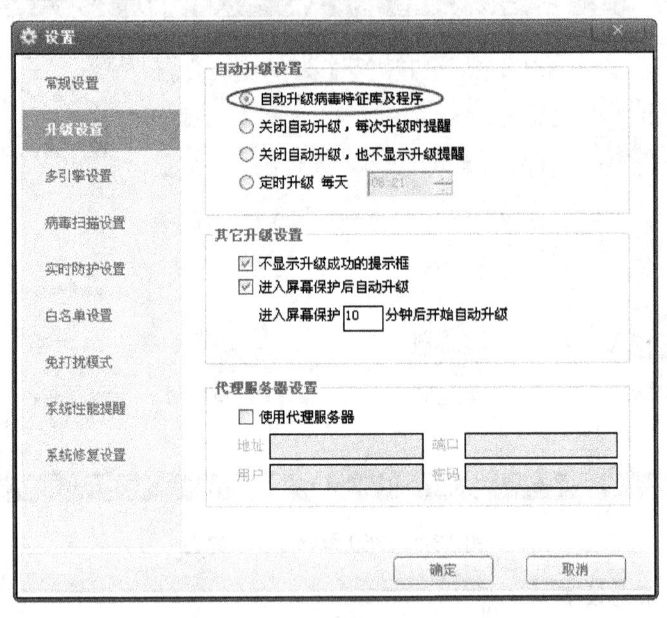

图 13-3 设置自动实时升级

2) 随机开启 360 杀毒

在【设置】对话框中选择【常规设置】选项卡，勾选【登录 Windows 后自动启动】复选框，如图 13-4 所示。重新启动计算机后，即可实现 360 杀毒软件的随机启动功能。

3) 实时防护

另外，还应该在【实时防护设置】选项卡中依次勾选【文件系统防护】、【聊天软件防护】、【下载软件防护】、【U 盘防护】以及【木马防火墙】等功能复选框，这样就可以让 360 杀毒软件时时刻刻为计算机监视病毒和木马的入侵了。

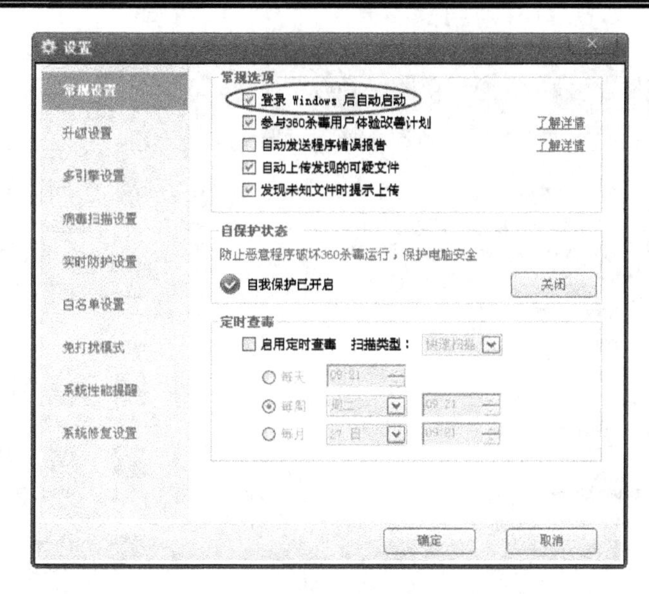

图 13-4　设置开机启动 360 杀毒

13.1.2　360 安全卫士 8.6

1. 电脑体检

单击系统托盘中的【360 安全卫士】图标，即可打开如图 13-5 所示的 360 安全卫士 8.6 主界面，默认显示的首页界面提供【电脑体检】服务。打开 360 安全卫士，第一步要做的就是对计算机进行体检，即主要是检查系统是否有漏洞，是否有需要下载的更新补丁。因为上网的计算机遭受黑客的入侵和病毒的感染，部分原因就是系统的漏洞造成的。

单击【立即体检】按钮，360 安全卫士就会对计算机系统漏洞、安全防护、应用软件更新和计算机是否存在垃圾等方面进行检查。

图 13-5　360 安全卫士 8.6 主界面

当计算机体检结束后，就可以通过如图 13-6 所示的提示界面知道自己的计算机存在的安全等问题。

图 13-6　计算机体检后提示界面

单击如图 13-6 所示界面中的【一键修复】按钮，系统即可对需要优化的项目一次性地自动修复，不需要用户手动设置。

如果需要逐一解决计算机中存在的问题，可以通过手动切换到其他选项卡进行解决处理，如查杀木马、清理插件和修复漏洞等。

2. 查杀木马

当【熊猫烧香】病毒“名扬”全国的时候，网民才真正地开始了解木马。木马的危害越来越大，几乎每天都有几万的变种，而 360 安全卫士的主要特色之一就是查杀木马。

选择【查杀木马】选项卡，如图 13-7 所示，可以看到有 3 种扫描方案，分别是【快速扫描】、【全盘扫描】和【自定义扫描】。这和直接打开 360 杀毒软件的功能是一样的，一般情况下，建议每天启动计算机后，应当对计算机运行一次快速扫描，查看是否有病毒跟随计算机一同启动。

3. 清理插件

任先生在重装系统之前，经常在上网的时候弹出某些莫名其妙地广告窗口、未经允许获取用户信息等问题，这是因为当浏览网页的时候，无意或有意地安装了恶评插件。由于搜索不到其卸载程序，使得系统的稳定性及安全性大大降低。所以，将恶评插件清扫出系统是一件很重要的事情。

360 安全卫士的主要特色之一就是能清除很多恶评插件。在主界面中选择【清理插件】选项卡，按照提示单击【开始扫描】按钮，即可开始对电脑中安装的插件做一次细致的检查。

经过检测，当前的系统中发现 11 个按需清理的插件，如图 13-8 所示。用户可以根据 360 安全卫士的【按需清理】提示，勾选对应的复选框，再单击【立即清理】按钮，将可能会给系统运行带来麻烦的插件清理出系统。

图 13-7 【查杀木马】选项卡

图 13-8 清理插件

4. 漏洞修补

对病毒和木马知识一知半解的任先生始终不知道自己的计算机是怎样中病毒木马的。其实，绝大多数的病毒木马都是通过系统漏洞进行传播的，由于在打开网页时，各种钓鱼网站正在等待着网民的上钩，如果计算机系统存在着相关漏洞没有修补，那么在几秒钟的时间内系统就会被钓鱼网站的病毒木马控制。所以，漏洞修补的必要性就如同国防建设一样。

在 360 安全卫士主界面中，选择【修复漏洞】选项卡，程序会立刻自动对系统进行漏洞的扫描，如图 13-9 所示。

当扫描出系统存在漏洞后，单击左下角的【全选】按钮，再单击【立即修复】按钮，360 安全卫士会自动从微软官方网站下载并安装漏洞补丁。

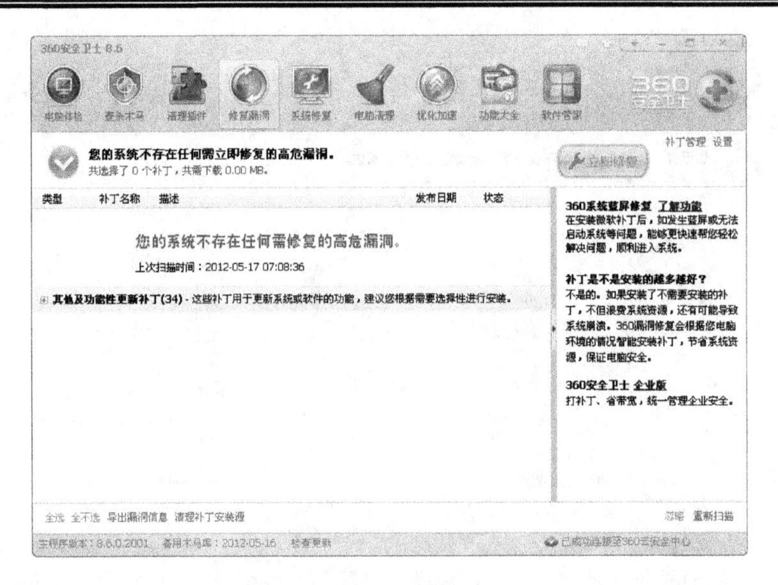

图 13-9 【修复漏洞】选项卡

5. 清理垃圾

使用的时间久了，就会产生越来越多的临时文件，即通常说的系统垃圾，对计算机的运行速度将造成最直接的影响。利用 360 安全卫士的【清理垃圾】功能，每个星期对计算机进行一次系统垃圾清理，可以使计算机系统变得很流畅。

选择【电脑清理】选区中的【清理垃圾】选项卡，360 安全卫士即可进行垃圾文件的扫描，当扫描完成时，在如图 13-10 所示的【清理垃圾】选区中单击【立即清除】按钮，就可以完成清理工作。

图 13-10 清理系统垃圾

6. 清理痕迹

在上网的时候，计算机会记录很多信息，保存在计算机的临时文件夹里，另外还会保存很多的 Cookie，如浏览过的网站记录、打开邮箱时自动记录的密码、打开过的文件记录等，有的时候就是病毒的发源地。所以，在杀毒之前先清除这些临时文件，可以保证杀毒的效果。在此可以利用 360 安全卫士的【清理痕迹】功能，对计算机各方面的使用记录进行删除。

在 360 安全卫士主界面的【电脑清理】选项区域中选择【清理痕迹】选项卡，如图 13-11 所示，勾选需要清理的项目，然后单击【开始扫描】按钮，系统就会自动搜索残留在系统中的各种上网痕迹。扫描结束后，按照提示单击【立即清除】按钮即可将它们从计算机中删除。

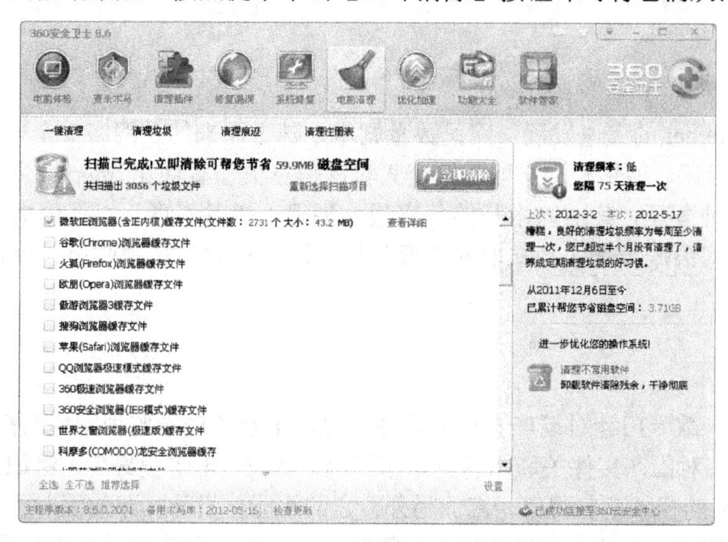

图 13-11　【清理痕迹】选项卡

7. 开启防火墙

作为防御木马威胁的重要防护体系，在安装了 360 安全卫士之后，还需要开启 360 木马防火墙。

在 360 安全卫士主界面中单击【木马防火墙】链接，打开如图 13-12 所示的 360 木马防火墙界面，通过单击，分别将入口防御、隔离防御、系统防御等三层防护体系都设置为【已开启】状态。这样就可以全面抵御经各种途径入侵用户计算机的木马攻击。

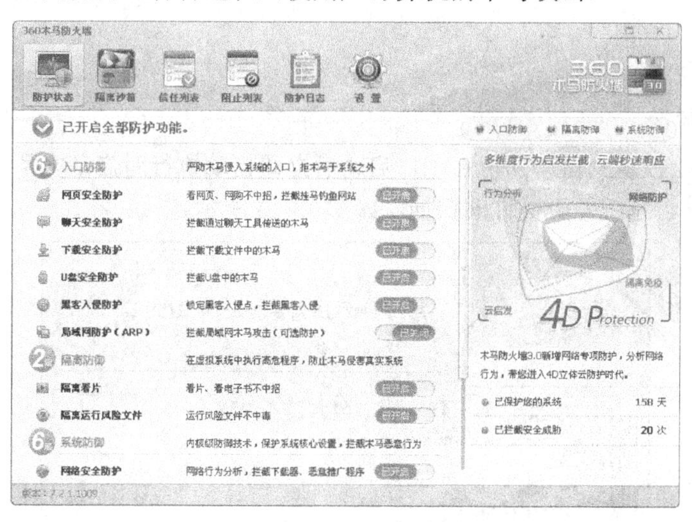

图 13-12　设置系统防护

360 安全卫士不但能够查杀木马和病毒、修复系统漏洞、清理系统垃圾，在主界面中切换至【功能大全】选项卡，利用其提供的丰富的功能，用户还可以进行开机加速、硬件检测、C 盘搬家等操作，非常便捷实用。

任务 13.2　查杀国产木马工具软件木马克星

任务导读

随着我国 Internet 的飞速发展，网民数量剧增，随之而来的是网络安全形势的日益严峻，频繁发生的 QQ 号码、网银及网游账号等个人机密信息失窃事件让 Internet 用户忐忑不安，各类计算机病毒四处蔓延，其中以木马的危害最为猖獗。相对病毒，木马传播主要为盗号及后门类型，网游及网银账号是木马窃取的主要目标，用户对此应加强防范，保护个人账号及隐私安全。

任务分析

木马克星是一款专门针对国产木马的软件，完美结合了动态监视网络与静态特征字扫描，占用系统资源少，对国产文件关联木马查杀率较高。曾在《电脑爱好者》组织的查杀木马软件评测中，以 100%的查杀率获得第一名。另外，它的智能化设计，即使面对的是最基本的计算机用户，只要运行后，它就会自动寻找并且清除木马，不需要复杂的人工设置。

学习目标

- 利用木马克星 2011 进行木马查杀、内存扫描、磁盘扫描等操作
- 设置开机自动扫描、拦截木马、监视磁盘等功能

任务实施

13.2.1　木马查杀

1. 开机自动扫描

木马克星 2011 默认为自动随机启动，启动后立即自动执行对启动文件、系统进程、系统驱动、浏览器插件、系统外壳插件的扫描，如图 13-13 所示。

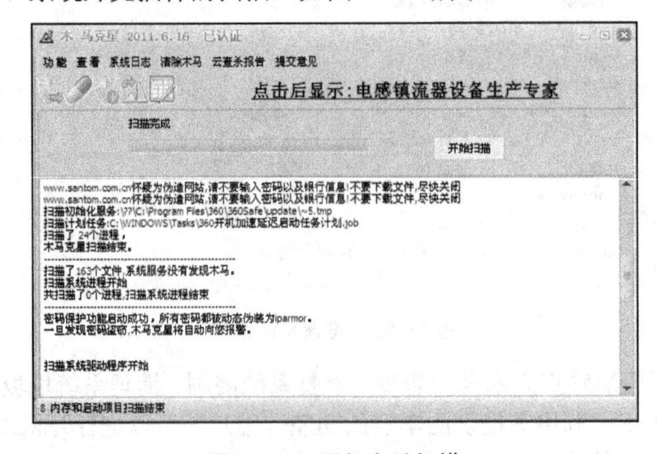

图 13-13　开机自动扫描

2. 扫描内存

木马克星提供了丰富的功能体系，执行【功能】命令，可以看到该软件提供了扫描内存、扫描硬盘、修复浏览器、手动清除浏览器插件、单独文件扫描等实用功能，如图 13-14 所示。

执行【功能】|【扫描内存】命令(或者单击工具栏中的【扫描内存】按钮，如图 13-15 所示)，系统将立即执行对系统进程、系统驱动等重要部位进行扫描，如图 13-16 所示。

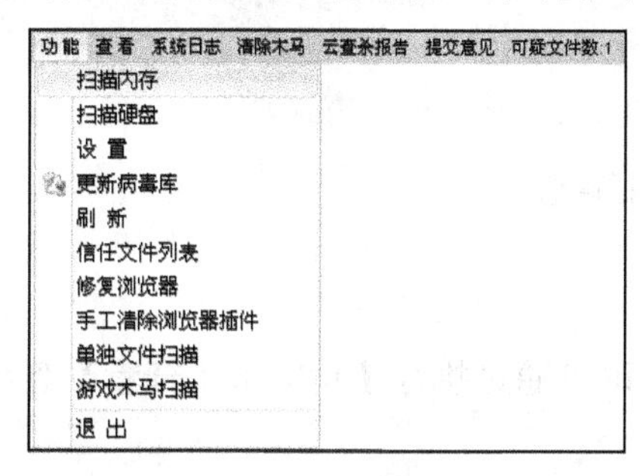

图 13-14　【功能】菜单

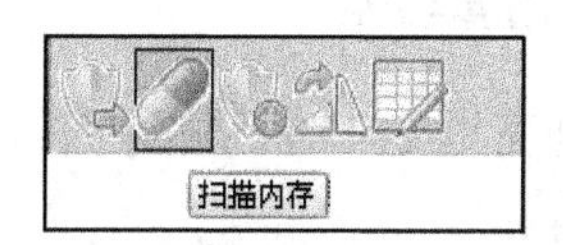

图 13-15　【扫描内存】按钮

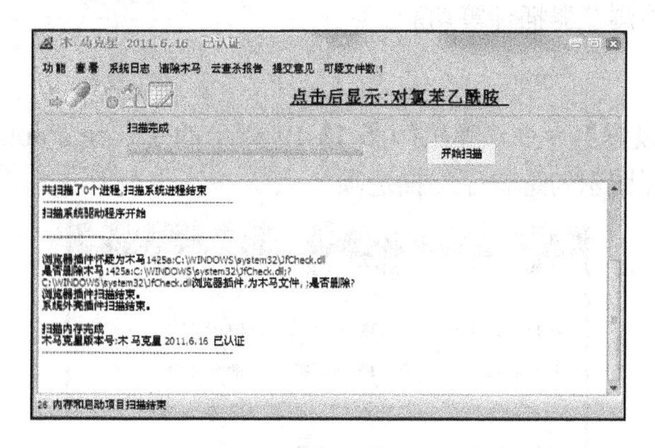

图 13-16　扫描内存

3. 扫描硬盘

执行【功能】|【扫描硬盘】命令，在打开的界面中单击【打开】按钮，在弹出的【选择文件】对话框中，询问用户要扫描的磁盘分区或者指定文件夹，如图 13-17 所示。例如，选择【C:】盘符，单击【扫描】按钮，系统即可开始扫描过程，如图 13-18 所示。

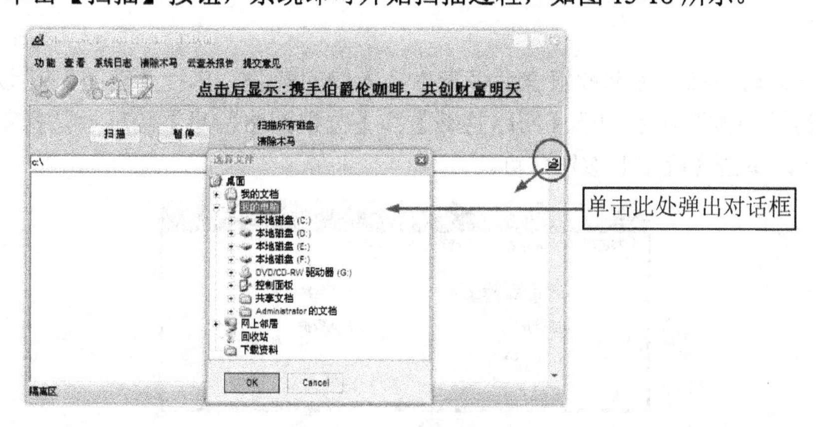

图 13-17　选择扫描盘符

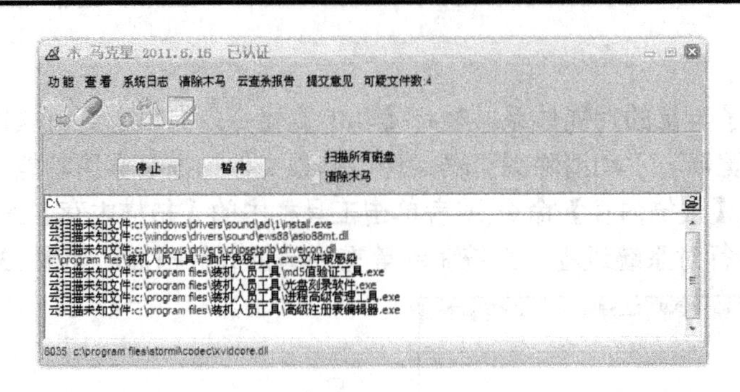

图 13-18 扫描磁盘

13.2.2 附属功能

木马克星 2011 提供的附属功能有很多，用户可以通过执行【功能】、【查看】等命令分别进行查看。

其中【功能】菜单中除了包括游戏木马查杀、更新病毒库之外，还包括信任文件列表、修复浏览器以及手动清除浏览器插件等功能。

1. 扫描选项

执行【功能】|【设置】命令，弹出如图 13-19 所示的【iparmoroptions】对话框。在【扫描选项】选项卡中按照图示勾选程序扫描选项。

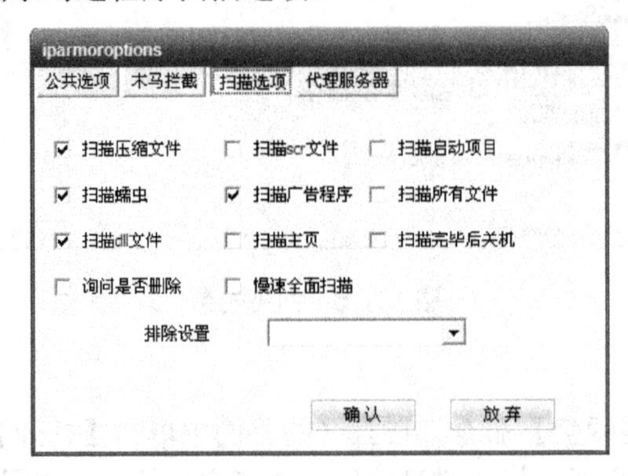

图 13-19 【扫描选项】选项卡

2. 拦截木马

网络木马无时不在，上网冲浪就会带来木马入侵的威胁。执行【功能】|【设置】命令，在弹出的对话框中按照图示勾选【网络拦截】和【监视网络信息】两项木马拦截复选框，如图 13-20 所示，单击【确定】按钮即可。

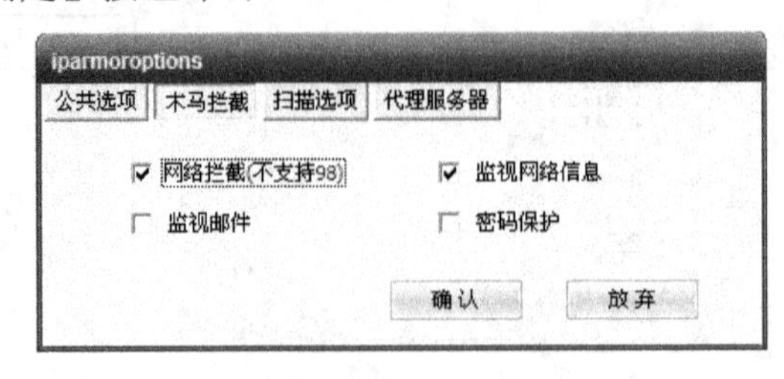

图 13-20 设置木马拦截

3. 监视硬盘

为了保护自己的计算机系统安全，还可以利用木马克星的【监视硬盘】技术，即具备常规的木马防火墙实时监控以及风险程序实时管理等功能，任何未经授权的程序都需要用户的确认后才能运行。

执行【功能】|【设置】命令，弹出如图 13-21 所示的【iparmoroptions】对话框，在【公共选项】选项卡中按照图示勾选【任务栏弹窗提示】复选框即可。

如图 13-22 所示为木马克星发现当前磁盘中存在未知风险，在系统托盘区弹出的小提示。

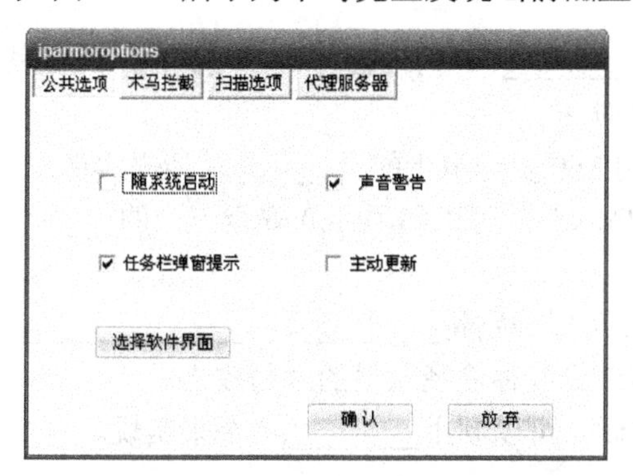

图 13-21　【公共选项】选项卡

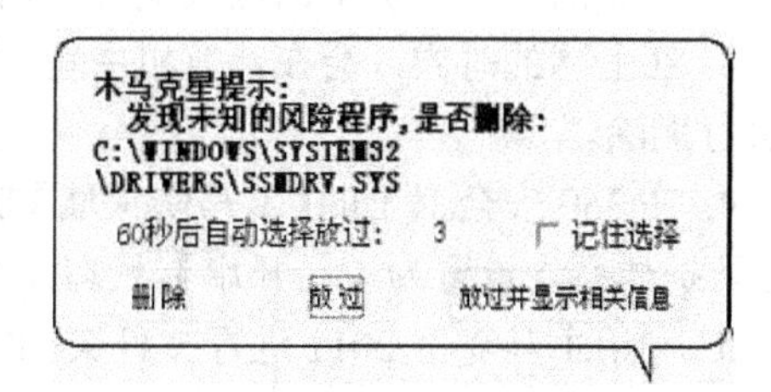

图 13-22　木马克星提示

4. 其他功能

用户还可以在【查看】菜单命令中执行相应命令查看包括系统进程、系统服务、启动项目、网络状态、隔离区(恢复文件)等信息，如图 13-23 所示。

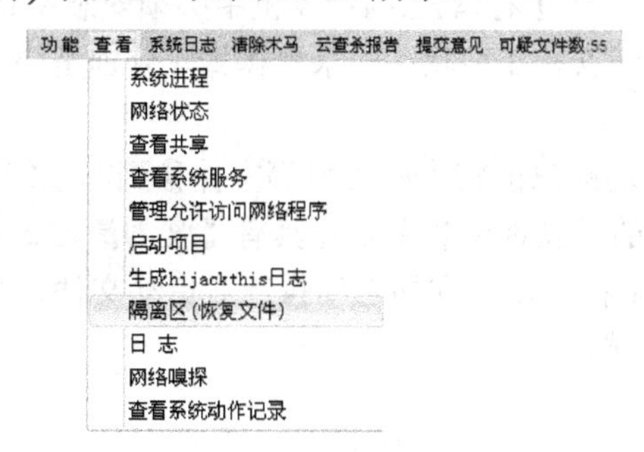

图 13-23　【查看】菜单

总的来说，木马克星 2011 是一款优秀的国产木马查杀软件，相对国外木马查杀软件，它更能够对国内的木马产生及时有效的防杀，程序更新速度极快，而占用内存和系统资源很少，用户可以将其用作专业杀毒软件的一个补充，辅助查杀木马病毒，齐力保卫系统的安全。

课后练习

一、单项选择题

1. 360 安全卫士主界面选项卡中，不包括下面的________。

A. 电脑体验　　B. 清理插件　　C. 软件卸载　　D. 优化加速

2. 清理计算机中的恶评插件，增强系统的稳定性 ，需要360安全卫士的________功能。

A. 清理插件　　B. 软件管家　　C. 系统修复　　D. 电脑清理

3. 360硬件检测功能提供除了________之外的多种功能。

A. 硬件检测　　B. 温度检测　　C. 性能检测　　D. 软件测试

4. 木马克星2011提供的功能中，不包括下面的________。

A. 扫描内存　　B. 扫描磁盘　　C. 修复浏览器　　D. 桌面扫描

二、填空题

1. 360安全卫士的主界面中，有电脑体验、________、清理插件、修复漏洞、系统修复、电脑清理、优化加速、功能大全和软件管家等选项卡。

2. 要想清理计算机中的垃圾文件，需要利用360安全卫士的________功能来实现。

3. 在上网的时候，会在计算机中留下许多Cookie，可以利用360安全卫士的________功能进行删除。

4. 在360安全卫士的【木马防火墙】功能中，可以分别将________、________、________等3层防护体系均设置为【已开启】状态，全面防御经各种途径入侵的木马攻击。

5. 利用木马克星2011进行文件夹扫描的时候，可以利用________命令来实现。

三、判断题

1. (　　)360安全卫士有很多实用型新功能，诸如硬件检测、网速保护、网速检测器、C盘搬家、桌面管理等。

2. (　　)360杀毒软件是一款共享软件，有试用期，需要交费注册。

3. (　　)若将压缩文件*.rar进行解压,则计算机中必须安装WinRAR才可以。

4. (　　)360杀毒软件可以有3种默认的杀毒模式，分别是快速扫描、全盘扫描和指定位置扫描。

5. (　　)【C盘搬家】功能只能将大的资料等文件移到非系统盘，不能移动程序文件。

6. (　　)360安全卫士的【软件卸载】功能具有【强力清扫】功能。

7. (　　)木马克星2011在启动后立即自动执行对启动文件、系统进程、系统驱动、浏览器插件、系统外壳插件的扫描。

四、上机操作

1. 设置随机开启360杀毒。

2. 利用360安全卫士的【一键修复】功能对计算机系统进行体检。

3. 开启所有的【上网保护】功能。

4. 利用360安全卫士提供的【软件管家】功能下载所需要的3种常见软件。

5. 关闭【木马克星】的自动随机启动功能。

6. 设置木马克星2011的扫描选项，使其对【启动项目】、【广告程序】和【压缩文件】进行扫描。

7. 对木马克星2011进行设置，使其在发现未知的风险程序时，能够在任务栏中进行弹窗提示，并且有提示音。

参 考 文 献

[1] 姜颖，王永利. 常用工具软件实用教程. 北京：清华大学出版社，2009.

[2] 黄德志，陈嘉鑫. 常用计算机工具软件使用教程. 北京：冶金工业出版社，2004.

[3] 董方武. 常用工具软件. 2 版. 北京：科学出版社，2008.

[4] 丛书编委会. 常用工具软件案例实战教程. 北京：中国电力出版社，2008.

[5] 丛书编委会. 计算机常用工具软件. 北京：清华大学出版社，2006.

全国高职高专计算机、电子商务系列教材推荐书目

【语言编程与算法类】

序号	书号	书名	作者	定价	出版日期	配套情况
1	978-7-301-13632-4	单片机C语言程序设计教程与实训	张秀国	25	2012	课件
2	978-7-301-15476-2	C语言程序设计(第2版)(2010年度高职高专计算机类专业优秀教材)	刘迎春	32	2011	课件、代码
3	978-7-301-14463-3	C语言程序设计案例教程	徐翠霞	28	2008	课件、代码、答案
4	978-7-301-16878-3	C语言程序设计上机指导与同步训练(第2版)	刘迎春	30	2010	课件、代码
5	978-7-301-17337-4	C语言程序设计经典案例教程	韦良芬	28	2010	课件、代码、答案
6	978-7-301-09598-0	Java程序设计教程与实训	许文宪	23	2010	课件、答案
7	978-7-301-13570-9	Java程序设计案例教程	徐翠霞	33	2008	课件、代码、习题答案
8	978-7-301-13997-4	Java程序设计与应用开发案例教程	汪志达	28	2008	课件、代码、答案
9	978-7-301-10440-8	Visual Basic程序设计教程与实训	康丽军	28	2010	课件、代码、答案
10	978-7-301-15618-6	Visual Basic 2005程序设计案例教程	靳广斌	33	2009	课件、代码、答案
11	978-7-301-17437-1	Visual Basic 程序设计案例教程	严学道	27	2010	课件、代码、答案
12	978-7-301-09698-7	Visual C++ 6.0程序设计教程与实训(第2版)	王 丰	23	2009	课件、代码、答案
13	978-7-301-15669-8	Visual C++程序设计技能教程与实训——OOP、GUI与Web开发	聂 明	36	2009	课件
14	978-7-301-13319-4	C#程序设计基础教程与实训	陈 广	36	2012年第7次印刷	课件、代码、视频、答案
15	978-7-301-14672-9	C#面向对象程序设计案例教程	陈向东	28	2012年第3次印刷	课件、代码、答案
16	978-7-301-16935-3	C#程序设计项目教程	宋桂岭	26	2010	课件
17	978-7-301-15519-6	软件工程与项目管理案例教程	刘新航	28	2011	课件、答案
18	978-7-301-12409-3	数据结构(C语言版)	夏 燕	28	2011	课件、代码、答案
19	978-7-301-14475-6	数据结构(C#语言描述)	陈 广	28	2012年第3次印刷	课件、代码、答案
20	978-7-301-14463-3	数据结构案例教程(C语言版)	徐翠霞	28	2009	课件、代码、答案
21	978-7-301-18800-2	Java面向对象项目化教程	张雪松	33	2011	课件、代码、答案
22	978-7-301-18947-4	JSP应用开发项目化教程	王志勃	26	2011	课件、代码、答案
23	978-7-301-19821-6	运用JSP开发Web系统	涂 刚	34	2012	课件、代码、答案
24	978-7-301-19890-2	嵌入式C程序设计	冯 刚	29	2012	课件、代码、答案
25	978-7-301-19801-8	数据结构及应用	朱 珍	28	2012	课件、代码、答案
26	978-7-301-19940-4	C#项目开发教程	徐 超	34	2012	课件
27	978-7-301-15232-4	Java基础案例教程	陈文兰	26	2009	课件、代码、答案
28	978-7-301-20542-6	基于项目开发的C#程序设计	李 娟	32	2012	课件、代码、答案

【网络技术与硬件及操作系统类】

序号	书号	书名	作者	定价	出版日期	配套情况
1	978-7-301-14084-0	计算机网络安全案例教程	陈 昶	30	2008	课件
2	978-7-301-16877-6	网络安全基础教程与实训(第2版)	尹少平	30	2012年第4次印刷	课件、素材、答案
3	978-7-301-13641-6	计算机网络技术案例教程	赵艳玲	28	2008	课件
4	978-7-301-18564-3	计算机网络技术案例教程	宁芳露	35	2011	课件、习题答案
5	978-7-301-10226-8	计算机网络技术基础	杨瑞良	28	2011	课件
6	978-7-301-10290-9	计算机网络技术基础教程与实训	桂海进	28	2010	课件、答案
7	978-7-301-10887-1	计算机网络安全技术	王其良	28	2011	课件、答案
8	978-7-301-12325-6	网络维护与安全技术教程与实训	韩最蛟	32	2010	课件、习题答案
9	978-7-301-09635-2	网络互联及路由器技术教程与实训(第2版)	宁芳露	27	2010	课件、答案
10	978-7-301-15466-3	综合布线技术教程与实训(第2版)	刘省贤	36	2011	课件、习题答案
11	978-7-301-15432-8	计算机组装与维护(第2版)	肖玉朝	26	2009	课件、习题答案
12	978-7-301-14673-6	计算机组装与维护案例教程	谭 宁	33	2010	课件、习题答案
13	978-7-301-13320-0	计算机硬件组装和评测及数码产品评测教程	周 奇	36	2008	课件
14	978-7-301-12345-4	微型计算机组成原理教程与实训	刘辉珞	22	2010	课件、习题答案
15	978-7-301-16736-6	Linux系统管理与维护(江苏省省级精品课程)	王秀平	29	2010	课件、习题答案
16	978-7-301-10175-9	计算机操作系统原理教程与实训	周 峰	22	2010	课件、答案
17	978-7-301-16047-3	Windows服务器维护与管理教程与实训(第2版)	鞠光明	33	2010	课件、答案
18	978-7-301-14476-3	Windows2003维护与管理技能教程	王 伟	29	2009	课件、习题答案
19	978-7-301-18472-1	Windows Server 2003服务器配置与管理情境教程	顾红燕	24	2011	课件、习题答案

【网页设计与网站建设类】

序号	书号	书名	作者	定价	出版日期	配套情况
1	978-7-301-15725-1	网页设计与制作案例教程	杨森香	34	2011	课件、素材、答案
2	978-7-301-15086-3	网页设计与制作教程与实训(第2版)	于巧娥	30	2011	课件、素材、答案

序号	书号	书名	作者	定价	出版日期	配套情况
3	978-7-301-13472-0	网页设计案例教程	张兴科	30	2009	课件
4	978-7-301-17091-5	网页设计与制作综合实例教程	姜春莲	38	2010	课件、素材、答案
5	978-7-301-16854-7	Dreamweaver 网页设计与制作案例教程(2010 年度高职高专计算机类专业优秀教材)	吴　鹏	41	2012	课件、素材、答案
6	978-7-301-11522-0	ASP .NET 程序设计教程与实训(C#版)	方明清	29	2009	课件、素材、答案
7	978-7-301-13679-9	ASP .NET 动态网页设计案例教程(C#版)	冯　涛	30	2010	课件、素材、答案
8	978-7-301-10226-8	ASP 程序设计教程与实训	吴　鹏	27	2011	课件、素材、答案
9	978-7-301-13571-6	网站色彩与构图案例教程	唐一鹏	40	2008	课件、素材、答案
10	978-7-301-16706-9	网站规划建设与管理维护教程与实训(第 2 版)	王春红	32	2011	课件、答案
11	978-7-301-17175-2	网站建设与管理案例教程(山东省精品课程)	徐洪祥	28	2010	课件、素材、答案
12	978-7-301-17736-5	.NET 桌面应用程序开发教程	黄　河	30	2010	课件、素材、答案
13	978-7-301-19846-9	ASP .NET Web 应用案例教程	于　洋	26	2012	课件、素材
14	978-7-301-20565-5	ASP.NET 动态网站开发	崔　宁	30	2012	课件、素材、答案
15	978-7-301-20634-8	网页设计与制作基础	徐文平	28	2012	课件、素材、答案
16	978-7-301-20659-1	人机界面设计	张　丽	25	2012	课件、素材、答案

【图形图像与多媒体类】

序号	书号	书名	作者	定价	出版日期	配套情况
1	978-7-301-09592-8	图像处理技术教程与实训(Photoshop 版)	夏　燕	28	2010	课件、素材、答案
2	978-7-301-14670-5	Photoshop CS3 图形图像处理案例教程	洪　光	32	2010	课件、素材、答案
3	978-7-301-12589-2	Flash 8.0 动画设计案例教程	伍福军	29	2009	课件
4	978-7-301-13119-0	Flash CS 3 平面动画案例教程与实训	田启明	36	2008	课件
5	978-7-301-13568-6	Flash CS3 动画制作案例教程	俞　欣	25	2012 年第 4 次印刷	课件、素材、答案
6	978-7-301-15368-0	3ds max 三维动画设计技能教程	王艳芳	28	2009	课件
7	978-7-301-18946-7	多媒体技术与应用教程与实训(第 2 版)	钱　民	33	2012	课件、素材、答案
8	978-7-301-17136-3	Photoshop 案例教程	沈道云	25	2011	课件、素材、视频
9	978-7-301-19304-4	多媒体技术与应用案例教程	刘辉珞	34	2011	课件、素材、答案
10	978-7-301-20685-0	Photoshop CS5 项目教程	高晓黎	36	2012	课件、素材

【数据库类】

序号	书号	书名	作者	定价	出版日期	配套情况
1	978-7-301-10289-3	数据库原理与应用教程(Visual FoxPro 版)	罗　毅	30	2010	课件
2	978-7-301-13321-7	数据库原理及应用 SQL Server 版	武洪萍	30	2010	课件、素材、答案
3	978-7-301-13663-8	数据库原理及应用案例教程(SQL Server 版)	胡锦丽	40	2010	课件、素材、答案
4	978-7-301-16900-1	数据库原理及应用(SQL Server 2008 版)	马桂婷	31	2011	课件、素材、答案
5	978-7-301-15533-2	SQL Server 数据库管理与开发教程与实训(第 2 版)	杜兆将	32	2010	课件、素材、答案
6	978-7-301-13315-6	SQL Server 2005 数据库基础及应用技术教程与实训	周　奇	34	2011	课件
7	978-7-301-15588-2	SQL Server 2005 数据库原理与应用案例教程	李　军	27	2009	课件
8	978-7-301-16901-8	SQL Server 2005 数据库系统应用开发技能教程	王　伟	28	2010	课件
9	978-7-301-17174-5	SQL Server 数据库实例教程	汤承林	38	2010	课件、习题答案
10	978-7-301-17196-7	SQL Server 数据库基础与应用	贾艳宇	39	2010	课件、习题答案
11	978-7-301-17605-4	SQL Server 2005 应用教程	梁庆枫	25	2010	课件、习题答案

【电子商务类】

序号	书号	书名	作者	定价	出版日期	配套情况
1	978-7-301-10880-2	电子商务网站设计与管理	沈凤池	32	2011	课件
2	978-7-301-12344-7	电子商务物流基础与实务	邓之宏	38	2010	课件、习题答案
3	978-7-301-12474-1	电子商务原理	王　震	34	2008	课件
4	978-7-301-12346-1	电子商务案例教程	龚　民	24	2010	课件、习题答案
5	978-7-301-12320-1	网络营销基础与应用	张冠凤	28	2008	课件、习题答案
6	978-7-301-18604-6	电子商务概论（第 2 版）	于巧娥	33	2012	课件、习题答案

【专业基础课与应用技术类】

序号	书号	书名	作者	定价	出版日期	配套情况
1	978-7-301-13569-3	新编计算机应用基础案例教程	郭丽春	30	2009	课件、习题答案
2	978-7-301-18511-7	计算机应用基础案例教程(第 2 版)	孙文力	32	2012 第 2 次印刷	课件、习题答案
3	978-7-301-16046-6	计算机专业英语教程(第 2 版)	李　莉	26	2010	课件、答案
4	978-7-301-19803-2	计算机专业英语	徐　娜	30	2012	课件、素材、答案
5	978-7-301-21004-8	常用工具软件实例教程	石朝晖	37	2012	课件

电子书(PDF 版)、电子课件和相关教学资源下载地址：http://www.pup6.cn，欢迎下载。

联系方式：010-62750667，liyanhong1999@126.com.，linzhangbo@126.com，欢迎来电来信。